国家出版基金项目
NATIONAL PUBLICATION FOUNDATION

石墨烯粉体材料：
从基础研究到工业应用

"十三五"国家重点
出版物出版规划项目

侯士峰 刘靓蕾 等著

战 略 前 沿 新 材 料
——石墨烯出版工程
丛书总主编　刘忠范

Graphene Powder Materials:
From Fundamental Research
to Industrial Applications
GRAPHENE
19

华东理工大学出版社
EAST CHINA UNIVERSITY OF SCIENCE AND TECHNOLOGY PRESS
·上海·

上海高校服务国家重大战略出版工程资助项目

图书在版编目(CIP)数据

石墨烯粉体材料：从基础研究到工业应用/侯士峰
等著. —上海：华东理工大学出版社，2021.12
战略前沿新材料——石墨烯出版工程/刘忠范总主编
ISBN 978-7-5628-6405-9

Ⅰ. ①石… Ⅱ. ①侯… Ⅲ. ①石墨-纳米材料 Ⅳ.
①TB383

中国版本图书馆 CIP 数据核字(2020)第 242494 号

内容提要

本书从石墨烯粉体材料的制备与表征入手，结合不同领域的应用进行了系列的综述。全书共 13 章。第 1 章对石墨烯的历史及现状进行了总体介绍。第 2 章和第 3 章分别介绍了石墨烯粉体材料的制备方法及工艺、表征技术和标准。第 4 章就功能化石墨烯粉体、浆料生产技术和三维石墨烯制备技术进行了描述。第 5～7 章集中介绍了石墨烯粉体材料在锂离子电池、超级电容器、燃料电池中的应用。第 8～13 章主要介绍了石墨烯粉体材料在生物传感器及医药、环境保护、涂料、高分子复合材料、热管理材料、导电油墨领域的应用。

本书适用于从事石墨烯粉体材料领域研究工作的工程技术人员，以及科研院所和大中专高校相关专业的学生和科研人员。

项目统筹 / 周永斌　马夫娇
责任编辑 / 陈婉毓
装帧设计 / 周伟伟
出版发行 / 华东理工大学出版社有限公司
地址：上海市梅陇路 130 号，200237
电话：021-64250306
网址：www.ecustpress.cn
邮箱：zongbianban@ecustpress.cn
印　　刷 / 上海雅昌艺术印刷有限公司
开　　本 / 710 mm×1000 mm　1/16
印　　张 / 30.5
字　　数 / 576 千字
版　　次 / 2021 年 12 月第 1 版
印　　次 / 2021 年 12 月第 1 次
定　　价 / 298.00 元

总序 一

2004 年,英国曼彻斯特大学物理学家安德烈·海姆(Andre Geim)和康斯坦丁·诺沃肖洛夫(Konstantin Novoselov)用透明胶带剥离法成功地从石墨中剥离出石墨烯,并表征了它的性质。仅过了六年,这两位师徒科学家就因"研究二维材料石墨烯的开创性实验"荣摘 2010 年诺贝尔物理学奖,这在诺贝尔授奖史上是比较迅速的。他们向世界展示了量子物理学的奇妙,他们的研究成果不仅引发了一场电子材料革命,而且还将极大地促进汽车、飞机和航天工业等的发展。

从零维的富勒烯、一维的碳纳米管,到二维的石墨烯及三维的石墨和金刚石,石墨烯的发现使碳材料家族变得更趋完整。作为一种新型二维纳米碳材料,石墨烯自诞生之日起就备受瞩目,并迅速吸引了世界范围内的广泛关注,激发了广大科研人员的研究兴趣。被誉为"新材料之王"的石墨烯,是目前已知最薄、最坚硬、导电性和导热性最好的材料,其优异性能一方面激发人们的研究热情,另一方面也掀起了应用开发和产业化的浪潮。石墨烯在复合材料、储能、导电油墨、智能涂料、可穿戴设备、新能源汽车、橡胶和大健康产业等方面有着广泛的应用前景。在当前新一轮产业升级和科技革命大背景下,新材料产业必将成为未来高新技术产业发展的基石和先导,从而对全球经济、科技、环境等各个领域的发展产生深刻影响。中国是石墨资源大国,也是石墨烯研究和应用开发最活跃的国家,已成为全球石墨烯行业发展最强有力的推动力量,在全球石墨烯市场上占据主导地位。

作为 21 世纪的战略性前沿新材料,石墨烯在中国经过十余年的发展,无论在科学研究还是产业化方面都取得了可喜的成绩,但与此同时也面临一些瓶颈和挑战。如何实现石墨烯的可控、宏量制备，如何开发石墨烯的功能和拓展其应用领域，是我国石墨烯产业发展面临的共性问题和关键科学问题。在这一形势背景下，为了推动我国石墨烯新材料的理论基础研究和产业应用水平提升到一个新的高度，完善石墨烯产业发展体系及在多领域实现规模化应用，促进我国石墨烯科学技术领域研究体系建设、学科发展及专业人才队伍建设和人才培养，一套大部头的精品力作诞生了。北京石墨烯研究院院长、北京大学教授刘忠范院士领衔策划了这套"战略前沿新材料——石墨烯出版工程"，共22分册，从石墨烯的基本性质与表征技术、石墨烯的制备技术和计量标准、石墨烯的分类应用、石墨烯的发展现状报告和石墨烯科普知识等五大部分系统梳理石墨烯全产业链知识。丛书内容设置点面结合、布局合理，编写思路清晰、重点明确，以期探索石墨烯基础研究新高地、追踪石墨烯行业发展、反映石墨烯领域重大创新、展现石墨烯领域自主知识产权成果，为我国战略前沿新材料重大规划提供决策参考。

参与这套丛书策划及编写工作的专家、学者来自国内二十余所高校、科研院所及相关企业，他们站在国家高度和学术前沿，以严谨的治学精神对石墨烯研究成果进行整理、归纳、总结，以出版时代精品作为目标。丛书展示给读者完善的科学理论、精准的文献数据、丰富的实验案例，对石墨烯基础理论研究和产业技术升级具有重要指导意义，并引导广大科技工作者进一步探索、研究，突破更多石墨烯专业技术难题。相信，这套丛书必将成为石墨烯出版领域的标杆。

尤其让我感到欣慰和感激的是，这套丛书被列入"十三五"国家重点出版物出版规划，并得到了国家出版基金的大力支持，我要向参与丛书编写工作的所有同仁和华东理工大学出版社表示感谢，正是有了你们在各自专业领域中的倾情奉献和互相配合，才使得这套高水准的学术专著能够顺利出版问世。

最后，作为这套丛书的编委会顾问成员，我在此积极向广大读者推荐这套丛书。

中国科学院院士

刘云圻

2020 年 4 月于中国科学院化学研究所

总序 二

"战略前沿新材料——石墨烯出版工程"：
一套集石墨烯之大成的丛书

2010 年 10 月 5 日,我在宝岛台湾参加海峡两岸新型碳材料研讨会并作了"石墨烯的制备与应用探索"的大会邀请报告,数小时之后就收到了对每一位从事石墨烯研究与开发的工作者来说都十分激动的消息:2010 年度的诺贝尔物理学奖授予英国曼彻斯特大学的 Andre Geim 和 Konstantin Novoselov 教授,以表彰他们在石墨烯领域的开创性实验研究。

碳元素应该是人类已知的最神奇的元素了,我们每个人时时刻刻都离不开它:我们用的燃料全是含碳的物质,吃的多为碳水化合物,呼出的是二氧化碳。不仅如此,在自然界中纯碳主要以两种形式存在:石墨和金刚石,石墨成就了中国书法,而金刚石则是美好爱情与幸福婚姻的象征。自 20 世纪 80 年代初以来,碳一次又一次给人类带来惊喜:80 年代伊始,科学家们采用化学气相沉积方法在温和的条件下生长出金刚石单晶与薄膜;1985 年,英国萨塞克斯大学的 Kroto 与美国莱斯大学的 Smalley 和 Curl 合作,发现了具有完美结构的富勒烯,并于 1996 年获得了诺贝尔化学奖;1991 年,日本 NEC 公司的 Iijima 观察到由碳组成的管状纳米结构并正式提出了碳纳米管的概念,大大推动了纳米科技的发展,并于 2008 年获得了卡弗里纳米科学奖;2004 年,Geim 与当时他的博士研究生 Novoselov 等人采用粘胶带剥离石墨的方法获得了石墨烯材料,迅速激发了科学界的研究热情。事实上,人类对石墨烯结构并不陌生,石墨烯是由单层碳原子构成的二维蜂窝状结构,是构成其他维数形式碳材料的基本单元,因此关于石墨烯结构的工作可追溯到 20 世纪 40 年代的理论研究。1947 年,Wallace 首次计算了石墨烯的电子结构,并且发现其具有奇特的线性色散关系。自此，石墨烯作为理论模型，被广泛用于描述碳材料的结构与性能，但人们尚未把石墨烯本身也作为一种材料来进行研究与开发。

石墨烯材料甫一出现即备受各领域人士关注，迅速成为新材料、凝聚态物理等领域的"高富帅"，并超过了碳家族里已很活跃的两个明星材料——富勒烯和碳纳米管，这主要归因于以下三大理由。一是石墨烯的制备方法相对而言非常简单。Geim 等人采用了一种简单、有效的机械剥离方法，用粘胶带撕裂即可从石墨晶体中分离出高质量的多层甚至单层石墨烯。随后科学家们采用类似原理发明了"自上而下"的剥离方法制备石墨烯及其衍生物，如氧化石墨烯；或采用类似制备碳纳米管的化学气相沉积方法"自下而上"生长出单层及多层石墨烯。二是石墨烯具有许多独特、优异的物理、化学性质，如无质量的狄拉克费米子、量子霍尔效应、双极性电场效应、极高的载流子浓度和迁移率、亚微米尺度的弹道输运特性，以及超大比表面积，极高的热导率、透光率、弹性模量和强度。最后，特别是由于石墨烯具有上述众多优异的性质，使它有潜力在信息、能源、航空、航天、可穿戴电子、智慧健康等许多领域获得重要应用，包括但不限于用于新型动力电池、高效散热膜、透明触摸屏、超灵敏传感器、智能玻璃、低损耗光纤、高频晶体管、防弹衣、轻质高强航空航天材料、可穿戴设备，等等。

因其最为简单和完美的二维晶体、无质量的费米子特性、优异的性能和广阔的应用前景，石墨烯给学术界和工业界带来了极大的想象空间，有可能催生许多技术领域的突破。世界主要国家均高度重视发展石墨烯，众多高校、科研机构和公司致力于石墨烯的基础研究及应用开发，期待取得重大的科学突破和市场价值。中国更是不甘人后，是世界上石墨烯研究和应用开发最为活跃的国家，拥有一支非常庞大的石墨烯研究与开发队伍，位居世界第一。有关统计数据显示，无论是正式发表的石墨烯相关学术论文的数量、中国申请和授权的石墨烯相关专利的数量，还是中国拥有的从事石墨烯相关的企业数量以及石墨烯产品的规模与种类，都远远超过其他任何一个国家。然而，尽管石墨烯的研究与开发已十六载，我们仍然面临着一系列重要挑战，特别是高质量石墨烯的可控规模制备与不可替代应用的开拓。

十六年来，全世界许多国家在石墨烯领域投入了巨大的人力、物力、财力进行研究、开发和产业化，在制备技术、物性调控、结构构建、应用开拓、分析检测、标准制定等诸多方面都取得了长足的进步，形成了丰富的知识宝库。虽有一些有关石墨烯的中文书籍陆续问世，但尚无人对这一知识宝库进行全面、系统的总结、分析并结集出版，以指导我国石墨烯研究与应用的可持续发展。为此，我国石墨烯研究领域的主要开拓者及我国石墨烯发展的重要推动者、北京大学教授、北京石墨烯研究院创院院长刘忠范院士亲自策划并担任总主编，主持编撰"战略前沿新材料——石墨烯出版工程"这套丛书，实为幸事。该丛书由石墨烯的基本性质与表征技术、石墨烯的制备技术和计量标准、石墨烯的分类应用、石墨烯的发展现状报告、石墨烯科普知识等五大部分共 22 分册构成，由刘忠范院士、张锦院士等一批在石墨烯研究、应用开发、检测与标准、平台建设、产业发展等方面的知名专家执笔撰写，对石墨烯进行了 360°的全面检视，不仅很好地总结了石墨烯领域的国内外最新研究进展，包括作者们多年辛勤耕耘的研究积累与心得，系统介绍了石墨烯这一新材料的产业化现状与发展前景，而且还包括了全球石墨烯产业报告和中国石墨烯产业报告。特别是为了更好地让公众对石墨烯有正确的认识和理解，刘忠范院士还率先垂范，亲自撰写了《有问必答：石墨烯的魅力》这一科普分册，可谓匠心独具、运思良苦，成为该丛书的一大特色。我对他们在百忙之中能够完成这一巨制甚为敬佩，并相信他们的贡献必将对中国乃至世界石墨烯领域的发展起到重要推动作用。

刘忠范院士一直强调"制备决定石墨烯的未来"，我在此也呼应一下："石墨烯的未来源于应用"。我衷心期望这套丛书能帮助我们发明、发展出高质量石墨烯的制备技术，帮助我们开拓出石墨烯的"杀手锏"应用领域，经过政产学研用的通力合作，使石墨烯这一结构最为简单但性能最为优异的碳家族的最新成员成为支撑人类发展的神奇材料。

中国科学院院士

成会明，2020 年 4 月于深圳

清华大学，清华－伯克利深圳学院，深圳

中国科学院金属研究所，沈阳材料科学国家研究中心，沈阳

丛书前言

　　石墨烯是碳的同素异形体大家族的又一个传奇，也是当今横跨学术界和产业界的超级明星，几乎到了家喻户晓、妇孺皆知的程度。当然，石墨烯是当之无愧的。作为由单层碳原子构成的蜂窝状二维原子晶体材料，石墨烯拥有无与伦比的特性。理论上讲，它是导电性和导热性最好的材料，也是理想的轻质高强材料。正因如此，一经问世便吸引了全球范围的关注。石墨烯有可能创造一个全新的产业，石墨烯产业将成为未来全球高科技产业竞争的高地，这一点已经成为国内外学术界和产业界的共识。

　　石墨烯的历史并不长。从 2004 年 10 月 22 日，安德烈·海姆和他的弟子康斯坦丁·诺沃肖洛夫在美国 Science 期刊上发表第一篇石墨烯热点文章至今，只有十六个年头。需要指出的是，关于石墨烯的前期研究积淀很多，时间跨度近六十年。因此不能简单地讲，石墨烯是 2004 年发现的、发现者是安德烈·海姆和康斯坦丁·诺沃肖洛夫。但是，两位科学家对"石墨烯热"的开创性贡献是毋庸置疑的，他们首次成功地研究了真正的"石墨烯材料"的独特性质，而且用的是简单的透明胶带剥离法。这种获取石墨烯的实验方法使得更多的科学家有机会开展相关研究，从而引发了持续至今的石墨烯研究热潮。2010 年 10 月 5 日，两位拓荒者荣获诺贝尔物理学奖，距离其发表的第一篇石墨烯论文仅仅六年时间。"构成地球上所有已知生命基础的碳元素，又一次惊动了世界"，瑞典皇家科学院当年发表的诺贝尔奖新闻稿如是说。

　　从科学家手中的实验样品，到走进百姓生活的石墨烯商品，石墨烯新材料产业的前进步伐无疑是史上最快的。欧洲是石墨烯新材料的发源地,欧洲人也希望成为石墨烯新材料产业的领跑者。一个重要的举措是启动"欧盟石墨烯旗舰计划",从 2013 年起,每年投资一亿欧元,连续十年,通过科学家、工程师和企业家的接力合作,加速石墨烯新材料的产业化进程。英国曼彻斯特大学是石墨烯新材料呱呱坠地的场所,也是世界上最早成立石墨烯专门研究机构的地方。2015 年 3 月,英国国家石墨烯研究院(NGI)在曼彻斯特大学启航;2018 年 12 月,曼彻斯特大学又成立了石墨烯工程创新中心(GEIC)。动作频频,基础与应用并举,矢志充当石墨烯产业的领头羊角色。当然,石墨烯新材料产业的竞争是激烈的,美国和日本不甘其后,韩国和新加坡也是志在必得。据不完全统计,全世界已有 179 个国家或地区加入了石墨烯研究和产业竞争之列。

中国的石墨烯研究起步很早,基本上与世界同步。全国拥有理工科院系的高等院校,绝大多数都或多或少地开展着石墨烯研究。作为科技创新的国家队,中国科学院所辖遍及全国的科研院所也是如此。凭借着全球最大规模的石墨烯研究队伍及其旺盛的创新活力,从 2011 年起,中国学者贡献的石墨烯相关学术论文总数就高居全球榜首,且呈遥遥领先之势。截至 2020 年 3 月,来自中国大陆的石墨烯论文总数为 101913 篇,全球占比达到 33.2%。需要强调的是,这种领先不仅仅体现在统计数字上,其中不乏创新性和引领性的成果,超洁净石墨烯、超级石墨烯玻璃、烯碳光纤就是典型的例子。

中国对石墨烯产业的关注完全与世界同步,行动上甚至更为迅速。统计数据显示,早在 2010 年,正式工商注册的开展石墨烯相关业务的企业就高达 1778 家。截至 2020 年 2 月,这个数字跃升到 12090 家。对石墨烯高新技术产业来说,知识产权的争夺自然是十分激烈的。进入 21 世纪以来,知识产权问题受到国人前所未有的重视,这一点在石墨烯新材料领域得到了充分的体现。截至 2018 年底,全球石墨烯相关的专利申请总数为 69315 件,其中来自中国大陆的专利高达 47397 件,占比 68.4%,可谓是独占鳌头。因此,从统计数据上看,中国的石墨烯研究与产业化进程无疑是引领世界的。当然,不可否认的是,统计数字只能反映一部分现实,也会掩盖一些重要的"真实",当然这一点不仅仅限于石墨烯新材料领域。

中国的"石墨烯热"已经持续了近十年,甚至到了狂热的程度,这是全球其他国家和地区少见的。尤其在前几年的"石墨烯淘金热"巅峰时期,全国各地争相建设"石墨烯产业园""石墨烯小镇""石墨烯产业创新中心",甚至在乡镇上都建起了石墨烯研究院,可谓是"烯流滚滚",真有点像当年的"大炼钢铁运动"。客观地讲,中国的石墨烯产业推进速率是全球最快的,既有的产业大军规模也是全球最大的,甚至吸引了包括两位石墨烯诺贝尔奖得主在内的众多来自海外的"淘金者"。同样不可否认的是,中国的石墨烯产业发展也存在着一些不健康的因素,一哄而上,遍地开花,导致大量的简单重复建设和低水平竞争。以石墨烯材料生产为例,2018年粉体材料年产能达到5100吨,CVD薄膜年产能达到650万平方米,比其他国家和地区的总和还多,实际上已经出现了产能过剩问题。2017年1月30日,笔者接受澎湃新闻采访时,明确表达了对中国石墨烯产业发展现状的担忧,随后很快得到习近平总书记的高度关注和批示。有关部门根据习总书记的指示,做了全国范围的石墨烯产业发展现状普查。三年后的现在,应该说情况有所改变,随着人们对石墨烯新材料的认识不断深入,以及从实验室到市场的产业化实践,中国的"石墨烯热"有所降温,人们也渐趋冷静下来。

这套大部头的石墨烯丛书就是在这样一个背景下诞生的。从2004年至今,已经有了近十六年的历史沉淀。无论是石墨烯的基础研究,还是石墨烯材料的产业化实践,人们都有了更多的一手材料,更有可能对石墨烯材料有一个全方位的、科学的、理性的认识。总结历史,是为了更好地走向未来。对于新兴的石墨烯产业来说,这套丛书出版的意义也是不言而喻的。事实上,国内外已经出版了数十部石墨烯相关书籍,其中不乏经典性著作。本丛书的定位有所不同,希望能够全面总结石墨烯相关的知识积累,反映石墨烯领域的国内外最新研究进展,展示石墨烯新材料的产业化现状与发展前景,尤其希望能够充分体现国人对石墨烯领域的贡献。本丛书从策划到完成前后花了近五年时间,堪称马拉松工程,如果没有华东理工大学出版社项目课题组的创意、执着和巨大的耐心,这套丛书的问世是不可想象的。他们的不达目的决不罢休的坚持感动了笔者,让笔者承担起了这项光荣而艰巨的任务。而这种执着的精神也贯穿整个丛书编写的始终,融入每位作者的写作行动中,把好质量关,做出精品,留下精品。

本丛书共包括22分册,执笔作者20余位,都是石墨烯领域的权威人物、一线专家或从事石墨烯标准计量工作和产业分析的专家。因此,可以从源头上保障丛书的专业性和权威性。丛书分五大部分,囊括了从石墨烯的基本性质和表征技术,到石墨烯材料的制备方法及其在不同领域的应用,以及石墨烯产品的计量检测标准等全方位的知识总结。同时,两份最新的产业研究报告详细阐述了世界各国的石墨烯产业发展现状和未来发展趋势。除此之外,丛书还为广大石墨烯迷们提供了一份科普读物《有问必答:石墨烯的魅力》,针对广泛征集到的石墨烯相关问题答疑解惑,去伪求真。各分册具体内容和执笔分工如下:01分册,石墨烯的结构与基本性质(刘开辉);02分册,石墨烯表征技术(张锦);03分册,石墨烯基材料的拉曼光谱研究(谭平恒);04分册,石墨烯制备技术(彭海琳);05分册,石墨烯的化学气相沉积生长方法(刘忠范);06分册,粉体石墨烯材料的制备方法(李永峰);07分册,石墨烯材料质量技术基础:计量(任玲玲);08分册,石墨烯电化学储能技术(杨全红);09分册,石墨烯超级电容器(阮殿波);10分册,石墨烯微电子与光电子器件(陈弘达);11分册,石墨烯薄膜与柔性光电器件(史浩飞);12分册,石墨烯膜材料与环保应用(朱宏伟);13分册,石墨烯基传感器件(孙立涛);14分册,石墨烯宏观材料及应用(高超);15分册,石墨烯复合材料(杨程);16分册,石墨烯生物技术(段小洁);17分册,石墨烯化学与组装技术(曲良体);18分册,功能化石墨烯材料及应用(智林杰);19分册,石墨烯粉体材料:从基础研究到工业应用(侯士峰);20分册,全球石墨烯产业研究报告(李义春);21分册,中国石墨烯产业研究报告(周静);22分册,有问必答:石墨烯的魅力(刘忠范)。

本丛书的内容涵盖石墨烯新材料的方方面面,每个分册也相对独立,具有很强的系统性、知识性、专业性和即时性,凝聚着各位作者的研究心得、智慧和心血,供不同需求的广大读者参考使用。希望丛书的出版对中国的石墨烯研究和中国石墨烯产业的健康发展有所助益。借此丛书成稿付梓之际,对各位作者的辛勤付出表示真诚的感谢。同时,对华东理工大学出版社自始至终的全力投入表示崇高的敬意和诚挚的谢意。由于时间、水平等因素所限,丛书难免存在诸多不足,恳请广大读者批评指正。

2020年3月于墨园

前　言

从 2004 年安德烈·海姆（Andre Geim）和康斯坦丁·诺沃肖洛夫（Konstantin Novoselov）教授发现石墨烯到现在，十几年间，石墨烯已逐渐从实验室研究走向工业化应用，石墨烯应用开发已经深入材料领域的诸多方面。同时，制备和加工工艺的进一步成熟，也推动了石墨烯作为基础材料在材料领域的应用进程，并拓宽了石墨烯作为基础材料在材料领域的发展空间。

从化工原材料角度来看，要实现石墨烯粉体材料在工业领域的应用，就需要从制备、结构调控入手，结合其他材料的性质和应用场景的需求，对石墨烯粉体材料进行改性和功能化处理，这样才能使其在不同领域的具体应用一步步走向产业化。

基于此，本书从石墨烯粉体材料的制备与表征入手，结合不同领域的应用进行了系列的综述。全书共 13 章，各章既相互联系，又各有侧重点。第 1 章对石墨烯的历史及现状进行了总体介绍；第 2 章主要集中于石墨烯粉体材料的制备方法，对可能的工业制备工艺进行了分类评析；第 3 章主要介绍了石墨烯粉体材料的表征技术，重点对石墨烯生产过程中的表征技术和标准进行了归纳总结；第 4 章就功能化石墨烯粉体、浆料生产技术和三维石墨烯制备技术进行了描述；第 5 章集中介绍了石墨烯粉体材料在锂离子电池制造中的角色和应用；第 6 章主要介绍了石墨烯粉体材料在超级电容器中的应用；第 7 章对石墨烯粉体材料作为催化剂载体在燃料电池中的应用进行了综述；第 8 章主要介绍了石墨烯粉体材料在生物传感器及医药领域的应用；第 9 章主要介绍了石墨烯粉体材料在环境保护领域的应用，重点在吸附、催化和传感器等方面；第 10 章以防腐涂料为主回顾了石墨烯粉体材料在涂料领域的应用；第 11 章集中介绍了石墨烯粉体材料在高分子复合材料领域的研究成果及应用；第 12 章对石墨烯粉体材料在热管理材料领域的性质及应用进行了综合评估；第 13 章主要介绍了石墨烯粉体材料在导电油墨领域的应用。

本书主要由来自山东大学国家胶体材料工程技术研究中心的老师和研究生共同编撰完成。作者分工如下：山东大学侯士峰教授撰写第1、3、8、12、13章；山东大学刘靓蕾参与第2、6、8、12、13章的撰写；山东大学苏燕参与第2、3章的撰写；山东大学岳芳、北京石墨烯研究院李宁参与第3章的撰写；山东利特纳米技术有限公司宋肖肖参与第4、10章的撰写；天诺光电材料股份有限公司张军峰参与第5章的撰写；济宁学院郑逸群参与第5、6章的撰写；山东建筑大学张强、山东大学姚晨雪合作撰写第7章；济宁医学院王华撰写第9章；山东大学徐利剑撰写第11章。全书由侯士峰、刘靓蕾统筹整理，山东大学国家胶体材料工程技术研究中心研究生布吉东、程萌萌、薛洁、李彩凤、袁文博，以及济宁学院赵文君参与校稿。

本书的完成得到了刘忠范院士、张锦院士等丛书编辑委员会成员的鼎力支持。

在过去的十几年间，经过石墨烯材料领域的专家学者的不懈努力和探索，逐渐形成系列的理论、方法，本书参考了海量的文献，但限于篇幅不能一一引述，在此向所有的同行表示谢意。另外，特别感谢广西大学田植群教授，济宁医学院徐香玉老师、毛旭燕老师提供部分材料。

石墨烯粉体材料的研究日新月异，在本书撰写过程中，新的技术不断出现，新的产品不断推向市场。本书作者尽可能提供最新的研究进展，但因水平和时间的限制，书中难免挂一漏万，恳请各位专家和读者批评指正。

作　者

2020 年 9 月 9 日

目 录

第3章　石墨烯粉体材料表征技术和标准

第5章　石墨烯粉体材料在锂离子电池中的应用　　139

石墨烯粉体材料：从基础研究到工业应用

第 1 章

石墨烯粉体材料简介

从分子学角度来看,石墨烯(graphene)是由碳原子紧密堆积构成的二维晶体材料,其最基本的重复单元是有机化学中最稳定的苯环结构,碳原子以 sp^2 杂化轨道组成六角形蜂巢晶格。石墨烯仅有一个碳原子厚度(0.335 nm),是目前为止最薄的二维纳米材料。

石墨烯和我们日常所提及的石墨(graphite)有着密切的联系。石墨是由石墨烯层层叠加形成的,层间以分子间作用力(范德瓦耳斯力)相连,1 mm 厚的石墨大约包含 300 万层石墨烯。当把石墨剥成单层之后,这种只有一个碳原子厚度的单层材料就是石墨烯(图 1-1)。

图 1-1

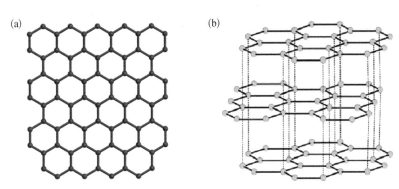

(a) 石墨烯的基本结构;(b) 石墨的基本结构

虽然石墨烯作为新材料的概念在最近十几年才进入人们的视野,但石墨烯不是新的物质,它在宇宙和自然界中早就存在。研究发现,石墨烯、金刚石等碳材料可能是宇宙中最古老的矿物,是目前已知太阳系诞生之前的 12 种矿物之一。科学家在陨石中发现石墨烯以石墨的形式与铁矿和硅酸盐矿物共存,在部分陨铁中也可发现微小石墨晶体。2011 年,美国国家航空航天局(National Aeronautics and Space Administration,NASA)加州理工学院斯皮策科学中心研究团队利用斯皮策太空望远镜(Spitzer space telescope,SST)在太空中发现了石墨烯的特征谱,这是人类首次在银河中发现石墨烯存在的迹象。同时,研究团队也在同一区域发现了石墨烯的同素异形体——富勒烯（C_{60}）的分子红外光谱。这标志着宇宙中存在石墨烯、C_{60}等碳基物质。图1-2为NASA发表的太空石墨烯结构图。天文学家推测，垂死的恒星所产生的冲击波在分解含氢的碳颗粒时产生了石墨烯、C_{60}等含碳物质。当超新星爆炸时或在恒星生命后期，研究人员在其外层形成的行星云中发现了石墨烯光谱信号，这表明石墨烯、C_{60}等含碳物质在太阳系形成之前即已形成。

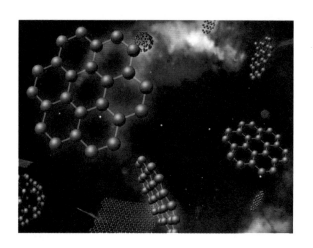

图1-2 NASA发表的太空石墨烯结构图

这些不同领域关于石墨烯及其他碳材料的研究进展，不仅展示了石墨烯作为新材料对人类文明的贡献，而且表明了其在宇宙起源和生命起源研究中所代表的重要角色。

1.1 石墨及石墨烯早期研究

虽然宇宙和自然界中石墨烯的存在已有几十亿年乃至几百亿年的历史，但清晰的石墨烯概念的形成才仅仅几十年。人们对石墨烯的认识随着科学的进步而逐渐加深。人类早期对石墨烯的认知大多停留在表象及推测，并未形成真正的理论体系。但正是这些前期无明确目的的探索，为石墨烯的最终发现和开发应用奠定了基础。

在自然界中，石墨烯以石墨矿的形式存在，天然石墨矿的种类主要包括晶质（鳞片状）石墨矿和微晶（土状）石墨矿，其在全球的分布极不均匀，主要矿藏存在于巴西、中国、印度和墨西哥等国家，这几个国家的石墨矿储量合计占全球石墨矿总储量的 90% 以上。中国的石墨矿储量约占世界的 33%，仅次于巴西（约占世界的 38%）。这其中作为石墨矿物供应的鳞片状石墨是指天然晶质石墨，形似鱼鳞状，由晶质（鳞片状）石墨矿经加工、选矿、提纯而得；微晶石墨又称土状石墨或无定形石墨，是指由微小的天然石墨晶体构成的致密状集合体，由微晶（土状）石墨矿经加工、选矿、提纯而得。目前，石墨的主要出口国按吨位排列依次为中国、墨西哥、加拿大、巴西和马达加斯加等。

在应用领域，20 世纪，石墨产量的 8%～10% 用于制造铅笔，其他主要用作抗磨剂和润滑剂，还可用于制造坩埚、电极、电刷、干电池、石墨纤维、换热器、冷却器、电弧炉、弧光灯等。高纯度石墨还可用作原子反应堆中的中子减速剂等。

1564 年，英格兰人在巴罗代尔（Borrowdale）发现一种可以在纸张上写字的矿物，由于其和铅一样呈黑色，最初被称为黑铅，这是人类文明史上首次将石墨用于记录。

1662 年，德国纽伦堡开始规模化生产由石墨粉制造的铅笔。由于石墨由一层层石墨烯叠加而成，在写字过程中，铅笔在纸上轻轻划过，铅笔芯和纸张之间的压力使一层层石墨烯剥离，于是成千上万层石墨烯在纸张上留下痕迹（图 1-3）。"graphite"的中文译文为"石墨"，即石头中的墨汁，言简意赅，是中文翻译所坚持的"信、达、雅"原则的极好体现。铅笔制造技术在拿破仑时代得到发展。拿破仑战争时期，由于法国无法从英国获得石墨，也无法获得德国人用石墨粉制成的铅笔，尼古拉斯-雅克·孔戴（Nicolas-Jacques Conte）尝试将石墨粉与黏土混合。他发现，只需改变石墨粉与黏土的比例，就可制造出不同硬度和黑度的铅笔芯，随后在窑中

图 1-3 铅笔在纸上的写字过程

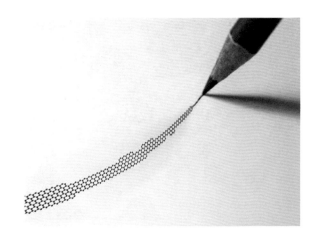

烧制便可得到令人满意的产品。现在的铅笔芯基本是粉状石墨和黏土的混合体，石墨的含量决定其在纸张上所留痕迹的黑度，黏土的含量决定其硬度（以 H 和 B 分别表示硬度和黑度，6H 代表最硬，6B 代表最黑）。

石墨的化学性质稳定，对其化学性质的探索一直在进行中，由此引起了科学家对石墨烯结构与性质的早期探索。

1859 年，英国化学家 Brodie 最早意识到用热还原法制备的氧化石墨具有层状结构。

1916 年，Debye 等确定了石墨的结构。

1918 年，Kohlschütter 和 Haenni 详细研究了氧化石墨烯的特性，并在 1924 年用单晶衍射测定了其结构。

1947 年，Wallace 从理论上预测和探索了单层石墨烯的结构和电子特性。但此时，单层石墨烯还一直被认为是假设性的结构，无法单独稳定存在。

1948 年，Ruess 和 Vogt 得到了少层石墨的透射电子显微镜（transmission electron microscope，TEM）图。

1957 年，Hummers 提出了用高锰酸钾将石墨氧化成氧化石墨的宏量制备方法。六十多年后的今天，此方法已成为现代工业化生产石墨烯粉体材料工艺最重要的理论基础。

1962 年，Boehm 等得到了还原氧化石墨烯的单层片。他们通过透射电子显微镜（TEM）（图 1-4）和 X 射线衍射（X-ray diffraction，XRD）分离和鉴定了单层石墨烯，并观察到了石墨化合物及超薄石墨片（很少层石墨烯，甚至可能是单独的石墨烯层）。

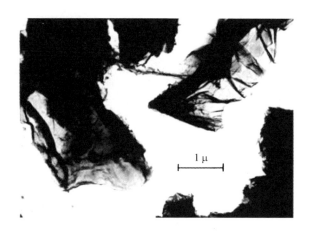

1 μ

图 1-4　早期的石墨烯 TEM 图

1984 年,加拿大理论物理学家 Semenoff 推导得出石墨烯激发态的狄拉克(Dirac)方程,并讨论了它与波动方程的相似性。同年,宾夕法尼亚大学物理系的 DiVincenzo 和 Mele 建立了适用于石墨基体中杂质的狄拉克方程,并计算出石墨插层化合物的平面电荷分布。这些研究结果预测出石墨烯是一种具有独特性能的导体,这对后来发现石墨烯具有双极性场效应产生了积极的影响。

1986 年,Boehm 首次提出了准确定义的石墨烯概念,并首次用石墨烯这个词描述了石墨的单片结构。

1997 年,国际纯粹和应用化学联合会(International Union of Pure and Applied Chemistry,IUPAC)统一了石墨烯的定义,即石墨烯这个术语只有在讨论单层的反应、结构关系或其他性质时才能使用。

1999 年,Ruoff 提出了制备石墨烯的实验方法。

2004 年,英国曼彻斯特大学的 A. Geim 和 K. Novoselov 尝试从高定向热解石墨中剥离出石墨片。他们将极薄的石墨片两面粘在一种特殊的胶带上,撕开胶带就能把石墨片一分为二。不断地重复,于是石墨片越来越薄,最后他们得到了仅由一层碳原子构成的薄片——石墨烯。进一步研究发现,石墨烯具有非常优异的物理化学性质和机械性能,随着研究的深入,石墨烯的各种性能相继被发现。

2010 年,A. Geim 和 K. Novoselov 因在二维石墨烯材料的开创性实验的研究成果被授予诺贝尔物理学奖。

1.2　石墨烯的基本结构和性质

石墨烯具有强度高、韧性好、密度低、透光率高、导电性佳等优异性能。表 1-1 和表 1-2 分别列举了石墨烯的性能及其部分应用。

表 1-1　石墨烯的性能

性　　能	指　　标
薄且比表面积大	厚度为 0.335 nm,比表面积为 2630 m^2/g
载流子迁移率高	250000 $cm^2/(V \cdot s)$,理论值为 1000000 $cm^2/(V \cdot s)$
电流密度大	$2 \times 10^9 \ A/cm^2$
强度高	理论杨氏模量为 1 TPa,有效弹性常数为 42 N/m,断裂强度为 130 GPa

性　　能	指　　标
透光率高	单层时为 97.7%
热导率高	3000～5000 W/(m·K)
密度低	理论密度为 0.77 mg/m³,粉体密度小于 0.01 g/cm³

独特性质	功　　能	应　　用
分子敏感性	气体、水分子吸附会影响导电性	气体传感器、湿度传感器
	对 DNA 有不同的吸附性	DNA 传感器
	对分子具有穿透性	气体分离、海水淡化
催　　化	作为载体提升催化性能	燃料电池材料
吸　　氢	和其他材料一起增加储氢量	氢能源储存
散　　热	具备极佳的传热性能	散热膜
形　　变	用于力学传感器	压力传感器/可穿戴设备
远红外辐射	产生远红外线	理疗

表 1-2　石墨烯的
部分应用

1.2.1　电学特性

石墨烯具有非常奇特的电子效应。室温下石墨烯的载流子迁移率约为15000 cm²/(V·s),相当于光速的 1/300,远远超过锑化铟、砷化镓、硅半导体等常见半导体材料,是硅材料的 10 倍,是目前已知载流子迁移率最高物质锑化铟的 2 倍以上。在某些特定的条件下,石墨烯的载流子迁移率甚至可高达250000 cm²/(V·s)。与很多材料不一样,石墨烯的载流子迁移率受温度变化影响较小。研究人员发现,在 50～500 K 下,单层石墨烯的载流子迁移率都在15000 cm²/(V·s)左右。科学家研究发现,石墨烯中所有的颗粒都会产生量子隧道效应,这与石墨烯具有超强的导电性及超高的载流子迁移率有关。石墨烯中的电子和光子一样都没有静止质量,它们的速率是与动能没有关系的常数。这些奇特的电子效应使石墨烯在电子领域具有非常广阔的应用前景,未来有可能取代硅材料制备耗电更少、性能更优的半导体器件。此外,石墨烯独特的电子结构使其具有许多奇特的电学性质,比如超导性能、室温量子霍尔效应、亚微米尺度的孔道传输特性等。

1.2.2　力学特性

石墨烯是目前已知强度最高的材料,比金刚石还坚硬,强度比世界上最好的钢铁还要高100倍。同时它又具有很好的韧性,且可以弯曲,石墨烯的理论杨氏模量达1 TPa,断裂强度为130 GPa。如果把厚度相当于人头发丝直径十万分之一的石墨烯叠成保鲜膜的厚度,需要一头大象站在一支铅笔上所产生的压强才能将它刺破。

石墨烯优异的力学性能使其在复合材料领域具有广阔的应用前景。石墨烯可以提高材料的力学性能,有望用于航空航天设备、国防工业;可以在减少负荷的同时增加器件的机械性能,如作为金属材料的添加剂来制备金属基石墨烯复合材料合金,会大大提高合金的屈服强度和抗拉强度,在航天领域的潜在应用价值极大。

1.2.3　热传导特性

石墨烯具有非常好的热传导特性。纯的无缺陷的单层石墨烯是目前已知的热导率最高的材料,高达5000 W/(m·K)。研究发现,石墨烯的导热过程与电子运动几乎无关,而是依靠声子的传递。这种独特的导热形式使石墨烯的热导率比金、银、铜等常见金属的热导率高10倍以上,比单壁碳纳米管[3500 W/(m·K)]和多壁碳纳米管[3000 W/(m·K)]的导热性能更好。表1-3显示的是用不同方法测量的石墨烯及氧化石墨烯基材料的热导率。

表1-3　石墨烯及氧化石墨烯基材料的热导率

测 量 方 法	材 料	热 导 率
共焦显微拉曼光谱	单层石墨烯	4840~5300 W/(m·K)[1]
共焦显微拉曼光谱	悬浮石墨烯片	4100~4800 W/(m·K)[1]
热测量法	单层悬浮石墨烯片	3000~5000 W/(m·K)[1]
四探针法	还原氧化石墨烯	0.14~0.87 W/(m·K)

注:①在室温下。

石墨烯能将电子产品运行中产生的大量热量快速扩散到空气中,以使其保持更好的工作性能和稳定性,因此在电子设备散热应用中具有非常广阔的应用前景。

由于具有高的热电转化效率等独特的物理化学性质,石墨烯吸引了众多科学家的目光。最新研究发现,由于具有透明性、柔性、可快速加热及片层上温度的均匀性,石墨烯被视为理想的加热元件。采用CVD法制造的石墨烯薄膜的方块电阻可以低至430 Ω/□,同时透光率可高达89%,因此被视为制造低压透明导电加热器的理想材料。

1.2.4　光学特性

石墨烯具有非常好的光学特性,单层石墨烯在较宽波长范围内的吸光率约为2.3%,即透光率约为97.7%,看上去几乎是透明的。理论和实验结果表明,大面积的石墨烯薄膜同样具有优异的光学特性,且其光学特性随石墨烯厚度的改变而发生变化。以石墨烯为原料制成的石墨烯透明导电薄膜具有优异的透光性和导电性,因此石墨烯透明导电薄膜被广泛用于触摸屏和柔性显示领域,并有可能取代ITO成为下一代柔性显示领域不可或缺的材料。

1.2.5　化学反应特性

作为具有完美化学结构的材料,石墨烯的化学性质也被广泛研究,主要是基于石墨烯表面碳原子的化学反应,涉及石墨烯的表面化学修饰,从而赋予石墨烯材料各种新的性能。同时,石墨烯的二维结构使其表面可以吸附各种官能团,而这些官能团又可以引入新的化学活性,这些功能化的石墨烯作为新型材料可以在许多新的领域中得到应用。

1.3　石墨烯材料的分类

严格意义上的石墨烯是单层石墨烯,但在实际应用中,石墨烯也可细分成各种类型。按层数分类,石墨烯可分为单层石墨烯、双层石墨烯、少层石墨烯和多层石墨烯四类:单层石墨烯是指一层以苯环结构(六角形蜂巢结构)为基本单元紧密堆积的二维碳材料;双层石墨烯是指由两层以苯环结构周期性紧密堆积的碳原子以不同堆垛方式(包括AB堆垛、AA堆垛等)堆垛成的二维碳材料;少层石墨烯也叫寡层石墨烯，是指由 3～10 层以苯环结构周期性紧密堆积的碳原子以不同堆垛方式（包括 ABC 堆垛、ABA 堆垛等）堆垛成的二维碳材料；多层石墨烯又叫厚层石墨烯，是指由 10 层以上、厚度在 10 nm 以下以苯环结构周期性紧密堆积的碳原子以不同堆垛方式（包括 ABC 堆垛、ABA 堆垛等）堆垛成的二维碳材料。按形态分类，石墨烯可分为石墨烯量子点、石墨烯纳米带、石墨烯薄膜、石墨烯微片、石墨烯粉体、氧化石墨烯/还原氧化石墨烯、石墨烯气凝胶等三维石墨烯材料，具体如下。

（1）石墨烯量子点（graphene quantum dot，GQD）主要是指尺寸在 30 nm 以下的单层石墨烯。GQD 具有独特的光学特性、电子特性、自旋特性以及由量子效应和边缘效应引起的光电特性，因此 GQD 正在发展成为一种性能优异的功能材料。GQD 是单层二维石墨烯晶体大小的片段，但光谱研究发现，在几乎所有情况下，GQD 不是单层石墨烯，而是包含多达 10 层还原氧化石墨烯的多层石墨烯，尺寸为 10～60 nm。目前，GQD 制备方法主要包括电子束光刻法、化学合成法、电化学制备法、还原氧化石墨烯法、C_{60}催化转化法、微波辅助热液法、软模板法、热液法和超声波法等。GQD 因其低毒性、光致发光稳定性、化学稳定性和明显的量子约束效应等特性而被认为是生物、光电子、能源和环境应用中的新型材料，在生物成像、药物输送、癌症治疗、生物传感器、温度传感器、发光二极管光电转换器、光探测器、有机太阳能电池、光致发光材料和表面活性剂等方面有着重要应用。

（2）石墨烯纳米带（graphene nanoribbon，GNR）又称石墨烯带或纳米石墨带，主要是指宽度小于 50 nm 的石墨烯片。GNR 的宽度可以通过石墨纳米切除技术控制，首先利用金刚石刀在石墨上产生石墨纳米块，然后去角质产生 GNR。通过等离子刻蚀技术刻蚀嵌入聚合物薄膜的碳纳米管、高锰酸钾和硫酸切割多壁碳纳米管，也可以产生 GNR；更高精度的 GNR 可以在碳化硅（SiC）基材上，使用电子注入方法后经真空或激光退火产生。石墨烯纳米带的氧化物称为氧化石墨烯纳米带，已被用作纳米填充剂，以提高聚合物纳米复合材料的机械性能，如实验中观察到了环氧树脂复合材料在石墨烯纳米带加载时的机械性能提高。通过组装氧化石墨烯纳米带，可应用于骨组织生物工程制造，以实现低质量百分比可生物降解聚合物纳米复合材料的机械性能提高，也用作生物成像的对比剂。生物成像应用开发了混合成像模式，如光声断层扫描（photoacoustic tomography，PAT）和热声学断层扫描（thermoacoustic tomography，TAT）。PAT/TAT 结合了纯超声和纯光学成像/射频的优点，提供了良好的空间分辨率、高穿透深度和高软组织对比度。通过解压单壁碳纳米管和多壁碳纳米管而合成的 GNR 已成为光声和热声成像、断层扫描的造影剂。

(3) 石墨烯薄膜(graphene membrane)是指由石墨烯组成的膜材料,其中石墨烯的层数和结构可根据具体应用进行调控。

(4) 石墨烯微片(graphene nanoplatelet,GNP)是指层数多于10、厚度在5～100 nm 的石墨烯层状堆积体。石墨烯微片保持了石墨烯原有的平面碳六元环共轭晶体结构,也具有优异的机械强度、导电性能和导热性能。相对于普通石墨,石墨烯微片的厚度处在纳米尺度,但其径向宽度可以达到几微米到几十微米。石墨烯微片是石墨烯层状物的堆积体,可以在工业领域得到具体应用。

(5) 石墨烯粉体(graphene powder)是指由石墨烯堆积而成的一种材料,其中石墨烯的层数从一到多不等,尺寸从量子点尺寸到几百微米不等。由于可以大批量制备、成本可控、极具工业应用价值,石墨烯粉体材料是目前广泛应用的石墨烯材料,也是本书重点讨论的内容。

(6) 氧化石墨烯(graphene oxide,GO)是一种含有含氧官能团的石墨烯材料,具有与石墨烯不同的特性。由于含有羟基、羧基、环氧基等含氧官能团,氧化石墨烯在极性溶剂(如水)中的溶解性较好。与石墨烯不同,氧化石墨烯具有丰富的化学反应特性,可和许多化学物质发生反应。

通过还原氧化石墨烯去除这些含氧官能团,可以重新获得石墨烯材料,这种石墨烯材料被称为还原氧化石墨烯(reduced graphene oxide,rGO)。rGO 也可以从氧化石墨(一种由多层氧化石墨烯组成的材料)中获得,首先处理得到 GO,然后还原得到 rGO。

为满足工业领域的应用需求,需要寻求宏观石墨烯、氧化石墨烯或密切相关材料的生产方法。GO 可以吨级规模化生产,将 GO 还原到 rGO 是生产 rGO 的主要方法之一,这些方法简单、经济且高效。虽然 rGO 的性能(如导电性能等)与石墨烯相似,但 rGO 通常含有更多的缺陷,电导率低于直接由石墨制成的石墨烯。rGO 含有的残余氧、其他异原子及结构缺陷为其提供了可功能化的位点和可能性,使它成为一种有吸引力的材料,可以满足各种应用场景,如复合材料、导电油墨、传感器等。

GO 的还原工艺非常重要,因为它决定 rGO 的结构和性质与原始石墨烯的相似程度。可通过化学、热学或电化学等方法还原 GO 来产生质量可控的 rGO。

一旦还原 GO,就有办法使材料功能化,用于不同应用场景的特定用途。通过将 rGO 与其他二维材料相结合来生成新的化合物,可以增强化合物的特性以适应商业应用。

(7) 石墨烯气凝胶(graphene aerogel, GA)是指以石墨烯为主体、具有三维互联网络结构的纳米多孔材料,其制备方法主要有模板法、水热还原法和溶胶-凝胶法等。这种三维结构的石墨烯气凝胶是目前已知密度最低的固体,比重可低至 160 g/m³(小于氦),密度约为空气的 7.5 倍,可吸收自身质量 900 倍的石油,因此具有清理漏油的潜在应用价值,也可以用来从彗星的尾部收集尘埃。

1.4　石墨烯粉体材料

石墨烯粉体可细分为三类。第一类是较为纯粹的石墨烯粉体或微片,含碳量大于 99%甚至更高,由单层或多层石墨烯组成,呈高度膨松状,具有优良的导电性能和导热性能,与传统的母体材料混合后,可用于改善材料的导电和导热等特性,主要用于航空航天、电磁屏蔽、动力电池、超级电容器材料、气体阻隔、功能聚合物涂层、复合增强材料、海水淡化、污水处理等多个领域。

第二类是功能化的石墨烯粉体。结构完整的石墨烯是由不含任何不稳定键的碳六元环组合而成的二维晶体,化学稳定性高,表面呈惰性状态,与其他介质(如溶剂等)的相互作用力较弱,并且石墨烯片与片之间有较强的范德瓦耳斯力,容易产生聚集,使其难溶于水及常用的有机溶剂,不易加工成型。若想实现石墨烯在基体中分散,须对石墨烯进行有效的功能化。功能化是实现石墨烯分散、溶解和加工成型的最重要手段。通过引入特定的化学官能团,可以赋予石墨烯新的性质,从而进一步拓展其应用领域,如药物检测和催化剂等特殊领域。在石墨烯的应用研究中,一个重要的问题就是如何实现其可控功能化。

第三类是石墨氧化制备石墨烯的过程中所产生的氧化石墨烯粉体,由于具有许多优异的化学和物理特性,在许多领域展现出特殊的用途。由于氧化石墨烯含有大量的羧基、羟基和环氧基等活性官能团,可以利用多种化学反应对氧化石墨烯进行共价键合。通过对氧化石墨烯进行功能化,不仅可以提高其溶解性,而且可以赋予其新的性质,使其在聚合物复合材料、光电功能材料与器件、生物医药等领域有很好的应用前景。

1.5　石墨烯材料的应用领域

石墨烯作为新材料界的新星,从 2004 年到现在,短短的十余年间,获得了广泛的关注,并在产业应用领域取得了飞速的发展。全球石墨烯研发竞争日趋激烈,中国、美国、韩国、日本等主要的技术原创国家已逐渐形成技术优势和竞争格局。石墨烯相关研究已从材料力学及电子学性能等的基础研究延伸至电池、电容器、半导体、传感器件、高分子纳米复合材料等应用领域,未来的应用领域还将不断拓展,市场发展前景可期。

在能源领域,石墨烯在储能材料、电极材料、导热材料等方面展现出良好的应用前景;在生物医药领域,石墨烯在生物传感器、医学功能材料等方面有着巨大的发展潜力;在电子学应用领域,石墨烯在智能电子中具有很高的应用价值;同时,石墨烯给现有的半导体工业注入了新的活力。石墨烯的研发已呈现出良好的应用前景,但仍需在制备方法和工艺上进行新的突破,以实现石墨烯的产业化应用,引领新时代多领域新材料的变革。

石墨烯和其他材料制成的纳米复合材料在能源、生物医药、电子学等诸多领域有着广泛应用,这对石墨烯的低成本绿色制备、高质量精细结构调控及多级次多功能组装与集成提出了越来越高的要求。制备工艺将呈现出多元化发展趋势,对制备方法进行研发、改进和优化将成为研究的热点,以提高并最大限度地发挥石墨烯各方面的优异性能。

随着石墨烯的优异性能和潜在价值被逐步挖掘,应用产业也不断革新。一方面,利用石墨烯的超高强度、优良的导热性能可对传统材料进行改性,从而提升传统材料的相关性能,如防腐涂料的强度和服役时间、改性橡胶的耐磨性和导热性、改性塑料的抗静电能力等;另一方面,利用石墨烯的超薄、超轻、透明、可折叠和优良的导电性能开发可穿戴产品,如柔性可弯曲屏、传感器、储能材料等。

在产业化技术方面,石墨烯环保涂料、石墨烯射频识别(radio frequency identification,RFID)、石墨烯手机导热膜、智能穿戴等产品已实现产业化突破。表 1－4 展示了石墨烯的应用领域。

　　　　　　　　　　　　　　　　　　　石墨烯粉体材料:从基础研究到工业应用

表 1- 4 石墨烯的
应用领域

应用领域	利用的性质	具 体 产 品
光电产品	透光、导电、可弯曲	触摸屏、可穿戴设备
能源技术	大比表面积	超级电容器、高储能密度锂离子电池
	高电导率	导电剂、太阳能电池基板
复合材料	强度、导热、导电增强	可加工、耐损伤的特殊材料,导热膜,导电塑料
微电子器件	二维导电、柔性	集成电路、THz 器件
生物医药	化学修饰、大接触面积	生物传感器、疾病诊断、药物载体、DNA 测序
传 感 器	分子、湿度的光电变化	压力传感器、大气污染检测
	碱基识别	DNA 测序
分子识别	分子识别	气体、湿度检测
	气体分离	气体分离
	离子过滤	海水淡化
环保领域	吸附、过滤	油污吸附、污水处理
	催化剂载体	光催化降解

1.6 石墨烯粉体材料工业应用要求

在过去的十几年间,石墨烯从一个新发现的具有特殊性质的新材料开始,逐渐成为全球先进材料领域的明星材料,其一直是物理、化学、材料、生物、医学和能源等研究界的研究主题,并被认为是工业应用中最有广泛应用前景的材料。因此,其产业化探索从被发现之初就已开始。

从 2004 年首次报告单层石墨烯的制备方法,到实现化学气相沉积(chemical vapor deposition,CVD)法在金属表面合成单层石墨烯,再到石墨烯宏观 CVD 合成方面的突破性进展;从还原氧化石墨烯粉体制备开发,到实现石墨烯-聚合物复合材料的导电性能提升;从石墨烯薄膜材料到三维石墨烯材料制备;从用作超级电容器的电极材料,到锂离子电池材料导电剂、包覆材料的开发。这些实验室规模的开创性成果引起了人们对石墨烯材料,尤其是石墨烯粉体材料产业化生产和工业应用的强烈兴趣。石墨烯粉体材料产业化生产的技术已从用于产品开发的公斤级粉体扩展到几千吨含有石墨烯片(通常为微米级)的悬浮液、导电剂等工业品。

作为石墨烯产业链中的重要部分,石墨烯的宏量制备是整个石墨烯产业发展的基础,也是需要首先解决的问题。只有宏量、性能各异的不同石墨烯材料的可控制备技术成立,才能够确保石墨烯工业应用的可能性。目前,石墨烯粉体的宏量制备虽有了很大的发展,但是还存在着很多局限性,需要广大科研人员与工程技术人员一起努力,共同解决这一系列问题。这里面涉及制备技术、技术标准、配套体系、价格体系、技术研发体系等。相信不久的将来,石墨烯的宏量制备能够取得重大突破,满足石墨烯的产业应用发展。

石墨烯粉体材料产业化需要考虑以下因素:① 目标产品达到所需特性和形态的要求;② 材料的质量和应用参数;③ 从实验室到工业的可扩展性;④ 制造的稳定性和可控性;⑤ 合理的价格及稳定的供应。石墨烯粉体材料产业化路线如图1-5所示。

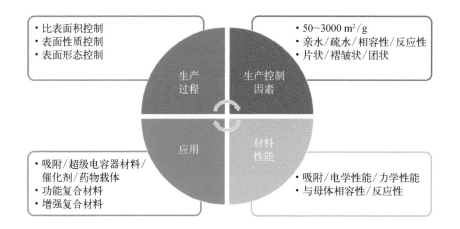

图1-5 石墨烯粉体材料产业化路线

1.7 小结

随着研究的不断深入和开发应用的持续推进,石墨烯的潜在工业用途被不断发现,一个可驱动万亿产业的材料产业链初现曙光。从产业化角度来看,石墨烯作为先进材料在现代工业中的规模应用才刚刚开始,相关行业仍处于早期阶段,部分应用即便取得较理想的结果,但还未达到其最佳状态。未来,石墨烯粉体的产业应用依赖于以下几个方面的协同进步。

(1)石墨烯粉体制备的系统化和规范化。目前,通过对石墨的化学或物理加工,石墨烯粉体材料的大规模生产已经实现,单条生产线产能逐步提升,年产能从几吨、几十吨到几百吨不等。石墨烯悬浮液、浆料的年产能最高可达数千至数万吨。但统一的生产过程规范及产品标准还在探索和制定中,不同厂家的制备工艺、产品性能由于制备、检测方法不同而各有千秋,相互之间缺乏基本的评判标准,因此亟须发展一套统一的标准来作为石墨烯粉体材料的行业标准,这是其产业化规范健康发展的前提条件。

（2）基于石墨烯粉体应用的多样性,石墨烯的发展需要完整的产业链之间的相互支持,以确保石墨烯粉体产业的健康发展。石墨烯粉体用途的广泛性为其提供了广阔的发展空间,但也为其发展的进程增加了不可预测性。石墨烯在诸多领域的应用千差万别,需要和不同材料相互配伍,而不同材料对石墨烯的各种性能指标的要求千差万别,这意味着石墨烯产业的发展需要从基础材料开始,结合生产工艺、产品具体指标、后续产业要求、制造成本等进行密切的配合,如此才可找出一条可持续发展之路。

（3）石墨烯粉体的基本性质和制备过程密切相关,而其具体应用又决定下游材料的基本性质,进而决定其后续产业的应用前景,这意味着石墨烯产业的应用需要与石墨烯材料的生产紧密地联系到一起。对于石墨烯制备,需要更加具体地了解石墨烯材料的应用范围,这有助于石墨烯的产业应用发展。其制备方法会因为原材料供应商和下游企业在内的产业链的差异而有所不同,这些因素将影响所涉公司的投资周期、盈利模式和竞争地位。

（4）目前,石墨烯的产业应用状态包括粉体、浆料、复合物等多种模式,和其他材料一样,其持续工业化过程的一个前提是相关公众安全性的验证。虽然关于石墨烯的毒性分析已有许多研究,总体来说是无毒的,但随着其在各个领域应用的逐步展开,在石墨烯安全问题上,还需要更深入、细分、清晰、明确的结论。

（5）石墨烯和任何新材料一样,其发展也有周期性。根据新材料发展规律,其第一波产业应用从发现到成熟需要15～19年的时间,这意味着石墨烯的第一波产业应用在2019—2023年呈现,随后将出现规模式螺旋发展。目前,石墨烯粉体材料的产业应用基本验证了这个规律。

参考文献

［1］Novoselov K S，Geim A K，Morozov S V，et al. Electric field effect in atomically thin carbon films[J]. Science, 2004, 306(5696): 666 - 669.

[2] Brodie B C. On the atomic weight of graphite[J]. Philosophical Transactions of the Royal Society of London, 1859, 149: 249 - 259.

[3] Wallace P R. The band theory of graphite[J]. Physical Review, 1947, 71 (9): 622 - 634.

[4] Boehm H P, Clauss A, Fischer G O, et al. Dünnste kohlenstoff-folien[J]. Zeitschrift für Naturforschung B, 1962, 17(3): 150 - 153.

[5] Semenoff G W. Condensed-matter simulation of a three-dimensional anomaly[J]. Physical Review Letters, 1984, 53(26): 2449 - 2452.

[6] Hummers W S, Offeman R E. Preparation of graphitic oxide[J]. Journal of the American Chemical Society, 1958, 208: 1334 - 1339.

[7] DiVincenzo D P, Mele E J. Self-consistent effective-mass theory for intralayer screening in graphite intercalation compounds[J]. Physical Review B, 1984, 29(4): 1685 - 1694.

[8] Hamwi A, Mouras S, Djurado D, et al. New synthesis of first stage graphite intercalation compounds with fluorides[J]. Journal of Fluorine Chemistry, 1987, 35 (1): 151.

[9] Lu X K, Yu M F, Huang H, et al. Tailoring graphite with the goal of achieving single sheets[J]. Nanotechnology, 1999, 10(3): 269 - 272.

[10] Geim A K, Novoselov K S. The rise of graphene[J]. Nature Materials, 2007, 6(3): 183 - 191.

[11] Stankovich S, Dikin D A, Piner R D, et al. Synthesis of graphene-based nanosheets via chemical reduction of exfoliated graphite oxide[J]. Carbon, 2007, 45(7): 1558 - 1565.

[12] Choi W, Lahiri I, Seelaboyina R, et al. Synthesis of graphene and its applications: A review[J]. Critical Reviews in Solid State and Materials Sciences, 2010, 35 (1): 52 - 71.

[13] Park S, An J, Potts J R, et al. Hydrazine-reduction of graphite- and graphene oxide [J]. Carbon, 2011, 49(9): 3019 - 3023.

[14] Hernandez Y, Nicolosi V, Lotya M, et al. High-yield production of graphene by liquid-phase exfoliation of graphite [J]. Nature Nanotechnology, 2008, 3 (9): 563 - 568.

第 2 章

石墨烯粉体材料的
制备方法及工艺

目前,制备石墨烯主要通过"自上而下"和"自下而上"途径。其中,"自上而下"途径主要有机械剥离法、液相剥离法、氧化还原法等,将石墨等石墨烯材料的母体进行层层分离,从而得到单层或少层石墨烯材料;"自下而上"途径主要包括化学气相沉积法、外延生长法、有机合成法等,通过含碳的原料(如甲烷、碳化硅、低聚的多苯化合物等)在基底表面进行碳原子组合形成石墨烯结构。因此,制备石墨烯粉体材料的方法众多,部分产业化生产线已经建成。

相对于"自下而上"途径,"自上而下"途径因石墨原料储量丰富、成本低、技术路线相对简单,在石墨烯粉体材料的制备尤其是宏量制备方面取得了很大进展。目前,石墨烯粉体材料的各种生产技术在不断更新,技术路线在不断优化,制备方法、指标控制技术、检测技术、标准制订、环保指标、成本控制等综合指标也在不断完善中。

2.1 石墨烯材料的制备方法

2.1.1 机械剥离法

最早的机械剥离法是用透明胶带将高定向热解石墨片按压到其表面进行多次剥离,随着石墨被逐层剥离,最终可得到单层或少层的石墨烯(图2-1)。机械剥离法操作简单,制备的石墨烯质量高,但制备效率低、成本高、稳定性差且石墨烯尺寸较小,因此这种方法只适合学术研究,不适合大规模生产。

以机械剥离法为基础,结合球磨法原理,研究人员发展了机械球磨剥离法。这种方法以固体颗粒和液体(或气体)作为介质,利用球磨法原理剥离碳素材料(石墨粉、氧化石墨粉、膨胀石墨粉或非膨胀石墨粉),最后分离获得单层或少层(2～10层)石墨烯或氧化石墨烯。其具体步骤如下:首先将碳素材料粉体与固体颗粒和液体介质(或气体介质)混合,然后送入特制球磨机中剥离一定时间,最后转移至分离器中分离以去除固体颗粒和液体介质(或气体介质),即可得到石墨烯或氧化石墨烯。机

图2-1 透明胶带机械剥离制备石墨烯图

械球磨剥离法可制备出单层及少层(≤3层)石墨烯,其电导率约为 $1.2 \times 10^3 \, \text{S/m}$。相比于机械剥离法,机械球磨剥离法简单易操作、生产效率高、生产设备成本低、生产过程温和,可以通过控制相应的条件(转速、时间、介质和磨球等)来实现对石墨烯层数和尺寸的调控,产品综合性能非常好,并具有较好的研究和应用价值。

2.1.2 碳纳米管纵向剪切法

碳纳米管可以视为由石墨烯沿轴向卷曲得到,因此也可以采用将碳纳米管沿轴向剪切的方法制备石墨烯(图2-2)。通过使用浓硫酸与高锰酸钾混合氧化处理或等离子刻蚀处理的方法,碳纳米管沿轴向被"剪切"。这种方法可以制备具有特定尺寸(宽度取决于碳纳米管半径,长度为碳纳米管长度)的石墨烯纳米带,因此可用于特殊研究领域,但不适合工业化生产。

图2-2 碳纳米管纵向剪切法制备石墨烯示意图

2.1.3 外延生长法

外延生长法包括碳化硅外延生长法和金属催化外延生长法。碳化硅外延生长法是指在高温下加热 SiC 单晶,SiC 表面的 Si 原子蒸发脱离表面,剩下的 C 原子通过自组装形式重构,从而得到基于 SiC 基底的石墨烯(图 2-3)。

图 2-3 碳化硅外延法制备石墨烯示意图

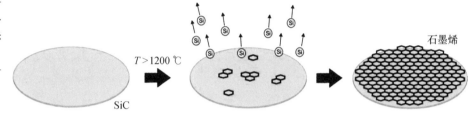

2004 年,美国佐治亚理工学院 Heer 等通过加热 6H-SiC 单晶以脱除 Si 原子,在6H-SiC 单晶(0001)面上外延生长石墨烯。具体过程如下:将经氧气或氢气刻蚀处理得到的 6H-SiC 在高真空下通过电子轰击进行加热,除去氧化物;在用俄歇电子能谱确定表面的氧化物被完全移除后,加热至 1250~1450 ℃ 并保持 1~20 min,即可形成石墨烯。相比于机械剥离法,碳化硅外延生长法可以实现较大尺寸、高质量石墨烯的制备,是一种对实现石墨烯器件的实际应用非常重要的制备方法。但这种方法同时存在一些缺点:由于石墨烯的厚度由加热温度决定,大面积制备单一厚度的石墨烯比较困难;SiC 过于昂贵;得到的石墨烯难以转移到其他基底上,且基底表面的石墨烯转移时很难做到只腐蚀基底 SiC 而不破坏石墨烯结构。因此,该方法制备的石墨烯主要限于半导体方面的应用。

金属催化外延生长法是指在超高真空条件下将碳氢化合物通到具有催化活性的过渡金属基底(如 Pt、Ir、Ru、Cu 等)表面,通过加热使吸附气体催化脱氢从而制得石墨烯。在气体吸附过程中,石墨烯可以长满整个金属基底,并且其生长过程是自限的,即金属基底吸附气体后不会重复吸收。因此,该方法制备的石墨烯多为单层,并且可以大面积地制备均匀的石墨烯。

2.1.4 有机合成法

有机合成法是一种"自下而上"组装合成石墨烯的方法,从具有精确结构的小分子出发,经精确控制的有机化学反应,可以得到具有明确结构的石墨烯及其宏观体。目前,以多环芳烃碳氢化合物为前驱体,已经合成出石墨烯带、石墨烯片、宏观石墨烯及其衍生的富碳材料。如图2-4所示,冯新亮等以2,5-二溴对二甲苯为前驱体,通过多步有机化学反应制备了锯齿型边缘的石墨烯。有机合成法的优点在于可实现石墨烯在分子尺度的结构操控、可加工性强,但所得石墨烯的横向尺寸较小、产率较低。

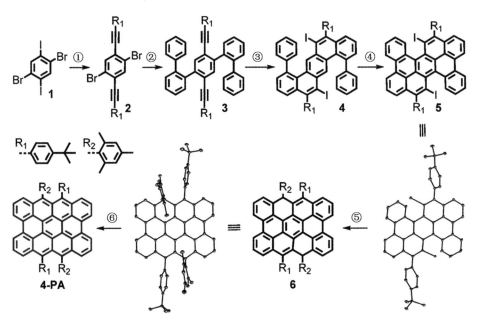

图2-4 有机合成法制备石墨烯示意图

2.1.5 化学气相沉积法

化学气相沉积(CVD)法被认为是最有希望制备出高质量、大面积石墨烯的方法,也是最具产业化生产潜力的方法。CVD法制备石墨烯的具体过程如下:将碳氢化合物(如甲烷、乙烯等)通入高温加热的金属基底(如Cu、Ni等)表面,反应持续一定时间后进行冷却,冷却过程中基底表面便会形成单层或少层石墨烯。该过程可分为碳原子在基底上溶解及扩散生长两个过程。CVD法与金属催化外延生长法类似,但CVD法可以在更低的温度下进行,从而降低制备过程中的能量消耗,并且石墨烯与基底可以通过化学腐蚀法分离,有利于后续对石墨烯进行加工处理。

CVD 法制备石墨烯的碳源为甲烷、乙烯及乙炔等,原料充足且价位低;制备设备可用 CVD 反应室,工艺简单易操作;产品质量很高,可实现规模化大面积生长;相应转移技术的发展较为成熟。因此,目前该方法在市场上被广泛用于制备石墨烯场效应晶体管和透明导电薄膜等。但 CVD 法仍有不足之处,如制备过程中反应室温度、气压及气氛比例等影响因素较多,仍需深入研究,且使用这种方法得到的石墨烯虽在某些性能上可以与机械剥离法制备的石墨烯相比,但并不如后者性能完美,所得石墨烯电子性能受基底的影响很大。CVD 法制备石墨烯的基底可分为两类:一类为导电的催化金属基底,常用的 Cu、Ni 等;另一类为非导电基底,例如 SiO_2、Al_2O_3、Si_3N_4 等。

近年来,刘忠范课题组开发了系列高品质石墨烯薄膜。例如,在铜箔基底上采用"卷对卷"制备工艺,实现了超洁净 A3 尺寸石墨烯薄膜的批量制备;在非导电的蓝宝石基底上制备了 6 in[①] 的单晶石墨烯薄膜;在普通玻璃基底上制备了缺陷少、高质量、均匀、层数可控的石墨烯薄膜。韩国 SAMSUNG 公司用 CVD 法获得了对角长度为 30 in 的单层石墨烯,显示出这种方法作为产业化生产方法的巨大潜力。但 CVD 法所制备的石墨烯的厚度难以控制,沉积过程中只有少部分可用的碳转变成石墨烯,且石墨烯转移过程复杂。

将基底更换为 NaCl 晶体、硅藻土、石墨粉、贝壳、鱼骨等廉价的模板,通过 CVD 法可以制备石墨烯粉体。除去模板后的石墨烯粉体往往具有多孔的三维结构、较大的比表面积,结合石墨烯优异的导电导热性质,因此可以应用在吸附、催化等领域。

2.1.6 氧化还原法

氧化还原法是目前可批量制备石墨烯粉体的非常有效的方法之一。该方法操作简单、制备成本低,是石墨烯粉体制备的有效途径之一,也是目前唯一可大规模工业化生产的方法。同时,氧化还原法可以生产出同样具有广泛应用前景的氧化石墨烯。

氧化还原法的具体操作过程如图 2-5 所示。先用强氧化剂(如浓硫酸、浓硝酸、高锰酸钾等)将石墨氧化成氧化石墨,氧化过程中插层和氧化同时进行。在插层过程中,石墨层从边缘逐渐被氧化,其表面形成一些含氧官能团,从而加大了石

---

① 1 in=2.54 cm。

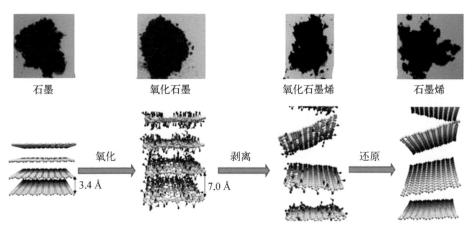

图2-5 氧化还原法制备石墨烯示意图

石墨　　　　　氧化石墨　　　　　氧化石墨烯　　　　　石墨烯

氧化　　　　　　剥离　　　　　　还原

3.4 Å　　　　　7.0 Å

墨层间距,促进了进一步的插层过程。然后经超声处理一段时间之后,就可形成单层或少层氧化石墨烯。经过洗涤、分离、干燥后,可以得到氧化石墨烯粉体,最后用水合肼、硼氢化钠、维生素 C 等还原得到石墨烯粉体。

氧化还原法在溶液中、常压下进行,装置简单,易于流程化、规模化,原料为石墨,设备易于维护从而成本较低,是目前最有可能实现石墨烯大规模化制备的方法,制备的石墨烯在储能、复合、吸附等领域有着规模化的应用。其缺点是氧化过程破坏石墨烯的 sp^2 结构,影响其综合性能。因此根据功能化需要,进一步研究氧化、剥离及还原过程工艺参数对功能化石墨烯的应用非常重要。

2.1.7　石墨插层法

利用客体插层物插层制备石墨烯是一种有效的方法。石墨插层法类似于氧化还原法,与石墨层间作用力的减弱处理原理不同,后者仅借助氧化剂的氧化反应,而前者利用多种不稳定的插层剂并借助高温、超声或化学反应等方法。插层剂可用热稳定性差的发烟硫酸、发烟硝酸等,也可用化学性质不稳定的碱金属(如 Li、K、Ru、Cs 等),插层法主要分为气相插层法、液相插层法及电化学插层法等。

例如,采用剥离-插层-膨胀的方法制备石墨烯,具体方法是先用发烟硫酸及四丁基氢氧化铵对热膨胀后的石墨进行插层,然后在含有表面活性剂的 N,N-二甲基甲酰胺(DMF)溶液中通过超声处理制得稳定可溶的石墨烯。测试结果表明,使用这种方法得到的石墨烯约90%(质量分数)为单层石墨烯,其热稳定性高、缺陷很少,但该方法的制备过程中使用了超声处理,导致产品尺寸较小。

石墨插层法虽然可制得缺陷较少的石墨烯,但部分插层剂是高活性危险化学品,且插层过程需要高压、高温等条件,这限制了其产业化的发展。

2.1.8 电化学法

电化学法是指通过对物质施加电压,在不需要氧化剂或还原剂的情况下,利用电流使物质氧化或者还原,从而达到制备与提纯的目的。目前,该方法已经在冶金、无机材料制备等领域得到了广泛的应用。根据电化学原理,利用电化学法制备石墨烯主要有两条路线:① 阳极电化学氧化,即通过电化学氧化石墨电极得到氧化石墨烯,再通过电化学或其他方法还原氧化石墨烯得到石墨烯;② 阴极电化学剥离,即通过施加电压以驱动电解液分子或离子插层石墨阴极,石墨层间距变大、范德瓦耳斯力变弱,再通过电化学剥离得到石墨烯。

当利用电化学法制备石墨烯粉体时,不需要使用强氧化剂和强还原剂,所以成本较低,并且清洁环保。其中,阳极电化学氧化由于电化学的强电场作用,剥离效率高,反应时间短,易实现高品质石墨烯的工业化制备。

2.1.9 液相剥离法

直接把石墨或膨胀石墨(expanded graphite,EG)加在某种有机溶剂或水中,借助超声、加热或气流的作用来制备一定浓度的单层或多层石墨烯分散液。如将石墨分散在 N-甲基吡咯烷酮(NMP)中,超声 1 h 后可得产率为 1% 的单层石墨烯,长时间(462 h)的超声可使石墨烯分散液浓度高达 1.2 mg/mL、单层石墨烯的产率提高到 4%。这种方法制备的石墨烯基本没有缺陷,适合学术研究,但极低的产率限制了其在产业化领域的进一步应用。

2.1.10 气相等离子电弧法

气相等离子电弧法制备石墨烯的基本原理如下: 在缓冲气体(惰性气体或反应性气体)中,通过微波辐射(图 2-6)、直流放电等方式使气体电离产生高温等离

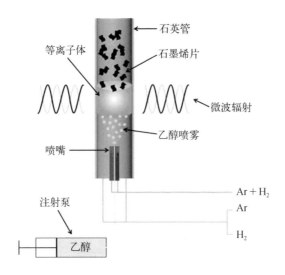

图 2-6　气相等离子电弧法制备石墨烯图解

子体,其与乙醇蒸气、甲烷气体等碳前驱体发生激烈的碰撞而使碳前驱体解离成石墨烯,最后骤冷形成石墨烯粉体。

气相等离子电弧法具有以下优点:等离子体具有良好的导热性能,反应温度可达 $10^3 \sim 10^4 \text{K}$;高化学活性,可以提供更多的活性官能团;极快的冷却速率,有利于石墨烯粉体的形成;反应气氛种类丰富,如惰性气体、氧化性气体、氮基气体、碳基气体等。因此,气相等离子电弧法无须基底、催化剂、氧化剂、溶剂就可以连续地制备高纯有序的石墨烯片。

除了上述合成石墨烯粉体的一般方法,传统的 CVD 法和外延生长法是制备石墨烯薄膜的主要方法,CVD 法和原位模板生长法是合成三维石墨烯粉体的主要方法,第 4 章将详细介绍,在此不再赘述。此外,碳纳米管纵向剪切法和有机合成法由于成本和加工工艺等问题,还处于实验室研究阶段,尚未实现大规模的生产。石墨烯粉体材料的工业化生产关系到石墨烯材料的市场推广、下游应用,下面将重点对宏量石墨烯粉体制备工艺进行分类评析。

2.2　石墨烯粉体工业制备工艺的分类评析

自从 2004 年制备出石墨烯以来,石墨烯工业化生产得到了广泛的关注和快速的发展,同时也遇到了一些问题和瓶颈。为了石墨烯产业健康可持续发展,有必要对目前宏量石墨烯粉体制备工艺进行总结和分析。下面将从石墨烯制备工艺、环境影响和石墨烯粉体品质等方面加以评析,以期对未来更加绿色、低成本、高品质石墨烯的产业化提供更多的参考和指引。

2.2.1 氧化还原法

1. 氧化石墨的制备

氧化还原法制备石墨烯第一步是制备氧化石墨。氧化石墨早在 19 世纪 50 年代就已经成功制备。从成功制备初期到 20 世纪中期,氧化石墨的主要制备方法有三种,即 Bordie 法、Saudenmaie 法和 Hummers 法,而近年来被广泛应用的是改进完善后的 Hummers 法。

Bordie 法采用浓硝酸体系,以高氯酸钾为氧化剂,反应温度先维持在 0 ℃ 再加温至 60～80 ℃,不断搅拌反应 20～24 h。但是这种方法制备的氧化石墨氧化程度较低,因而往往需要多次氧化处理。所以要想制备高质量的氧化石墨,就需要延长氧化时间,即可以通过控制氧化时间来调节氧化程度。实验证明,连续三次氧化处理得到的氧化石墨氧化程度很高,但是反应时间相对较长,并且反应过程中会产生很多有毒气体,不仅对实验人员有很大的伤害,还有爆炸的危险。

Saudenmaier 法采用浓硫酸体系,反应温度为 0 ℃,通过以高氯酸盐和发烟硝酸为氧化剂处理天然石墨来制备氧化石墨。这种方法反应温度比较低,不容易发生爆炸,但是氧化程度也较低,需要多次氧化处理才能得到较高的氧化程度,反应时间很长,并且反应过程中会产生较多的有毒物质,对人体危害较大。

Hummers 法制备氧化石墨主要分为三个阶段,即低温、中温和高温阶段,采用浓硫酸、硝酸盐体系,以高锰酸钾为氧化剂。相较于前两种方法,这种方法逐渐被研究者广泛使用的原因是其用高锰酸钾取代高氯酸钾作氧化剂,减少了有毒气体的排放,降低了实验的危险性,提高了实验人员的安全性。采用 Hummers 法制备氧化石墨的优点是过程简单、氧化时间较短、安全性高,产物的氧化程度较高、结构较规整且易在水中超声剥离;缺点是反应过程中需控制的工艺因素较多。傅玲等研究了 Hummers 法制备氧化石墨过程中石墨和高锰酸钾的用量,并对影响氧化石墨结构和性能的主要因素——浓硫酸体积、低温反应时间和高温反应中的加水方式加以说明,还指出了硝酸钠的用量对产物氧化程度的影响较小,从而改进了传统的 Hummers 法。

此外,在硫酸介质中加入磷酸,可以减少对氧化石墨结构的破坏。Marcano 等在硫酸与磷酸的混合酸溶液中,以高锰酸钾为氧化剂,50 ℃下反应 12 h,成功制备了氧化石墨。本方法没有使用硝酸盐,避免了氮氧化物有毒气体的产生,反应温度也降低为 50 ℃,较传统的 Hummers 法操作工艺简单。该方法制备的氧化石墨可以很容易剥离出氧化石墨烯。如图 2-7 所示,经 X 射线衍射(XRD)分析计算可知,该氧化石墨烯的层间距可达 0.95 nm;经原子力显微镜(atomic force microscope,AFM)测试可知,该氧化石墨烯的厚度为 1.1 nm,进一步证实为单层氧化石墨烯。目前,市场上工业化生产氧化石墨的方法还是以改进的 Hummers 法为主。

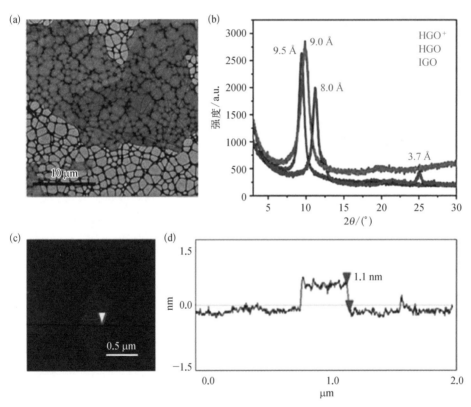

图 2-7 氧化石墨烯的表征图

(a)TEM 图; (b)XRD 图; (c)AFM 图; (d)AFM 测试的高度分布图

2. 氧化石墨烯的制备

石墨烯是组成碳材料家族其他成员的基本单位,其中石墨是由石墨烯堆叠而

石墨烯粉体材料:从基础研究到工业应用

成的,而氧化石墨则可视为由氧化石墨烯堆叠而成。若要制备氧化石墨烯,则需对氧化石墨施加一定的外力,使氧化石墨烯片层间挣脱范德瓦耳斯力的束缚。目前,采用的方法主要有热解膨胀法和超声分散法。

热解膨胀法是指对氧化石墨进行热处理。在热处理过程中,先将干燥的氧化石墨粉末装入石英管中,然后进行快速升温,氧化石墨片层表面的环氧基和羟基分解生成 CO_2 和水蒸气等小分子,当气体生成速率大于其释放速率时,层间压力就会超过范德瓦耳斯力,从而氧化石墨膨胀剥离。热处理后的氧化石墨体积会变为原来的数十倍甚至数百倍,即所谓的膨胀石墨。但是在这个过程中,氧化石墨不能完全剥离,相对于理论完全剥离的氧化石墨烯(比表面积为 2600 m^2/g),其比表面积很小(100 m^2/g),并且热处理会造成氧化石墨烯片层折叠为蠕虫状,所以膨胀石墨又被称为石墨蠕虫。

氧化石墨的亲水性和较大的层间距都有利于其在水中通过超声的方法进行剥离。超声分散的原理是利用超声波在氧化石墨悬浮液中以不同的疏密程度对其进行辐射,促使溶液不断流动从而产生大量的微气泡,这些微气泡在超声波沿着纵向辐射形成的负压区形成并不断生长,然而在正压区就会迅速闭合,这种现象被称为空化现象。在这个过程中,微气泡闭合就可以形成数千伏特的瞬间高压,并且这种连续产生的瞬间高压会不断地冲击氧化石墨烯,使氧化石墨烯片迅速剥离。超声分散法相对热解膨胀法制备的氧化石墨烯的剥离程度比较高,但是超声分散是物理作用,没有发生化学变化,制备的氧化石墨烯还是含有较多的表面官能团,所以与氧化石墨一样不具备导电性,然而在制备复合材料时却有利于其与聚合物基体复合或自组装。而通过热解膨胀法制备的氧化石墨烯脱除了一部分含氧官能团,因而具有一定的导电性,可以作为导电纳米填料直接使用而无须再进行还原处理,但由于 CO_2 的释放将造成较大的质量损失。

此外,高超课题组以石墨为原料、高铁酸钾为氧化剂,在硫酸溶液中 1 h 内直接得到了氧化石墨烯分散液。整个过程主要分为两个步骤:氧化插层和氧化剥离。原位形成的 FeO_4^{2-} 和氧原子作为氧化剂,剩余的氧形成的氧气,温和持续地剥离氧化石墨来形成氧化石墨烯。如图 2-8 所示,氧化石墨烯横向尺寸约 9 μm,在水和 N,N-二甲基甲酰胺(DMF)中具有良好的分散性,并且此工艺已经实现了氧化石墨烯的量产。

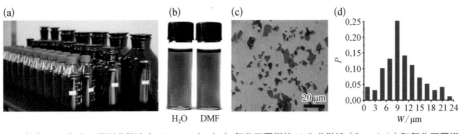

图 2-8 高铁酸钾作为氧化剂快速制备氧化石墨烯的表征图

（a）75 L 氧化石墨烯分散液（10 mg/mL）；（b）氧化石墨烯的 H$_2$O 分散液（3 mg/mL）和氧化石墨烯的 DMF 分散液（3 mg/mL）；（c）SEM 图；（d）尺寸分布直方图

3. 氧化石墨烯的还原

氧化石墨烯还原法是使用最多的一种制备石墨烯的方法。在氧化石墨的制备过程中，由于在石墨结构中引入了大量的含氧官能团，其原始石墨的共轭结构被破坏，从而失去了导电性，也就限制了其在导电纳米复合材料制备等方面的应用。为了恢复其导电性，可将氧化石墨烯还原。对于大规模制备石墨烯而言，氧化石墨烯还原法是一种非常有价值的方法。氧化石墨烯还原是对 sp^2 连接的石墨烯大 π 结构进行修复的过程，在这个过程中，氧化石墨烯上的含氧官能团被部分还原，使得石墨烯结构恢复，从而得到具有一定导电能力的石墨烯。

目前，氧化石墨烯还原法主要包括化学还原法和热还原法。无论选择哪种还原方法，氧化石墨或氧化石墨烯表面的含氧官能团都不能够完全脱除，制备的石墨烯都存在一定结构缺陷。这些结构缺陷和官能团虽然会损害石墨烯的导电、导热等性能，但是可使石墨烯作为通用材料，为其进一步加工和成型带来了便利。

化学还原法是指使用强还原剂如水合肼对氧化石墨烯进行还原。这种方法制备的石墨烯被称为化学还原氧化石墨烯（chemically reduced graphene oxide，CRG）。石墨是疏水性物质，石墨氧化后得到的氧化石墨片层上带有大量的含氧官能团（如羟基和羧基），因此氧化石墨是亲水性物质，并且其层间距要比原始石墨大得多。所以在适当的外力作用下，可先将氧化石墨在溶液中分散形成氧化石墨烯胶体，然后加入还原剂，在一定的反应条件下去除氧化石墨烯上的含氧官能团。

2006 年，Ruoff 等在水溶液中以肼为还原剂，用化学还原法成功制备了石墨烯。他们发现，这种方法不能完全去除氧化石墨烯片层上的含氧官能团，并且制备的石墨烯的结构也存在一定缺陷。除了肼，其他的强还原剂如维生素 C、硼氢化钠、对苯二胺等也被用来还原氧化石墨烯。Paredes 等报道，维生素 C 和水合肼的还原效果差不多，加之维生素 C 具有安全、无害等特点，因此在制备石墨烯方面有着广阔的应用前景。Lee 等利用硼氢化钠在水溶液中还原氧化石墨烯，得到了还原程度与肼相当且导电性能更好的石墨烯。Wang 等在水溶液中，利用对苯二胺还原氧化石墨烯批量制备了石墨烯。Chen 等通过一系列含硫化合物(亚硫酸氢钠、二氧化硫、氯化亚砜、硫代硫酸钠和硫化钠)还原氧化石墨烯水溶液及氧化石墨烯与 N,N-二甲基乙酰胺的混合液来制备石墨烯，发现亚硫酸氢钠和氯化亚砜的还原能力与水合肼相当。此外，金属/酸或金属/碱、植物提取物、氨基酸类，甚至微生物等都可以不同程度地还原氧化石墨烯，但是产物的碳氧比和电导率并不理想，暂时不适宜工业化的应用。

CRG 和氧化石墨烯有明显的不同，外观颜色一般由棕黄色变为黑色[图 2-9 (c)]，通过 XRD、X 射线光电子能谱(X-ray photoelectron spectroscopy, XPS)、拉曼光谱表征可以明显地区分两者。和氧化石墨烯相比，从 CRG 的 XPS 图可以明显看出其 C—O 的结合能强度很微弱[图 2-9(f)]。由图 2-9(h)的拉曼光谱表征

图 2-9 不同还原剂化学还原氧化石墨烯制备石墨烯的表征图

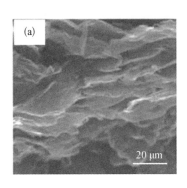

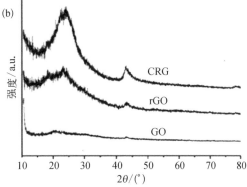

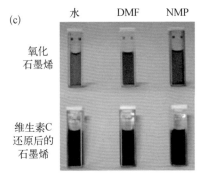

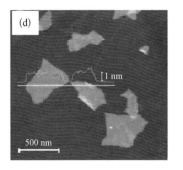

图 2-9 续图

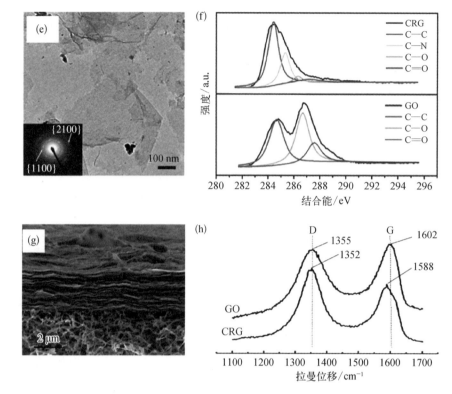

（a）（b）水合肼作还原剂制备石墨烯的 SEM 图和 XRD 图；（c）（d）维生素 C 作还原剂还原不同溶剂分散的氧化石墨烯的对比图和维生素 C 作还原剂制备石墨烯的 AFM 图；（e）对苯二胺作还原剂制备石墨烯的 TEM 图；（f）CRG 和氧化石墨烯的 XPS 对比图；（g）亚硫酸氢钠作还原剂制备石墨烯组装薄膜的截面 SEM 图；（h）CRG 和氧化石墨烯的拉曼光谱对比图

可知，CRG 的 G 峰强度大于 D 峰强度，说明 CRG 由于含氧量降低而缺陷度降低。

　　不同还原剂对氧化石墨烯的还原程度不同，可以通过测试石墨烯碳氧比来表征还原剂的还原能力，强还原剂还原后的石墨烯的碳氧比可达 10 以上。此外，得到的石墨烯的电导率差别也很大，一般为 $10\sim10^5$ S/m。因此，需要根据具体的应用情况选择合适的还原剂。表 2-1 总结了不同还原剂化学还原氧化石墨烯制备石墨烯的性能对比。值得注意的是，即使用强还原剂如水合肼、抗坏血酸，得到的石墨烯的含氧官能团都不可能被完全移除。根据 Stankovich 等的机理解释，强还原剂只能移除氧化石墨烯上的羟基和环氧基，而不能移除羧基。

表2-1 不同还原剂化学还原氧化石墨烯制备石墨烯的性能对比

还 原 剂	碳氧比	电导率/(S/m)	参考文献
水合肼	11	1700	[18]
对苯二胺	7.4	15000	[15]
硼氢化钠	8.6	45	[17]
碘化氢	12	29800	[19]
维生素 C/氨气	12.5	7700	[14]
二氧化硫脲/氢氧化钠/胆酸	5.8	3205	[20]
亚硫酸氢钠	7.9	6500	[16]
Zn/HCl	33.5	15000	[21]
Zn/NaOH	17.9	7540	[22]

在化学还原过程中,由于氧化石墨烯不能被彻底还原,得到的石墨烯还存在一定量的含氧官能团和一些结构缺陷,CRG 的导电、导热性能并不理想,并且在水分散体系中常存在 CRG 团聚的问题。这是由于在化学还原过程中,随着石墨烯片层上的含氧官能团逐渐减少,片层的亲水性也逐渐减弱,所以片层间的 π-π 作用致使石墨烯片层极易重新堆叠发生团聚。这种团聚现象是不可逆的,超声或其他机械作用也难以将团聚的石墨烯片层再次分离。因此,在化学还原过程中,需要加入稳定剂(如一些高分子、表面活性剂等)或用某些有机小分子对 CRG 的表面进行修饰来阻止其团聚。

热还原法是指通过热处理的方式产生热力学稳定的碳氧化合物,从而脱去氧化石墨表面的含氧官能团。氧化石墨烯表面的含氧官能团对于温度非常敏感,根据含氧量的不同,当温度升到200~300 ℃时[图 2-10(c)],大部分含氧官能团就会从氧化石墨烯表面脱落,从而实现氧化石墨烯的热还原。

2006 年,Schniepp 等首先详细阐述了利用高温热解还原氧化石墨得到石墨烯的整个过程,热还原后的石墨烯小于 2 层,电导率为 $1 \times 10^3 \sim 2.3 \times 10^3$ S/m,并指出了剥离完成的标志:① 快速热还原后体积膨胀达到 500 倍甚至 1000 倍;② 快速热还原后氧化石墨的特征衍射峰消失;③ 所得产物的比表面积为 700~1500 m^2/g。热还原法制备石墨烯的还原程度可以通过控制还原温度来调节,因此可以通过提高还原温度来得到高质量石墨烯。

热还原法制备石墨烯的优点是工艺简单、易工业化、可连续化生产。该工艺以

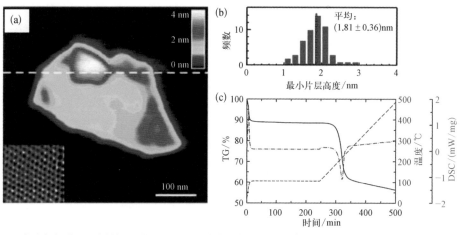

图2-10 热还原法制备石墨烯和氧化石墨烯的表征图

（a）（b）热还原法制备石墨烯的 AFM 图和高度分布直方图；（c）氧化石墨烯的热重分析和差示扫描量热分析图

还原炉为核心设备，市场上相应开发了微波还原炉、热膨胀炉等，降低能耗为其发展的主要方向。热还原法的不足之处在于一般以氧化石墨烯粉体为前驱体，其存在不同程度的堆叠，所以得到的石墨烯粉体不可能是完全的单层结构，仍然存在很多堆叠的石墨片层。

2.2.2 机械剥离法

机械剥离法是通过施加机械力（如摩擦力、剪切力等）将石墨烯从石墨中剥离出来的方法（图 2-11）。目前，可宏量制备石墨烯的机械剥离法主要包括球磨法和高速剪切机械剥离法。

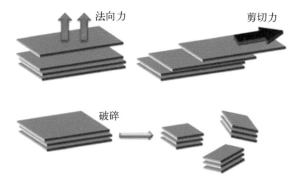

图2-11 机械剥离法制备石墨烯的原理图

1. 球磨法

球磨法是指在介质存在的条件下，主要利用球磨过程中产生的剪切力将石墨从侧面剥离成石墨烯。

2010年,受液相超声剥离石墨烯方法的影响,Knieke 等改进球磨技术后通过球磨法成功制得石墨烯,此后球磨法宏量制备石墨烯得到快速发展。其中,湿法球磨制备石墨烯率先被不断研究改进。具体步骤如下:首先将石墨分散在合适的溶剂中,然后利用行星式或搅拌式球磨机进行球磨,将石墨剪切剥离为石墨烯。分散石墨的溶剂要求具有足够的表面能以克服石墨片层之间的范德瓦耳斯力,比如 N,N-二甲基甲酰胺(DMF)、N-甲基吡咯烷酮(NMP)、四氢呋喃(THF)等。陈国华等将隐晶质石墨和有机溶剂按一定比例混合,通过球磨法并辅助超声法,得到了 10 层以内、小片径的石墨烯(图 2-12)。另外,气体也可以作为球磨介质。Jeon 等在干冰存在的条件下,球磨石墨 48 h 后制备了大量小尺寸(100~500 nm)、边缘羧基化的石墨,其易在大部分有机溶剂中分散并自发剥离成单层或少层的石墨烯(图 2-13)。此外,以无机盐为球磨介质,通过干法球磨石墨也可以得到石墨烯,但是无机盐的用量一般为石墨的几百倍,容易产生大量的高盐废水。

图 2-12 球磨法和超声法制备石墨烯的 SEM 图

球磨法对设备要求不高,工艺简单,但是反应时间较长,一般达到数十小时,制备的石墨烯一般在 10 层以内。球磨过程中的碾压作用可以粉碎石墨薄片,甚至可以破坏石墨的晶体结构,因此球磨法制备的石墨烯尺寸较小,存在较多结构缺陷。

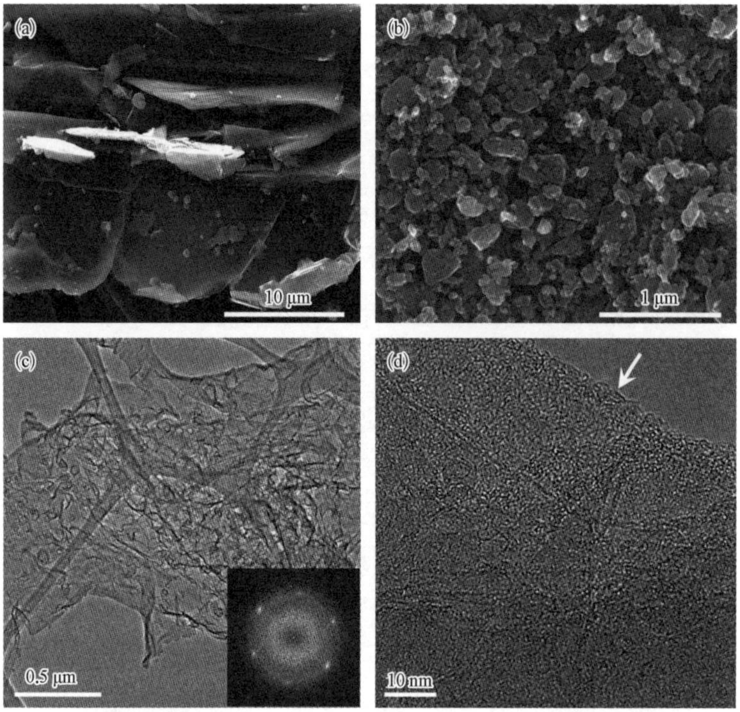

图 2-13　球磨法制备石墨和石墨烯的表征图

（a）石墨的 SEM 图；（b）～（d）石墨烯的 SEM 图、TEM 图和 HRTEM 图

2. 高速剪切机械剥离法

　　球磨过程中不可避免地会产生剧烈碰撞从而使石墨破碎，为了减少这种情况的发生，并最大限度地利用所产生的剪切力，直接使用高速剪切设备机械剥离石墨制备石墨烯的方法得到了快速发展，并且逐步实现了石墨烯的宏量制备。Paton 和 Liu 等用高速剪切的固定转子设备大量制备了在 NMP 中高度分散的石墨烯，其横向尺寸为 300～800 nm（图 2-14）。在高速剪切的过程中，发生的空化和碰撞效应有利于促进石墨的剥离，但是固定转子设备的高剪切速率主要发生在转子-固定片局部区域，因而降低了剪切效率。Alhassan 等使用具有叶轮的不锈钢搅拌器，其快速搅拌时可产生涡流，证明了湍流状态下也可以将石墨剥离成石墨烯。李琦等在分散剂（聚乙二醇、羧甲基纤维素等）、消泡剂、阴离子表面活性剂（如十二烷基苯磺酸钠）的介质中，用工业化的高速剪切机机械剥离膨胀石墨，大规模制备了 0.1～20 nm 的防回叠石墨烯浆料。该防回叠石墨烯具有良好的导热、导电和力学性能，例如将防回叠石墨烯添加到环氧树脂中制备成薄膜材

料,相较于未使用防回叠技术制备的石墨烯/环氧树脂薄膜材料,其极大地降低了薄膜材料的方块电阻(图2-15)。

图2-14 高速剪切机械剥离法制备石墨烯的表征图

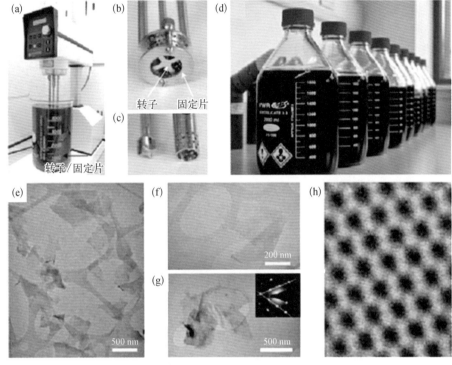

(a)~(c)固定转子设备;(d)石墨烯的NMP分散液;(e)~(g)石墨烯的TEM图;(h)石墨烯的HRTEM图

图2-15 不同方法制备石墨烯/环氧树脂薄膜材料的方块电阻对比图

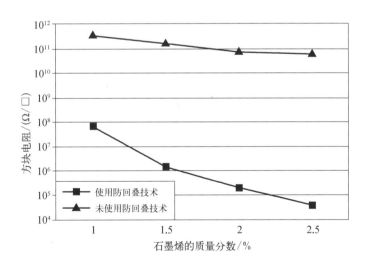

机械剥离法尤其是高速剪切设备的应用,使机械剥离法制备石墨烯实现了工业化生产,相对氧化还原法制备的石墨烯结构缺陷相对较少,具有良好的导热、导电性能。

2.2.3 液相剥离法

液相剥离法是选择一种合适的溶剂并利用超声波破坏石墨烯层间的范德瓦耳斯力从而制备石墨烯的方法。目前,液相剥离法主要包括液相直接剥离石墨法和液相剥离膨胀石墨法。

1. 液相直接剥离石墨法

2008 年,Coleman 等在 NMP 中将天然鳞片石墨直接剥离成片层石墨烯,并进一步研究了其在不同溶剂中的分散情况(图 2-16)。此方法剥离的石墨烯在 NMP 中分散度最大(0.01 mg/mL),在水中最不易分散。2009 年,Lotya 等在有机溶剂剥离的基础上,以石墨为原料,在表面活性剂水溶液中,通过超声剥离制备出石墨烯悬浮液。单次剥离很难使石墨烯分散液的浓度达到很高,Coleman 等发现采用两步法剥离石墨烯可获得高浓度的石墨烯分散液。他们首先将天然鳞片石墨和 NMP 混合,用 600 W 对混合液超声,然后用 500 r/min 对混合液离心。他们发现,超声 6 h 时石墨烯分散液的浓度达到最高(2 mg/mL),随着超声时间的增加,石墨烯分散液的浓度却在下降。而将超声 6 h 的石墨烯 NMP 分散液过滤干燥,再加入 NMP 进行超声,第二次超声 30 h 时石墨烯分散液的浓度达到最高(20 mg/mL),瞬时浓度甚至高达 63 mg/mL。Coleman 等的研究为大规模液相直接剥离生产石墨烯提供了可能。

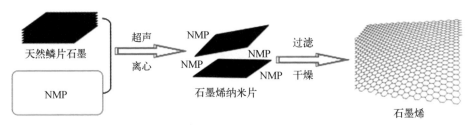

天然鳞片石墨　超声　离心　NMP　NMP　NMP　NMP　石墨烯纳米片　过滤　干燥　石墨烯

图 2-16　液相直接剥离石墨法制备石墨烯示意图

液相直接剥离石墨法需要剥离溶剂和石墨烯的表面能具有良好的匹配度,因此该方法的关键是选择合适的溶剂。十几年来,在不同溶剂(如有机溶剂、水等)

　石墨烯粉体材料:从基础研究到工业应用

中通过液相直接剥离制备石墨烯的方法已经有很多报道，部分结果总结于表2-2中。

表2-2 不同溶剂中液相直接剥离石墨法制备石墨烯的结果对比

剥 离 溶 剂	剥 离 结 果	参考文献
NMP	5层以下的石墨烯，分散液浓度为 0.01 mg/mL	[30]
H₂O+十二烷基苯磺酸钠	5层以下的石墨烯，分散液浓度为 0.1 mg/mL	[31]
H₂O+乙醇	石墨烯产率约为10%，分散液浓度为 (20.4±2.1) μg/mL	[32]
甲醇+层状钛硅材料JDF-L1	4层以下的石墨烯，横向尺寸为几百纳米	[33]
DMF+正丁醇	33.5%为2层石墨烯，分散液浓度为 6.5 mg/mL	[34]
H₂O+N-乙烯基咪唑	88%为5层以下的石墨烯，分散液浓度为 1.0 mg/mL	[35]
NMP	可控制备不同尺寸的石墨烯，最小尺寸约为 17 nm	[36]
H₂O+酸酐功能化聚乙烯亚胺	少层石墨烯纳米片产率为11.2%，分散液浓度为 0.56 mg/mL	[37]
NMP+H₂O	0.43 mg/mL 的石墨烯分散液可稳定存放 18 个月	[38]

液相直接剥离石墨法以廉价的石墨为原料，操作简单，得到的石墨烯质量较高。但是其对溶剂需求量大、产量较低，这些限制了得到的石墨烯的进一步应用。此外，如何有效去除溶剂或表面活性剂也是需要解决的难题。该法制备的石墨烯虽然导电和导热性能好、缺陷少，但是尺寸小、产率低，工业化生产相对较难实现。虽然该法较难实现工业化生产，但也为制备高质量石墨烯片层提供了新方法。

2. 液相剥离膨胀石墨法

用各种方法将石墨膨胀会使石墨片层间距增加、层间范德瓦耳斯力减弱，再采用液相剥离法会使石墨烯的产率大大提高，且可用水作溶剂，获得的石墨烯具有很广的工业化前景。目前，国内已有数家企业使用该法实现了石墨烯的量产。

石墨烯中金属的残留量是一个重要的指标。传统的 Hummers 法由于使用高锰酸钾作氧化剂，制备的石墨烯中含有很多锰离子，它们很难被去除干净。而采用液相剥离膨胀石墨法制备石墨烯可以避免金属的使用，从而制备金属含量极低的石墨烯。图2-17为液相剥离膨胀石墨法制备石墨烯的工业流程图。

左侧页边批注：
表2-2 不同溶剂中液相直接剥离石墨法制备石墨烯的结果对比

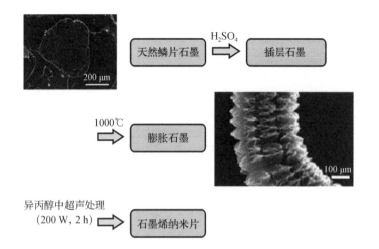

图 2 - 17 液相剥离膨胀石墨法制备石墨烯的工业流程图

如图 2 - 17 所示,液相剥离膨胀石墨法是以天然鳞片石墨为原料,先通过插层反应将插层剂分子插入石墨层间得到插层石墨,常见的插层剂分子有无机酸、有机酸及一些尺寸较小的有机分子等;然后将插层石墨置于高温设备中或者进行微波辐射,插层剂分子由于迅速高温受热而分解为二氧化硫、水蒸气等气体,在石墨层间形成一定的气压,从而能克服石墨层间的范德瓦耳斯力,使石墨层间剥离,得到一种外观形似蠕虫的石墨烯聚集体;最后经超声剥离得到石墨烯纳米片。这种方法工艺简单,可实现工业化生产,且制备的石墨烯缺陷少、片层结构完整、导电和导热性能好。但是该方法存在的主要问题是制备的石墨烯片层数多,一般为 8~10层;另外,和液相直接剥离石墨法一样,由于使用超声,所制得的石墨烯尺寸较小。

2.2.4 电化学法

电化学法制备石墨烯是指通过电流作用使石墨类原料氧化,或者产生活性物质(如氧原子)直接进行石墨插层,减弱石墨层间范德瓦耳斯力,从而剥离得到石墨烯(图 2 - 18)。根据电化学原理,电化学法制备石墨烯主要有两种路线:阳极电化学氧化法和阴极电化学剥离法。

1. 阳极电化学氧化法

阳极电化学氧化法是指以石墨为阳极,当施加一定电压时,阳极石墨被氧化,在静电作用下,石墨边缘层间距增大,向阳极移动的阴离子和其他插层物质插层嵌

图 2 - 18 电化学法制备石墨烯示意图

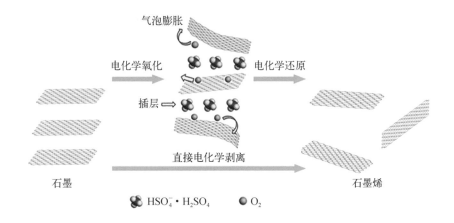

入石墨层间,逐步导致石墨体积膨胀、范德瓦耳斯力减小,最终形成含有一定含氧官能团的氧化石墨烯或石墨烯。

2008 年,Liu 等使用离子液体(1 -辛基- 3 -甲基咪唑六氟磷酸盐)和水的混合电解液,在电场作用下,以 PF_6^- 为插层剂首先通过阳极电化学氧化法制备了石墨烯,同时改用其他类型的离子液体,以 BF_4^-、Cl^- 为插层剂均通过阳极电化学氧化法得到了石墨烯,并且这些石墨烯在 DMF 中具有较好的分散性。但是离子液体合成复杂,价格高昂,因此价格便宜且易得的无机酸类、无机盐类电解质引起了人们的关注。Wu 等以稀硫酸为电解液,在阳极气体的辅助作用下制备了 7 层以下、数十微米大小的石墨烯,产率超过 75%,其中硫酸插层石墨化合物是实现高效电化学插层剥离石墨烯的关键中间体。另外,以 Na_2SO_4、K_2SO_4、$(NH_4)_2SO_4$、硝酸盐、氯化物、磷酸盐等无机盐为电解质,也可以得到质量较好的石墨烯。Wang 等以硫酸氢钾类混合物质为电解质,在施加 50 V 的电压 4 min 后,得到了 2～5 层、含氧量约为 16.37%、在水中可稳定分散的石墨烯(图 2 - 19)。此外,十二烷基硫酸钠、羧酸盐等有机盐类也可以作为电解质。

图 2 - 19 硫酸氢钾类混合物质作为电解质制备石墨烯的表征图

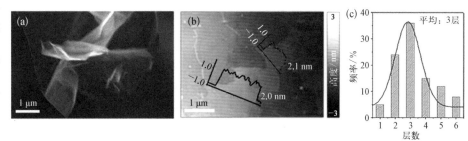

(a)SEM 图;(b)AFM 图;(c)层数分布直方图

Achee 等优化了装置,将天然鳞片石墨压缩在可膨胀的、有一定透过率的容器中,并且加入铂导线作为阴极,以 0.1 mol/L 的硫酸铵作为电解液、石墨泡沫作为阳极(图 2-20)。在 10 V 的电压下,工作 1~24 h,阳极的石墨被剥离,再经过离心、水洗、干燥过程,极大地提高了石墨烯纳米片产率,其产率可达 65%、片径大于 30 μm。

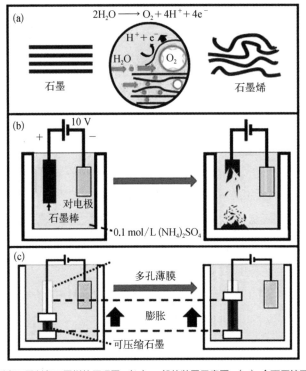

图 2-20 阳极电化学氧化法制备石墨烯的装置示意图

(a)电化学法剥离石墨制备石墨烯的原理图;(b)一般的装置示意图;(c)含可压缩石墨的装置示意图

丁古巧课题组以石墨泡沫为电极、NaOH 和精对苯二甲酸(PTA)为电解液,通过阳极电化学氧化法并辅助超声法制备了 1~6 层的石墨烯,其产率为 87.3%。当将高定向热解石墨作为电极时,可得到横向尺寸最大可达 50 μm、2~5 层的石墨烯(图 2-21),其产率达到 99%,并且可以在水中稳定分散。

阳极电化学氧化法制备石墨烯具有剥离效率高、产品纯度高、制备周期短、原料丰富等诸多优势,石墨棒、石墨纸、石墨膜和高定向热解石墨等均可作为石墨电极和原料,因此是极有潜力的石墨烯工业化制备方法之一。需要注意的是,由于阳极石墨的氧化反应,获得的石墨烯仍然含有含氧官能团和一定的结

图 2-21 高定向热解石墨作为电极制备石墨烯的表征图

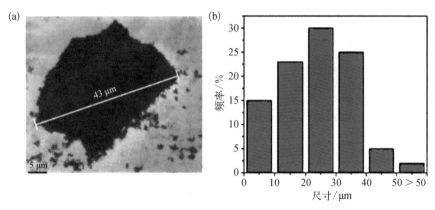

（a）SEM图；（b）尺寸分布直方图

构缺陷。

2. 阴极电化学剥离法

阴极电化学剥离法是指在电场作用下,阳离子向阴极石墨迁移并对石墨进行插层,同时阴极产生的氢气也会进入石墨层间,阳离子和氢气的共同插层作用会减弱石墨层间范德瓦耳斯力,从而使石墨体积膨胀、脱落进而直接剥离得到石墨烯。

Abdelkader 等以 $LiClO_4$ 和 Et_3NHCl 的二甲基亚砜（DMSO）溶液为电解液,利用溶液中 Li^+ 和 Et_3NH^+ 的协同作用插层石墨电极,经多次电化学剥离制备了厚度小于 5 nm、尺寸为 1~15 μm 的石墨烯。此外,熔融的 LiOH 或 LiCl、离子液体、$LiClO_4$/丙烯碳酸酯（PC）等也可以作为电解液。Wang 等以 $LiClO_4$/PC 为电解液、HOPG 为阴极,施加(15±5)V 的电压,将电化学插层后的 HOPG 转移至含 LiCl 的 DMF 溶液中进一步超声剥离（图 2-22）,这样大大提高了石墨烯的产率（70%）,石墨烯平均小于 5 层且具有良好的导电性能,0.7 mg/cm² 的石墨烯纸经测试电阻为 15 Ω。

相较于阳极电化学氧化法,阴极电化学剥离法不使用强氧化剂,大大减少了石墨烯的缺陷,但是剥离效率普遍不高。此外,阴极电化学剥离法所用的电解质主要以含锂离子溶液或熔融盐为主,价格昂贵、对设备要求高及伴随产生的环境问题等制约着其工业化的发展。

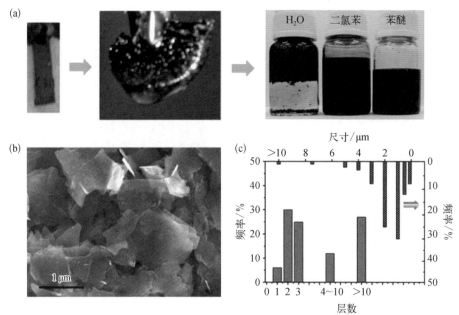

图2-22 阴极电化学剥离法制备石墨烯的表征图

（a）从左至右依次为 HOPG，电化学插层后的 HOPG，超声剥离后的石墨烯在水、二氯苯、苯醚中的分散情况（1mg/mL）；（b）SEM图；（c）层数和尺寸分布直方图

2.2.5 气相等离子法

气相等离子法制备石墨烯的一般过程如下：首先含碳前驱体（例如乙醇、甲醇等）被输送到等离子发生器中，快速汽化并和等离子体发生弹性或非弹性碰撞而被分解成小的活性物质，如 C、H、H_2、C_2、C_2H_2、CO 等，随后快速成核生成石墨烯片，然后穿过等离子区，快速冷却形成石墨烯粉末，最后通过尼龙膜过滤器装置就可以收集到石墨烯粉末产品（图2-23）。

Dato 等以乙醇为碳源，在 Ar 等离子体中连续制备了石墨烯。乙醇的进

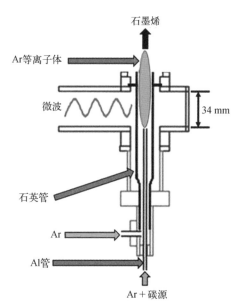

图2-23 气相等离子法制备石墨烯的原理图

料速率为 164 mg/min,石墨烯粉末的收集速率为 2 mg/min,该石墨烯在甲醇中具有较好的分散性[图 2-24(a)]。在图 2-24(b)的 TEM 图中,可以观察到明显的石墨烯片状结构,石墨烯尺寸小于 1 μm。若采用微波等离子体裂解乙醇制备石墨烯的方法,石墨烯在气相中生成,反应条件温和。但是产量极低,石墨烯表面带有大量官能团,无法大量生产,目前报道的最大产量为 0.1 g/h。在此原理基础上,通过优化或改变等离子发生器、选择合适的碳源等方法,可以极大地提高气相等离子法制备石墨烯的效率。

图 2-24 以乙醇为碳源,在 Ar 等离子体中连续制备石墨烯的表征图

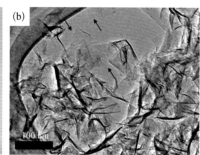

(a)甲醇分散液;(b)TEM 图

张芬红等用甲烷或天然气作为原料,以氮气为工作介质,以电弧为等离子发生器,甲烷或天然气的进料速率可达 10 m³/h,连续进料 1 h 后反应 30 min,经过冷却、分离实现了间歇式石墨烯微片的宏量生产。其中,等离子发生器以铜为正极、钨钼合金为负极,电极距离为 0.02～3 mm,工作电压为 300～8000 V。宏量生产的石墨烯微片的横向尺寸小于 1 μm,比表面积大于 350 m²/g。洪若瑜等同样以气相等离子电弧法宏量制备了石墨烯微片,等离子发生器的工作电压为 360～100 kV、电流为 0.1～100 A、温度为 800～6500 ℃,以甲烷为碳源、氮气为载气,添加氨气或氢气等还原性辅助气体,将等离子发生器与流化床结合,最高 98% 的碳源可转化为石墨烯微片,其尺寸小于 1 μm,拉曼光谱测试说明以少层为主(图 2-25)。

Wang 等提出了利用磁分散电弧产生大面积均匀等离子体的技术,解决了等离子体对物料快速加热不均匀的问题,并且优化了生产高纯度石墨烯微片需要的工艺条件,以甲烷和乙烯分别作为碳源制备了 2～5 层石墨烯微片的横向尺寸为 50～300 nm(图 2-26),产率约为 14%,能耗约为 0.4 kW·h/g,因此具备实现低成本大规模连续生产的前景。

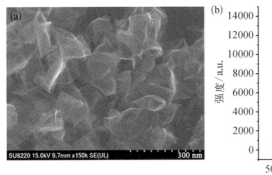
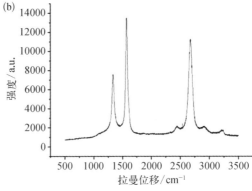

图 2 - 25 以甲烷为碳源,在氮气等离子体中宏量制备石墨烯微片的表征图

(a) TEM图;(b) 拉曼光谱图

图 2 - 26 甲烷和乙烯分别作为碳源制备石墨烯微片的TEM图

等离子发生器为气相等离子法的关键设备,目前宏量生产石墨烯微片工艺中仍以电弧等离子发生器为主,生产的石墨烯微片尺寸一般小于 1 μm,但是含碳量高,一般高于 98%,因此在未来的石墨烯粉体生产工艺中具有很大的潜力。

2.3　小结

氧化还原法是发展较快的石墨烯量产方法之一,工艺比较稳定,易于控制;可以得到重要的中间产物——氧化石墨烯,氧化石墨烯含有丰富的羟基、羧基、环氧基等含氧官能团,易于功能化,是很多石墨烯复合材料的首选前驱体,且具有较好的成膜性;经过化学还原或热还原后可得到单层或少层石墨烯粉体。但是由于强氧化剂的使用,生产的石墨烯均存在一定结构缺陷,纯化工艺和环境污染问题仍然是其需要优化和改进的主要方向。

机械剥离法是石墨烯工业化生产的主要方法之一,对设备有一定要求,不使用强氧化剂,因此对石墨烯结构破坏较小。生产的石墨烯具有良好的导热、导电和力学性能,品质较高。剥离介质含有一定的有机溶剂,易产生有机废物,因此工艺有待进一步提升。

液相剥离法工艺简单,生产的石墨烯缺陷少、片层结构完整、导电和导热性能好,但是产率低,产生的有机废物对环境有一定影响,因此宏量制备发展较慢。

电化学法对设备要求不高,工艺简单,制备周期短,产率高,主要生产少层石墨烯,其具有一定含氧量(一般小于 20%),结构存在少量缺陷,主要产生高盐类废水,因此在未来石墨烯工业化生产中具有一定的竞争力。

气相等离子法对设备有一定要求,工艺简单,制备周期短,生产的石墨烯纯度较高,但是尺寸较小,一般小于 1 μm,目前还不能生产大尺寸(如几十微米)的石墨烯,对环境比较友好,主要产生少量 CO_2 等废气,因此在未来石墨烯工业化生产中具有很大的潜力。

对于宏量制备石墨烯粉体材料,持续的技术发展和工艺提高将不断提升石墨烯粉体材料的质量,降低其价格,丰富其种类,可以根据具体的应用场景选择合适的生产工艺。目前,石墨烯粉体材料工业化量产技术的发展大大推动了石墨烯粉体材料在复合材料、储能、催化、水处理、高分子、涂料、墨水、防腐等领域的应用。

2010 年,石墨烯粉体材料的宏量制备技术有了很大的突破和进展。随着产业需求的不断增加、应用领域的不断拓展,石墨烯粉体产业迎来了较大的发展机遇。目前,石墨烯粉体产业发展存在的主要问题是缺乏统一的石墨烯产品标准。由于石墨烯产品标准制定尚在酝酿中,可以产业化的石墨烯产品大多以企业标准为依据,各企业的石墨烯产品存在指标、性能与划分不一致的问题,影响了石墨烯粉体材料的推广应用。其次,石墨烯产品较为单一,目前最常用的产业化制备方法是氧化还原法和石墨插层法,制备方法的单一导致目前市售石墨烯产品性能的单一,不能满足不同行业的需求。石墨烯生产厂家没有注意到石墨烯产品在尺寸和层数上的变化对其性能的影响,不能够提供有效的技术服务,这使得客户在选购石墨烯产品时比较迷茫,选不到合适的产品,最终导致客户对石墨烯产品的信任度降低。这些都会影响石墨烯产业的发展。

另外,石墨烯成本高于期望值,这主要是由于石墨烯宏量生产线的设计还存在很多不足导致的。目前的一些石墨烯的宏量生产线只是保证能得到产品,对于其环保、能耗、时间周期等方面都没有进行很好的设计,造成了石墨烯成本较高。同时,石墨烯宏量生产线自动化程度不高,人工操作的误差会影响石墨烯产品的质量。这些都需要进行更进一步的优化提升。

石墨烯宏量制备过程中存在的这些问题影响了石墨烯产业的发展,这需要在接下来的石墨烯宏量制备过程中进一步解决。

针对目前石墨烯宏量制备行业领域存在的问题,石墨烯宏量制备的发展有以下几个方向。

(1)石墨烯产品的质量提高及石墨烯材料的多元化发展

加强对石墨烯产品的质量监控,提高石墨烯产品的质量。同时,开发一系列石墨烯材料(如控制石墨烯的尺寸、厚度、改性程度)以满足广大客户的需求,开发石墨烯衍生材料(如石墨烯量子点、三维石墨烯、石墨烯卷等)来扩展石墨烯的应用领域。

(2)发展新型绿色石墨烯宏量制备方法

改善目前石墨烯生产过程中产生的污水等问题。石墨烯宏量制备方法的多元化发展能够满足石墨烯在不同领域的应用要求,会对探索石墨烯的应用领域起到很好的推动作用。

(3)对石墨烯宏量生产线进行改进

完善目前的石墨烯宏量生产线,例如:提升生产线的多功能性;提高生产线的自动化程度,减少人工操作;改造优化生产设备,降低石墨烯生产过程中的能耗及缩短生产周期,进一步降低石墨烯的生产成本,提高石墨烯应用的市场接受度。

石墨烯产业化应用前景诱人,但有些宣传却过于乐观,给人们造成了石墨烯产业化应用的万亿元市场很快就要到来的错觉。石墨烯质量的提高与保障、成本的降低、产业化的数据库建设、质量评价方法和相应标准的制定虽已有所突破,但有些仍处在扩大试验阶段,需要改进与完善,因此还需要大量的时间和资本投入。

参考文献

[1] 王天博. 胶带粘黏法制备石墨烯存在的问题探讨[J]. 甘肃科技,2017,33(23):55 - 57,117.

［2］Kosynkin D V，Higginbotham A L，Sinitskii A，et al. Longitudinal unzipping of carbon nanotubes to form graphene nanoribbons［J］. Nature，2009，458（7240）：872－876.

［3］Berger C，Song Z M，Li T B，et al. Ultrathin epitaxial graphite：2D electron gas properties and a route toward graphene-based nanoelectronics［J］. The Journal of Physical Chemistry B，2004，108(52)：19912－19916.

［4］顾磊. 基于 4H-SiC 基底选择性外延生长石墨烯［D］. 西安：西安电子科技大学，2014.

［5］郝昕. SiC 热裂解外延石墨烯的可控制备及性能研究［D］. 成都：电子科技大学，2013.

［6］Mishra S，Beyer D，Eimre K，et al. Topological frustration induces unconventional magnetism in a nanographene［J］. Nature Nanotechnology，2020，15(1)：22－28.

［7］Chen Z L，Qi Y，Chen X D，et al. Direct CVD growth of graphene on traditional glass：Methods and mechanisms［J］. Advanced Materials，2019，31(9)：1803639.

［8］Shi L R，Chen K，Du R，et al. Direct synthesis of few-layer graphene on NaCl crystals ［J］. Small，2015，11(47)：6302－6308.

［9］Dato A. Graphene synthesized in atmospheric plasmas — A review［J］. Journal of Materials Research，2019，34(1)：214－230.

［10］傅玲，刘洪波，邹艳红，等. Hummers 法制备氧化石墨时影响氧化程度的工艺因素研究 ［J］. 炭素，2005(4)：10－14.

［11］Marcano D C，Kosynkin D V，Berlin J M，et al. Improved synthesis of graphene oxide ［J］. ACS Nano，2010，4(8)：4806－4814.

［12］Peng L，Xu Z，Liu Z，et al. An iron-based green approach to 1－h production of single-layer graphene oxide［J］. Nature Communications，2015，6：5716.

［13］Park S，An J，Potts J R，et al. Hydrazine-reduction of graphite- and graphene oxide ［J］. Carbon，2011，49(9)：3019－3023.

［14］Fernández-Merino M J，Guardia L，Paredes J I，et al. Vitamin C is an ideal substitute for hydrazine in the reduction of graphene oxide suspensions［J］. The Journal of Physical Chemistry C，2010，114(14)：6426－6432.

［15］Chen Y，Zhang X，Yu P，et al. Stable dispersions of graphene and highly conducting graphene films：A new approach to creating colloids of graphene monolayers［J］. Chemical Communications，2009(30)：4527－4529.

［16］Chen W F，Yan L F，Bangal P R. Chemical reduction of graphene oxide to graphene by sulfur-containing compounds［J］. The Journal of Physical Chemistry C，2010，114 (47)：19885－19890.

［17］Shin H J，Kim K K，Benayad A，et al. Efficient reduction of graphite oxide by sodium borohydride and its effect on electrical conductance［J］. Advanced Functional Materials，2009，19(12)：1987－1992.

［18］Park S，An J，Jung I，et al. Colloidal suspensions of highly reduced graphene oxide in a wide variety of organic solvents［J］. Nano Letters，2009，9(4)：1593－1597.

［19］Pei S F，Zhao J P，Du J H，et al. Direct reduction of graphene oxide films into highly conductive and flexible graphene films by hydrohalic acids［J］. Carbon，2010，48(15)：

4466 - 4474.

[20] Wang Y Q, Sun L, Fugetsu B. Thiourea dioxide as a green reductant for the mass production of solution-based graphene[J]. Bulletin of the Chemical Society of Japan, 2012, 85(12): 1339 - 1344.

[21] Mei X G, Ouyang J. Ultrasonication-assisted ultrafast reduction of graphene oxide by zinc powder at room temperature[J]. Carbon, 2011, 49(15): 5389 - 5397.

[22] Pham V H, Pham H D, Dang T T, et al. Chemical reduction of an aqueous suspension of graphene oxide by nascent hydrogen[J]. Journal of Materials Chemistry, 2012, 22 (21): 10530 - 10536.

[23] Schniepp H C, Li J L, Mcallister M J, et al. Functionalized single graphene sheets derived from splitting graphite oxide[J]. The Journal of Physical Chemistry B, 2006, 110(17): 8535 - 8539.

[24] Abdelkader A M, Cooper A J, Dryfe R A W, et al. How to get between the sheets: A review of recent works on the electrochemical exfoliation of graphene materials from bulk graphite[J]. Nanoscale, 2015, 7(16): 6944 - 6956.

[25] 陈国华, 龙江, 赵立平. 一种高效制备石墨烯的方法: CN103058176A[P]. 2013 - 04 - 24.

[26] Jeon I Y, Shin Y R, Sohn G J, et al. Edge-carboxylated graphene nanosheets via ball milling[J]. Proceedings of the National Academy of Sciences of the United States of America, 2012, 109(15): 5588 - 5593.

[27] Paton K R, Varrla E, Backes C, et al. Scalable production of large quantities of defect-free few-layer graphene by shear exfoliation in liquids[J]. Nature Materials, 2014, 13(6): 624 - 630.

[28] Alhassan S M, Qutubuddin S, Schiraldi D A, et al. Graphene arrested in laponite-water colloidal glass[J]. Langmuir, 2012, 28(8): 4009 - 4015.

[29] 李琦, 何斌, 郑鑫强, 等. 防回叠少层石墨烯粉体及其复合材料的组份和制备: CN103030138A [P]. 2013 - 04 - 10.

[30] Hernandez Y, Nicolosi V, Lotya M, et al. High-yield production of graphene by liquid-phase exfoliation of graphite [J]. Nature Nanotechnology, 2008, 3(9): 563 - 568.

[31] Lotya M, Hernandez Y, King P J, et al. Liquid phase production of graphene by exfoliation of graphite in surfactant /water solutions[J]. Journal of the American Chemical Society, 2009, 131(10): 3611 - 3620.

[32] Yi M, Shen Z G, Ma S L, et al. A mixed-solvent strategy for facile and green preparation of graphene by liquid-phase exfoliation of graphite [J]. Journal of Nanoparticle Research, 2012, 14(8): 1003.

[33] Castarlenas S, Rubio C, Mayoral Á, et al. Few-layer graphene by assisted-exfoliation of graphite with layered silicate[J]. Carbon, 2014, 73: 99 - 105.

[34] Chen J P, Shi W L, Fang D, et al. A binary solvent system for improved liquid phase exfoliation of pristine graphene materials[J]. Carbon, 2015, 94: 405 - 411.

石墨烯粉体材料：从基础研究到工业应用

[35] Cui J, Song Z X, Xin L X, et al. Exfoliation of graphite to few-layer graphene in aqueous media with vinylimidazole-based polymer as high-performance stabilizer[J]. Carbon, 2016, 99: 249 - 260.

[36] Ciesielski A, Haar S, Aliprandi A, et al. Modifying the size of ultrasound-induced liquid-phase exfoliated graphene: From nanosheets to nanodots[J]. ACS Nano, 2016, 10(12): 10768 - 10777.

[37] Zhang X J, Li X Z, Zhang S Y, et al. Cation-π-induced exfoliation of graphite by a zwitterionic polymeric dispersant for congo red adsorption[J]. ACS Applied Nano Materials, 2018, 1(8): 3878 - 3885.

[38] Manna K, Wang L, Loh K J, et al. Printed strain sensors using graphene nanosheets prepared by water-assisted liquid phase exfoliation[J]. Advanced Materials Interfaces, 2019, 6(9): 1900034.

[39] Backes C, Higgins T M, Kelly A, et al. Guidelines for exfoliation, characterization and processing of layered materials produced by liquid exfoliation[J]. Chemistry of Materials, 2016, 29(1): 243 - 255.

[40] Amiri A, Naraghi M, Ahmadi G, et al. A review on liquid-phase exfoliation for scalable production of pure graphene, wrinkled, crumpled and functionalized graphene and challenges[J]. FlatChem, 2018, 8: 40 - 71.

[41] 杨青, 杨景辉. 电化学法制备石墨烯的研究进展[J]. 化工新型材料, 2018, 46(11): 13 - 15, 24.

[42] Liu N, Luo F, Wu H X, et al. One-step ionic-liquid-assisted electrochemical synthesis of ionic-liquid-functionalized graphene sheets directly from graphite[J]. Advanced Functional Materials, 2008, 18(10): 1518 - 1525.

[43] Wu L Q, Li W W, Li P, et al. Powder, paper and foam of few-layer graphene prepared in high yield by electrochemical intercalation exfoliation of expanded graphite[J]. Small, 2014, 10(7): 1421 - 1429.

[44] Wang H S, Tian S Y, Yang S W, et al. Anode coverage for enhanced electrochemical oxidation: A green and efficient strategy towards water-dispersible graphene[J]. Green Chemistry, 2018, 20(6): 1306 - 1315.

[45] Achee T C, Sun W M, Hope J T, et al. High-yield scalable graphene nanosheet production from compressed graphite using electrochemical exfoliation[J]. Scientific Reports, 2018, 8(1): 14525.

[46] Tang H X, He P, Huang T, et al. Electrochemical method for large size and few-layered water-dispersible graphene[J]. Carbon, 2019, 143: 559 - 563.

[47] Abdelkader A M, Kinloch I A, Dryfe R A W. Continuous electrochemical exfoliation of micrometer-sized graphene using synergistic ion intercalations and organic solvents [J]. ACS Applied Materials & Interfaces, 2014, 6(3): 1632 - 1639.

[48] Wang J Z, Manga K K, Bao Q L, et al. High-yield synthesis of few-layer graphene flakes through electrochemical expansion of graphite in propylene carbonate electrolyte [J]. Journal of the American Chemical Society, 2011, 133 (23):

8888 - 8891.

[49] Dato A，Radmilovic V，Lee Z，et al. Substrate-free gas-phase synthesis of graphene sheets[J]. Nano Letters，2008，8(7)：2012 - 2016.

[50] Münzer A，Xiao L S，Sehlleier Y H，et al. All gas-phase synthesis of graphene：Characterization and its utilization for silicon-based lithium-ion batteries［J］. Electrochimica Acta，2018，272：52 - 59.

[51] 张芬红. 石墨烯的制备方法：CN107827098A［P］. 2018 - 03 - 23.

[52] 洪若瑜，高茂川，王为旺，等. 一种石墨烯制备方法：CN108557809A［P］. 2018 - 09 - 21.

[53] Wang C，Sun L，Dai X Y，et al. Continuous synthesis of graphene nano-flakes by a magnetically rotating arc at atmospheric pressure[J]. Carbon，2019，148：394 - 402.

[54] Lin L，Peng H L，Liu Z F. Synthesis challenges for graphene industry[J]. Nature Materials，2019，18(6)：520 - 524.

第 3 章

石墨烯粉体材料表征
技术和标准

由于目前石墨烯粉体材料的生产技术的限制和工艺水平的制约,石墨烯粉体材料中存在不同的缺陷和官能团,同时不同下游应用领域对石墨烯粉体材料的要求和标准也不尽相同。为了促进石墨烯在生产和应用领域的良性发展,迫切需要同时能在实验室和工业化生产中表征石墨烯粉体材料的通用技术。本章主要对目前实验室和工业化生产过程中常用的表征石墨烯表面形态、层数、结构特性、导电性能、导热性能和力学性能的方法加以分类和汇总,为未来的实验室和工业化生产中产品测试以及石墨烯粉体材料测试标准做初步的探讨。

3.1 表面形态表征

在大多数情况下,石墨烯层数的特征信息对于石墨烯最终应用影响极大,因为石墨烯材料的物理及化学性质严格取决于其层数。因此,石墨烯的可视化显得尤为重要,因为它可以提供石墨烯的形状、尺寸和形态等信息。石墨烯材料的表面形态表征主要通过光学显微镜(optical microscope,OM)、扫描电子显微镜(scanning electron microscope,SEM)、透射电子显微镜(transmission electron microscope,TEM)、扫描隧道显微镜(scanning tunneling microscope,STM)和原子力显微镜(atomic force microscope,AFM)等仪器实现。

3.1.1 光学显微镜

石墨烯仅有一个碳原子层的厚度,在光学显微镜(OM)下即可完成石墨烯的形貌表征。OM 是一种对大面积石墨烯样品进行直接有效的无损表征的仪器。利用OM,可以通过石墨烯层与底层介质基底之间的对比度来表征石墨烯的层数,还可以观察石墨烯薄片的大小和形状,而且可以实现快速观察大面积的样品,有利于生产过程的快速检测。但是使用 OM 表征石墨烯涉及基底的设计,这对于石墨烯晶体的可视化和片层的区分具有重要意义。石墨烯的 OM 表征研究中的一个关键点是寻找到合适的基底,从而使单层碳原子在波长范围内的光学对比度最大化,以便实验者观察。目前,通常采用涂有二氧化硅的硅片(SiO₂/Si)作为基底,调整二氧化硅的厚度约为 90 nm 或 290 nm,在波长为 550 nm 处,反射光强度达到最大,人眼的敏感度也达到最大。OM 技术是区分单层石墨烯和多层石墨烯的最直观的技术,可根据不同层数石墨烯的光学衬度来粗略估算石墨烯的层数。丁荣最近报道了利用 OM 观测石墨烯,进一步精确表征了石墨烯的层数,为石墨烯的可控制备及物性研究奠定了基础(图 3 - 1)。

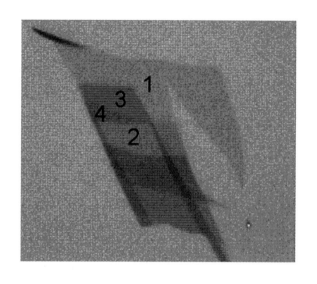

图 3-1 石墨烯的 OM 图(数字代表石墨烯的层数)

　　使用 OM 测试石墨烯粉体样品的主要步骤如下。① 选择适当的溶剂分散样品,以达到约 0.1 mg/mL 的浓度。通过观察样品的沉降来确定溶剂的适用性。首先,应尝试在去离子水中分散,然后在异丙醇(IPA)中分散,如果这两种溶剂都不适合,最后使用 N -甲基吡咯烷酮(NMP)。将分散液置于玻璃瓶中搅拌,并使用超声波浴(30～40 kHz)处理 10 min。② 将制备的分散液沉积在 SiO₂/Si 基底上,使得大部分单个石墨烯薄片彼此隔离。首先将清洁的 SiO₂/Si 基底放在电热板上,并将温度设定为略高于溶剂的沸点。然后将 10 μL 的分散液滴加到 SiO₂/Si 基底上,使其表面上留下分散良好的石墨烯薄片层。最后将样品在 40 ℃ 的真空烘箱中放置 2 h 或更长时间,以减少溶剂和表面活性剂残留物。③ 使用 OM 快速评估所制备样品的适用性,并确定石墨烯薄片的横向尺寸和厚度。为了能够测量石墨烯薄片的横向尺寸和厚度,样品必须尽可能地分开,以确保测量的数值是针对单个薄片的,并且没有来自其他薄片的干扰,同时基底上的石墨烯薄片要尽可能丰富。如果样品中石墨烯薄片的横向尺寸大于 OM 的最大分辨率(约 200 nm),这样样品的 OM 成像则可以提供横向薄片尺寸的定性证据。

3.1.2 扫描电子显微镜

扫描电子显微镜(SEM),简称扫描电镜,是利用扫描电子束从固体物质的表面得到的反射电子图像在阴极摄像管的荧光屏上扫描成像的。与 OM 相比,SEM 能够实现数十纳米的横向分辨率。SEM 的成像衬度主要由形貌反差、原子序数反差和电压反差构成。入射电子束与物质相互作用,除产生二次电子外,还可产生背散射电子、吸收电子、透射电子、俄歇电子、X 射线及阴极荧光等信号。使用相应的探测器接受这些信号并放大,就可以获得由上述不同信号形成的图像,如常见的二次电子像、背散射电子像、俄歇电子像及能量色散 X 射线谱(X-ray energy dispersive spectrum,EDS)等。利用 SEM,可以获得样品的形貌信息(表面特征)、形态信息(表面颗粒的形状和大小)、成分信息(表面元素和化合物及其数量)和晶体信息(原子排列)。

SEM 下观察到的单层石墨烯样品一般具有一定褶皱厚度的不均匀表面(图 3-2)。为了降低其表面能,单层石墨烯的形貌容易由二维转变为三维。因此,单层石墨烯的表面褶皱明显大于双层石墨烯。

图 3-2 不同放大倍数下石墨烯的 SEM 图

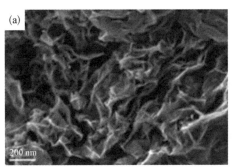
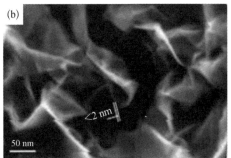

在大尺度范围内,通过 SEM 可以观察到大面积的石墨烯片层。如图 3-3 所示,可以明显看到单层石墨烯以及折叠和重叠形成的双层石墨烯和三层石墨烯。

通过不同成像衬度的对比，可以粗略估计石墨烯片层的层数。另外在石墨烯粉体材料中，图3-4中的三维石墨烯微球也得到了广泛的研究。

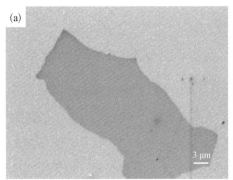

图 3-3 不同层数石墨烯的 SEM 图

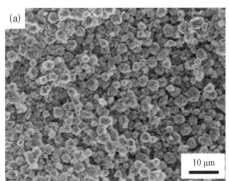

图 3-4 不同放大倍数下三维石墨烯微球的 SEM 图

通常 SEM 用来分析样品的表面形貌，并可利用其附带的 EDS 对样品成分进行分析。因此，可用 SEM 对石墨烯材料样品的表面形貌进行观察分析，并对其元素组成进行定量分析。

使用 SEM 表征石墨烯时出现的问题主要包括样品表面的荷电效应及碳质材料在电磁镜头表面上的沉积。虽然这些问题尚未完全解决，但通过将石墨烯薄片沉积到仅具有导电性能的硅片（Si）上，则可以降低观察到的荷电效应。因此在准备 SEM 样品时，应该参照 OM 的成像结果，将 10 μL 的石墨烯分散液滴加到清洁的 Si 基底上，使其表面上留下分散良好的石墨烯薄片层。同时样品应该在 40 ℃的真空烘箱中放置 2 h 或更长时间，以减少溶剂和/或表面活性剂残留物。由于石墨烯本身的导电性能，制备的样品不需要再沉积任何导电层（例如金），而且这样的导

石墨烯粉体材料：从基础研究到工业应用

电层会影响对石墨烯薄片尺寸的评估。

当选用 SEM 表征样品时，应将 SEM 图像配置设置为二次电子能谱，并且使用 5 kV 或更低的加速电压来最小化荷电效应。在优化设置时，避免在感兴趣的区域进行优化，因为长时间的停留将影响该区域中样品结构。为了确定石墨烯薄片尺寸的横向分布，必须使用一系列放大倍数，还必须对样品的不同区域进行成像，直到隔离薄片的数量超过 200 片，这样才可以确定其横向尺寸的范围和频率。

3.1.3　透射电子显微镜

透射电子显微镜（TEM），简称透射电镜，是利用电磁透镜使电子束聚焦成像，具有极高的放大倍数和分辨率。将经加速和电磁透镜聚集的电子束照射到非常薄的样品上，可以产生吸收电子、透射电子、二次电子、背散射电子和 X 射线等信号，利用这些信号成像就可以得到不同的图像。TEM 就是利用透射电子来成像的。上述电子与样品相互作用而发生吸收、干涉、衍射和散射四种物理过程。TEM 的成像衬度主要包括振幅衬度和位相衬度，其中振幅衬度又包括质厚衬度和衍射衬度。利用 TEM 的这些成像衬度，可以很好地观察石墨烯表面的微观形貌，并且可以得到悬浮石墨烯的清晰结构和原子尺度细节。

图 3-5 和图 3-6 显示了石墨烯样品的 TEM 表征结果。从图中可以看出，石墨烯样品呈透明状，说明其非常薄而且厚度均匀。在某些区域中可以观察到褶皱，这是由石墨烯薄片重叠或边缘卷曲造成的。从高分辨率图像中可以看出，石墨烯

图 3-5　石墨烯样品的 TEM 图

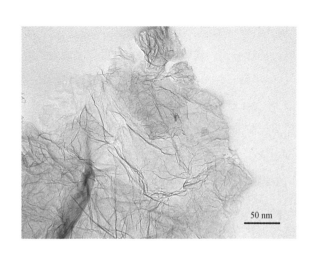

50 nm

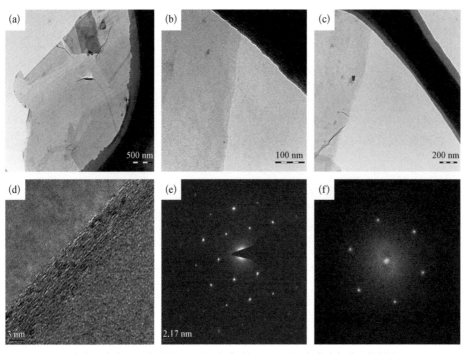

图 3-6 石墨烯样品的 TEM 图和电子衍射图

（a）~（c）不同位置的 TEM 图；（d）剖面 TEM 图；（e）（f）电子衍射图

样品的表面纹理明显、光滑、有序。石墨烯样品的电子衍射图为六角形衍射斑点，说明其晶格结构相对完整。

采用高分辨透射电子显微镜（high resolution transmission electron microscope，HRTEM）可以对石墨烯进行原子尺度表征，HRTEM 是石墨烯结构表征中功能强大、使用频繁、可靠的表征技术之一。Das 等利用 HRTEM 观察悬浮在铜网微栅上的石墨烯，可以观察到石墨烯的原子结构及缺陷。如图 3-7（a）所示，样品的中心区域存在大面积的石墨烯薄膜。在图 3-7（b）中，可以直观地观察到石墨烯的二维蜂窝状点阵结构。Guo 等通过 HRTEM 观察到了石墨烯中的原子、原子排列、堆积顺序和缺陷等。TEM 表征石墨烯粉体样品的关键步骤如下。① 准备清洁的 TEM 支撑网格。首先用异丙醇或类似溶剂清洗 TEM 支撑网格，然后在 200 ℃的真空中烘烤几小时。② 通过简单的滴铸方法将石墨烯薄片沉积到 TEM 支撑网格上（参考 3.1.1 小节中如何配制石墨烯均匀分散液）。为了避免石墨烯薄片在 TEM 支撑网格上团聚，特别是如果需要长时间蒸发溶剂时，应在滴铸期间从 TEM 支撑网格的下侧芯吸溶液或者加热 TEM 支撑网格。当每个 TEM 支撑网格中有多个石墨烯薄片但没有发生重叠时,可以获得理想的覆盖率。如果 TEM 支撑网格上的石墨烯薄片太少,则可以重复滴铸。③ 在将上述支撑网格装入 TEM 之前,将样品置于 150 ℃ 的真空中烘烤约 8 h。这样可以减少污染物,从而降低对成像的干扰。④ 由于不需要倾斜样品,使用单或双倾斜样品支架可以让石墨烯薄片平铺在 TEM 支撑网格上。⑤ 使用 80 kV 或更低的加速电压操作 TEM。这样可以降低在成像过程中电子撞击损坏样品的可能性。另外,TEM 中的真空质量也可能影响石墨烯薄片的损伤敏感性(超高真空下石墨烯薄片的损伤率较低)。⑥ 在明视场 TEM 成像模式中,以适当的放大倍数进行扫描直到识别出第一个石墨烯薄片,同时改变放大倍数并记录其整个图像。⑦ 在 TEM 成像模式下,找到石墨烯薄片的平坦区域,首先插入可用的最小光圈并切换到衍射模式,记录六边形选定区域的电子衍射图案;然后在石墨烯薄片的不同区域获取更多电子衍射图案。对于非常小的石墨烯薄片,应该使用纳米束衍射模式。⑧ 增加放大倍数,观测并记录石墨烯薄片的晶格分辨率图像。这些图像可以用来确认石墨烯薄片的厚度。

图 3-7 石墨烯的 TEM 图 (a) 和 HRTEM 图(b)

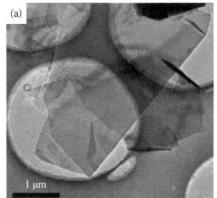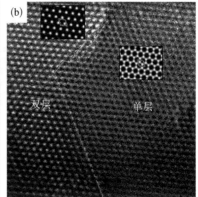

3.1.4 扫描隧道显微镜

扫描隧道显微镜(STM)是一种利用量子隧穿效应探测物质表面结构的仪器。STM 是扫描探针显微镜(scanning probe microscope,SPM)的一种,是基于对探针和物质表面之间隧穿电流进行探测,可以观察到物质表面上单原子级的起伏。此外,低温下可以利用探针尖端精确操纵单个分子或原子,因此 STM 不仅是重要的微纳尺度测量工具,也是颇具潜力的微纳加工工具。STM 具有比同类型显微镜更高的空间分辨率,甚至可以观察和定位单个原子,为人们研究纳米尺度体系和操控纳米结构单元提供了强有力的工具。

利用 STM 对石墨烯的原子级形貌进行观测,发现石墨烯具有良好的导电性,因此仅在 STM 探针尖端和石墨烯之间发生隧道效应,石墨烯本身和附着在薄片边缘的金电极为这些实验中的电子提供了返回路径。在测量中,设置偏置电压为 1 V 的采样电位(STM 图在低偏置电压下不稳定),并且选择 1 nA 的隧道电流。在被确定为由单层石墨烯组成的区域中观察到蜂窝结构,图 3-8(a)显示了单层石墨烯 1 nm² 区域上的 STM 图。作为比较,多层石墨烯 1 nm² 区域上的 STM 图如图 3-8(b)所示。图 3-8 中 STM 图的特征可用石墨烯堆叠来解释。

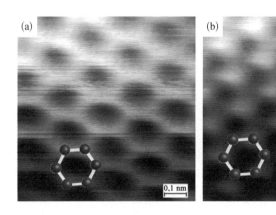

图 3-8 单层石墨烯(a)和多层石墨烯(b)1 nm² 区域上的 STM 图

3.1.5 原子力显微镜

原子力显微镜(AFM),也称扫描力显微镜(scanning force microscope, SFM),是一种纳米尺度的高分辨扫描探针显微镜,具有原子级的分辨率。AFM 的前身是 STM,两者的最大差别在于 AFM 并非利用量子隧穿效应,而是利用原子之间的机械接触力、原子键合、范德瓦耳斯力或卡西米尔效应等来呈现样品的表面特性。AFM 用于检测由于样品表面形貌与探针原子之间存在极小的作用力而引起探针以及与探针相连的悬臂的偏离,这种偏离可以对具有纳米横向尺寸和高度的表面形貌进行成像。

石墨烯粉体材料:从基础研究到工业应用

图 3-9 单层石墨烯的 AFM 图

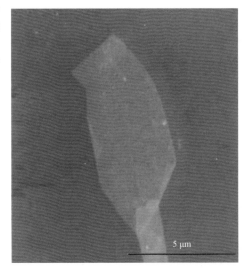

当石墨烯粉体通过分散液沉积到平坦的 SiO_2/Si 表面上时,就可以用 AFM 来确定石墨烯薄片的尺寸。AFM 对样品制备的要求类似于 TEM,即单个石墨烯薄片尽可能彼此隔开并且在基底上有较高的覆盖率。AFM 测量应在一定的环境条件下进行,并以动态的 AFM 模式操作,所得图像信息应包含石墨烯样品的厚度与横向尺寸。根据单层石墨烯的厚度 (0.34 nm),从而可以计算出石墨烯样品的层数。图 3-9 为单层石墨烯的 AFM 图。

使用 AFM 表征石墨烯粉体样品的主要步骤如下。① 将沉积有石墨烯的基片安装到 AFM 中,使其牢牢固定。② 选择轻敲模式(间歇接触模式)探针,并在系统中将振荡频率调整为偏离悬臂共振频率的 5%。其中探针的主要参数包括弹簧常数约为 40 N/m、谐振频率约为 240 kHz、针尖尺寸为 5~15 nm。③ 设置尽可能小的振幅以让探针接近样品表面,并将设定点设置为振幅的 80%。④ 将扫描方向设置为垂直于悬臂长度的方向,扫描大面积以识别多个石墨烯薄片,典型的参数包括扫描尺寸(20 μm)、扫描线速率(≤10 μm/s)、分辨率(256 像素×256 像素)和设定点(自由振幅的 40%~70%)。⑤ 在完成大范围扫描之后,应当使用较小的扫描尺寸以获得感兴趣区域的形貌图像,所选择的扫描尺寸应该可以包含单个石墨烯薄片。典型的扫描尺寸为 2 μm,分辨率为 512 像素×512 像素,这样可以在数据分析期间提高精度。

图 3-10 所示的 AFM 图显示了金纳米颗粒在石墨烯薄片上的分散情

图 3-10 石墨烯-金纳米颗粒复合的 AFM 图

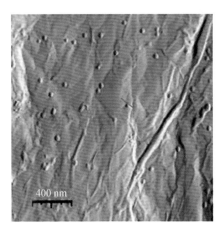

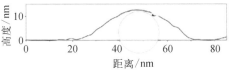

况。AFM 分析其进一步证实了将直径为 20 nm 的金纳米颗粒固定在石墨烯薄片上的可能性。石墨烯具有独特的结构和多种优异的性能,被认为是新型纳米复合材料的纳米级构件,即作为金属纳米颗粒分散的支撑材料。

通过观察蛋白质分子在 SiO_2/Si 基底上石墨烯表面的吸附情况,可以研究载体对石墨烯薄片性能的影响,如图 3-11 所示。在水环境中,高密度簇团聚的亲和素分子在石墨烯薄片上形成局部区域性的疏水表面,而密度非常低的大型卵白素集群则形成石墨烯薄片边缘区域支持的亲水表面。这些结果表明,载体表面的亲水性会影响石墨烯薄片表面在水环境中的亲水性。而载体的表面改性是控制石墨烯薄片表面蛋白质分子吸附现象的一种有效方法,可用于实现高灵敏度的石墨烯生物传感器。

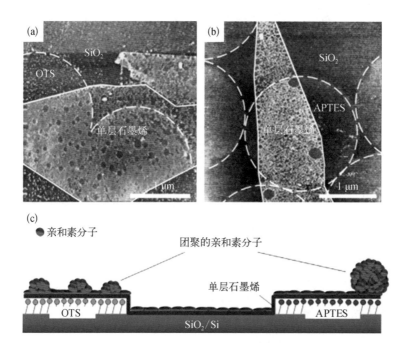

图 3-11　石墨烯-蛋白质分子复合的 AFM 图

另外,石墨烯的电子性质敏感地依赖于其变形。基于此,研究人员设想了应变工程石墨烯电子器件。不同拓扑结构的大分子的可用性,例如可编程的 DNA 模式,使得这种设想在新型石墨烯器件设计中很有发展前景。另外,单个大分子的包封为扫描探针显微技术提供了新的前景。图 3-12(a) 为石墨烯在被质粒 DNA 分子覆盖的云母表面的 AFM 图。单层石墨烯的高度被指定为零,图 3-12(b) 中水平虚线的高度分别为 0 nm、0.34 nm 和 0.68 nm,分别对应 1~3 层石墨烯。

图 3 - 12

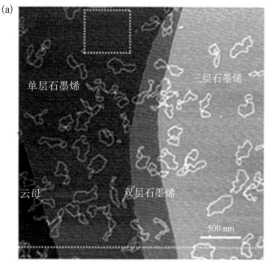

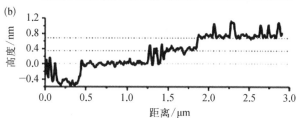

（a）石墨烯在被质粒 DNA 分子覆盖的云母表面的 AFM 图；（b）沿图（a）底部虚线的横截面分析图

3.2 结构性能与谱学表征

3.2.1 红外光谱

分子选择性地吸收某些波长的红外线，从而引起分子中振动能级和转动能级的跃迁，检测红外线被吸收的情况就可得到物质的红外光谱（infrared spectrum，IR），其又被称为分子振动光谱或振转光谱。IR 可以用来分析石墨烯材料的分子结构和官能团，以及识别官能团的类型，但不能确定官能团的浓度。该方法常用于表征氧化石墨烯和氧化还原法制备石墨烯时的氧化还原程度。

图 3 - 13 为氧化还原法制备石墨烯过程中采用不同用量水合肼制备的石墨烯的红外光谱。当水合肼用量为 0.05 mL 时,产物表面官能团变化不大。随着水合肼用量的增加,2930 cm^{-1} 和 2850 cm^{-1} 附近—CH$_2$—对称和反对称伸缩振动引起的吸收峰的强度逐渐减弱,1720 cm^{-1} 附近 C═O 振动和 1264 cm^{-1} 附近 C—O—C 振动引起的吸收峰的强度逐渐减弱。当水合肼用量达到 1 mL 时,这些官能团振动引起的吸收峰基本消失,说明氧化石墨烯完全还原为石墨烯。

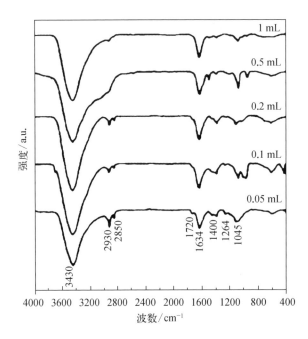

图 3 - 13　氧化还原法制备石墨烯过程中采用不同用量水合肼制备的石墨烯的红外光谱

3.2.2　紫外-可见吸收光谱

紫外-可见吸收光谱(UV-visible absorption spectrum,UV-Vis)属于分子光谱,是由价电子吸收光子后跃迁产生的。利用物质分子或离子对紫外和可见光的吸收所产生的紫外-可见光谱及吸收程度,可以对物质的组成、含量和结构进行分析、测定、推断。UV-Vis 可用于石墨烯的定性分析。

在石墨烯及其复合材料的制备过程中,将所得产物的 UV-Vis 图与石墨烯及其衍生物的 UV-Vis 图相比较,即可判定所得产物是否为该石墨烯及其衍生物。

石墨烯粉体材料:从基础研究到工业应用

据文献报道,氧化石墨烯水溶液在约 230 nm 和 300 nm 处有两个特征吸收峰,分别对应芳香环上的 C—C 跃迁和 C = O n - π 跃迁;而石墨烯的特征吸收峰在约 270 nm 处,对应芳香环上的 C—C 跃迁。图 3 - 14 为氧化石墨烯随还原时间变化的 UV-Vis 图。

图 3 - 14 氧化石墨烯随还原时间变化的 UV-Vis 图

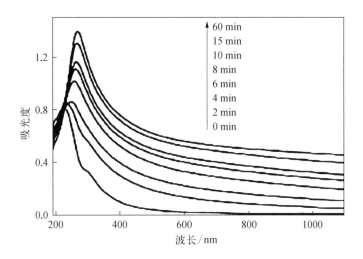

3.2.3 X 射线光电子能谱

X 射线光电子能谱(XPS)是利用 X 射线辐射,使物质原子或分子的内层电子或价电子受激发而发生跃迁。被光子激发出来的电子称为光电子,可以测量光电子的能量,以光电子的动能为横坐标、相对强度(脉冲/秒)为纵坐标得到光电子能谱图,从而获得待测物组成。XPS 可用于石墨烯及其衍生物或复合材料的化学结构和化学成分的定性和定量研究。由图 3 - 15 可知,氧化石墨烯的 XPS C1s 图清楚地显示了其氧化程度相当高,氧化石墨烯的四个特征峰分别对应不同官能团中的碳原子:无氧环、碳氧键、羰基和羧酸。虽然还原氧化石墨烯的 XPS C1s 图表现出其具有同样的特征峰,但它们的峰值强度比氧化石墨烯的要小得多。这些观察结果表明,还原过程会造成氧化石墨烯大量脱氧。XPS 的检测限为 0.1%,即只有当被测原子含量高于 0.1% 时才能得到检测信号。

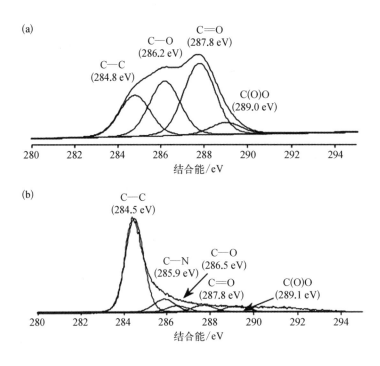

图 3 - 15 氧化石
墨烯（a）和还原
氧化石墨烯（b）
的 XPS C1s 图

(a)

C—C
(284.8 eV)

C—O
(286.2 eV)

C=O
(287.8 eV)

C(O)O
(289.0 eV)

280 282 284 286 288 290 292 294

结合能/eV

(b)

C—C
(284.5 eV)

C—N
(285.9 eV)

C—O
(286.5 eV)

C=O
(287.8 eV)

C(O)O
(289.1 eV)

280 282 284 286 288 290 292 294

结合能/eV

3.2.4 碳-13核磁共振波谱

碳-13 核磁共振波谱(^{13}C nuclear magnetic resonance spectroscopy，^{13}C -
NMR)，简称核磁共振碳谱，主要获取氧化石墨烯及还原氧化石墨烯的碳信息，如
sp^2和 sp^3杂化轨道碳信息。

氧化石墨烯和还原氧化
石墨烯的^{13}C - NMR 图表明，
还原氧化石墨烯较氧化石墨
烯发生了明显的结构变化(图
3 - 16)。对于氧化石墨烯，
57 ppm 和68 ppm 处的峰分别
代表环氧基和羟基中的^{13}C，
130 ppm 处的共振来自石墨

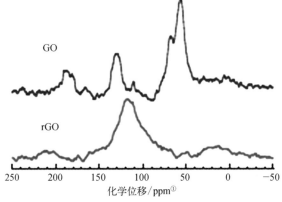

GO

rGO

250 200 150 100 50 0 -50

化学位移/ppm①

图 3 - 16 氧化石墨
烯和还原氧化石墨
烯的^{13}C - NMR 图
（以 TMS 作为标准
物质）

———————

① 1 ppm=10^{-6}。

烯网络中未氧化的 sp² 杂化碳原子,188 ppm 处的共振可能来自羧基。对于还原氧化石墨烯,其显著特征是 117 ppm 处的共振,这是由化学位移分布扩大引起的,与碳原子环境的变化相对应。

3.2.5　拉曼光谱

拉曼光谱是利用入射光与物质相互作用,通过对与入射光频率不同的散射光谱进行分析以得到分子振动、转动方面信息,从而进行物质分子结构的表征。拉曼光谱是基于光的散射效应而进一步开发的一种表征技术,其精确度高,可实现无损检测。通过分析拉曼光谱的频率、强度、峰位和半峰宽等,可对石墨烯材料的层数、缺陷、晶体结构、声子能带等进行表征,因此拉曼光谱是石墨烯材料测试分析的重要手段。

半个世纪以来,拉曼光谱一直是表征碳同素异形体的可靠技术之一。从富勒烯到石墨,单个碳纳米材料(包括块状碳纳米材料)在拉曼光谱中表现出独特的指纹图谱。Dresselhaus 研究发现碳纳米材料由对称的碳碳共价键构成,其即使发生微小的变化也能用拉曼光谱检测到。拉曼光谱不仅可以区分碳纳米材料的同素异形体,还能精确分辨石墨烯的层数,从而可以区分 1~4 层石墨烯,因此是分析与表征石墨烯的有效工具之一。碳纳米材料的特征峰主要是 G 峰和 2D 峰(如果碳晶格中存在缺陷,则为 D 峰)。图 3-17 为石墨和单层石墨烯的拉曼光谱。

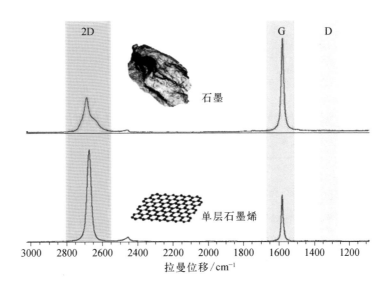

图 3-17　石墨和单层石墨烯的拉曼光谱(激光波长为 532 nm)

在石墨烯的拉曼光谱中,出现在 1580 cm^{-1} 附近的尖锐峰是 G 峰,其为面内振动模式,涉及石墨烯的 sp^2 杂化碳原子。因为 G 峰对石墨烯层数高度敏感(图 3-18),所以该峰的观察位置和可预测的行为有助于确定石墨烯层数。样品的低应变、掺杂和温度变化也可以导致 G 峰位移,而其峰值强度不易受这些因素的影响。图 3-19 为不同层数石墨烯的拉曼光谱。

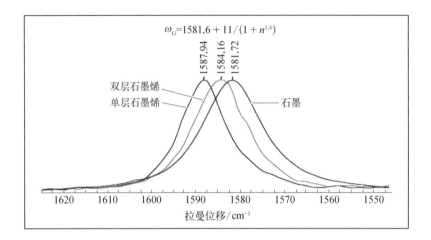

图 3-18 G 峰位置与石墨烯层数的函数关系(激光波长为 532 nm)

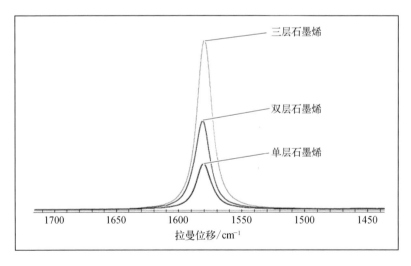

图 3-19 不同层数石墨烯的拉曼光谱(激光波长为 532 nm)

来自 sp^2 碳环的 D 峰(无序或缺陷峰)位于 1350 cm^{-1} 附近,其为环形呼吸模式。该碳环必须靠近石墨烯边缘或缺陷才能激活。在石墨和高质量石墨烯中,这一波段通常较弱。只有缺陷材料才具有显著的 D 峰,并且具有色散特性的共振峰。因此,对于所有的拉曼测试都必须使用相同的激发激光频率,对于 D 峰而言,随着激发激光频率的变化,其位置和形状也会发生显著的变化。

在 2700 cm⁻¹ 附近的 2D 峰,源于两个双声子非弹性散射。与 G 峰的定位方法不同,2D 峰的定位方法取决于其位置和形状。图 3-20 显示了不同层数石墨烯中 2D 峰的差异。不同的峰形使得能够通过 2D 峰有效地区分单层石墨烯、双层石墨烯和少层(三四层)石墨烯。由于 2D 峰也是共振峰并且表现出强烈的色散行为,不同激发激光频率所产生的 2D 峰的位置和形状显著不同。因此,与 D 峰一样,当使用 2D 峰进行表征时,对所有样品必须使用相同的激发激光频率。

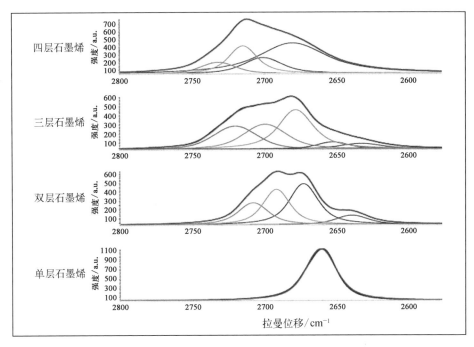

图 3-20 不同层数石墨烯中 2D 峰的差异

单层石墨烯也可以通过分析图 3-21 中 2D 峰和 G 峰的峰值强度比来识别。若满足 $I_{2D}/I_G = 2$,缺少 D 峰且有锐利的 2D 峰,可确认为是高质量无缺陷石墨烯样品。

当使用拉曼光谱分析石墨烯粉体样品时,应该首先确定石墨烯粉体样品中是否含有石墨烯薄片或石墨薄片,并提供反映样品的结构性质的定性信息,包括无序水平和薄片尺寸。首选反向散射几何结构的共聚焦拉曼光谱仪,并配有 633 nm(或 532 nm)的激发光源和 100 倍的物镜(数值孔径 $NA = 0.9$)。基本步骤一般如下:先用光学显微镜选定测量区域,通过改变聚焦位置使样品表面处于聚焦面,控制激光在样品上的强度以确保样品不会受损;然后进行单光谱测量,每组样品应至

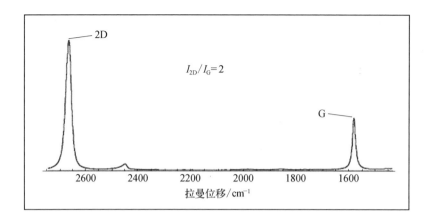

图 3-21　单层石墨烯的拉曼光谱

少选择三种不同的区域。

为了确认石墨烯薄片或石墨薄片的存在,必须在拉曼光谱中观察是否含有约 1580 cm^{-1} 处的尖锐 G 峰(半峰全宽小于 30 cm^{-1})和约 2700 cm^{-1} 处的 2D 峰。如果 2D 峰中有突出肩峰,则表明是多层(>10 层)石墨烯薄片。然而重新堆叠的少层石墨烯薄片也可以产生单个洛伦兹 2D 峰。如果拉曼光谱中不存在 2D 峰,则不需要进一步表征,因为样品中一定不含石墨烯薄片或石墨薄片,但是在得出该结论之前必须建立足够的光谱信噪比。

对于 CVD 法生长的石墨烯薄片,D 峰通常会非常小或不存在,但是石墨烯薄片的测量结果通常会显示 D 峰,这是由其片状边缘及基底平面缺陷造成的。I_D/I_G 与薄片的横向尺寸相关,较大的比值通常表示薄片具有较小横向尺寸。需要强调的是,如果存在功能化的石墨烯或氧化石墨烯,拉曼光谱将显示 D 峰和 G 峰,但不一定有 2D 峰,而且 D 峰和 G 峰的半峰全宽将超出石墨烯的半峰全宽(>30 cm^{-1})。但是,其他碳材料也可能具有这些峰,因此建议结合其他形貌表征手段进行进一步区分。

从图 3-22 可知,石墨烯只有一个尖锐的峰,而氧化石墨烯和还原氧化

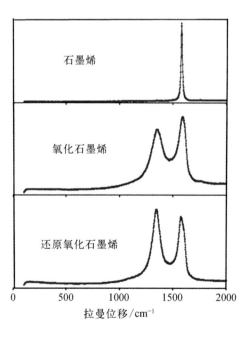

图 3-22　石墨烯、氧化石墨烯和还原氧化石墨烯的拉曼光谱

石墨烯在 $1000\sim2000$ cm^{-1} 有较为平滑的双峰。注意观察两者的峰形可以发现，相较于氧化石墨烯，还原氧化石墨烯有更加尖锐的峰形。总而言之，拉曼光谱可通过分析峰位及峰形来区分石墨烯及其衍生物。

拉曼光谱也可以提供关于石墨烯薄片层数更准确的结果，但是必须要求石墨烯薄片通过分散液沉积在基片上。沉积过程中常常会现石墨烯薄片的重新堆叠，因此在运用拉曼光谱分析之前，应通过 AFM 评估其是否为单个石墨烯薄片。AFM‐Raman 系统是完成这项检测的重要工具。如果无法实现精确定位和薄片测量，则应使用 AFM 所测厚度来估算薄片层数（参考 3.1.5 小节）。

为了提高 AFM 测量薄片厚度的准确度，应对厚度不大于 3 nm 的所有薄片进行拉曼光谱分析。在分析拉曼光谱时，必须提取感兴趣的 D 峰、G 峰和 2D 峰以用于单独分析，首先，确定基线并对拉曼光谱进行修正，扣除基线背景。然后，使用洛伦兹峰函数拟合 D 峰、G 峰和 2D 峰，其中 D 峰和 G 峰分别仅需要 1 个洛伦兹峰。同时，也需要考虑可能位于约 1620 cm^{-1} 处的 D$'$峰，它的存在说明石墨烯有缺陷。但在非常高的无序水平下，D$'$峰会与 G 峰合并，且无法区分它们。

拉曼光谱分析应该考虑的关键参数包括 2D 峰和 G 峰的峰强度比 I_{2D}/I_G、D 峰和 G 峰的峰强度比 I_D/I_G 和拟合 2D 峰所需的最少洛伦兹峰数。只有对于横向尺寸大于拉曼光谱仪的聚焦激光光斑尺寸（通常为 $0.5\sim1$ μm）的薄片，I_D/I_G 值才能作为石墨烯无序水平的测量值。这是因为薄片边缘也在拉曼光谱中产生 D 峰，因此 I_D/I_G 的测量必须在薄片的中心处进行，只有这样薄片边缘才对 D 峰没有贡献。

如果观察到 $I_D/I_G>0.2$，则有存在官能团的可能性，需要结合化学表征来进行进一步分析。化学表征可以参照 3.2.1 小节和 3.2.3 小节。如果这种厚度小于 3 nm 的缺陷薄片足够大，并且薄片边缘在激光光斑之外，则可以确认剥离过程中引入了官能团。因此，应参考 AFM 测量的薄片厚度，而不是从拉曼光谱推断层数。

对于单独的伯纳尔堆积的薄片（用 AFM 标识），而不是分散液沉积时重新堆叠的薄片，I_{2D}/I_G 和拟合 2D 峰所需的最少洛伦兹峰数可用于确定层数。对于单层薄片，2D 峰可以用单个洛伦兹峰描述，并且 $I_D/I_G<0.2$，同时能检测到 $I_{2D}/I_G\approx2$。但是，对于非单层薄片，可观察到 $I_{2D}/I_G\leqslant1$ 和不对称的 2D 峰，应通过比较用于拟合 2D 峰所需的洛伦兹峰数来确定层数（图 3‐20），并且参考 AFM 所测量的厚度。对于具有类似 2D 峰形状的 4 层或更多层的薄片，应当使用 AFM 确定层数。

3.2.6　X射线衍射

X射线衍射(X-ray diffraction,XRD),是利用X射线在晶体中的衍射现象来获得衍射后X射线信号特征,并经过处理得到的衍射图谱。XRD方法是材料研究的重要方法之一,主要用于表征材料的晶体结构、晶面间距、晶格参数和结晶度等,可对石墨烯的还原程度、层间距和缺陷情况等进行分析和评价。

图3-23为氧化还原法制备石墨烯时石墨、氧化石墨和石墨烯的XRD图。从图3-23(a)中可以看出,石墨在 $2\theta = 26°$ 附近有一个很强的衍射峰,其为石墨的(002)晶面衍射峰,但没有其他衍射峰的存在,这说明石墨晶体片层的空间排布非常规整。当石墨被氧化后,石墨的(002)晶面衍射峰消失,而 $2\theta = 10.7°$ 附近出现了一个很强的衍射峰,其为氧化石墨的(001)晶面衍射峰,这说明石墨通过氧化反应转化为氧化石墨[图3-23(b)]。由还原反应产物的XRD图可以看到, $2\theta = 23°$ 附近出现了衍射峰,其峰较宽且强度较弱,并与石墨的衍射峰位置相近,这表明实验产物为石墨烯[图3-23(c)]。图3-23(c)中 $2\theta = 10.7°$ 附近的氧化石墨的(001)晶面衍射峰完全消失,这说明氧化石墨已完全被还原分散成单层石墨烯。石墨烯的衍射峰变宽且强度减弱的原因在于它是单层的,发生了层间剥离,并且尺寸较小,晶体结构完整性下降且无序度增加。图3-23(c)中 $2\theta = 23°$ 附近出现的微小肩峰说明石墨烯晶体结构中存在一定的缺陷,并且石墨烯片层之间有团聚现象。

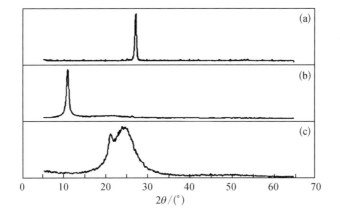

图3-23　氧化还原法制备石墨烯时石墨(a)、氧化石墨(b)和石墨烯(c)的XRD图

可见,XRD能够对制备的石墨烯结构进行表征,对不同方法制备石墨烯质量控制能够起到一定的指导意义,能够为制备工艺的改进提供帮助。

　　　　　　　　　　　　　石墨烯粉体材料:从基础研究到工业应用

3.3 宏观性质表征

石墨烯粉体材料的宏观性质与其生产过程中质量控制方法的建立、商品化的包装、运输及下游应用的加工方式等息息相关。其中,比表面积测试、灰分测试、堆密度测试、热重分析、元素分析是宏观表征石墨烯粉体材料的常用有效手段。

3.3.1 比表面积测试

比表面积是指固体材料的单位质量的总表面积,是评价粉体和多孔材料的活性、催化、吸附等性能的一项重要参数,在电池行业的储能材料、化工行业的催化材料、水处理行业的吸附剂材料等方面有广泛的应用。主要的测试方法有吸附法和透气法。其中吸附法的精度较高且比较常用,根据吸附质的不同,吸附法主要分为低温氮气吸附法、吸碘法、吸汞法等。

石墨烯粉体材料的比表面积测试一般采用低温氮气吸附法,也就是在液氮温度下,石墨烯发生物理吸附,以 Brunauer-Emmett-Teller(BET)的吸附理论为基础,以石墨烯从一定分压的氮气中吸附氮气分子的数量来计算其比表面积。根据如下吸附理论 BET 公式,可得到样品单层饱和吸附量。

$$\frac{p}{V(p_0 - p)} = \frac{1}{CV_m} + \frac{C-1}{CV_m} \times \frac{p}{p_0} \tag{3-1}$$

式中,p 为吸附质分压,Pa;p_0 为吸附剂饱和蒸气压,Pa;V 为对应压力下气体吸附量,cm^3;V_m 为单层饱和吸附量,cm^3;C 为与吸附热相关的常数。

比表面积测试的主要装置一般包括静态体积法气体吸附仪、试料管、气体脱附装置等。一般的测试步骤如下:首先将样品于低温烘箱中干燥一段时间至恒重,称取不少于 30 mg 的样品装入试料管中,在一定温度下真空脱气以去除样品表面物理吸附的物质,冷却后称量并计算所加样品的质量;然后将脱气后试料管放入比表面积测试冷阱中,连接系统,按照比表面积测试设备的操作规程测试,完成后根据设备测试结果记录相关测试数据。样品比表面积的计算公式如下:

$$S = 4.353 \times V_m / m \tag{3-2}$$

式中,m 为所加样品的质量,g。

图 3-24 为水合肼还原法制备的石墨烯的氮气吸附-脱附等温线。其比表面积为 466 m^2/g,远小于石墨烯的理论比表面积(2620 m^2/g),这是由石墨烯粉体中石墨烯片层存在的部分团聚造成的。吸附-脱附等温线中的回滞环说明了石墨烯粉体中存在介孔,进一步说明了部分团聚的石墨烯片层之间堆叠形成了介孔。

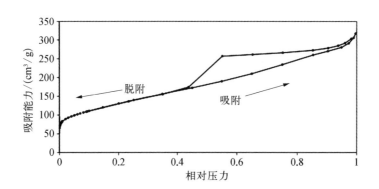

图 3-24 水合肼还原法制备的石墨烯的氮气吸附-脱附等温线

商业化的石墨烯粉体材料的比表面积一般在 200 m^2/g 以上,功能化的石墨烯(如氢氧化钾活化的多孔石墨烯)的比表面积甚至可以达到 3000 m^2/g 以上。氧化石墨烯的比表面积一般比石墨烯的小。

吸碘法也可以用来测试石墨烯粉体材料的比表面积,一般用吸碘值表示,即在规定的实验条件下,石墨烯与碘液充分振荡,以每克石墨烯吸附碘的毫克数来计算其比表面积。碘分子的大小约为 0.6 nm,再考虑到一些其他因素,所以吸碘法可以表征大于 1 nm 的孔径。该方法一般应用在活性炭领域,其吸碘值是活性炭对小分子杂质吸附能力的表现。石墨烯的吸碘值在一定程度上可以反映其比表面积的大小。一般的测试步骤如下:将样品于低温干燥箱中烘干至恒重;分别称取不同质量的样品放入一定容量(如 250 mL)的干燥的具塞磨口锥形瓶中,加入 100 mL 的碘标准滴定溶液(0.1 mol/L),振荡一定时间,用滤纸过滤;弃去初滤液的 10 mL,快速移取 25 mL 滤液于锥形瓶中,用硫代硫酸钠标准滴定溶液(0.1 mol/L)进行滴定;当溶液呈淡黄色时,加入淀粉指示剂,滴定至蓝色消失,记录消耗硫代硫酸钠标准滴定溶液的体积,计算出样品的吸碘值。

吸碘法主要表征大于 1 nm 的孔径,但碘分子不能进入许多小孔,致使其测得数据不能完全表征比表面积。因此,吸碘法一般作为石墨烯粉体材料的比表面积测试的辅助方法,低温氮气吸附法仍然是常用方法。

3.3.2 灰分测试

石墨烯的灰分是指石墨烯粉体材料在空气或氧气气氛中经过高温灼烧后的残余物。一般灰分的主要成分是金属氧化物及其硫酸盐、磷酸盐等高温稳定物质,因此灰分不能用于明确材料的主要化学成分。作为工业品而言,灰分是衡量石墨烯粉体材料含碳量(或纯度)的一项重要指标,灰分含量越低,说明石墨烯粉体材料含碳量(或纯度)越高,理想的石墨烯或氧化石墨烯的灰分应低于 0.5% 或更低。

石墨烯粉体材料的灰分测试方法可以参照一般碳材料(如石墨、碳纳米管等)的测试方法。一般的测试步骤如下:将坩埚在高温马弗炉(900~1000 ℃)中灼烧至恒重(m_0);加入一定质量的干燥冷却的石墨烯粉末材料样品,称重为 m_1;将装有样品的坩埚放入高温马弗炉中灼烧至恒重,在干燥器中冷却后称重为 m_2。样品灰分含量的计算公式为 $(m_2 - m_0)/(m_1 - m_0) \times 100\%$。

氧化石墨烯由于含有多种含氧官能团,直接灼烧的过程中会膨胀溢出,不仅污染设备,还影响测试准确度。为了解决上述问题,在测试氧化石墨烯灰分时,需要先进行预处理再进行高温灼烧。任晓弟等通过程序缓慢升温的方法,先脱去氧化石墨烯的含氧官能团再高温灼烧,避免了直接升温过程中因迅速的热分解而造成的膨胀溢出,提高了测试的准确度。此外,蔡燕等通过预先添加化学还原剂如抗坏血酸、水合肼、氢碘酸等或者通过滴加浓硫酸将氧化石墨烯碳化的方法将氧化石墨烯脱去含氧官能团,降低了测试方法的相对偏差。

此外,石墨烯粉体材料中的灰分还可以用来进一步分析金属、盐类等杂质组分及其含量。

3.3.3 堆密度测试

石墨烯粉体材料的堆密度(或松装密度)是一定粉体的质量除以粉体在重力作用下自由沉积时所占体积(包括粉体颗粒骨架体积、孔体积及间隙体积)。在一般碳纳米管、活性炭等碳材料堆密度测试的基础上,杨桂英等优化了石墨烯粉体材料的堆密度的测试方法,一般的测试步骤如下:首先称量量杯的质量为 m_1;然后用药匙小心地取干燥的样品,缓慢放入量杯中,接近一定体积(V)刻度(如 500 mL)时开始少量添加,用药匙轻轻铺平,刚好至选定刻度(如 500 mL)时停止添加,称重为 m_2。样品堆密度的计算公式为 $(m_2 - m_1)/V$。

石墨烯粉体材料的堆密度的大小对其包装和运输以及后续加工等有较大影响。堆密度越小,说明石墨烯粉体材料的装填体积越大。在超级电容器、锂硫电池等向微型化发展并追求小巧便捷的趋势下,作为储能材料的石墨烯粉体材料的堆密度是一项重要参数。

3.3.4 热重分析

热重分析(thermogravimetric analysis,TG)是指在程序升温控制下,在空气或惰性气体氛围中,以一定升温速率加热材料至一定温度或加热至某温度后再恒温保持一定时间,并测量材料质量随温度和时间变化的关系,质量的变化记录为热重曲线。从热重曲线可以分析石墨烯粉体材料的热稳定性、比较不同石墨烯粉体材料的含氧量等。

一般的测试步骤如下:称取一定质量的样品于坩埚中,将坩埚置于热重分析仪的热天平上,在一定气氛(空气/氧气或氮气等)中,设定升温速率和温度范围,进行测试并记录热重曲线。根据绘制的热重曲线,可以计算多阶段质量降低时的质量损失和质量残余量。

不同方法制备的氧化石墨烯具有相似的热重曲线。如图 3-25 所示,氧化石墨烯的质量损失主要分为三个阶段:100 ℃内的质量损失主要是由水分子的失去造成的;160~300 ℃内质量急剧减少,可能是含氧官能团热分解生成了 CO、CO_2 和 H_2O 等所致的;在 400~950 ℃,质量缓慢减少,可能是更加稳定的氧逐渐失去的缘故。

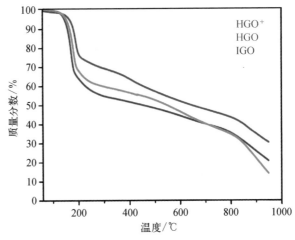

图 3-25 不同方法制备的氧化石墨烯在惰性气体中的热重曲线

HGO⁺—改性的 Hummers 法制备的氧化石墨烯;HGO—Hummers 法制备的氧化石墨烯;IGO—优化方法制备的氧化石墨烯

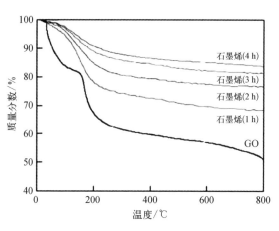

图 3-26 氧化石墨烯和不同的氨水-水合肼还原时间下制备的石墨烯的热重曲线

与氧化石墨烯不同,石墨烯的热重曲线一般仅有一个台阶(图 3-26)。这主要是由于石墨烯中含氧官能团的数量远小于氧化石墨烯,热稳定性较高,同时羟基和羧基等含氧官能团的明显减少也会引起石墨烯吸水率的下降,因此在热重曲线上表现为水分子的失去并不明显。

3.3.5 元素分析

与石墨烯薄膜不同,石墨烯粉体制备过程不可避免地会混入其他杂质,这些杂质会对后续的工业应用产生各种影响。因此,石墨烯粉体材料的元素分析是评估其品质的必要手段,元素分析包括:① 碳、氢、氮、硫等非金属元素的宏量或微量分析;② 锰、铁等金属元素的痕量分析。

1. 非金属元素分析

作为以碳为主的材料,有机化学中的非金属元素分析技术可同样用于确定石墨烯粉体材料中碳、氢、氮、卤素、硫的质量分数,这对于确定石墨烯品质尤其是氧化石墨烯的氧化程度非常重要。该技术操作简单、结果准确,是确定样品纯度最快、最廉价的途径。最常见的非金属元素分析是通过燃烧完成的。在这项技术中,石墨烯/氧化石墨烯样品在过量的氧气氛围中完全燃烧,通过分析燃烧产物(CO_2、H_2O 和 NO 等),可计算出样品的组成。纯净石墨烯粉体的碳含量接近 100%,含少许氢。对于氧化石墨而言,根据氧化程度的不同,碳含量为 40%~70%,相应地,氧和氢总含量为 30%~60%。

主要的测试仪器为元素分析仪,是一种能同时分析碳、氮、氢、硫等元素的检测仪器,由加样器、催化剂加热炉、反应管、载气、混合气体分离部件、检测器等部分组成。一般的测试步骤如下:称取低温烘干至恒重的样品(2~10 mg)于锡箔容器中,用镊子夹紧样品置于优化条件后的元素分析仪中,进行测试并读取测试结果。

石墨烯粉体材料中氧元素的含量一般间接计算得出,将总质量扣除碳、氮、氢、硫等其他元素的质量从而计算得到氧元素的质量。

2. 金属元素分析

化学氧化还原法等生产的石墨烯粉体材料中不可避免地会混入铁、锰等金属成分，以及硅、磷等非金属成分。这些杂质对后续材料的性质存在各种各样的影响，如石墨烯超级电容器的寿命对石墨烯中金属离子的含量非常敏感。因此，这些微量或痕量元素的定性或定量分析对石墨烯粉体材料的质量控制非常重要。常见的定性或定量分析方法包括原子吸收分光光度法（atomic absorption spectrophotometry，AAS）、电感耦合等离子体原子发射光谱法（inductively coupled plasma atomic emission spectrometry，ICP－AES）、XPS 和 EDS。一般而言，XPS 和 EDS 适用于定性和半定量分析，AAS 和 ICP－AES 适用于定量分析，以下将详细介绍 AAS 和 ICP－AES。

（1）原子吸收分光光度法

原子吸收分光光度法（AAS）是指材料经过消解使无机离子全部溶出，并配成一定体积的待测液，其直接吸入空气-乙炔气体火焰进行原子化，在待测元素与标准溶液元素基本匹配的条件下，测试待测元素特定波长谱线的吸收强度，根据标准曲线和内插法计算其含量。陈成猛等在此基础上提出了利用原子吸收分光光度法测定石墨烯粉体材料中金属杂质钾、钠、锰、铁的含量。一般的测试步骤如下。

① 将一定质量的样品（m_0，50～200 mg）通过干法灰化浓硝酸溶解或直接微波消解后，定溶于一定体积（$V_{待测元素}$）的容量瓶中，制成待测液。

② 绘制标准曲线。分别配制 5 或 6 组不同浓度的钾离子、钠离子、锰离子、铁离子的标准溶液。按照仪器说明书将原子吸收分光光度计工作条件调整到测定各元素的最佳状态，选用各元素对应的特征吸收谱线，测定各标准溶液的吸光度。以标准溶液浓度为横坐标，以对应的吸光度为纵坐标绘制标准曲线，标准曲线的相关系数 R 须大于 0.999。

③ 将标准溶液更换为待测液，同步骤②测定其吸光度。根据标准曲线计算得到待测元素对应的质量浓度（$\rho_{待测元素}$），则样品中待测元素的质量分数（$W_{待测元素}$）可表示为

$$w_{待测元素} = \frac{\rho_{待测元素} V_{待测元素}}{1000 m_0} \tag{3-3}$$

石墨烯的密度比较小、外观蓬松，干法灰化或消解过程中容易因发生飞溅而造

成质量损失,从而影响测试方法的准确度,因此需要对样品进行预处理。对于干法灰化过程,预处理可以参照 3.3.2 小节。此外,还可以将含有少量含氧官能团的石墨烯或氧化石墨烯预先分散在水中,然后通过抽滤的方式制备成薄膜材料以增加材料密度,这也能一定程度上解决干法灰化过程中样品飞溅的问题。

(2) 电感耦合等离子体原子发射光谱法

电感耦合等离子体原子发射光谱法(ICP‐AES)是指将消解材料后的溶液稀释至确定体积,雾化后引入电感耦合等离子体原子发射光谱仪,通过测定各元素分析线的发射光强度在标准曲线上确定其含量。研究人员发现,可以用 ICP‐AES 测定石墨烯粉体材料中十种金属元素——镍、铁、铬、铜、钠、铝、镁、锌、锰、钙的含量。一般的测试步骤如下。

① 首先消解一定质量(m, g)的样品,定容(V, mL)配成待测液。

② 绘制标准曲线。分别配制 4 或 5 组不同浓度的待测金属离子标准溶液。在规定的电感耦合等离子体原子发射光谱仪工作条件下,分别逐级测定待测元素标准溶液的光谱强度。以标准溶液浓度为横坐标,以对应的光谱强度为纵坐标绘制标准曲线。

③ 测定待测液的光谱强度,根据标准曲线计算得到待测元素对应的质量浓度(ρ, μg/mL),则样品中待测元素的质量分数(ω, μg/g)可表示为 $\omega = \rho V / m$。

关于石墨烯的预处理可以参照原子吸收分光光度法。

3.3.6　氧化石墨烯表面官能团的滴定分析

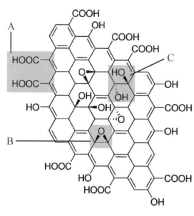

A—羧基; B—酯基或羰基; C—羟基

图 3‐27 为氧化石墨烯表面官能团示意图。由于含有的官能团不同,氧化石墨烯的性质也不同。因此,确定以上官能团及其含量是非常重要的。

Boehm 滴定法常用来确定碳材料表面不同的含氧官能团,同样可用于石墨烯尤其是氧化石墨烯的含氧官能团表征。Boehm 滴定法的基本原理是基于不同类型的含氧官能团具有的酸性强弱,可以有选择地使用不同的碱进行中和。碳材料表面的含氧官能团有以下几种:羧基(—COOH, pKa 为 3~6)、酯基或羰基(—COO—或 C=O, pKa 为 7~9)和羟基(—OH, pKa 为 8~11)。根据三种官能团的酸性,选用碱类化合物碳酸氢钠(NaHCO₃, pKa = 6.37)、碳酸钠(Na₂CO₃, pKa = 10.25)和氢氧化钠(NaOH, pKa = 15.74)进行滴定。由于酸碱性的强弱不同,C₂H₅ONa 可以中和上面所有的官能团,NaOH 可以和除羰基以外的其他官能团反应,Na₂CO₃ 可以与羧基和酯基反应,而 NaHCO₃ 仅能和羧基反应。因此,通过测定这些官能团与相应碱基的反应当量,可以很容易地实现石墨烯/氧化石墨烯表面含氧官能团的定量测定。

陈成猛等在 Boehm 滴定法的基础上提出了测定氧化石墨烯表面酚羟基(—OH)、羧基(—COOH)、内酯基(—COO—)、羰基(C=O)官能团的方法。一般的测试步骤如下。配制 0.05 mol/L 的 HCl、NaOH、Na₂CO₃、NaHCO₃、C₂H₅ONa 标准溶液,并用电位滴定仪进行标定;称取 4 组低温烘干至恒重的氧化石墨烯样品 0.050 g 于容积为 100 mL 的锥形瓶中,分别加入浓度为 0.05 mol/L 的 NaOH、Na₂CO₃、NaHCO₃、C₂H₅ONa 标准溶液 25 mL;将四个锥形瓶密封搅拌 24 h 后过滤并用蒸馏水洗涤,分别收集所有滤液;将所收集的 NaOH、Na₂CO₃、NaHCO₃、C₂H₅ONa 滤液用 0.05 mol/L 的 HCl 标准溶液分别进行滴定,所消耗的 HCl 标准溶液的体积分别记为 V_1、V_2、V_3、V_4。与氧化石墨烯表面官能团反应的碱液量可通过式(3-4)~(3-7)计算:

$$n_{NaOH} = c_{NaOH} V_{NaOH} - c_{HCl} V_1 \qquad (3-4)$$

$$n_{Na_2CO_3} = c_{Na_2CO_3} V_{Na_2CO_3} - c_{HCl} V_2/2 \qquad (3-5)$$

$$n_{NaHCO_3} = c_{NaHCO_3} V_{NaHCO_3} - c_{HCl} V_3 \qquad (3-6)$$

$$n_{C_2H_5ONa} = c_{C_2H_5ONa} V_{C_2H_5ONa} - c_{HCl} V_4 \qquad (3-7)$$

式中,c_{NaOH}、$c_{Na_2CO_3}$、c_{NaHCO_3}、$c_{C_2H_5ONa}$ 分别为各标准碱液的物质的量浓度;V_{NaOH}、$V_{Na_2CO_3}$、V_{NaHCO_3}、$V_{C_2H_5ONa}$ 分别为溶解氧化石墨烯所用的各标准碱液的体积。则氧化石墨烯表面不同含氧官能团的含量可以用式(3-8)~(3-11)计算:

$$n_{—OH} = n_{NaOH} - n_{Na_2CO_3} \qquad (3-8)$$

$$n_{—COOH} = n_{NaHCO_3} \qquad (3-9)$$

$$n_{—COO—} = n_{Na_2CO_3} - n_{NaHCO_3} \qquad (3-10)$$

$$n_{C=O} = n_{C_2H_5ONa} - n_{NaOH} \qquad (3-11)$$

在该方法中,发现溶液中 CO_2 气体的脱除、搅拌时间等对测试结果有一定影响。目前,虽然基于 Boehm 滴定法的该方法是测定氧化石墨烯表面官能团含量的主要方法,但还需要和其他测试方法得到的氧化石墨烯中总氧含量进行进一步比较,该方法在准确度方面还需要进一步提升。

3.4 石墨烯粉体材料的物理性质表征

石墨烯粉体材料的物理性质还需要从以下几个方面进行表征:电学性能、热学性能和力学性能。

3.4.1 电学性能测试

石墨烯具有稳定的晶格结构和极高的载流子迁移率,因而显示出优异的导电性,但目前高质量的石墨烯难以大批量生产。氧化还原法等化学方法制备得到的石墨烯由于含有大量的含氧官能团,其导电性大打折扣。因此,基于石墨烯的复合导电材料成为研究热点。

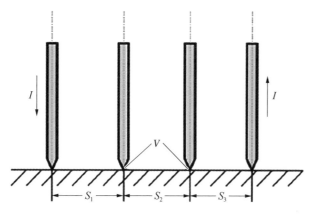

图 3 - 28 四探针测试仪示意图

四探针测试仪主要用于表征石墨烯薄膜或石墨烯复合片材的电导率。如图 3 - 28 所示,直流电流通过材料上的两个外部探针,通过测量两个内部探针之间的电位差来计算材料的电阻,从而得到材料的电导率。

3.4.2 热学性能测试

石墨烯是目前已知热导率最高的材料,可达到 5000 W/(m·K),因此被认为是优异的热控材料。除热导率之外,石墨烯及其衍生物的热稳定性也是检验其热控应用的度量衡之一。

1. 热导率

材料的导热性用热导率表示,常用单位为 $W/(m \cdot K)$。材料的热导率与温度有关。测试热导率的方法有很多。表 3-1 中列出了常见材料的热导率。从表中可以看出,石墨烯的热导率要远高于其他材料,这是石墨烯片在许多电子设备中用作散热片的原因之一。

材　料	空气	水	不锈钢	铜	金刚石	石墨烯
热导率 / $[W/(m \cdot K)]$	0.0025	0.6	12.11~45	401	900~2320	4400~5780

表 3-1　常见材料的热导率

2. 热稳定性

同步热分析仪主要用于测试石墨烯的热稳定性,测试结果可以反映氧化还原法制备石墨烯过程的还原程度。图 3-29 为氧化石墨烯还原制备石墨烯的热重曲线。前期样品失重主要是由于吸附在样品表面的少量水蒸发,160~300 ℃内样品质量急剧减少是由于样品残留含氧官能团热分解为 CO、CO_2 和 H_2O。该方法既可用来表征石墨烯的热稳定性,也可间接评估氧化石墨烯的还原程度。

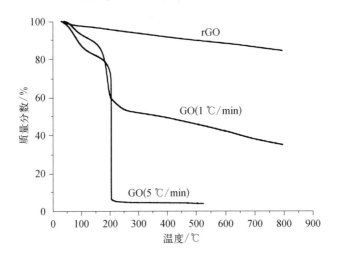

图 3-29　氧化石墨烯还原制备石墨烯的热重曲线

3.4.3　力学性能测试

石墨烯具有与生物材料(如骨骼和牙齿)类似的分层和多级结构,以及层内强的 sp^2 键和传递有效载荷的层间交联,因而引起了研究人员对其力学性能的研究兴趣。测定石墨烯及其复合材料的杨氏模量、泊松比、拉伸强度等基本力学参数是近年来石墨烯力学性能研究的主要内容。

1. 杨氏模量

杨氏模量是描述固体材料抗变形能力的物理量。根据胡克定律,在物体的弹性极限内,应力和应变成正比。这个比值称为材料的杨氏模量,它只取决于材料本身的物理性能。

2. 泊松比

在材料的比例极限内,由均匀分布的单向应力引起的横向应变与轴向应变之比的绝对值称为泊松比。例如,当一根杆被拉伸时,它的轴向伸长伴随着横向收缩,反之亦然。

3. 拉力试验/张力试验

拉伸测试主要用于表征石墨烯复合材料的力学性能。在测试过程中,根据施加在材料上的不同拉力/张力,测量材料尺寸的变化,直到材料断裂为止,从而得到材料的力学性能。图 3-30 显示了不同环氧树脂(EP)含量的石墨烯复合材料的应力与应变关系。

图 3-30 不同环氧树脂含量的石墨烯复合材料的应力与应变关系

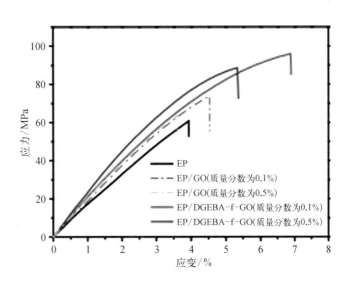

3.5　石墨烯粉体材料的标准制定及现状

　　现阶段,越来越多的研发活动专注于石墨烯的生产、加工和应用。有迹象表明,石墨烯下游应用的发展可能来自其在汽车、能源存储、复合材料和海水淡化等大型市场中占据市场份额的潜力。目前,石墨烯商业化的进程遇到很多限制和挑战,主要的五项挑战如下:① 质量稳定性,批次间石墨烯性能一致性的交付;② 石墨烯的不同类型、形式和性质的标准定义;③ 供应商提供石墨烯性能和生产方法的标准信息;④ 关于石墨烯与其他先进材料(如碳纳米管)相比价值的一致证据/数据;⑤ 石墨烯毒理学的知识。贯穿这些挑战的共同主线都与石墨烯信息的提供和石墨烯材料的质量有关,而这两者又和石墨烯标准有直接关联。所以,石墨烯标准对石墨烯商业化有很大影响,有助于制造商实现规模经济和提高安全性,增加最终用户和投资者的信心,并在整个供应链中提供高质量的产品。石墨烯标准也是创新过程的关键部分,因为它为石墨烯技术系统(如过程、方法和产品)建立了规范和要求。一种新型的先进材料,如石墨烯,可能受益于提高市场和供应链接受度的标准,这将最终推动此类材料的商业可行性。

　　因此,国际标准化组织(International Standard Organization, ISO)首先发布了第一个石墨烯国际标准——ISO/TS 80004 - 13:2017《纳米科技　术语　第 13 部分:石墨烯及相关二维材料》。该标准讨论了石墨烯及其他二维材料的定义,以及生产方法、性能和表征的术语。虽然我国在石墨烯的标准制定方面仍处于早期阶段,但是也取得一定进展。通过全国标准信息公共服务平台查询并统计石墨烯已经发布和实施的国家标准、行业标准、地方标准、团体标准的数量,统计结果如图 3 - 31 所

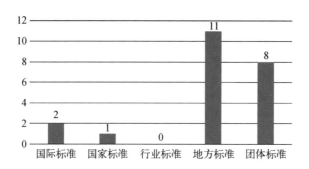

图 3 - 31　石墨烯标准的数量统计结果

示。截至 2019 年 7 月,我国已发布和实施的石墨烯国家标准 1 项、行业标准 0 项、地方标准 11 项、团体标准 8 项。另外,已经网上公示的处于起草阶段的国家标准有 7 项,正在征求意见阶段的国家标准有 1 项,正在批准阶段的国家标准有 2 项,已经立项的团体标准有 7 项。

虽然石墨烯标准已取得了一定进展,但是还远远不能满足快速发展的石墨烯市场需求,还需要进一步优化石墨烯标准体系,设计适用于石墨烯产业的原料标准、生产工艺标准、设备标准等,开发成本不宜过高的石墨烯产品的分析、表征技术和方法,建立石墨烯行业相关的健康和安全标准以解决石墨烯的制造和回收。石墨烯标准对于规范石墨烯市场、推动石墨烯产业发展具有重大意义。

3.6 小结

随着石墨烯研究的不断深入发展,石墨烯的表征手段越来越丰富。综上所述,就石墨烯的表征手段来说,光学显微镜(OM)、扫描电子显微镜(SEM)、透射电子显微镜(TEM)、扫描隧道显微镜(STM)和原子力显微镜(AFM)均能够对石墨烯的表面形态进行表征,同时扫描电子显微镜结合能量色散 X 射线谱(EDS)能够对成分进行分析,透射电子显微镜能够对晶格结构进行观察,原子力显微镜可以测定厚度。红外光谱(IR)、紫外-可见吸收光谱(UV - Vis)、X 射线光电子能谱(XPS)、碳-13 核磁共振波谱(^{13}C - NMR)、拉曼光谱和 X 射线衍射(XRD)能够对石墨烯的结构、含氧官能团、晶格等进行测试分析,其中拉曼光谱还可以计算层数、分析晶格缺陷类型和浓度。比表面积测试、灰分测试、堆密度测试、热重分析、元素分析也是表征石墨烯宏观性质的有效手段,可得到石墨烯宏观层面的物理特性信息。另外,还需要对其电学性能、热学性能、力学性能进行表征。

总而言之,石墨烯粉体材料的微观和宏观结构及性能表征是石墨烯研究必不可少的环节。对于石墨烯这种新型材料来说,需要更加系统的结构表征及性能测试,这对于辅助石墨烯质量的监测及制备工艺的改进至关重要,可为后续石墨烯的发展奠定坚实基础。

参考文献

［1］王书传，李小平.石墨烯粉体在环氧锌粉底漆中的应用研究探索［J］.中国涂料，2017，32
（2）：32－35，69.

［2］白晋涛，王惠.石墨烯粉体材料的规模化制备技术及石墨烯基高储能电极材料的开发
［J］.中国科技成果，2019（1）：11.

［3］刘忍肖，徐鹏，田国兰，等.石墨烯粉体材料的标准化测试方法研究［J］.中国标准化，
2019（S1）：29－34，56.

［4］田国兰，陈岚，刘忍肖，等.X射线荧光光谱测定石墨烯粉体中的杂质元素［J］.分析
测试技术与仪器，2019，25（3）：160－169.

［5］何延如，田小让，赵冠超，等.石墨烯薄膜的制备方法及应用研究进展［J］.材料导报，
2020，34（5）：5048－5060，5077.

［6］王肖沐，肖宇彬，许建斌.扫描探针显微镜在石墨烯研究中的应用［J］.电子显微学报，
2012，31（1）：74－86.

［7］黄宛真，杨倩，叶晓丹，等.石墨烯层数的表征［J］.材料导报，2012，26（7）：26－30.

［8］丁荣，郭喜涛，严春伟，等.一种石墨烯纳米材料汽车面漆的制备方法：CN103059636A
［P］.2013－04－24.

［9］Das S, Pati F, Choi Y J, et al. Bioprintable, cell-laden silk fibroin-gelatin hydrogel
supporting multilineage differentiation of stem cells for fabrication of three-
dimensional tissue constructs［J］. Acta Biomaterialia, 2015, 11: 233－246.

［10］Guo H L, Wang X F, Qian Q Y, et al. A green approach to the synthesis of graphene
nanosheets［J］. ACS Nano, 2009, 3（9）: 2653－2659.

［11］Stolyarova E, Rim K T, Ryu S, et al. High-resolution scanning tunneling microscopy
imaging of mesoscopic graphene sheets on an insulating surface［J］. Proceedings of the
National Academy of Sciences of the United States of America, 2007, 104（22）:
9209－9212.

［12］Nana-Sinkam S P, Croce C M. MicroRNAs as therapeutic targets in cancer［J］.
Translational Research, 2011, 157（4）: 216－225.

［13］Chaiworapongsa T, Romero R, Gotsch F, et al. Low maternal concentrations of
soluble vascular endothelial growth factor receptor-2 in preeclampsia and small for
gestational age［J］. The Journal of Maternal-Fetal & Neonatal Medicine, 2008, 21（1）:
41－52.

［14］Kamiya Y, Yamazaki K, Ogino T. Protein adsorption to graphene surfaces controlled
by chemical modification of the substrate surfaces［J］. Journal of Colloid and Interface
Science, 2014, 431: 77－81.

［15］Maekawa Y, Sasaoka K, Yamamoto T. Prediction of the infrared spectrum of water on graphene substrate using hybrid classical/quantum simulation[J]. Japanese Journal of Applied Physics, 2019, 58(6): 068008.

[16] Apinyan V, Kopeć T K. Ultraviolet absorption spectrum of the half-filled bilayer graphene[J]. Superlattices and Microstructures, 2018, 119: 166-180.

[17] Speck F, Ostler M, Röhrl J, et al. Atomic layer deposited aluminum oxide films on graphite and graphene studied by XPS and AFM[J]. Physica Status Solidi C, 2010, 7 (2): 398-401.

[18] Lu N, Huang Y, Li H B, et al. First principles nuclear magnetic resonance signatures of graphene oxide[J]. The Journal of Chemical Physics, 2010, 133(3): 034502.

[19] Kalbac M, Reina-Cecco A, Farhat H, et al. The influence of strong electron and hole doping on the Raman intensity of chemical vapor-deposition graphene[J]. ACS Nano, 2010, 4(10): 6055-6063.

[20] Kalbac M, Reina-Cecco A, Farhat H, et al. The influence of strong electron and hole doping on the Raman intensity of chemical vapor-deposition graphene[J]. ACS Nano, 2010, 4(10): 6055-6063.

[21] Malard L M, Pimenta M A, Dresselhaus G, et al. Raman spectroscopy in graphene [J]. Physics Reports, 2009, 473(5-6): 51-87.

[22] Stankovich S, Dikin D A, Dommett G H B, et al. Graphene-based composite materials[J]. Nature, 2006, 442(7100): 282-286.

[23] Carotenuto G, Altamura D, Giannini C, et al. XRD characterization of bulk graphene-based material[J]. Acta Crystallographica, 2011, 67(a1): C558.

[24] 褚伍波, 代文, 吕乐, 等. 无烟煤伴生石墨制备类石墨烯/环氧树脂复合材料及其导热性能研究[J]. 化工新型材料, 2019, 47(7): 68-72.

[25] Rasheed A K, Khalid M, Walvekar R, et al. Study of graphene nanolubricant using thermogravimetric analysis[J]. Journal of Materials Research, 2016, 31(13): 1939-1946.

[26] Marcano D C, Kosynkin D V, Berlin J M, et al. Improved synthesis of graphene oxide [J]. ACS Nano, 2010, 4(8): 4806-4814.

[27] 杨旭宇, 王贤保, 李静, 等. 氧化石墨烯的可控还原及结构表征[J]. 高等学校化学学报, 2012, 33(9): 1902-1907.

[28] Zang X H, Chang Q Y, Liang W Q, et al. Cyclodextrin-functionalized magnetic graphene as solid-phase extraction absorbent coupled with flame atomic absorption spectrophotometry for determination of cadmium in water and food samples[J]. Spectroscopy Letters, 2017, 50(9): 507-514.

[29] Wei D C, Liu Y Q, Wang Y, et al. Synthesis of N-doped graphene by chemical vapor deposition and its electrical properties[J]. Nano Letters, 2009, 9(5): 1752-1758.

[30] Petrone N, Dean C R, Meric I, et al. Chemical vapor deposition-derived graphene with electrical performance of exfoliated graphene[J]. Nano Letters, 2012, 12(6): 2751-2756.

[31] 邓凌峰, 彭辉艳, 覃昱焜, 等. 碳纳米管与石墨烯协同改性天然石墨及其电化学性能

[J]. 材料工程, 2017, 45(4): 121 - 127.

[32] Balandin A A, Ghosh S, Bao W Z, et al. Superior thermal conductivity of single-layer graphene[J]. Nano Letters, 2008, 8(3): 902 - 907.

[33] Lee C, Wei X D, Kysar J W, et al. Measurement of the elastic properties and intrinsic strength of monolayer graphene[J]. Science, 2008, 321(5887): 385 - 388.

[34] Loh K P, Bao Q L, Ang P K, et al. The chemistry of graphene[J]. Journal of Materials Chemistry, 2010, 20(12): 2277 - 2289.

[35] Li D, Kaner R B. Materials science. Graphene-based materials[J]. Science, 2008, 320 (5880): 1170 - 1171.

[36] Ritter K A, Lyding J W. The influence of edge structure on the electronic properties of graphene quantum dots and nanoribbons[J]. Nature Materials, 2009, 8 (3): 235 - 242.

[37] Hu W B, Peng C, Luo W J, et al. Graphene-based antibacterial paper[J]. ACS Nano, 2010, 4(7): 4317 - 4323.

[38] Avouris P. Graphene: electronic and photonic properties and devices[J]. Nano Letters, 2010, 10(11): 4285 - 4294.

[39] Tung V C, Allen M J, Yang Y, et al. High-throughput solution processing of large-scale graphene[J]. Nature Nanotechnology, 2009, 4(1): 25 - 29.

第 4 章

**功能化石墨烯粉体、
浆料和三维材料
制备及应用**

石墨烯粉体制备技术的不断完善为石墨烯的基础研究和应用开发提供了原料保障。结构完整的石墨烯是由 C 原子六元环组成的二维晶体，其化学稳定性高，但是与其他介质（如溶剂）的相互作用较弱，并且片与片之间范德瓦耳斯力比较强，因此容易团聚，导致在水及其他常用有机溶剂中分散性差，这给对石墨烯的进一步理论研究和应用造成了极大的困难。石墨烯可极大地提高母体材料的物理及化学特性，从而使传统材料的性能得到极大改善。为保证石墨烯能够充分发挥其优异特性，须解决其易团聚、不易分散等问题，如增加其在溶剂中的溶解稳定性、提高其与母体材料的相容性及在母体材料的分散性等。

功能化是实现石墨烯分散、溶解和成型加工的重要手段之一，最主要的方式就是通过引入特定的官能团来赋予石墨烯新的性能，从而进一步拓展其应用领域。此外，将二维石墨烯组装成宏观体也有利于石墨烯在实际生产中得到更好的应用。

4.1 石墨烯粉体功能化

如图 4-1 所示，石墨烯表面可反应官能团较少，因此其功能化主要利用非共价键吸附等，而氧化石墨烯表面有羟基、羧基、环氧基等含氧官能团，这些官能团为

图 4-1

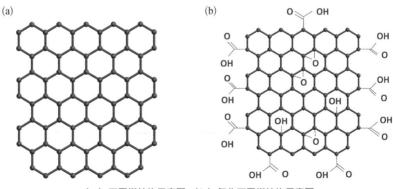

（a）石墨烯结构示意图；（b）氧化石墨烯结构示意图

后续的化学反应提供了极其丰富的可能性。根据石墨烯的结构和处理方法的不同,石墨烯的功能化方法可分为三种:共价键功能化、非共价键功能化及掺杂。

4.1.1　石墨烯的共价键功能化

石墨烯由六元共轭苯环构成,化学活性较弱,但其边缘存在结构缺陷,这些缺陷部位具有较高的反应活性,为共价化学反应提供了可能。氧化石墨烯作为石墨烯的衍生物,其片层结构中含有大量的羧基、羟基和环氧基等活性官能团,可为多种化学反应提供反应官能团。石墨烯的共价键功能化是目前研究较为活跃的功能化方法之一。

共价键功能化是指石墨烯与功能化分子之间以共价键的方式结合,从而改善石墨烯的性能。它的优点是能够提高石墨烯的可加工性、制备的功能化石墨烯的性质较为稳定。石墨烯的共价键功能化根据选用改性剂的不同主要可分为聚合物功能化和有机小分子功能化两种。

2006 年,Stankovich 等利用有机小分子对石墨烯进行了共价键功能化,主要通过异氰酸酯与氧化石墨上的羧基和羟基发生反应,制备了一系列异氰酸酯功能化石墨烯(图 4-2)。该方法的实验过程简单,条件比较温和,在室温下即可完成反应,并且功能化作用彻底,进行功能化处理后的石墨烯在 N,N-二甲基甲酰胺(DMF)等多种极性非质子溶剂中均有较好的溶解性,达到了在溶剂中均匀分散且能长时间保持稳定的效果,为石墨烯的进一步加工和应用开辟了新的思路。

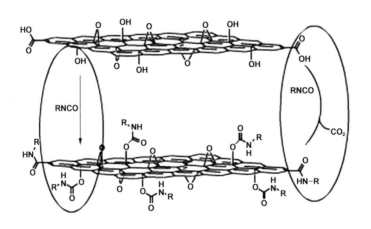

图 4-2　异氰酸酯功能化石墨烯示意图

石墨烯粉体材料:从基础研究到工业应用

Cui 等利用氧化石墨烯上含有较多的含氧官能团这一特点,在 pH＝8.5 的三羟甲基氨基甲烷缓冲液中将生物活性分子多巴胺接枝到氧化石墨烯上(图 4-3),从而赋予了氧化石墨烯生物活性。

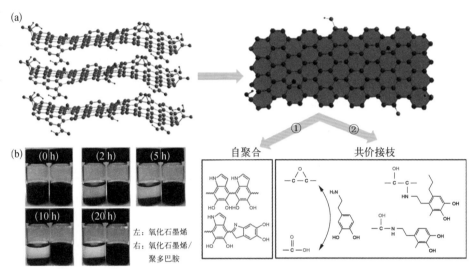

图 4-3 多巴胺接枝氧化石墨烯示意图

石墨烯具有两个面的二维片层结构,刘忠范课题组利用这一特点在石墨烯的两个面上分别用不同的化学物质进行修饰,从而得到了具有不同性质的两面石墨烯(Janus 结构),如图 4-4 所示。由于石墨烯一面修饰的官能团对另一面的化学反应性有显著的影响,这为研究非对称二维化学反应提供了理想平台。该工作是石墨烯化学修饰领域的一项重要进展,对基于石墨烯衍生物的新型传感器件、碳材料表面活性剂的研制及石墨烯共价修饰理论的研究具有积极的意义。

采用不同的有机小分子对石墨烯进行功能化处理,可以得到具有不同性质的功能化石墨烯,其可以更好地溶解在水中或者有机溶剂中。Ye 等采用共聚的方法制备了两亲性聚合物功能化的石墨烯。他们首先采用化学氧化和超声剥离的工艺制备了氧化石墨烯,然后用硼氢化钠还原得到了片层结构相对完整的石墨烯,最后在自由基引发剂过氧化二苯甲酰(BPO)的作用下,采用苯乙烯和丙烯酰胺与石墨烯进行化学共聚,获得了聚苯乙烯-聚丙烯酰胺(PS-PAM)嵌段共聚物改性的石墨烯(图 4-5)。

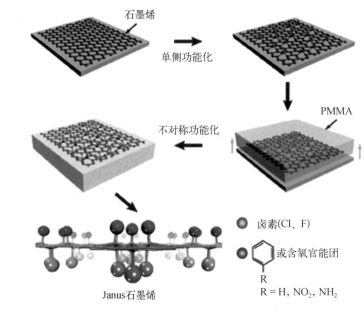

图 4-4 Janus 石墨烯示意图

卤素(Cl、F)

或含氧官能团

R = H, NO₂, NH₂

Janus石墨烯

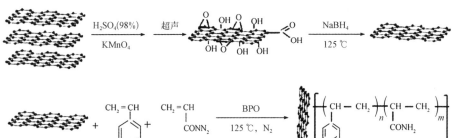

图 4-5 聚苯乙烯-聚丙烯酰胺嵌段共聚物改性石墨烯示意图

石墨烯的共价键功能化不仅能够改善石墨烯的溶解性,还可以通过化学交联引入新的官能团,获得具有特殊功能的新型杂化材料。Chen 等研究了强吸光官能团卟啉对石墨烯的共价键功能化。卟啉是应用广泛的电子供体材料,而石墨烯是优良的电子受体材料,通过带氨基的四苯基卟啉(TPP)与氧化石墨烯缩合,他们首次获得了具有分子内供体-受体结构的卟啉-石墨烯杂化材料(图 4-6)。检测结果表明,卟啉与石墨烯之间发生了明显的能量转移及光致电子转移,该杂化材料具有优秀的非线性光学性质。

石墨烯的共价键功能化在一定程度上提高了其在基体中的分散性、相容性,达到了与基体融为一体的目的。但是石墨烯表面引入的官能团在改善了石墨烯性能的同时也破坏了石墨烯的本征结构,牺牲了其部分原有的优异性能,所以应该根据不同的需要和侧重点选择合适的功能化方法。

图 4-6 卟啉-石墨烯杂化材料示意图

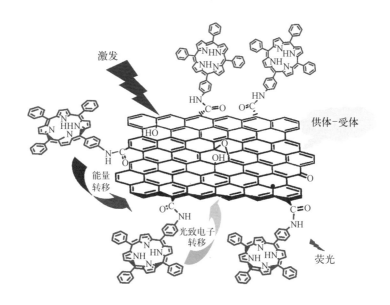

4.1.2 石墨烯的非共价键功能化

石墨烯的非共价键功能化主要是利用石墨烯与功能分子之间的范德瓦耳斯力、静电力等制备出具有某种特定功能的石墨烯基复合材料。此种功能化方法的优点是对石墨烯结构的破坏相对较小，在提高石墨烯分散性的同时保持石墨烯的本征性能，并且制备的反应条件温和、操作相对简单。石墨烯的非共价键功能化根据反应作用键类型的不同可以细分为 π 键功能化、离子键功能化、氢键功能化等。

（1）石墨烯的 π 键功能化

采用氧化还原法制备的石墨烯具有较好的水溶性，而还原后片层上很多亲水性的含氧官能团被去除，使得石墨烯的水溶性下降且易团聚，即使在有表面活性剂

图 4-7 未用 PSS 修饰（左）和使用 PSS 修饰（右）的石墨烯的水分散照片

的体系中也很难再分散。Ruoff 等先利用高分子聚苯乙烯磺酸钠（PSS）对氧化石墨烯进行功能化修饰，再利用还原剂对其进行化学还原，由于 PSS 与石墨烯之间有较强的非共价键作用，阻止了还原过程中石墨烯片的聚集，使该复合物在水中具有较好的溶解性，浓度可达到 1 mg/mL（图 4-7）。

（2）石墨烯的离子键功能化

利用离子间的相互作用是一种常用的非共价键功能化方法。Penicaud 等通过离子键功能化制备了可溶于有机溶剂的石墨烯（图4-8）。他们首先采用成熟的方法制备了碱金属（钾盐）石墨层间化合物，然后在溶剂中机械剥离获得了可分散于 N-甲基吡咯烷酮（NMP）的功能化石墨烯。此方法制备的功能化石墨烯，由于钾离子与石墨烯片层上的羧基负离子之间存在的相互作用，在不需要添加任何表面活性剂及其他分散剂的情况下便能够稳定地分散在极性溶剂中。

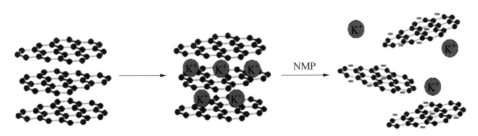

图4-8 K^+ 功能化石墨烯示意图

在利用静电作用使石墨烯达到稳定分散的基础上，Mullen 等利用正负离子间的电荷作用首次实现了石墨烯在不同溶剂之间的有效转移（图4-9）。他们首先在利用负电荷分散的石墨烯水溶液中加入带正电荷的两亲性表面活性剂（季铵盐），然后加入有机溶剂（氯仿），通过简单的振荡过程就能够实现石墨烯从水相转移到有机相中。该方法简单易行，不仅适用于氧化石墨烯，还原后的产物也可用同样的方法实现转移，为石墨烯的离子键功能化及其应用拓宽了思路。

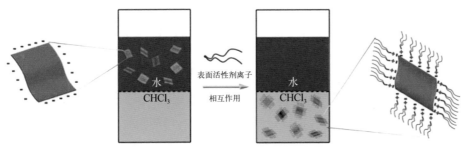

图4-9 石墨烯在不同溶剂中转移的示意图

（3）石墨烯的氢键功能化

氢键是一种较强的非共价键，氧化石墨烯的表面含有大量的羧基、羟基等极性官能团，很容易与其他物质发生氢键相互作用，因此可以利用氢键对氧化石墨烯进行功能化改性。石墨烯的氢键功能化不仅可以提高石墨烯的分散性,还可以通过氢键作用实现有机分子在石墨烯上的负载。Chen 等利用氢键作用将抗肿瘤药物盐酸阿霉素负载到石墨烯上。Mann 等利用 DNA 与石墨烯之间的氢键及静电等作用制备了非共价键功能化的石墨烯。他们首先采用化学方法合成了氧化石墨烯,然后加入新解螺旋的单链 DNA 并用肼还原,最终得到了 DNA 修饰的石墨烯。

4.1.3　石墨烯掺杂

由于石墨烯的特殊结构,传统工艺中扩散和注入的掺杂方式对石墨烯不再适用。对于石墨烯的掺杂技术,目前已经有很多的研究报道,如表面转移掺杂、直接合成、离子注入及气氛处理等,这些技术大体上可以分为表面转移掺杂和替位掺杂两大类。

表面转移掺杂,又称吸附掺杂,是由石墨烯与表面吸附掺杂剂之间存在的电子转移引起的掺杂。这种掺杂与传统掺杂的机制不同。图 4-10 显示了传统 p 型掺杂和石墨烯 p 型表面转移掺杂的能带结构对比。其中以真空能级作为参考能级,E_C 为导带底的能级,E_V 为价带顶的能级。表面转移掺杂中电子的转移方向由掺杂剂的最高占据轨道(highest occupied molecular orbital,HOMO)和最低未占据轨道(lowest unoccupied molecular orbital,LUMO)与石墨烯费米能级(E_F)之间的相对位置决定。如果掺杂剂的最高占据轨道高于石墨烯费米能级,那么电子从掺杂剂向石墨烯转移,掺杂剂为供主,电子成为主要的载流子,此为石墨烯 n 型掺杂;相反,如果掺杂剂的最低未占据轨道低于石墨烯费米能级,那么电子从石墨烯向掺

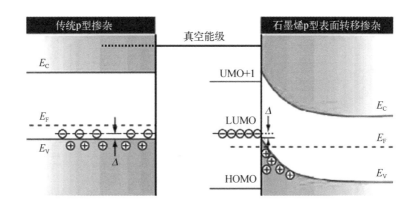

图 4-10　传统 p 型掺杂和石墨烯 p 型表面转移掺杂的能带结构对比

杂剂转移,掺杂剂为受主,空穴成为主要的载流子,此为石墨烯 p 型掺杂。

Leenaerts 等将石墨烯分别放置在 H_2O、NH_3、CO、NO 和 NO_2 的环境中,研究发现石墨烯与这些分子之间的电荷转移与它们之间的吸附方式紧密相关。他们发现,H_2O 和 NO_2 对石墨烯引入 p 型掺杂,而 NH_3、CO 和 NO 对石墨烯引入 n 型掺杂。

当外围电子数不同时,碳原子的替位原子可以进入石墨烯晶格中,替位原子将向石墨烯中引入空穴(p)型掺杂或者电子(n)型掺杂,这种掺杂称为替位掺杂或晶格掺杂。替位掺杂是由于替位原子与碳原子之间成键而产生的,成键过程可以发生在合成石墨烯时,也可以发生在对本征石墨烯进行后处理时。这种掺杂效果源于对石墨烯晶格原子的替位,当替位原子的外围电子数多于碳原子的外围电子数时,四个电子会与碳原子成键,而剩余的电子将成为载流子,使石墨烯呈富电子状态,出现 n 型掺杂的效果。然而,当碳原子被外围电子数较少的原子替位时,石墨烯晶格中将被引入空穴,呈现 p 型掺杂效果。由于键能的影响,替位掺杂石墨烯比表面转移掺杂石墨烯更为稳定。

在合成石墨烯的实验过程中,通过加入硼源或氮源,可以制备 B 掺杂石墨烯或 N 掺杂石墨烯。LPanchakrla 等分别在 H_2、He、B_2H_6 和 H_3BO_3 蒸气的混合气体环境下,通过石墨电极的电弧放电制备了 B(空穴)掺杂石墨烯。Wang 等利用氨气气氛下的电退火工艺成功对 GNR 实现了 N 掺杂。研究发现氨气电退火后,GNR 场效应晶体管的狄拉克点电压变化明显,而且在真空环境中也能够稳定保存。研究认为,GNR 边缘碳原子具有比较高的化学活性,容易与 NH_3 中的 N 原子形成

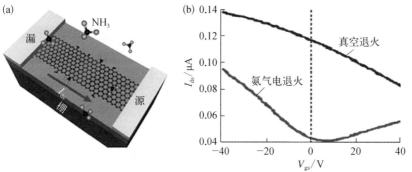

（a）GNR 场效应晶体管氨气电退火原理图；（b）GNR 场效应晶体管在真空退火和氨气电退火后的转移特性曲线

图 4-11 GNR 场效应晶体管示意图

C—N，从而形成N掺杂石墨烯，如图4-11(a)所示，其中I_{ds}为源漏电流。GNR场效应晶体管在真空退火和氨气电退火后的转移特性曲线如图4-11(b)所示，其中V_{gs}为栅源电压。

Some等以甲苯为溶剂配制了三苯基膦(富磷)和三苯基胺(富氮)溶液，对石墨烯、溶液和石墨烯的三明治结构进行快速热退火后成功制备出磷掺杂双层石墨烯场效应晶体管和氮掺杂双层石墨烯场效应晶体管。XPS和EDS都检测到石墨烯结构中成功嵌入了P原子或N原子，并且P掺杂比N掺杂的效果更好。替位掺杂原子与C原子之间是成键结合的，这也是替位掺杂石墨烯比表面转移掺杂石墨烯的稳定性好的原因。

表面转移掺杂过程简单，但是吸附分子易解吸，导致掺杂效果不稳定、易退化。替位掺杂由于外来原子与碳原子之间成键连接，掺杂效果具有更高的稳定性，但是在一定程度上破坏了石墨烯的本征结构，降低了其性能和电子迁移率。总体上来说，目前掺杂石墨烯普遍还存在稳定性差、电子迁移率低及不适于大规模生产等问题，因此需要总结已有经验，提高对现有各种掺杂方式的认识，以便未来探索石墨烯掺杂的新方法，获得空气中稳定的p型掺杂石墨烯和n型掺杂石墨烯，促进石墨烯电子器件的发展和应用。

如上所述，在短短的几年内，关于石墨烯功能化及其相关应用的研究已经取得了很大的进展。但要真正实现石墨烯的可控功能化及产业化应用，还面临巨大的问题和挑战。共价键功能化的优点是在增强石墨烯可加工性的同时，赋予石墨烯新的功能，其缺点是会部分破坏石墨烯的本征结构，同时使其物理化学性质发生改变。非共价键功能化的优点是工艺简单、条件温和，同时能保持石墨烯本身的结构与性质，但会在石墨烯中引入其他组分(如表面活性剂)。为了充分发挥石墨烯的优异性能，进一步拓展其应用领域，还需要开发并完善新的功能化方法。例如，需要控制功能化的官能团、位点及数量；在功能化的同时尽量不降低石墨烯良好的本征性质；在器件应用过程中，可以除去不必要的官能团并恢复石墨烯的结构与性质；充分利用不同功能化官能团对石墨烯进行可控组装，可以使其在复合材料中与基质材料中实现有效的相互作用等。在共价键功能化方面，可以利用石墨烯分子边界上官能团(羧基、羟基、环氧基等)和缺陷(卡宾碳原子等)的不同反应性，与多种具有特定功能的小分子和高分子(如长链烷烃、金属卟啉、二元胺、乙二醇齐聚物和两亲性共聚物等)进行选择性共价键功能化，在改善石墨烯分散性和溶解性的同时,获得具有光、电、磁及生物医药等特殊功能的改性石墨烯。

4.2　石墨烯分散液

石墨烯分散液是通过各种分散技术将石墨烯悬浮分散在溶剂中形成的稳定液体,可避免干燥后石墨烯的团聚堆叠,有利于发挥石墨烯的性能,有利于实现与其他材料的复合。

石墨烯在溶剂中的分散方法总体可分为物理分散法和化学分散法。物理分散法主要是指利用研磨、球磨、超声、微波辐射等方法破坏石墨烯片层与片层之间的范德瓦耳斯力,进而实现其良好分散,总体上不改变石墨烯本身的结构,因而确保石墨烯保留其优异性能。但物理分散法的分散能力有限,石墨烯在不同溶剂中的分散效果不同,当停止外力作用时,石墨烯容易在分子间作用力下重新团聚,因此通常需要添加表面活性剂或进行高分子聚合物包覆。化学分散法是指通过化学反应在石墨烯表面接枝特殊的官能团,从而改变其结构和化学性能,提高其分散性,或者与其他易于分散的高分子材料进行接枝复合。但由于石墨烯片层间较强的范德瓦耳斯力,其反应活性较低,较难实现对其化学改性的均一性。

4.2.1　石墨烯的物理分散法

1. 机械分散法

机械分散法是指在剪切或撞击等方式的作用下,使分散液体系的黏度降低,石墨烯与溶剂的混合均匀度增加,实现石墨烯在溶剂中的均匀分散。机械法虽然对石墨烯的分散性具有良好的效果,但分散过程涉及较为复杂的物理化学过程,对石墨烯的结构和形貌产生一定的影响,且分散过程中机械作用力难以控制,因此极大地限制了该方法的应用。

2. 超声分散法

超声空化产生的强大剪切力可以克服石墨烯层间的范德瓦耳斯力,避免石墨烯片层的堆叠,实现石墨烯的稳定分散。超声波可以在液体中产生强大的压力波,形成大量微观气泡,它们相互碰撞融合产生强大的冲击波,形成强有力的剪切作用,从而破坏石墨烯层与层之间的范德瓦耳斯力,有效地扩大石墨烯的层间距。通过精确控制超声处理的工艺参数,超声分散法可以避免化学作用及对晶体结构的损伤,获取无缺陷的石墨烯薄片。周明杰等通过对石墨烯悬浮液进行超声处理来提高石墨烯的分散性。在临界流体的作用下,碳纳米管与石墨烯混合得更加均匀。这是因为超声波瞬间释放的压力破坏了石墨烯层与层之间的范德瓦耳斯力,使得石墨烯难以团聚,从而使碳纳米管和石墨烯均匀分散地混合在一起。

Zhang等通过机械搅拌和超声处理对石墨烯水溶液进行了分散对比。图4-12(a)为机械搅拌得到的石墨烯分散液经过抽滤去除团聚颗粒后的照片,在长时间搅拌后,石墨烯基本全部团聚沉降,几乎没有石墨烯悬浮分散在溶液中。图4-12(b)对应的是超声处理得到的石墨烯分散液,悬浮状态稳定,并在40天后仍可稳定存在。

图4-12 不同分散时间下石墨烯分散液的照片

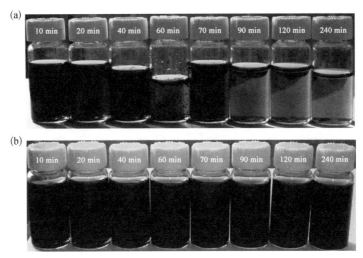

(a)机械搅拌;(b)超声处理

3. 微波辐射分散法

微波辐射分散法是指采用微波加热的方式产生高能高热,用于克服石墨烯片层间的范德瓦耳斯力。Janowska等以氨水作为溶剂,利用微波辐射分散法处理在氨水中的膨胀石墨来制备石墨烯分散液。如图4-13所示,TEM图表明制得的石墨烯主要为单层和少层(<10层)石墨烯。图4-13(a)显示石墨烯的宽度为几微

米。图4-13(b)对应石墨烯的高倍 TEM 图,其由几个褶皱的石墨烯片层组成。从图中可以看出,少层石墨烯能够在氨水中稳定分散。研究证实,微波辐射产生的高温能够使氨水部分汽化,产生的气压对克服石墨烯片层间的范德瓦耳斯力具有显著作用,从而可以形成稳定的石墨烯分散液。

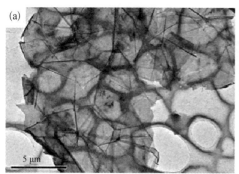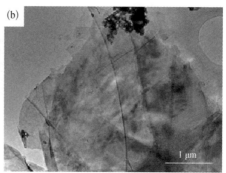

图4-13 微波辐射分散法制备的石墨烯的 TEM 图

(a) 低倍 TEM 图;(b) 高倍 TEM 图

4.2.2 石墨烯的化学分散法

具有稳定苯环结构的石墨烯,化学稳定性高,表面呈现惰性状态,与其他介质之间的相互作用很弱,并且片层之间存在很强的分子间作用,导致片层很容易堆叠,因此分散比较困难。为提高其化学活性,通常把石墨烯分散在含有改性剂的水溶液或者有机溶液中,通过静电引力或者分子间相互作用力在石墨烯表面引入官能团或包覆改性剂,克服石墨烯片层间的范德瓦耳斯力,实现石墨烯的稳定分散。

Li 等采用天然没食子酸还原氧化石墨烯,反应过程中没食子酸也起到稳定剂的作用,制备的还原氧化石墨烯具有很高的分散性。室温下还原氧化石墨烯(RT-rGO)在水中的浓度可达 1.2 mg/mL,在 DMSO 中的浓度可达 4 mg/mL,并且可以稳定分散一个月,另外在大部分溶剂中均可稳定分散(图4-14),即使在低沸点溶剂(如甲醇)中,其浓度可达到 1.5 mg/mL。其具有良好分散性的原因是没食子酸分子中的苯环结构和石墨烯之间形成了 π-π 共轭相互作用,没食子酸吸附在石墨烯表面并起到稳定剂的作用,这使得石墨烯片具有较强的负电性,阻止了石墨烯片

石墨烯粉体材料:从基础研究到工业应用

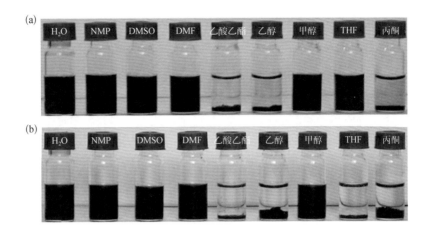

图 4- 14 0.5 mg/mL
的 RT – rGO（a）
和 HT – rGO（b）
在不同溶剂中分散
一周后的照片
（HT：95℃）

进一步堆积,从而导致石墨烯更加难于团聚,保证了所制备的石墨烯具有较高的分散性。

Hou 等首先用 *N* -(三甲氧基硅丙基)乙二胺三乙酸对氧化石墨烯进行硅烷化,然后将硅烷化的氧化石墨烯还原成水溶性的石墨烯衍生物(EDTA -石墨烯),通过表面接枝亲水性的 EDTA,实现了对石墨烯的功能化改性。实验发现,硅烷化改性不仅降低了石墨烯的表面能,提高了其与水的相容性,而且改善了其悬浮稳定性。如图4 – 15 所示,未经接枝的还原氧化石墨烯在水中的分散性比氧化石墨烯差,在 12 h 内出现沉降。经过硅烷化接枝后,还原氧化石墨烯的水分散性得到明显提升,3 个月内没有出现相分离和沉降。其原因应是硅烷化接枝的官能团加大了石墨烯的层间距,从而阻止了石墨烯的团聚,同时引入的亲水官能团提高了其与水的相容性。

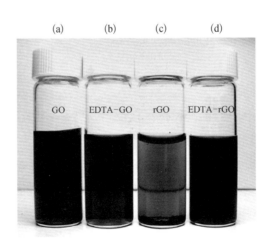

图 4- 15 1 mg/mL
的 氧 化 石 墨 烯
（a）（b）和还原
氧化石墨烯（c）
（d）在水中分散
12 h 后的照片,其
中图（b）（d）对
应经过硅烷化改性

4.2.3 分散剂分散法

石墨烯本身既不亲水又不亲油,普通溶剂很难与石墨烯相容,因此需要借助分散剂促进溶剂与石墨烯的相互作用。常用的分散剂分子很难与石墨烯形成较强的物理吸附作用,对石墨烯的分散效果不好,必须采用具有特殊结构的分散剂才能稳定分散石墨烯。从分子结构上,要求分散剂一端能与石墨烯形成较强的作用,另一端与溶剂体系相容性好。相较于化学分散法,分散剂分散法主要通过分散剂克服范德瓦耳斯力和π-π相互作用等,可以避免破坏石墨烯片层表面的共轭结构,较好地保留石墨烯的特性,而且效率高、操作方便。

1. 离子型表面活性剂

表面活性剂大体可分为离子型与非离子型,其中离子型表面活性剂最为常见。Wajid 等研究了阴离子型表面活性剂十二烷基苯磺酸钠(SDBS)在溶液中对石墨烯的分散效果,并得出了较为理想的结果。但是阴离子型表面活性剂在电解质溶液中有不稳定的缺点。Fernández-Merino 等研究了多种离子型表面活性剂和非离子型表面活性剂在酸性溶液与碱性溶液中的分散性。结果表明,非离子型表面活性剂对溶液酸碱性并不敏感,如 Brij700 的分散效果几乎没有变化,并且在分散剂掺量较高的情况下差异更小。相反,离子型表面活性剂表现出对酸性较为敏感的特性,很多在碱性溶液中分散效果良好的分散剂在酸性溶液中几乎没有分散效果,典型代表有 1-芘丁酸、脱氧胆酸钠和 SDBS 等。这些研究表明,当由石墨烯制备复合材料时,分散剂的选取与溶液的酸碱性关系很大。

2. 非离子型表面活性剂

聚乙烯吡咯烷酮(PVP)是一种高分子聚合物,也是一种非离子型表面活性剂,其作为石墨烯的分散剂具有非常好的效果。Wajid 等研究了 PVP 分散剂对石墨烯的分散效果。如图 4-16 所示,由于没有任何稳定剂,石墨烯在范德瓦耳斯力作用下聚集沉降,而添加的 PVP 分散剂则阻止了石墨烯的聚集和沉积。研究表明,当 PVP 分散剂溶液浓度为 10 mg/mL 时,石墨烯分散液的浓度达到最大。PVP 分散剂可吸附于石墨烯表面形成覆盖层,从而阻止石墨烯之间发生接触团聚。PVP 分

图 4 - 16 石墨烯分散液的照片

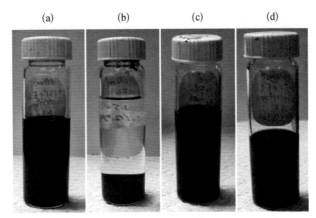

(a) 石墨烯超声分散在乙醇中;(b) 石墨烯分散在乙醇中离心;(c) 添加 PVP 分散剂的石墨烯超声分散在乙醇中;(d) 添加 PVP 分散剂的石墨烯分散在乙醇中离心

散剂对石墨烯在有机溶剂(如 DMF、NMP、乙醇)中也有很好的分散效果。结果表明,PVP 分散剂在高温(约 100 ℃)及低 pH(约 2)的条件下仍可使石墨烯分散液保持稳定。相比于其他分散剂,PVP 分散剂具有很明显的优势。他们进一步研究了平均相对分子质量为 10000、40000、110000 的 PVP 分散剂的分散效果,得出平均相对分子质量越小的 PVP 分散剂所具有的分散效果越好的结论。

如图 4 - 17 所示,Guardia 等使用不同类型的表面活性剂作为分散稳定剂,通过超声剥离石墨得到不同浓度的石墨烯分散液,其中离子型表面活性剂分散得到的石墨烯分散液的浓度低于非离子型表面活性剂。离子型表面活性剂的分散液浓度多为 0.01 mg/mL～0.1 g/mL,而非离子型表面活性剂的分散液浓度大多大于 0.1 mg/mL,其中吐温 80 和 P123 可将分散液浓度提高到 0.5～1 mg/mL。对于非离子型表面活性剂来说,其对石墨烯的悬浮能力往往优于离子型表面活性剂。这一结果表明,石墨烯在水中受到的空间斥力比静电斥力更有利于分散。非离子型表面活性剂的亲水部分延伸到水中,提供了空间稳定性。亲水官能团通常由线性或支化的聚乙烯氧化物组成,这些相对分子量较高的官能团具有增强稳定性的作用。

4.2.4　用于分散石墨烯的溶剂

在石墨烯分散过程中,一个主要的问题是选择合适的溶剂以稳定地分散石墨烯。该溶剂存在于石墨烯片层之间,且与石墨烯之间具有较强的相互作用,以克服

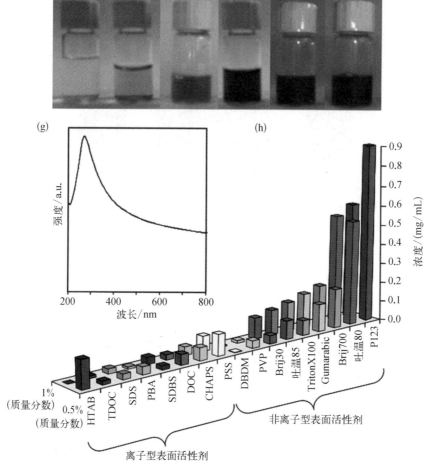

图 4 - 17 不同溶
剂的石墨烯分散液

（a）纯水；（b）0.5%的石墨烯水分散液；（c）0.5%的石墨烯 TDOC 分散液；（d）0.5%的石墨烯 PBA
分散液；（e）0.5%的石墨烯 CHAPS 分散液；（f）0.5%的石墨烯 P123 分散液；（g）石墨烯 P123 分散液的紫外-
可见吸收光谱；（h）当分散稳定剂浓度分别为 0.5%和 1%时，各种分散稳定剂对应的石墨烯分散液的最大浓度

石墨烯片层之间巨大的 π - π 相互作用并有效分散石墨烯。

1. 石墨烯水分散液

石墨烯的最大接触角可达 129.96°，表现出较强的疏水性，水很难浸润包覆石
墨烯片层，也就无法实现对石墨烯的均匀分散。为此，Li 等首先制备了具有良好水
分散性的氧化石墨烯，再经过还原得到了还原氧化石墨烯，实现了石墨烯在水溶液
中的分散，此过程中不需要添加任何高分子聚合物或表面活性剂。如图 4 - 18 所

图 4-18 制备石墨烯水分散液的路径

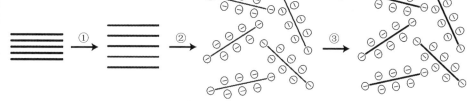

图 4-19 0.05 mg/mL 的水分散液中氧化石墨烯和化学还原的氧化石墨烯在不同 pH 下的 Zeta 电位

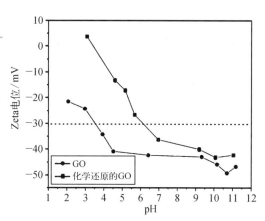

示,先将石墨氧化,使层间距变大;然后剥离氧化石墨,经超声处理得到氧化石墨烯的水分散液;最后通过水合肼还原的方法得到还原氧化石墨烯的水分散液。

图 4-19 为 0.05 mg/mL 的水分散液中氧化石墨烯和化学还原的氧化石墨烯在不同 pH 下的 Zeta 电位。由胶体化学可知,当 Zeta 电位小于 -30 mV 时,颗粒间存在较大的静电斥力,胶体体系可稳定存在。由图可知,氧化石墨烯的 Zeta 电位低于化学还原的氧化石墨烯,这与氧化石墨烯水分散液更稳定的结果相一致。对于化学还原的氧化石墨烯,当 pH 大于 6.1 时, Zeta 电位低于 -30 mV,此时分散液体系可稳定存在。

目前,石墨烯水分散液的浓度大多在 0.5% 以下,氧化石墨烯水分散液的浓度虽然可以很高,但可流动性大多低于 2%,高浓度的石墨烯水分散液面临黏度高、可流动性差、可操作难度大等问题,这在实际工业化应用上需要认真对待和解决。

2. 石墨烯有机溶剂分散液

除水之外,有机溶剂也可作为分散石墨烯的溶剂。当有机溶剂的表面能与石墨烯相匹配时,有机溶剂分子可吸附在石墨烯表面,利用其与石墨烯之间的静电斥力和相互作用,可以平衡石墨烯片层之间的范德瓦耳斯力,实现石墨烯的分散。

Xu 等通过液相剥离法分别在 10 种有机溶剂中制备得到了无缺陷石墨烯,如图 4-20 所示。完整石墨烯的疏水性和化学惰性使其难以在有机溶剂中分散,有机溶剂中分散液的浓度均较低(小于 0.08 mg/mL),但在有机溶剂中加入萘后,分散液的浓度增加,可达到 0.15 mg/mL。在此过程中,萘起到插层作用。萘含有两个苯环结构,与同样含有苯环结构的有机溶剂可发生相互作用,有利于有机溶剂插层浸入石墨烯层间,从而很好地分散石墨烯。

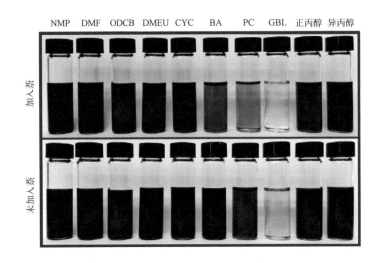

图 4 - 20 无缺陷石墨烯分散在不同有机溶剂中的照片

3. 石墨烯低沸点有机溶剂(丙酮、氯仿、丙烯酸)分散液

对于液相中的石墨烯分散液,要么采用具有高表面张力的有机溶剂,要么采用添加表面活性剂或高分子聚合物作为分散稳定剂的水溶液。后者存在的问题是分散剂难以去除,而且稳定分散的石墨烯分散液多采用难以挥发的有机溶剂,不利于后期的应用。

O'Neill 等在 16 W 的低功率超声下,使用分散性较差、低沸点的有机溶剂(如氯仿、异丙醇、丙酮等)稳定分散石墨烯 5 天,其分散过程没有导致石墨烯产生缺陷,虽然在氯仿(3.4 μg/mL)、异丙醇(3.1 μg/mL)、丙酮(1.2 μg/mL)等低沸点有机溶剂中的分散液浓度低于在高沸点有机溶剂[如 N - 甲基吡咯烷酮(NMP,1 mg/mL)、N,N - 二甲基甲酰胺(DMF,0.5 mg/mL)、环己酮(CYC,0.2 mg/mL)],但仍为石墨烯的分散提供了多种选择。图 4 - 21(a)显示了石墨烯分散在 6 种有机溶剂中的浓度,这与图 4 - 21(b)所示的汉森溶解度参数结果一致。根据实验结果,可以提出好的石墨烯分散剂是指汉森溶解度参数与建议的石墨烯溶解度参数相匹配的溶剂,这些参数与色散、极性和氢键对内聚能密度的贡献有关,可以以此作为选择石墨烯分散剂的依据。

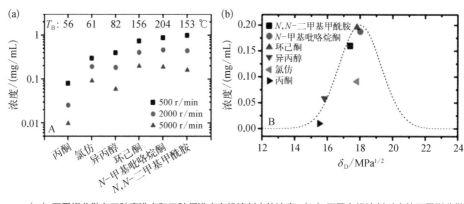

图 4-21 石墨烯分散在不同沸点有机溶剂中的浓度

（a）石墨烯分散在三种高沸点和三种低沸点有机溶剂中的浓度；（b）不同有机溶剂对应的石墨烯分散液的浓度

4. 氧化石墨烯分散液

氧化石墨烯是采用氧化还原法制备石墨烯的中间产物,其表面具有较多的羟基、羧基及环氧基等含氧官能团,这些官能团具有很强的极性,因此氧化石墨烯易溶于水。但其片层间依然有共轭结构存在,所以氧化石墨烯同时表现出亲水性和疏水性。从相似相容的角度分析,氧化石墨烯可以溶解在水中和极性溶剂中。

如图 4-22(a)所示,氧化石墨烯面内存在羟基和环氧基等含氧官能团,羧基则位于氧化石墨烯边缘。氧化石墨烯表面存在的大量亲水性含氧官能团使其与水溶液具有良好的亲和性,同时这些官能团的存在增大了片层间距,有利于溶剂分子的插层浸入,因此可以不经过化学改性或添加分散剂即可在水溶液中实现良好分散,其浓度高达 10 mg/mL。

氧化石墨烯含有的官能团利于其分散在特定的有机溶剂中,如极性溶剂 NMP、DMF 等。如图 4-23 所示,氧化石墨烯在极性溶剂中可稳定分散 3 周而不发生沉降,这类溶剂可置换氧化石墨烯片层中的水。

石墨烯在溶剂中的分散方法有各自的优缺点,没有缺陷的石墨烯很难实现在溶剂中的分散,而当通过一定方法,如表面改性或氧化等,都会或多或少引入一些缺陷或其他官能团。另外,分散剂吸附在石墨烯表面也会影响其工作性能的发挥,比如降低其原有的导电性等。最后,石墨烯在溶剂中的分散浓度绝大多数在 10 mg/mL 以下,目前制备高浓度的石墨烯分散液还很困难,希望随着研究的不断深入,这些问题能够得到很好的解决。

图 4-22

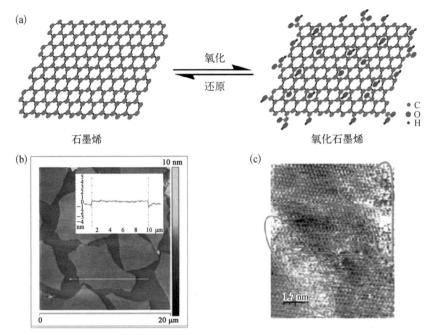

图 4-23 氧化石
墨烯分散液的照片

（a）石墨烯和氧化石墨烯的结构模型；（b）氧化石墨烯的 AFM 图；（c）高定向热解石墨上氧化石墨烯的 STM 图，绿色部分为氧化区域

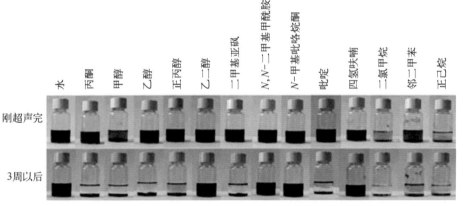

4.3 三维石墨烯的制备

三维(3D)石墨烯由二维石墨烯整合而成，具有特定的微/纳米结构。目前，通过整合二维石墨烯来构建具有特定三维结构的石墨烯组装体，成为石墨烯领域的研究

热点。因此,制备性能优异的3D石墨烯对于拓展石墨烯的宏观应用具有重要意义。为了更好地将石墨烯应用到实际生产中,可以构筑成3D石墨烯材料,如三维石墨烯膜、石墨烯泡沫、石墨烯气凝胶、层层组装结构石墨烯和具有特殊形貌的单分散结构石墨烯等。3D石墨烯具有一定的自支撑结构(图4-24),不仅可以避免石墨烯片层之间的团聚和堆叠,而且可形成一定的多孔结构,使其在各方面的性能都得到提升,是目前解决二维石墨烯实际应用难题的关键技术。由于独特的多孔结构与石墨烯固有的性质相结合,3D石墨烯具有更大的比表面积,能提供更多的电子/离子、气体、液体的传输和存储空间。3D石墨烯的性能很大程度上依赖于它的组装结构和形貌,将纳米尺寸的石墨烯片组装成高级的3D宏观组装体,不仅能提供多种调控其结构和形貌的方法,而且能进一步地拓展石墨烯的功能和应用。

图4-24 3D石墨烯的理想结构

目前,研究人员已开发了多种组装3D石墨烯的方法,这些方法可归为六大类,包括化学气相沉积法、溶液自组装法、定向流动组装法、化学交联法、喷雾干燥法和3D打印技术。其中,化学气相沉积法利用模板材料,通过碳源沉积在模板上形成三维结构;溶液自组装法、定向流动组装法、化学交联法利用二维石墨烯片作为基础材料,通过组装、键合等方式形成三维结构;喷雾干燥法可直接将胶体分散液雾化和干燥,以生产各种粉状产品;3D打印技术以石墨烯墨水为基础材料,通过打印等技术形成期望的三维结构。除此之外,激光还原等技术也可形成三维石墨烯结构。

4.3.1 化学气相沉积法

化学气相沉积(CVD)法是指以含有碳原子的物质作为碳源,如甲烷、乙炔、丙酮等,在高温条件下,碳源裂解,产生的碳原子被高溶碳量的基底吸收,经降温,碳原子析出,沉积在基底表面,形成 3D 石墨烯结构。这里的基底一般具有 3D 结构,包括金属、金属盐、金属氧化物和含碳有机化合物等。

例如,有研究人员以泡沫镍为模板,以乙醇为碳源,在 1000 ℃ 的惰性气体氛围下促使乙醇在泡沫镍骨架上分解,在退火的过程中,分解所得的碳原子在泡沫镍上沉积,构成连续网络结构,最后用无机酸腐蚀去除泡沫镍,成功制备出 3D 石墨烯网络,如图 4-25 所示。在上述过程中,泡沫镍同时还充当了催化剂。从电子显微镜图和拉曼光谱可以看出,这种方法所制备的 3D 石墨烯网络具有较高的质量。

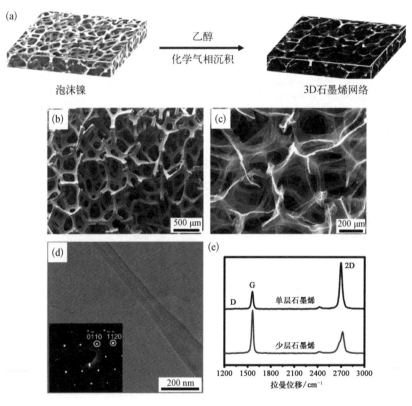

图 4-25　以泡沫镍为模板制备 3D 石墨烯网络

（a）采用 CVD 法在泡沫镍上制备 3D 石墨烯网络的示意图;（b）泡沫镍上 3D 石墨烯网络的 SEM 图;（c）去除泡沫镍后 3D 石墨烯网络的 SEM 图;（d）石墨烯片的 TEM 图,插图为石墨烯片的 SAED 图;（e）制备的单层石墨烯和少层石墨烯的拉曼光谱

当使用可溶性的金属盐作模板时,能有效简化制备过程,降低制备成本。例如,以 NaCl 为模板,以乙烯为碳源,通过 CVD 法制备了空心立方石墨烯(图 4-26)。微

　　　　　　　　　　　　　石墨烯粉体材料：从基础研究到工业应用

图 4-26 以 NaCl 为模板制备空心立方石墨烯

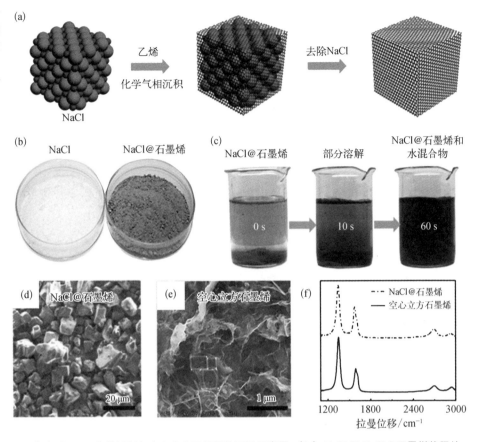

（a）以 NaCl 为模板制备空心立方石墨烯的原理示意图；（b） NaCl 和 NaCl@石墨烯的照片；（c）NaCl@石墨烯在水中的分散状态；（d）NaCl@石墨烯的 SEM 图；（e）空心立方石墨烯的 SEM 图；（f）NaCl@石墨烯与空心立方石墨烯的拉曼光谱

米级的 NaCl 在石墨烯的成核和生长过程中起到重要作用。作为模板的 NaCl 具有很好的水溶性，可以通过在水中浸泡将其去除，因此该方法具有简便、高效的特点。

Huang 等以多孔二氧化硅为模板，通过 CVD 法制备了管状多孔 3D 石墨烯。首先通过简单的水热和煅烧制备出多孔的二氧化硅块体并作为模板；然后以 CH_4 为碳源，在 H_2 和 Ar 混合气体氛围下，经 1100 ℃ 的高温退火，得到石墨烯-SiO_2 复合物；最后用氢氟酸刻蚀模板，得到了管状多孔 3D 石墨烯。它还具有四连接的微观结构，从而增加了结构整体的稳定性。该材料在支撑自身质量 40000 倍的砝码后，几乎没有发生任何形变，且在形变高达 95% 后仍能恢复原状，这表明该方法制备的管状 3D 石墨烯具有优异的力学性能。

当以有机金属盐作基底时,在 CVD 的过程中,它既可以起到催化剂的作用,还可以充当碳源,用以形成 3D 石墨烯结构。例如,以氯乙酸钠为唯一的反应前驱体,将其快速放入 1000 ℃的管式炉中,反应 1 min 后从高温区取出,冷却至室温。这个过程中氯乙酸钠快速热解,进而生成 3D 石墨烯框架。氯乙酸钠中的氯元素可以诱导石墨烯的原位活化,形成更多的孔结构,使得所生成的 3D 石墨烯框架具有大的比表面积。该方法操作较简单,反应前驱体单一,没有烦琐的去基底步骤,一般用一定量的水洗涤即可得到产物。

在 CVD 法的基础上,Wang 等以葡萄糖和氯化铵为反应前驱体,通过惰性气体下的高温退火得到了由多面体组装的 3D 石墨烯,并将该方法命名为吹糖法。如图 4-27 所示,在高温条件下,葡萄糖逐渐融化,同时氯化铵缓慢分解成氯化氢气体和氨气。这些气体将融化的葡萄糖吹起,产生大量的泡沫。随着气体的不断释放,泡沫壁逐渐变薄,表面张力诱导葡萄糖融化形成的聚合物流体从壁中流出,高温下泡沫壁上的聚合物被石墨化成薄的石墨烯膜,最终形成由石墨烯片支撑的连续网状结构。该方法具有操作简单、成本低和利于扩大生产的优点。

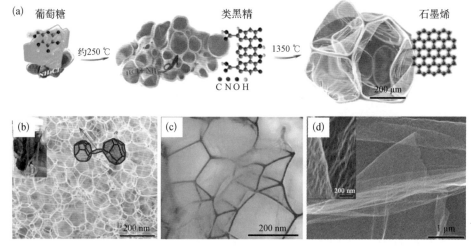

图 4-27 吹糖法制备 3D 石墨烯

(a)采用吹糖法制备 3D 石墨烯的生长过程示意图;(b)支撑石墨烯片的 SEM 图和光学照片;(c)支撑石墨烯网络的二维光学照片;(d)断裂石墨烯膜的 SEM 图

将镍金属粉末与蔗糖均匀分散在去离子水中,使蔗糖均匀包覆在镍金属颗粒表面,再用传统粉末冶金冷压法压制成型,复合块体在氩气和氢气混合气氛的保护

石墨烯粉体材料:从基础研究到工业应用

下高温煅烧,即可一步获得原位生长的 3D 石墨烯泡沫。在该方法中,蔗糖为固体碳源,石墨烯在烧结的镍金属颗粒骨架的表面和界面处原位生长,最终获得的材料由颗粒状碳壳与二维石墨烯构成。该材料具有较高的比表面积(1080 m²/g)、电导率(1380 S/m)和晶化程度,并且具有良好的结构稳定性。该 3D 石墨烯泡沫在水流作用下不发生破裂,并可承受超过 150 倍自身质量的载荷,卸载后可以实现回弹。通过改变金属粉末成分、添加剂成分来设计具有不同结构的模具,可以用于制备不同种类和形状的 3D 碳纳米材料。

王学斌等将葡萄糖和锌粉混合、压制成所需形状,在惰性气体下加热至 1200 ℃,可直接得到石墨化程度较好的 3D 石墨烯块体 ZnG(图 4-28)。这个过程以葡萄糖

图 4 - 28 ZnG 的制备及表征

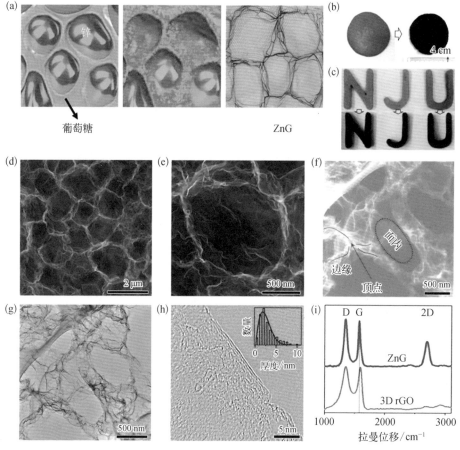

(a)含碳-锌中间体的锌辅助固态热解方案示意图;(b)(c)葡萄糖-锌和 ZnG 的照片;(d)ZnG 的 SEM 图;(e)~(g)ZnG 单元的 SEM 图、STEM 图、TEM 图;(h)1~3 个原子层厚的单个石墨烯膜的 HRTEM 图,插图是膜厚度的统计数据;(i)ZnG 与 3D rGO 的拉曼光谱

为碳源,以锌粉为分层剂。在加热葡萄糖进行热裂解生成生物炭的同时,锌蒸发渗入碳中并使其发生分层,锌将碳切割成数个薄层,从而形成三明治结构。在后续加热过程中,碳薄层转化为石墨烯,而锌完全挥发。ZnG 产品能够保持初始的设计外观,其具有 3D 连续网络结构,几何上由紧密排列的多面体单元组成,每个单元都与五六个单元相邻,整体趋向紧密有序排列。ZnG 单元的孔壁为 sp^2 单/寡原子层,平均厚度为 2.2 nm。在 ZnG 中,没有此前固态碳源热解方法中出现的实心筋、实心颗粒等杂质形貌。相比于 3D rGO,ZnG 具有更高的化学纯度、更大的比表面积、更好的热稳定性,以及在空气和电解液中出色的电导率。将 ZnG 用作双电层型超级电容器的电极,可实现卓越的能量密度、功率密度、循环寿命。

此外,阳极氧化铝、MgO,以及纳米级的金属、金属盐等也可用作模板来合成 3D 石墨烯及其复合物。

3D 石墨烯还可以通过将氧化石墨烯片组装到 3D 模板上而得到。基于该方法,许多组装技术已经被开发出来,如电泳沉积、浸涂、高压釜回流、模板辅助的冷冻干燥等。

沈培康课题组经过多年的研究,发明了创新的立体构造石墨烯粉体的制备方法(图 4-29)。与普通以石墨为原料的制备方法不同,他们独创性地采用含碳聚合物为原料,利用热裂解方式在过渡金属催化剂和造孔剂的作用下制备了立体构造石墨烯粉体。该方法与传统石墨烯制备方法相比,具有合成工艺简单、原料来源广泛、成本低廉、可批量化生产等优点。并且通过改变含碳聚合物的种类、金属离子的浓度、造孔剂的用量,可以实现可控调节立体构造石墨烯粉体的产品特性。此方法合成的立体构造石墨烯粉体具有其他碳材料包括商用石墨烯不具备的性质,如超大比表面积、高电导率、自掺杂、多级孔结构等。

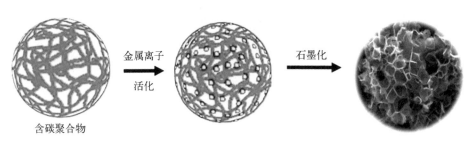

含碳聚合物　　金属离子活化　　石墨化

图 4-29 立体构造石墨烯粉体的制备过程示意图

立体构造石墨烯粉体的微观形貌如图 4-30 所示。立体构造石墨烯粉体由半透明的少层石墨烯片组成,其具有自支撑相互连通框架结构,并且具有较多的孔隙结

图 4 - 30　立体构造石墨烯粉体的微观形貌

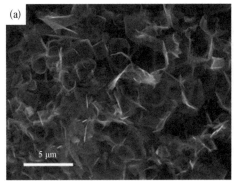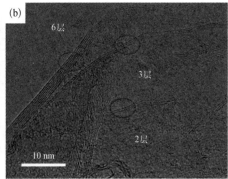

（a）SEM图；（b）HRTEM图

图 4 - 31　立体构造石墨烯粉体的拉曼光谱

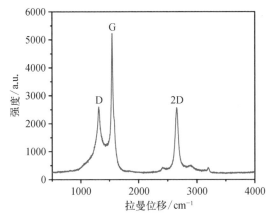

构,如图 4 - 30(a)所示。这种独特的结构有利于防止二维石墨烯片的相互团聚和堆叠,其大量的微纳米孔道有利于离子的筛选和传输。石墨烯片的边缘厚度通过 HRTEM 图进一步确定,如图 4 - 30(b)所示。从图中可以看出,石墨烯片的边缘包含 2 层、3 层及 6 层的石墨烯。通过拉曼光谱进一步对立体构造石墨烯粉体进行表征,如图 4 - 31 所示。从图中可以看出,3 个非常明显的拉曼峰位在1350 cm⁻¹、1580 cm⁻¹和 2700 cm⁻¹附近,分别对应 D 峰、G 峰和 2D 峰,这和较少层石墨烯的拉曼光谱是一致的,证明立体构造石墨烯粉体中含有大量的较少层石墨烯。拉曼光谱中 G 峰和 D 峰的强度比(I_G/I_D)可以表明石墨烯的石墨化程度。从图中可以得出,立体构造石墨烯粉体具有较大的 G 峰和 D 峰强度比(I_G/I_D = 2.01),证明其石墨化程度较高。另外,2700 cm⁻¹附近的 2D 峰非常狭窄,表明立体构造石墨烯粉体中含有大量的少层石墨烯片,这与 HRTEM 图的观测结果一致。

目前,研究人员利用该方法已在广西石墨烯研究院建成一条年产 15 t 的中试生产线,实现了立体构造石墨烯粉体宏量制备的可控、稳定生产,并制定了涵盖石墨烯粉体材料名词、术语、生产装备、生产技术和检测方法的五项石墨烯系列地方标准。

依据立体构造石墨烯粉体的特有性质,可实现多种石墨烯粉体材料下游产业应用。针对我国路面存在车辙、老化、水损坏等问题，研究人员开发出高性能石墨烯复合改性橡胶沥青，并于2018年在南宁大桥大修项目中投入使用。将高性能石墨烯复合改性橡胶沥青应用于高速公路，其在施工方面具有环保、高均匀一致性、高品质、易施工等特点。该产品铺装的路面具有高稳定性、低温抗裂性、高摩擦系数、可明显降噪、低路面温度等优势，能够提高我国沥青路面的使用寿命、降低其维护成本，是交通新材料领域中最新的发展成果。针对工程机械关键传动部件在高负荷条件下磨损严重的问题，研究人员开发出石墨烯增效极压润滑剂，其性能指标超越现有国外初装机产品，可大幅减少传动轴的磨损。

刘敬权等利用三聚氰胺泡沫作为模板来沉积氧化石墨烯，通过氢碘酸刻蚀的方法制备了具有复杂形状的3D石墨烯气凝胶GA-500（图4-32）。该气凝胶具有超回弹性，95%的形变下呈现0.556 MPa的压缩强度，并具有优异的耐久性，

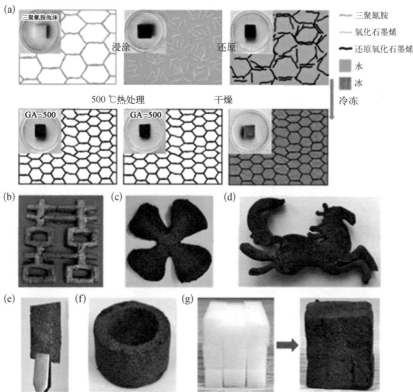

图4-32 以三聚氰胺泡沫为模板制备3D石墨烯气凝胶

（a）以三聚氰胺泡沫为模板的GA-500的制备过程示意图；（b）~（f）GA-500的照片，其中图（b）为"双喜临门"，图（c）为"四叶苜蓿"，图（d）为"奔跑的马"，图（e）为薄膜，图（f）为"桶"；（g）通过小矩形的三聚氰胺泡沫组成的GA-500的三维组合照片

　石墨烯粉体材料：从基础研究到工业应用

90%的形变下可以承受上百次的压缩-回复测试。得益于其优异的力学性能和耐热性,且该气凝胶表现出高溶剂吸附效率(176～513 g/g),可以通过挤压或燃烧的方式回收或去除所吸附的溶剂。该气凝胶还表现出稳定和灵敏的电响应特性,可以应用于监测人体运动的柔性可穿戴设备。

4.3.2 溶液自组装法

溶液自组装法一直被认为是一种有效的自下而上的材料制备方法,也是一种最常用的制备 3D 石墨烯的方法。溶液自组装法是指以氧化石墨烯为基本的构筑单元,在分散液中,通过构筑单元之间的非共价作用形成更高层次的有序功能结构,再通过还原得到 3D 石墨烯。GO 在分散液中的分散性主要由片层间的静电斥力和范德瓦耳斯力这两种作用力的平衡来决定。当分散体系受到外部条件干扰时,这种平衡非常容易被打破,就会引发 GO 片层在分散液中自发组装形成 3D 结构。

Shi 等在 2010 年首次利用 GO 为原料,通过水热还原组装了具有多孔网状结构的自组装石墨烯水凝胶(self assembled graphene hydrogel,SGH),如图 4 - 33 所示。

图 4 - 33 具有多孔网状结构的自组装石墨烯水凝胶

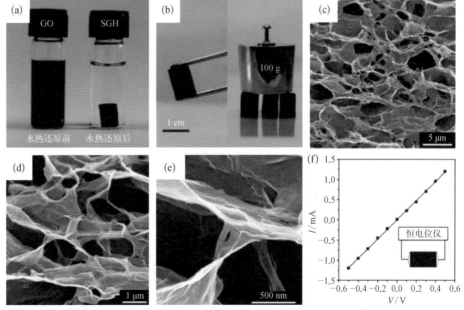

(a)GO 水分散液在水热还原(180 ℃,12 h)前后的照片;(b)SGH 支撑 100 g 砝码的照片;(c)～(e)SGH 在不同放大倍数下的 SEM 图;(f)具有欧姆特性的 SGH 在室温下的 I - V 曲线,插图为用于电导率测量的双探头法

将 GO 水分散液转移至高压反应釜中，在 180 ℃的温度下维持一定时间。在高温、高压环境下，GO 片层间的平衡作用力被打破，从而引发自组装。且在高温条件下，GO 被还原，最终形成了多孔网状的 3D 结构。该 3D 石墨烯的孔径主要是亚微米至微米级，可以通过调节 GO 水分散液的浓度及反应时间等条件来制备不同孔径的 3D 石墨烯，这种多孔网状结构使其表现出优秀的机械强度和较好的导电性。

除了采用水热还原法，还可以使用化学还原、电化学还原等方法引发自组装，用于制备 3D 石墨烯。Yan 等采用化学还原法自组装制备了石墨烯水凝胶，再经冷冻干燥得到了 3D 多孔石墨烯气凝胶，如图 4-34 所示。还原剂能在较温和的条件下将 GO 还原，同时实现石墨烯自组装。采用多种还原剂，如 $NaHSO_3$、Na_2S、维生素 C、HI 和对苯二酚等，均能实现石墨烯的 3D 组装。该方法可用于制备石墨烯水凝胶和石墨烯气凝胶，并可以通过改变还原剂的种类来控制 3D 石墨烯的微观形貌和结构。Shi 等采用电化学还原法制备了 3D 石墨烯。他们将金属基底浸入含 GO 的分散液中，并对金属基底施加恒定电压。在此条件下，GO 被吸附在金属基

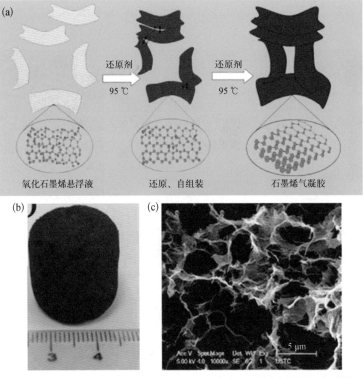

图 4-34 3D 多孔石墨烯气凝胶

（a）化学还原过程中石墨烯气凝胶形成的自组装机制；（b）（c）石墨烯气凝胶的照片和横截面 SEM 图

　　　　　　　　　　石墨烯粉体材料：从基础研究到工业应用

底表面,组装形成 3D 网状结构同时被还原,最终得到了 3D 石墨烯。

4.3.3　定向流动组装法

定向流动组装法一般用于 3D 石墨烯膜结构的制备。常见的定向流动组装法是利用真空抽滤实现的,因此又称真空抽滤法。该方法的基本原理如下:在真空抽滤的作用下,石墨烯基分散液的流动产生一定的取向作用力,带动二维石墨烯片在滤膜上以近似平行的方式互相交叠,从而形成有序且紧密堆叠的层状膜结构。

Ruoff 课题组首次提出了可以采用真空抽滤法制备高机械强度的 3D 石墨烯基膜材料。以 GO 为原料,配制成一定浓度的胶体分散液,对其进行真空抽滤,抽滤结束后在滤膜上得到 GO 凝胶膜,再经干燥、剥离过程,即可得到自支撑的 3D GO 膜。该 3D GO 膜的厚度可以通过调节胶体分散液的体积进行调控,厚度的可调范围较广。如图 4-35 所示,这种方法制备的膜较平整,且柔韧性较好。在较薄

图 4-35　采用真空抽滤法制备的 3D GO 膜的照片和 SEM 图

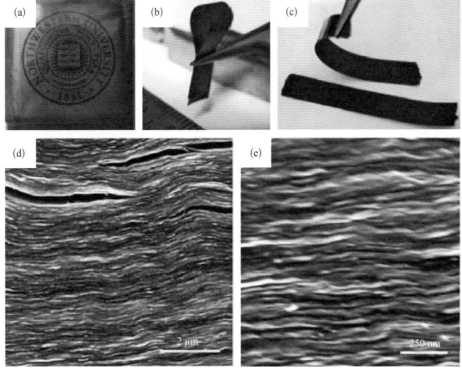

(a)~(c) 照片;(d)(e) SEM 图

的状态下,膜呈暗棕色,具有一定的透光性,当厚度大于 5 μm 时,膜几乎呈黑色。这种方法所制得的膜具有层层堆叠的结构,这种结构层与层之间有大的相互作用面积,且原子尺度上的波纹及它们在亚微米级的褶皱形态在整个宏观膜上有高效的负载分配,使得该膜相比于传统的基于碳和黏土的纸张更有弹性。

之后,Li 课题组采用真空抽滤法,以石墨烯分散液为原料制备了具有一定金属光泽的 3D 石墨烯膜。其微观结构也是一种有序且层层堆叠的结构,使得膜具有很高的力学强度(杨氏模量约为 35 GPa)。由于石墨烯的电导率高于氧化石墨烯,石墨烯膜相比于氧化石墨烯膜而言,具有较高的电导率(7200 S/m)。

此外,将一定的模板剂加入石墨烯分散液中进行真空抽滤,再将模板剂去掉,能得到多孔的 3D 石墨烯膜。以聚苯乙烯(PS)微球为模板,先将 PS 微球分散液与 GO 分散液混合均匀后进行抽滤,得到 PS 微球夹层的 GO 膜。再在惰性气体氛围下高温煅烧,PS 微球因高温分解而被去除,同时 GO 被还原,最终得到多孔的 3D 石墨烯膜。也可以先化学还原 GO,再与 PS 微球混合后进行抽膜,使用甲苯、四氢呋喃等有机溶剂将 PS 微球溶掉,最终得到自支撑的 3D 石墨烯膜。

溶剂蒸发诱导的气-液界面自组装法也属于定向流动组装法。它的主要原理是溶剂在挥发过程中会产生一定的取向力,使石墨烯在溶剂-空气界面组装形成 3D 结构。一般地,先将 GO 分散到溶剂中形成均匀的分散液。在一定温度下,溶剂发生挥发或蒸发。该过程中会产生向上的取向力,GO 片会以垂直于溶剂挥发或蒸发的方向,即取向力向上的方向排列组装。这种方法不需要复杂的实验设备,只需要简单的敞口容器,利用溶剂的挥发或蒸发即可组装得到 3D GO 膜,所以该方法可用于 3D 石墨烯材料的大规模制备和生产。

气-液界面自组装法还可以用于制备非层状的 3D GO 膜,如图 4-36 所示。首先向 GO 分散液中加入一定的化学试剂,如聚乙烯亚胺(PEI)。通过调节 pH,GO 和 PEI 混合后不会发生强烈的交联作用,而是形成溶胶状态。当对溶胶进行加热时,PEI 与 GO 相互作用,形成褶皱状的交联结构。待水分蒸干后,界面上形成非层状的 3D GO 膜。这种微观无序、非层状结构的膜具有大的液体流量。PEI 的引入使 GO 进一步功能化,提高了膜的亲水性,并使膜具有超疏油性。因此,这种方法制备的 3D 石墨烯基膜材料可以较好地运用在油水分离领域。

将石墨烯和碳纳米管结合,可制造 3D 石墨烯-碳纳米管复合材料。如以氧化石墨烯和碳纳米管作为前驱体,以聚乙烯醇(PVA)作为聚合物黏结剂,利用冷冻干

图 4-36　气-液界面自组装法制备非层状的 3D GO 膜

（a）GO 和 PEI 混合溶液；（b）～（d）3D GO 膜的照片；（e）气-液界面自组装法示意图

燥技术可制造 3D 氧化石墨烯-碳纳米管气凝胶。研究表明，以聚苯乙烯（PS）微球作为模板制备的 3D 多孔自支撑柔性膜材料 e-rGO-SWCNT 在不同状态（伸展、折叠和扭曲）下的电催化性能几乎不变。e-rGO-SWCNT 可负载 Pt 纳米颗粒，形成 Pt/e-rGO-SWCNT（图 4-37）。相对于同类催化剂，其表现出更高的电催化活性和抗甲醇性能。为了研究催化剂的实际应用，验证了 Pt/e-rGO-SWCNT 处于不同弯曲状态（如折叠、螺旋）下的电催化能力。在经过折叠和螺旋后，弯曲状态下该膜材料的电催化氧化甲醇活性略有降低。该结果表明，Pt/e-rGO-

图 4-37　以 PS 微球为模板制备 3D 多孔自支撑柔性膜材料的示意图

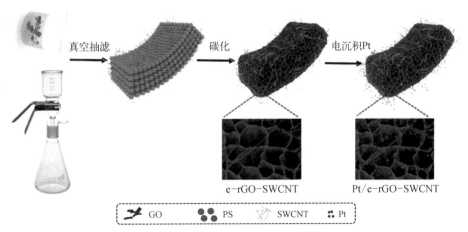

SWCNT 可以作为一种柔性可折叠电极材料，在可穿戴设备中具有应用潜力。

4.3.4　化学交联法

通过引入不同的交联剂使石墨烯片层间发生交联作用，也可以获得 3D 石墨烯基材料。PVA 是较早被报道用于制备石墨烯凝胶的交联剂，PVA 和 GO 通过各自的官能团产生一定的相互作用，打破分散液中的力平衡，引发石墨烯片层间的交联，促进其凝胶化，最终形成 3D 组装结构。实验表明，凝胶化程度受交联剂用量的影响，只在适当的范围内才能形成较好的凝胶结构。该方法制备的凝胶对 pH 敏感，它在酸性介质中是凝胶状态，而在碱性条件下转变为凝胶-溶胶状态。

PEI 由于具有较高的氨基密度和较多的链端伯氨基活性位点，被广泛应用于吸附剂中。GO 片层上含有较多的含氧官能团，对胺类物质或含胺的分子有非常强的亲和力。因此，PEI 能很好地作为交联剂来引发 GO 的交联。Han 等以 PEI 为交联剂，室温下成功制备了宏观块体的 GO 材料 GEPMs，如图 4 - 38 所示。经傅里叶红外光谱（Fourier transform infrared spectroscopy，FTIR）和 XPS 分析，GO 和 PEI 之间主要存在三种作用力，包括羟基与氨基之间的氢键、正负电荷之间的静电作用力以及氨基和羧基键合形成的酰胺键。由于存在较强的交联作用，反应在室温下就可以发生，而无须高温、高压过程，这有利于 3D 石墨烯基材料的大规模生

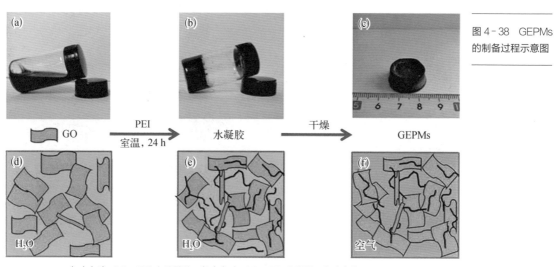

图 4 - 38　GEPMs 的制备过程示意图

（a）（d）GO - PEI 水分散体；（b）（e）GO - PEI 水凝胶；（c）（f）GEPMs

　　　　　　　　　　　　　　　　　　　　石墨烯粉体材料：从基础研究到工业应用

产。该方法得到的 3D 石墨烯基材料不仅具有较好的多孔交联结构,还能通过引入氮原子来实现杂原子掺杂,进而提高材料的实际应用性能。

此外,研究人员也探索了其他交联剂,如金属离子、DNA、有机分子等,它们都可以作为交联剂将 GO 片层连接起来,经还原后制备稳定的 3D 石墨烯。

高密度石墨烯微球具有理想的结构,球形结构能在最少的占用空间里提供最多的装载空间,且其本身的堆积空间利用率高,此外还具有流动性、分散性、可加工性等优点。先将 rGO 水溶液和具有阳离子结构的 PEI 水溶液混合,注入油相,形成油包水体系,得到具有球形结构的石墨烯基材料,再经后续的水分蒸发和煅烧过程,得到高密度石墨烯球。通过控制反应条件,可以实现石墨烯形貌、尺寸和结构的可控合成。

典型的实验如下。将 0.4 mL 的 PEI 水溶液(1%)缓慢加入 20 mL 的有机溶剂中,在 95 ℃下搅拌加热 1 h,冷却至室温。将 12 μL 的 EDA 加入 2 mL 的 GO 水分散液中,超声 5 min。将上述 GO-EDA 混合溶液加入含 PEI 的有机溶剂中,搅拌 30 min,至形成油包水乳液。将该油包水乳液加热到 95 ℃,搅拌反应 2 h,冷却至室温。经多次的离心、洗涤,60 ℃干燥过夜后得到球形石墨烯复合物,如图 4-39 和图 4-40 所示。

图 4-39 球形石墨烯复合物的制备原理示意图(a)和实验装置图(b)

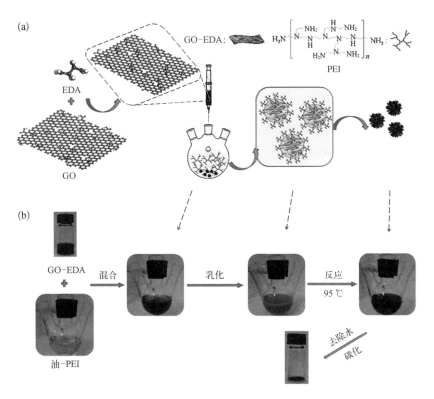

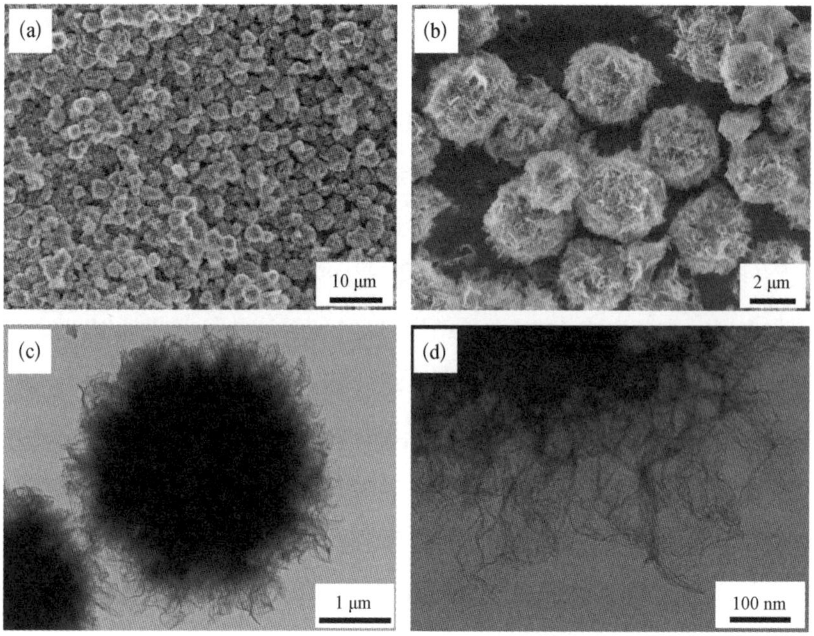

图 4-40　球形石墨烯复合物的微观形貌

(a)(b) SEM图;(c)(d) TEM图

4.3.5　喷雾干燥法

　　喷雾干燥法是系统化技术应用于物料干燥的一种方法。于干燥室中将稀料雾化,在与热空气的接触中,水分迅速汽化,即可得到干燥产品。该方法能直接使溶液、乳浊液干燥成粉状或颗粒状制品,可省去蒸发、粉碎等工序。利用喷雾干燥法,可由石墨烯分散液或与其他材料的混合溶液制备得到石墨烯粉体。通过化学键的相互作用,可得到不同形貌的复合材料。

　　侯士峰课题组通过喷雾干燥法制备了一系列石墨烯基复合材料,并将其应用到超级电容器、催化等方面。例如,将氧化石墨烯与超级炭黑混合均匀后,先通过喷雾干燥仪得到炭黑-氧化石墨烯复合微球,再高温裂解得到石墨烯微球。通过水热反应可在石墨烯微球表面负载一层尺寸均一的 Mn_3O_4 纳米片,得到 Mn_3O_4/石墨烯复合材料。该复合材料具有优异的导电性能,可用作超级电容器的电极材料,其相比于片状石墨烯材料展现出明显的性能优势。此外,利用喷雾干燥法,可直接得到三维中空纳米金-石墨烯复合材料。该复合材料可看作由二维片状石墨烯包裹纳米金构成,不仅具有纳米金和石墨烯的优异的物理化学性质,而且两者的协同作用使其具备不易团聚和堆叠、表面积大、活性位点多的优势,可用于制备电化学传感器以检测亚硝酸盐及催化降解 4-硝基苯酚。

除此之外,喷雾干燥法还可将氧化石墨烯与金属有机骨架材料(metal organic frameworks, MOFs)结合在一起。沸石咪唑酯骨架材料(zeolitic imidazolate frameworks, ZIFs)是一类具有沸石骨架结构的 MOFs,其中的过渡金属离子主要是 Zn^{2+}、Co^{2+},有机配体为咪唑及其衍生物。ZIF-8 晶体是 ZIFs 的一种,具有较高的比表面积(1947 m^2/g)、较好的热稳定性和化学稳定性等特点,被广泛应用于催化、吸附、分离等领域。

如图 4-41 所示,首先制备出形貌和尺寸均一的 ZIF-8 晶体,然后将其与 GO 水分散液混合均匀后进行喷雾干燥,最终可得到 ZIF-GO 复合微球。由于 ZIF-8 晶体的含氮量较高,可作为氮掺杂纳米多孔碳的前驱体。将 ZIF-GO 复合微球在高温下碳化,ZIF-8 晶体转变为氮掺杂碳材料,GO 转变为 rGO,即得到氮掺杂石墨烯微球。通过将 ZIF-8 晶体和 GO 进行复合,不仅可以有效降低 GO 在高温碳化条件下的团聚,还可以将 ZIF-8 晶体之间连接起来,提高产品的导电性,同时 GO 片层能有效阻止氮原子的损失,得到具有多级孔结构、比表面积大、含氮量高

图 4-41

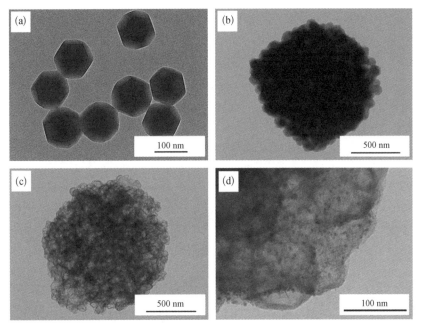

(a) ZIF-8 晶体的 TEM 图;(b)喷雾干燥法制备的 ZIF-GO 复合微球的 TEM 图;(c)ZIF-GO 复合微球在高温下碳化得到的氮掺杂石墨烯微球的 TEM 图;(d)氮掺杂石墨烯微球负载 Pd 纳米颗粒的 TEM 图

的复合材料。将其作为催化剂载体负载 Pd 纳米颗粒，可得到 Pd 基电催化剂，并可直接应用到乙醇燃料电池体系中。经过电化学测试，该催化剂显示出优异的电催化性能。通过喷雾干燥法制备的石墨烯微球具有产量高、形貌均一、可重复性好等优点。

4.3.6　3D 打印技术与激光还原技术

化学气相沉积法是 3D 石墨烯制备的主要方法，但去除模板的过程会严重影响最终产品的内部结构，所以模板制造是很重要的一部分。传统的商用模板材料，如泡沫金属材料，因为缺少微观孔隙而导致产品的机械性能较差；而一些多孔材料，因为宏观结构的设计限制而不能实现产品的均匀生长。利用石墨烯墨水和 3D 打印技术在基地表面形成期望的结构，通过适当后处理即可得到 3D 石墨烯（图 4 - 42）。通过引入传统陶瓷烧造成的微孔及 3D 打印设计的复杂结构，制备的 3D 石墨烯实现了高达 994.2 m^2/g 的比表面积、239 S/m 的电导率、239.7 kPa 的杨氏模量，以及可调控的表面性质，并展现了在传感器、能源存储及水处理等领域的巨大应用前景。

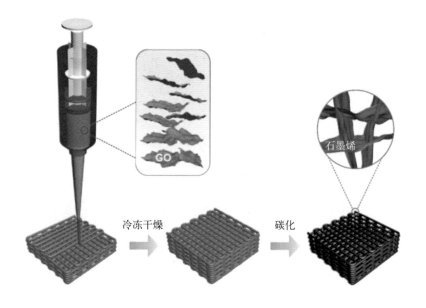

冷冻干燥　碳化　石墨烯　GO

图 4 - 42　3D 打印技术制备 3D 石墨烯

同样，利用激光还原技术也可以得到 3D 石墨烯。基于投影微立体光刻技术，美国弗吉尼亚理工学院暨州立大学与劳伦斯·利弗莫尔国家实验室的研究人员开发

石墨烯粉体材料：从基础研究到工业应用

了一种新工艺(图 4 - 43)。他们以镍和蔗糖的混合物为原料,蔗糖充当固体碳源,镍充当催化剂和模板,利用激光还原技术生成 3D 石墨烯泡沫。这种简单而有效的工艺将粉末冶金模板与 3D 打印技术相结合,无须进行高温或冗长的生长过程即可直接进行石墨烯泡沫的原位 3D 打印。3D 打印的石墨烯泡沫具有高孔隙率(约99.3%)、低密度(约 0.015 g/cm³)和多层石墨烯的特征,电导率为 870 S/m。这些出色的物理性能表明该石墨烯泡沫在需要快速设计和制造 3D 碳材料领域(例如储能设备、阻尼材料和吸声材料)中的潜在应用价值。通过这种工艺打印的 3D 石墨烯,其分辨率比之前的制备方法高出一个数量级,并可以保留二维石墨烯的卓越机械特性。

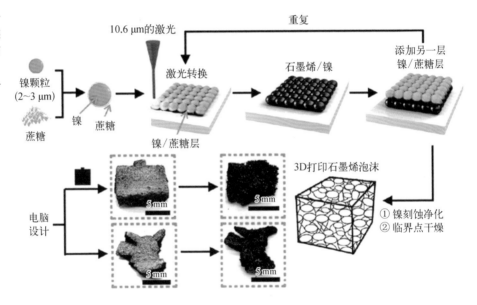

图 4 - 43 激光还原技术制备 3D 石墨烯

氧化石墨烯也可交联形成多孔水凝胶,将其与二维石墨烯片相结合,可以制备出电化学性能和力学性能优良的石墨烯基水凝胶。其具有较大的比表面积、多孔、高机械强度、自修复、刺激响应、形状记忆和吸附等性质。将其作为吸附剂,可以去除水中的污染物。另外,其由于具有良好的生物相容性而被广泛应用于医药和生物工程等领域。

4.3.7 三维石墨烯的应用

石墨烯因其独特的片状结构、强的机械性能、大的比表面积、良好的生物相容性等特性，在很多领域得到了广泛的关注，但石墨烯堆积严重的问题导致其比表面积减小及性能降低。3D组装技术不仅提供了调控石墨烯组装体微观结构和性能的多种手段，而且通过引入其他功能材料拓展了石墨烯组装体的功能和应用。石墨烯突出的物理化学性质和独特的3D有序结构，使其在能量存储与转换、环境治理、生物医学、传感、催化及防腐涂料等领域具有广泛的实际应用前景。

在新能源领域，电极材料是能量存储与转换器件的重要组成部分，是决定其性能好坏的关键因素。3D结构赋予石墨烯大的孔隙率和比表面积、相互连通的导电网络结构以及特殊的微反应环境等优点，使它成为能量存储与转换领域中极具潜力的电极材料。如将3D石墨烯应用于制备高电容的超级电容器，就展现了其优异的性能，并已成为能源领域的重要前沿技术之一。

3D石墨烯所具有的丰富且可调的孔结构使其能较好地应用于各种新型电池中，如锂离子电池、锌离子电池及钠离子电池等。基于3D石墨烯的复合电池材料，具有独特的3D纳米结构而无须包含金属或其他高密度材料作为支撑框架，大大增加了活性材料的负载量，可提高电池的容量。同时，其具有短的离子/电子传输路径，并且不需要使用任何黏结剂和导电剂等添加剂，这使得电池具有大的容量和优良的循环稳定性。由此研制的3D石墨烯/V_2O_5复合正极材料，在12 min的完全充放电条件下，循环2000次后电池比容量大于200 mA·h/g（大量文献报道循环小于1000次、电池比容量普遍低于150 mA·h/g），而且1 min的充电容量达到商用和文献报道的大于5 min的相近容量。此外，该3D石墨烯复合电池材料的结构设计还可以应用于锂离子电池中，比如研制3D石墨烯/Si复合负极材料，其展现出良好的通用性。

在催化剂领域，对3D石墨烯孔径的精确调控不仅可以提高催化反应的活性，而且可以产生独特的传输渠道，加速催化反应。通过自组装制备的3D石墨烯球，最大限度地保留了其表面活性和较高的比表面积，可为催化反应提供合适的场所。同时，其含有大量的缺陷与官能团，可为其他分子的嵌入提供良好的位点，但会降低材料的导电性。3D石墨烯能够紧密包覆在活性材料表面，避免活性材料在电化学反应过程中的粉化，改善其循环稳定性，这在催化剂材料、环境吸附材料、电池材料、超级电容器材料领域有极大的应用价值。

4.4　小结

　　总体来看,石墨烯自 2004 年被发现至今,无论是在理论研究还是在实际研究方面,都展现出重大的科学意义和应用价值。通过在石墨烯功能化和三维石墨烯组装领域开展更加广泛、深入的研究,除了使人们对这一新型二维纳米材料的本征结构和性质获得更加全面、深刻的理解,必将产生一系列基于石墨烯的性能更加优越的新型材料,从而为实现石墨烯的实际应用奠定基础。

参考文献

［1］ Ma X W, Li F, Wang Y F, et al. Functionalization of pristine graphene with conjugated polymers through diradical addition and propagation[J]. Chemistry, an Asian Journal, 2012, 7(11): 2547 - 2550.

［2］ Shen J F, Hu Y Z, Li C, et al. Synthesis of amphiphilic graphene nanoplatelets[J]. Small, 2009, 5(1): 82 - 85.

［3］ Texter J. Graphene dispersions[J]. Current Opinion in Colloid & Interface Science, 2014, 19(2): 163 - 174.

［4］ Li D, Müller M B, Gilje S, et al. Processable aqueous dispersions of graphene nanosheets [J]. Nature Nanotechnology, 2008, 3(2): 101 - 105.

［5］ Zhang X Y, Huang Y, Wang Y, et al. Synthesis and characterization of a graphene — C60 hybrid material[J]. Carbon, 2009, 47(1): 334 - 337.

［6］ Fan Z J, Kai W, Yan J, et al. Facile synthesis of graphene nanosheets via Fe reduction of exfoliated graphite oxide[J]. ACS Nano, 2011, 5(1): 191 - 198.

［7］ O'Neill A, Khan U, Nirmalraj P N, et al. Graphene dispersion and exfoliation in low boiling point solvents[J]. The Journal of Physical Chemistry C, 2011, 115(13): 5422 - 5428.

［8］ Chen D, Feng H B, Li J H. Graphene oxide: Preparation, functionalization, and electrochemical applications[J]. Chemical Reviews, 2012, 112(11): 6027 - 6053.

［9］ Paredes J I, Villar-Rodil S, Martínez-Alonso A, et al. Graphene oxide dispersions in organic solvents[J]. Langmuir, 2008, 24(19): 10560 - 10564.

［10］ Cao X H, Shi Y M, Shi W H, et al. Preparation of novel 3D graphene networks for supercapacitor applications[J]. Small, 2011, 7(22): 3163 - 3168.

[11] Shi L R, Chen K, Du R, et al. Direct synthesis of few-layer graphene on NaCl crystals[J]. Small, 2015, 11(47): 6302 - 6308.

[12] Bi H, Chen I W, Lin T Q, et al. A new tubular graphene form of a tetrahedrally connected cellular structure[J]. Advanced Materials, 2015, 27(39): 5943 - 5949.

[13] Wang X B, Zhang Y J, Zhi C Y, et al. Three-dimensional strutted graphene grown by substrate-free sugar blowing for high-power-density supercapacitors [J]. Nature Communications, 2013, 4: 2905.

[14] Jiang X F, Li R Q, Hu M, et al. Zinc-tiered synthesis of 3D graphene for monolithic electrodes[J]. Advanced Materials, 2019, 31(25): e1901186.

[15] Huang S Z, Wang J Y, Pan Z Y, et al. Ultrahigh capacity and superior stability of three-dimensional porous graphene networks containing *in situ* grown carbon nanotube clusters as an anode material for lithium-ion batteries [J]. Journal of Materials Chemistry A, 2017, 5(16): 7595 - 7602.

[16] Li C W, Jiang D G, Liang H, et al. Superelastic and arbitrary-shaped graphene aerogels with sacrificial skeleton of melamine foam for varied applications [J]. Advanced Functional Materials, 2018, 28(8): 1704674.

[17] Xu Y X, Sheng K X, Li C, et al. Self-assembled graphene hydrogel via a one-step hydrothermal process[J]. ACS Nano, 2010, 4(7): 4324 - 4330.

[18] Chen W F, Yan L F. *In situ* self-assembly of mild chemical reduction graphene for three-dimensional architectures[J]. Nanoscale, 2011, 3(8): 3132 - 3137.

[19] Dikin D A, Stankovich S, Zimney E J, et al. Preparation and characterization of graphene oxide paper[J]. Nature, 2007, 448(7152): 457 - 460.

[20] Chen C M, Yang Q H, Yang Y G, et al. Self-assembled free-standing graphite oxide membrane[J]. Advanced Materials, 2009, 21(29): 3007 - 3011.

[21] Zhang Q, Yue F, Xu L J, et al. Paper-based porous graphene/single-walled carbon nanotubes supported Pt nanoparticles as freestanding catalyst for electro-oxidation of methanol[J]. Applied Catalysis B: Environmental, 2019, 257: 117886.

[22] Sui Z Y, Cui Y, Zhu J H, et al. Preparation of three-dimensional graphene oxide-polyethylenimine porous materials as dye and gas adsorbents [J]. ACS Applied Materials & Interfaces, 2013, 5(18): 9172 - 9179.

[23] Yue F, Gao G Q, Li F T, et al. Size-controlled synthesis of urchin-like reduced graphene oxide microspheres with highly packed density by emulsion-assisted in-situ assembly and their supercapacitor performance[J]. Carbon, 2018, 134: 112 - 122.

[24] Yao C X, Zhang Q, Su Y, et al. Palladium nanoparticles encapsulated into hollow N-doped graphene microspheres as electrocatalyst for ethanol oxidation reaction[J]. ACS Applied Nano Materials, 2019, 2(4): 1898 - 1908.

[25] Yao B, Chandrasekaran S, Zhang J, et al. Efficient 3D printed pseudocapacitive electrodes with ultrahigh MnO$_2$ loading[J]. Joule, 2019, 3(2): 459 - 470.

[26] Sha J W, Li Y L, Villegas Salvatierra R, et al. Three-dimensional printed graphene foams[J]. ACS Nano, 2017, 11(7): 6860 - 6867.

[27] Hou S F, Su S J, Kasner M L, et al. Formation of highly stable dispersions of silane-functionalized reduced graphene oxide[J]. Chemical Physics Letters, 2010, 501(1 - 3): 68 - 74.

[28] Wajid A S, Das S, Irin F, et al. Polymer-stabilized graphene dispersions at high concentrations in organic solvents for composite production[J]. Carbon, 2012, 50(2): 526 - 534.

[29] Guardia L, Fernández-Merino M J, Paredes J I, et al. High-throughput production of pristine graphene in an aqueous dispersion assisted by non-ionic surfactants[J]. Carbon, 2011, 49(5): 1653 - 1662.

[30] Zhang L M, Yu J W, Yang M M, et al. Janus graphene from asymmetric two-dimensional chemistry[J]. Nature Communications, 2013, 4: 1443.

[31] Shen J F, Hu Y Z, Li C, et al. Synthesis of amphiphilic graphene nanoplatelets[J]. Small, 2009, 5(1): 82 - 85.

[32] Janowska I, Chizari K, Ersen O, et al. Microwave synthesis of large few-layer graphene sheets in aqueous solution of ammonia[J]. Nano Research, 2010, 3(2): 126 - 137.

[33] Li J, Xiao G Y, Chen C B, et al. Superior dispersions of reduced graphene oxide synthesized by using Gallic acid as a reductant and stabilizer[J]. Journal of Materials Chemistry A, 2013, 1(4): 1481 - 1487.

第 5 章

石墨烯粉体材料在锂
离子电池中的应用

锂电池可分为锂一次电池(又称锂原电池)和锂二次电池(又称锂可充电电池)。锂一次电池的负极为金属锂,但锂是活泼金属,遇水会激烈反应并释放氢气,易燃烧或爆炸,存在安全隐患。由于锂原电池不能进行二次充电使用,且存在安全、环保等隐患,锂电池的研究重点逐渐转向相对安全且可反复充放电的锂二次电池。锂二次电池的发展又分为金属锂二次电池和锂离子电池两个方向。金属锂二次电池在充电过程中,锂离子会沉积在金属锂负极表面形成树枝状的晶体(简称锂枝晶),经反复充放电,锂枝晶逐渐长大,折断的锂枝晶会从负极脱落,造成锂的不可逆损失,从而使金属锂二次电池的循环效率降低;而过长的锂枝晶则容易刺破隔膜,引起电池的正负极短路,使电池大量放热而起火甚至爆炸。金属锂二次电池因无法解决安全问题而很少使用,但锂金属负极具有很高的理论比容量($3860\ mA\cdot h/g$),是目前使用的碳负极理论比容量($372\ mA\cdot h/g$)所无法比拟的。随着对锂硫电池、锂空气电池等研究的深入,对锂金属负极的研究也有所复苏。

　　研究者为提高锂二次电池的安全性,逐步研究用嵌锂化合物取代金属锂。在充放电过程中,锂离子在两个电极之间来回嵌入与脱嵌,就像摇椅一样摇摆,因此锂二次电池又被称为"摇椅式电池"(rocking chair battery)。1980年,Goodenough等提出了氧化钴锂($LiCoO_2$)可作为锂二次电池的正极材料,形成锂离子电池的雏形;1985年,发现了碳材料可以作为锂二次电池的负极材料;1986年,完成了锂二次电池的原型设计;1990年前后,发现了具有层状结构的石墨类碳材料可以作为负极材料;1991年,Sony公司采用层状过渡金属氧化物钴酸锂($LiCoO_2$)为正极,石油焦为负极,六氟磷酸锂($LiPF_6$)、碳酸乙烯酯(EC)和碳酸丙烯酯(PC)溶液为电解液,制备了质量能量密度约为$80\ W\cdot h/kg$,体积能量密度为$200\ W\cdot h/L$(4.1 V)的可充电锂离子电池,实现了该电池的商业化生产,并命名为锂离子电池(lithium ion battery);1997年,Goodenough报道了橄榄石型磷酸铁锂正极材料,其比容量并不高,仅为$170\ mA\cdot h/g$,但其具有更高的安全性和循环性,是当前主流的正极材料之一。

　　锂离子电池现已全面进入人们的生活,在数码产品、电动工具、电动汽车及储能等领域得到广泛应用。目前,动力电池质量能量密度达到了 240～250 W·h/kg,体积能量密度达到了 520～550 W·h/L,并向体积能量密度为 600～700 W·h/L、质量能量密度为 300 W·h/kg 的方向发展。2012 年,全球锂离子电池市场产值为 117 亿美元;2025 年,该产值预计将达 1000 亿美元。2010—2019 年,我国锂离子电池产业规模呈逐年快速增长态势,年均复合增速为 14%。根据国家统计局数据显示,2019 年,我国锂离子电池产量为 157.22 亿只,产业规模为 1750 亿元;2020 年,我国锂离子电池产量达到 188.5 亿只,产量同比增长14.4%,产业规模超过 1800 亿元,产值保持缓慢增长。

5.1 概述

5.1.1 锂离子电池的工作原理

锂离子电池是一种锂离子浓差电池,充电时锂离子从正极脱出,由电解质传输到负极,同时相应电量的电子通过外电路进入负极,锂离子在负极获得电子生成金属锂并沉积储存在负极中。在电池放电过程中,储存在负极的金属锂失去电子变成锂离子,由电解质传输到正极,与通过外电路到达正极的电子结合,形成金属锂,并嵌入正极中。对于金属锂二次电池来说,负极为金属锂,充电时锂离子在负极表面得到电子而沉积,经过反复充放电循环后,易生成锂枝晶,如图 5-1(a)所示。而锂离子电池的负极为层状或多孔结构[图 5-1(b)],可储存沉积生成的单质锂,不会在负极表面形成锂枝晶,因而更安全。

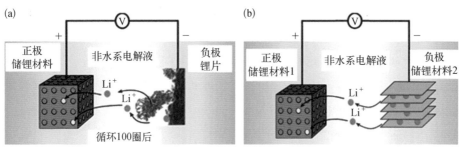

（a）金属锂二次电池；（b）锂离子电池

图 5-1 锂电池的工作原理图

石墨烯粉体材料:从基础研究到工业应用

5.1.2 锂离子电池的组成

锂离子电池主要由正极、负极、电解质及隔膜四部分组成,其中正、负极材料是决定锂离子电池电化学性能的关键因素。正、负极材料通常为能可逆脱嵌锂离子的活性材料。图5-2为Tarascon总结的锂离子电池常用的正负极材料。

图5-2 锂离子电池常用的正负极材料

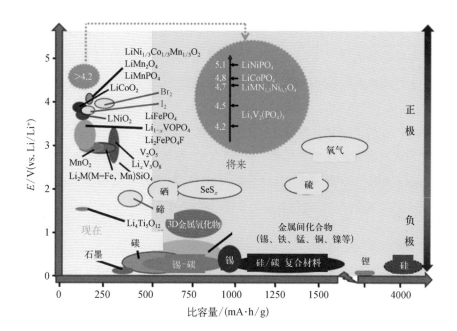

正极材料一般选用脱嵌锂电位较高的氧化物,如$LiCoO_2$、$LiFePO_4$、$LiMn_2O_4$、$LiNi_xCo_yMn_{1-x-y}O_2$等;负极一般采用嵌锂电位较低、锂离子可自由脱嵌的储锂材料,如石墨、锡基合金、硅基合金等。在锂离子电池中,负极材料中不含锂,需要由正极材料提供,因此正极材料一般是嵌锂化合物。在充放电过程中,锂离子脱嵌后结构仍需保持稳定,而负极材料则需要能存储锂离子。隔膜通常为具有微孔结构的电绝缘性高分子多孔膜,可将电池正极和负极物理隔开,避免其相互接触造成电池内部短路,其多孔结构只允许锂离子自由通过,而电子不能通过。电解质在正、负极之间充当锂离子传输媒介,通常由锂盐(如$LiClO_4$、$LiPF_6$等)和有机溶剂所组成。常用的有机溶剂有碳酸二甲酯(DMC)、碳酸二乙酯(DEC)、碳酸乙烯酯(EC)、

碳酸丙烯酯(PC)等。而聚合物电解质则使用凝胶作为电解质,其具有较好的化学稳定性和加工性,比液态电解质有更高的安全性。全固态锂离子电池中通常采用无机固态电解质或固态聚合物电解质,固态电解质可充当隔膜的作用,副反应少、热稳定性更高、几乎不存在副反应、安全性更好,具有较好的应用前景。但其目前电子和离子的传输速率很慢,材料的导电性较差,仍需继续研究。

能够用于锂离子电池的正极材料需要满足以下条件:① 具有高的电极电位,不能和电解液发生物理或化学反应;② 在电极化学反应过程中结构保持稳定;③ 能可逆的脱出和嵌入锂离子;④ 具有良好的电子导电性和较快的锂离子传输速率;⑤ 界面性能优异,可以与电解液形成稳定且良好的固体电解质界面(solid electrolyte interphase,SEI)膜;⑥ 容易制备、来源丰富、成本低、无毒、安全、环境友好。

图 5-3 为常用正极材料的比容量和工作电压。目前,锂离子电池的正极材料一般使用嵌锂化合物,主要有层状结构的 $LiMO_2$ 系列($M = Co$,Ni,Mn)和三元材料 $LiNi_xCo_yMn_{1-x-y}O_2$,尖晶石结构的 $LiMn_2O_4$ 和橄榄石结构的 $LiMPO_4$ 系列($M = Fe$,Co,Ni,Mn)。其比容量大多在 $100 \sim 200 \ mA \cdot h/g$,电压在 $3 \sim 5 \ V$($vs.$ Li/Li^+)。

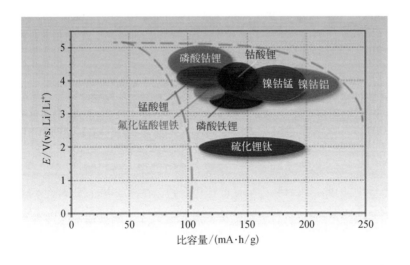

图 5-3 常用正极材料的比容量和工作电压

层状 $LiMO_2$ 材料中研究最为成熟、最早实现商业化的是 $LiCoO_2$ 材料,其放电电压为 $3.6 \ V$,理论比容量为 $274 \ mA \cdot h/g$,实际比容量约为 $140 \ mA \cdot h/g$。但其价格较贵而且存在安全问题,因此在层状 $LiCoO_2$ 材料的基础上用 Ni、Mn 金属来部分取代 Co,通过调节 Ni、Co、Mn 的比例来调控材料的性能,得到与层状 $LiCoO_2$ 结构类似的 $LiNi_xCo_yMn_{1-x-y}O_2$ 三元复合材料。与 $LiCoO_2$ 材料相比,$LiNi_xCo_yMn_{1-x-y}O_2$ 由于减少了 Co 的使用量从而降低了材料的毒性和成本,其在动力锂电池领域已大批量使用,但材料的稳定性和安全性仍然存在隐患。尖晶石型 $LiMn_2O_4$ 的理论比容量为 148 mA·h/g,实际比容量仅为 110 mA·h/g 左右。这种材料具有放电电压高、适应大倍率充放电、安全性能好、生产成本低的优点,在锂离子动力电池方面也已经批量使用。但 $LiMn_2O_4$ 材料也存在 Mn 溶解和氧缺陷的问题而影响其循环性能,此外,其耐高温能力差。橄榄石结构的 $LiMPO_4$ 材料中研究最多的是 $LiFePO_4$,其放电电压为 3.4 V,理论比容量为 170 mA·h/g。$LiFePO_4$ 循环性能优异,且具有无毒、无污染、安全性能好、价格便宜的优点,作为锂离子动力电池正极材料有巨大优势,在动力电池中有广泛应用。但其导电性和锂离子扩散速率都较差,需要在生产工艺方面进行相应的改善。

锂离子电池的负极材料与正极材料的要求相似,需满足以下条件:① 电极电位较低,能够保持一个平稳的平台,使锂离子电池能够得到稳定的输出电压;② 理论比容量要尽可能的高,可使更多的锂离子嵌入和脱出;③ 材料在嵌锂和脱锂时,其结构应该保持不变或变化很小,从而保证电池具有好的循环性能;④ 具有良好的电子导电性和快的锂离子传输速率;⑤ 界面性能优异,可以与电解液形成稳定且良好的固体电解质界面膜;⑥ 容易制备、来源丰富、成本低、无毒、安全、环境友好。

目前,实际使用的锂离子电池负极材料均不含锂,只是作为锂的储存介质,主要有碳材料和非碳材料两大类,如图 5-4 所示。碳材料具有导电性好、嵌锂电位低、循环性好、价格低廉等优点,是目前最主要的负极材料,主要包括石墨类的人造石墨和天然石墨,无定型类的软碳、硬碳等。但碳材料的理论比容量仅为 372 mA·h/g,限制了锂离子电池能量密度的提升。非碳材料主要包括合金类、钛基类,合金类材料(如硅基合金、锡基合金等)的比容量较高,其中硅基材料具有高达 4200 mA·h/g 的理论比容量,锡基的理论比容量也达到 993 mA·h/g,而钛基材料(主要是钛酸锂,$Li_4Ti_5O_{12}$)的理论比容量仅有 170 mA·h/g。单纯的硅基、锡基材料因为在充放电过程中会产生极大的体积膨胀(高达 300%),导致极片在循环过程中粉化、脱落,使电极性能急剧下降。此外,硅基、锡基材料的电导率较低,限制

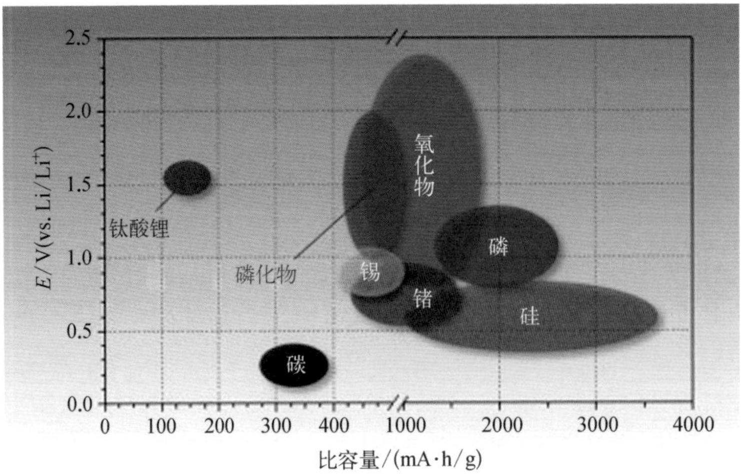

图 5-4 不同负极材料的比容量和工作电压

了其比容量的发挥,倍率性能也较差,通常需要对其进行纳米化或掺杂处理。碳掺杂的硅碳负极材料比容量可达到 $600 \sim 650$ mA·h/g,已成为新一代锂离子电池负极材料。尖晶石型的钛酸锂材料虽然比容量较低,但在脱嵌锂前后几乎零应变,可稳定循环 1 万次以上,而且嵌锂电位较高(1.55 V),不会产生锂枝晶,安全性高,也是一种极具前景的负极材料,适用于对体积不敏感且对循环性要求高的应用场景,如电动大巴、储能等领域。

5.1.3 锂离子电池目前存在的问题

目前,锂离子电池有以下不足之处。

(1)正极材料成本较高,主要表现在 $LiCoO_2$ 的价格高(Co 的资源较少)。目前的趋势是逐渐降低钴的含量,发展三元电极材料,或使用不含钴的磷酸铁锂,但磷酸铁锂的比容量偏低,不符合未来对能量密度的要求。

(2)正极材料的本征电导率较低,电池内阻较大,大电流放电能力弱,倍率循环性有待提高,需要对材料进行改性。

(3)正极材料的能量密度尚不能满足日益增长的纯动力电池需要,需要研发新一代高能量密度的电池材料。

(4)负极使用的碳材料已经接近其理论比容量,很难有提升空间,需要发展比容量更高的负极材料,如硅碳负极或锂金属负极。

（5）电解液多使用有机溶剂,存在提纯困难、循环稳定性差、副反应多等问题。另外,其电压窗口很难适应高电压要求。未来的趋势是发展聚合物凝胶电解质和全固态电池电解质。

（6）目前隔膜已不能满足电极材料对更高能量密度、更高电压的发展要求,需要向多功能化方向发展,以实现抑制电池内的副反应,提升电池的循环性能,并对引起安全问题的因素进行抑制,防止电池内短路的发生,提升电池的安全性。

5.2 锂离子电池材料的设计

现有电极材料都有一定缺点,如电导率低、锂离子传输速率慢、循环性差、热稳定性差或脱嵌锂导致体积变化大等,为提升电极材料的电化学性能和循环稳定性,需要对其进行设计改进。图5-5为提升电极材料性能的方法及原理。

图5-5 提升电极材料性能的方法及原理

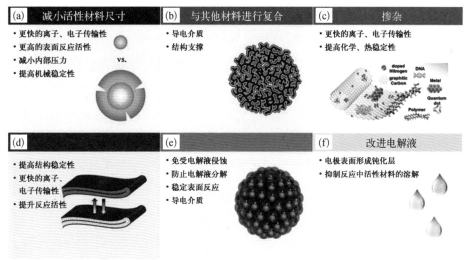

1. 减小活性材料尺寸

材料尺寸的不同会引起其电子结构的差异,进而引起化学性质等的改变。减小正极材料尺寸至纳米级别,可使其具有比表面积大、锂离子扩散距离短、电极极化程度小、倍率性能好等优势。因在纳米尺寸材料中,锂离子的扩散距离缩短,扩散时间也变短,可显著增加锂离子嵌入脱出的速率。较小的尺寸可使电极材料具有高比表面积,增加其与电解液的接触面积,从而提高锂离子在界面处的扩散通量。对于一些在充放电过程中因体积的膨胀收缩导致结构破坏的材料,纳米尺寸可减缓材料结构的改变。但纳米材料也有一些缺点,如电解液与电极材料的接触面积增加的同时也可能导致副反应发生;在充放电过程中,纳米颗粒容易发生团聚而造成循环性能降低;纳米粉体压实密度比微米粉体低,从而降低了电极体积比容量密度等。

2. 与其他材料进行复合

复合电极是指由两种或两种以上的材料经过化学或物理的方法进行复合,实现多种材料的优势互补,具有单一材料电极所不具备的更加优越的性能,表现出更好的材料的平均性能。例如层状材料具有较高的比容量但倍率性能较差,可通过在层状材料中混入倍率性能较好的其他结构的材料,能够制作出同时具有较高能量和倍率性能的电池。

3. 掺杂

掺杂是将一种或多种金属、非金属元素掺入正极材料之中。通过掺杂元素所特有的特性,如离子半径、电子分布或相互之间的协同作用,使电极材料的晶格结构更稳定、电性能得到改善。如掺杂稀土元素等离子半径较大的离子,可改变电极材料的晶胞参数,使锂离子的嵌入和脱出的孔道变得更通畅,从而增加锂离子的扩散系数。同时,这些稀土金属离子的化学价态较高,可产生更多的载流子,提高材料的导电性。若在镍系正极材料中掺杂 Co、Mg、Ti 等金属离子,可缩短金属-氧键的键长,增强键能,抑制材料在充放电过程中晶体发生的不可逆相变,起到稳定材料结构的作用。在锰系正极材料中掺杂 Ni、Al、Co、Mg 等金属离子不仅可以稳定结构,而且由于其离子价态低于 +4,可起到提高锰离子平均价态的作用,从而抑制 Jahn-Teller 效应,稳定材料晶体结构。

4. 控制形貌与结构

2009 年,Long 和 Rolison 指出,为提高电极的倍率性能,最理想的电极是具有提供锂离子和电子传导的三维网络结构。可使用具有多孔、大比表面积的三维集流体来替代传统的二维集流体,并采用活性材料与集流体一体化设计,为锂离子和电子提供三维传导路径。目前,这种三维电极结构的设计和研究已成为高功率锂离子电池的研究热点。

5. 活性材料表层包覆

目前,大部分电极材料都是半导体,导电性较差。针对电极材料电导率较低的问题,主要通过对电极材料表面进行碳包覆和使用导电剂这两种方法来解决。表面碳包覆最早用于对磷酸亚铁锂材料的改性研究,通过对磷酸亚铁锂表面进行碳包覆,不但可提高磷酸亚铁锂的电导率,还可抑制磷酸亚铁锂颗粒在热处理过程中长大。除了碳包覆,活性材料与导电剂复合也是目前的一个研究热点,其中导电剂包括当前商业化应用的炭黑类及石墨类,以及碳纳米管和石墨烯等导电性良好的新型碳材料。

6. 改进电解液

提高电池的工作电压是获得高比能量锂电池的有效途径。而传统的碳酸酯类电解液工作电压达到 4.5 V 以上时,就会发生剧烈的氧化分解反应,致使锂电池的嵌脱锂过程无法正常进行,严重限制了高压锂离子电池的发展。通过开发新型耐高压电解液,可使电解液在高压条件下表现出循环稳定性强、电导率高、与电极表面兼容性良好等优点。

5.3 石墨烯在锂离子电池正极材料中的应用

在石墨烯与正极材料复合的过程中,由于氧化石墨烯表面有很多含氧官能团,可作为反应的活性位点,且氧化石墨烯易于分散,通常使用氧化石墨烯与正极材料进行复合。但氧化石墨烯属于电绝缘材料,需要对其进行还原从而得到具有良好导电性的还原氧化石墨烯。大多数氧化石墨烯或者石墨烯在正极材料制备的前驱体阶段进行添加,然后按照正极材料的传统制备方法进行制备,得到掺杂石墨烯的复合正极材料。

5.3.1 石墨烯在层状正极材料（LiCoO₂）中的应用

钴酸锂的理论比容量为 274 mA·h/g，其层状结构构成的通道有利于锂离子的反复嵌入脱出，适合大电流放电，其比能量高、循环稳定性好，表现出较好的电化学性能，但实际比容量仅为 140 mA·h/g 左右。为进一步提高钴酸锂的性能，可进行离子掺杂，从而增强导电性和结构稳定性。由于钴酸锂属于大晶胞的晶体材料，氧化石墨烯很难与其进行复合，目前石墨烯在钴酸锂材料中的应用主要是作为导电剂添加。

如图 5-6 所示，由于钴酸锂晶粒尺寸为微米级，传统的导电炭黑导电剂属于零维纳米级颗粒，很难在钴酸锂的晶粒尺度上实现长程导电。而石墨烯片层结构的径向尺寸也是微米级，因此可构筑三维的导电网络，提高钴酸锂极片的导电性和锂离子传输速率。Tang 等在正极钴酸锂活性材料中以 0.2%（质量分数）的石墨烯纳米片和 1%（质量分数）的导电炭黑作为导电剂，得到具有出色倍率性和循环稳定性的锂离子电池。其在 1 C 倍率下的放电比容量达到 146 mA·h/g，在 5 C 倍率下的放电比容量达到 116.5 mA·h/g，远高于 3%（质量分数）的导电炭黑作为导电剂的锂离子电池。

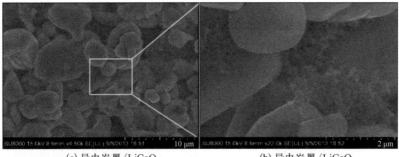

(a) 导电炭黑/LiCoO₂　　　　(b) 导电炭黑/LiCoO₂

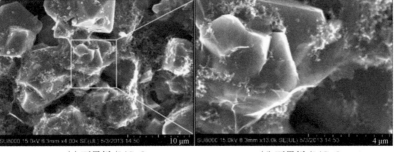

(c) 石墨烯/LiCoO₂　　　　(d) 石墨烯/LiCoO₂

图 5-6　导电炭黑/LiCoO₂ 和石墨烯/LiCoO₂ 的 SEM 图

石墨烯粉体材料：从基础研究到工业应用

5.3.2 石墨烯在尖晶石型正极材料（LiMn₂O₄）中的应用

尖晶石型的 LiM_2O_4（M＝Mn,Co,V）中,$[M_2O_4]$ 骨架是一个有利于 Li^+ 扩散的四面体与八面体共面的三维网络,在锂离子的嵌入和脱出过程中由于各向同性的膨胀和收缩,使其比层间化合物更有利于锂离子的自由嵌入和脱出。目前,阻碍尖晶石 $LiMn_2O_4$ 正极材料商品化的主要原因是其循环性能较差,特别是在高温下,嵌锂容量衰减迅速。产生这一现象的原因主要如下：① 由于歧化反应,$LiMn_2O_4$ 电极在充放电循环中易发生溶解导致晶体结构破坏,产生的 Mn^{2+} 溶于电解液中,限制了 Li^+ 通过电极、电解液界面的迁移；② 深度放电会产生 Jahn-Teller 效应,从而在尖晶石表面生成四面体结构的 $Li_2Mn_2O_4$,引起 Jalm-Teller 扭曲,最终影响电池的可逆性能。

Park 等通过水热合成的方法将 $LiMn_2O_4$ 纳米颗粒均匀分散在石墨烯表面,得到了石墨烯与 $LiMn_2O_4$ 的纳米复合物。从图 5－7 中可以看到,纳米结构的 $LiMn_2O_4$ 颗粒均匀分布在还原氧化石墨烯表面,避免了团聚,使其具有较大的反应活性面积。该材料具有较高的倍率性能（6 C 倍率下的比容量分别达到 126 mA·h/g）和稳定的循环性（6 C 倍率下循环 50 圈后的比容量保持率达到 96%,45 ℃时循环 50 圈后的比容量保持率仍达到 90%）。

图5-7 正极材料的 SEM 图和 TEM 图

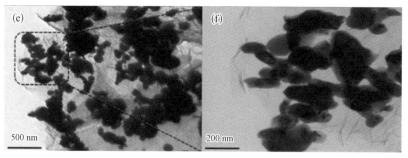

（a）LiMn₂O₄ 颗粒的 SEM 图；（b）石墨烯的 SEM 图；（c）（d）石墨烯/LiMn₂O₄ 纳米复合物的 SEM 图；（e）（f）石墨烯/LiMn₂O₄ 纳米复合物的 TEM 图

5.3.3　石墨烯在橄榄石型正极材料（LiFePO₄、LiMn$_x$Fe$_{1-x}$PO₄）中的应用

1. LiFePO₄ 正极材料

LiFePO₄（LFP）和充电后产生的 FePO₄ 晶体结构十分相近，晶体的体积在充电过程中仅降低 6.81%。只要温度不是太高（小于 400 ℃），两者之间的转化就不会造成晶体结构的塌陷，这也决定了磷酸铁锂作为正极材料具有良好的热稳定性及循环性能。但磷酸铁锂也存在着一些缺陷，如当环境温度较低时，LiFePO₄ 电化学性能下降明显。同时，LiFePO₄ 振实密度较小，体积能量密度较低，不适合小型化应用。此外，LiFePO₄ 中锂离子扩散速率和电子的电导率都较低，大电流充放电时电池容量衰减严重。为了优化 LiFePO₄ 正极材料的性能，可通过石墨烯的掺杂改性提高磷酸铁锂的导电性。

　　Wei 等通过磷酸铁锂纳米颗粒与 CTAB 在水溶液中进行超声混合，使其带有正电荷，然后与带有负电荷的氧化石墨烯片进行自组装，再经过还原得到石墨烯完全包覆磷酸铁锂纳米颗粒的复合材料（LFP@GN）。若不加 CTAB，则得到石墨烯未完全包覆的磷酸铁锂纳米颗粒（LFP/GN）。若与蔗糖混合煅烧，则得到无定形碳包覆的磷酸铁锂纳米颗粒［LFP(TC)］。图 5 - 8 为上述不同包覆状态下磷酸铁锂的结构与形貌图。对比电化学性能发现，LFP@GN 首次循环的库仑效率为96.1%，但比容量仅有 46 mA·h/g；而 LFP/GN 的库仑效率为 90.7%，比容量则高达150 mA·h/g。LFP@GN 的电化学阻抗远大于 LFP/GN，这表明 LFP@GN 材料的表面很难进行锂离子的嵌入和脱出。这与杨全红等的研究一致，即石墨烯对

图 5 - 7 续图

图 5-8　不同包覆
状态下磷酸铁锂的
结构与形貌图

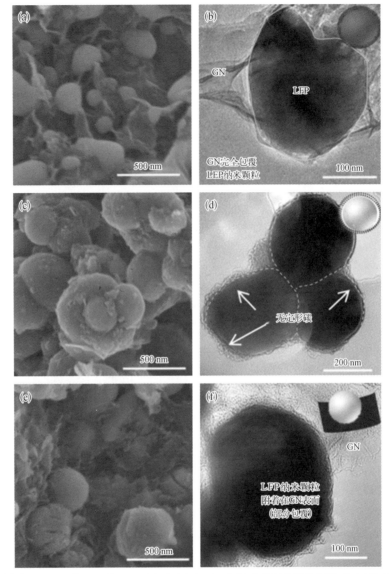

（a）（b）LFP@GN 的 SEM 图和 TEM 图；（c）（d）LFP（TC）的 SEM 图和 TEM图；（e）（f）LFP/GN的 SEM 图和 TEM 图

磷酸铁锂存在锂离子的位阻效应。因此，部分包覆石墨烯的磷酸铁锂实现了导电性和离子传输速率的均衡提升。

　　Fu 等分别采用三种不同尺寸的石墨烯作为磷酸铁锂的导电添加剂。相对于未添加石墨烯的磷酸铁锂，添加后其比容量增加 4.6%～9.2%，而且同比例添加量时，氧化还原法制备的具有多孔结构并呈卷曲状态的还原氧化石墨烯的效果比物理法剥离的完好平整的片层石墨烯效果要好。这是由于卷曲状态的石墨烯片更易于包覆磷酸铁锂活性材料，同时还原氧化石墨烯片层上的多孔结构有利于锂离子的传输。

2. $LiMn_xFe_{1-x}PO_4$ 正极材料

橄榄石结构的 $LiFePO_4$ 的工作电压仅为 3.4 V，而且导电性差，这不仅使得材料的能量密度较低，还会影响电池的快速充放电性能。$LiMnPO_4$（LMP）与 $LiFePO_4$ 具有相同的橄榄石结构、相近的理论比容量及相当的安全性能，其工作电压平台在 4.1 V 左右，理论能量密度为 $LiFePO_4$ 材料的 1.2 倍，但 $LiMnPO_4$ 的电子电导率比磷酸铁锂低 5 个数量级。通过掺杂铁离子得到固溶体材料 $LiMn_xFe_{1-x}PO_4$，可提高材料的电导率及结构稳定性。该材料结合了 $LiMnPO_4$ 相对较高的工作电压和磷酸铁锂材料较好的导电性，是一种很有潜力的正极材料。

石墨烯材料由单层或者少层的碳原子构成，具有良好的导电性，石墨烯优异的导电性能可以显著改善磷酸铁锰锂材料的电子导电能力，提高材料的倍率性能。Wang 等通过两步法在还原氧化石墨烯的表面合成了 $LiMn_{0.75}Fe_{0.25}PO_4$ 纳米棒颗粒。由图 5-9 可以看到，石墨烯片层相互交织构筑了三维导电网络结构，因此提高了材料的导电性。该材料在 20 C 和 50 C 倍率下的比容量分别高达 132 mA·h/g 和 107 mA·h/g，达到该材料在 0.5 C（155 mA·h/g）倍率下的 85% 和 70%，同时其库仑效率高达99.0%，循环 50 次后达到 99.5%。

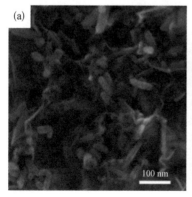 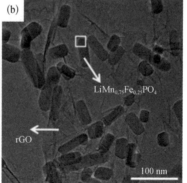

（a）SEM 图；（b）TEM 图

图5-9 生长在还原氧化石墨烯上的 $LiMn_{0.75}Fe_{0.25}PO_4$ 纳米棒颗粒

石墨烯粉体材料：从基础研究到工业应用

5.3.4　石墨烯在三元正极材料（NCM、NCA）中的应用

1. $LiNi_xCo_yMn_{1-x-y}O_2$（NCM）三元正极材料

三元层状材料 NCM 是由 LNO、LCO 及 LMO 三种材料按照不同比例混合形成的固溶体,其层状结构保持不变,同时具有 LNO 材料的高比容量、LCO 材料的稳定性及 LMO 材料的低成本,实现了三种材料的协同作用。其优点是能量密度高、成本相对较低、循环性能优异,是目前量产的最具有发展前景的正极材料之一。在实际应用中存在的问题是压实密度相对于钴酸锂偏低,导致极片能量密度不足。另外,三元材料在动力电池中,虽然能量密度有很大的优势,但是安全性相对锰酸锂较差,过充表现不够理想。

Shim 等使用 3-氨基丙基三乙氧基硅烷作为偶联剂,实现了还原氧化石墨烯将 NCM 活性颗粒完全封装在内部[图 5-10(b)],从而提高了 NCM 活性材料的导电性,同时表层的还原氧化石墨烯片层可以很好地保护 NCM 活性材料不受电解液腐蚀,从而提升正极材料的倍率性能和循环稳定性。还原氧化石墨烯包覆的 NCM 在 10 C 倍率下的比容量为 132.6 mA·h/g,高于未包覆的 NCM(104.9 mA·h/g)。热重测试显示,还原氧化石墨烯包覆的 NCM 活性正极材料的热稳定性比未包覆的 NCM 有明显提升。

图 5-10　NCM 三元正极材料的 SEM 图

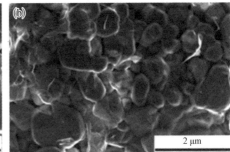

（a）$LiNi_{0.6}Co_{0.2}Mn_{0.2}O_2$；（b）还原氧化石墨烯包覆的 $LiNi_{0.6}Co_{0.2}Mn_{0.2}O_2$

2. $LiNi_xCo_yAl_{1-x-y}O_2$（NCA）三元正极材料

$LiNi_{0.8}Co_{0.15}Al_{0.05}O_2$ 具有与 $LiNi_{1/3}Co_{1/3}Mn_{1/3}O_2$ 类似的层状结构,理论比容量是 279 mA·h/g。结构中的 Al 原子处于 +3 价,充电过程中 Li^+ 脱出,Ni^{3+} 被氧

化成不稳定的 Ni^{4+}，Al^{3+} 价态不变，可以抑制 Li^+ 的过渡脱出，从而稳定晶体结构，但会降低初始放电比容量。综合比容量和稳定性两方面因素考虑，Al 元素的掺杂量不宜过高，通常小于 10%，一般为 5%。

使用石墨烯纳米点包覆 NCA，$LiNi_{0.8}Co_{0.15}Al_{0.05}O_2$ 活性材料的表面均匀分布着粒径为 5 nm 的石墨烯纳米点，如图 5 - 11(c)(d)所示。与未包覆的 $LiNi_{0.8}Co_{0.15}Al_{0.05}O_2$ 活性材料相比，其具有更好的导电性。适当尺寸的石墨烯纳米点可以为 $LiNi_{0.8}Co_{0.15}Al_{0.05}O_2$ 活性材料提供锂离子传输通道，提升材料的倍率性能。而还原氧化石墨烯包覆的 $LiNi_{0.8}Co_{0.15}Al_{0.05}O_2$ 活性材料尽管有良好的导电性，但还原氧化石墨烯对锂离子有位阻效应，限制了锂离子的传输速率。

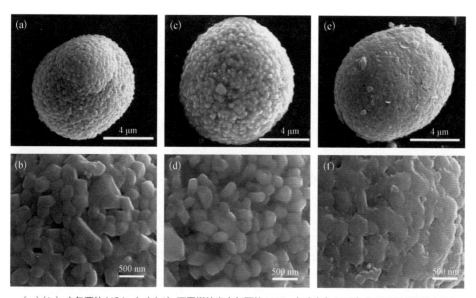

图 5 - 11 NCA 三元正极材料的 SEM 图

（a）（b）未包覆的 NCA；（c）（d）石墨烯纳米点包覆的 NCA；（e）（f）还原氧化石墨烯包覆的 NCA

5.4 石墨烯在锂离子电池负极材料中的应用

5.4.1 石墨烯负极材料

负极材料应具有良好的导电性和较快的 Li^+ 传输速率。石墨烯具有超高的导电性,而且石墨烯的层间距仅为纳米量级,Li$^+$可在石墨烯层间进行扩散,因此可实现电子和锂离子的快速传输。Dahn于1995年提出单层石墨烯组成的负极可以存储石墨负极2倍的锂离子,即在石墨烯片层的两面都可以储存锂离子,从而形成符合化学计量比的Li$_2$C$_6$,其比容量为774 mA·h/g,是石墨的两倍(372 mA·h/g)。还原氧化石墨烯表面存在大量的多孔结构和褶皱,具有比单层石墨烯更大的比表面积,可存储更多的锂离子(图5-12),其比容量最高可达2000 mA·h/g。但是还原氧化石墨烯在嵌入锂离子后并不能将锂离子全部释放出来,因为在首次锂化过程中电解液在活性物质的表面形成一层钝化层(SEI膜),导致大量不可逆的损失。并且由于还原氧化石墨烯的比表面积较大,所以其首次不可逆容量损失也更大。

图5-12 锂离子在还原氧化石墨烯表面的分布

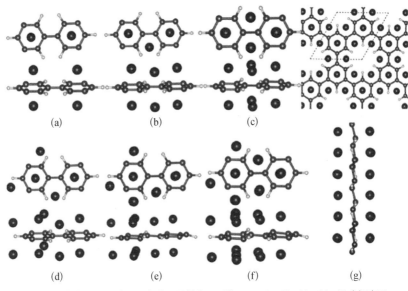

(a)~(g)分别对应还原氧化石墨烯表面吸附4、6、8、10、12、14、16个锂离子

Jiang等将氧化石墨烯进行水热反应、强碱刻蚀制后得多孔石墨烯,在0.05 C的倍率下,其首次放电比容量为2207 mA·h/g;在5 C和10 C的倍率下,其放电比容量分别可达220 mA·h/g和147 mA·h/g;经过10 C的倍率放电后,在0.5 C放电倍率下循环40次,其比容量仍高达672 mA·h/g,表现出优异的循环稳定性能。Lian等将氧化石墨在惰性气体下高温热处理数分钟后,制备了高质量的石墨烯薄片材料。在100 mA/g的电流密度下进行充放电,其首次充放电比容量均超

过 1264 mA·h/g;经过 40 个充放电循环后,比容量仍可达 848 mA·h/g;在 500 mA/g 的电流密度下,其比容量可达 718 mA·h/g;即使在 1000 mA/g 的电流密度下进行充放电,比容量仍可保持在 420 mA·h/g 左右。相比于石墨,石墨烯负极能提高锂离子电池的容量,但其首次库仑效率较低,循环寿命不佳;大的比表面积也会降低电极的压实密度,从而降低电池的能量密度。

5.4.2 石墨烯-金属氧化物复合物

金属氧化物因其具有高储锂容量,成为高容量负极材料研究的热点。但金属氧化物存在电导率差和充放电过程中体积效应大等问题,因此通过与石墨烯复合可提高该类氧化物的导电性。同时,石墨烯的片层结构对金属氧化物活性颗粒体积膨胀起到缓冲作用,从而提高材料的倍率性和循环稳定性。图 5-13 为石墨烯与金属氧化物的复合结构模型。

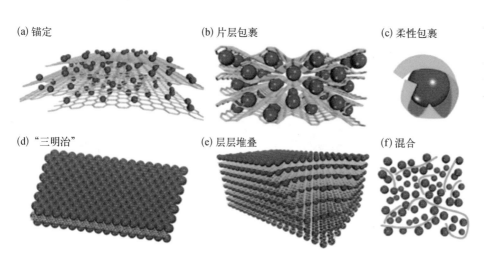

(a) 锚定 　(b) 片层包裹 　(c) 柔性包裹 　(d) "三明治" 　(e) 层层堆叠 　(f) 混合

图 5-13 石墨烯与金属氧化物的复合结构模型

Co_3O_4 的理论比容量约为 890 mA·h/g,是石墨理论比容量的 2.4 倍。Wu 等通过前期的溶液相分散和后期的高温煅烧制备了"三明治"结构的 Co_3O_4/石墨烯复合材料,即 Co_3O_4 纳米颗粒被上下层的石墨烯包裹,起到隔离石墨烯层、防止其团聚的作用。该复合材料经过 30 次循环后,其可逆比容量仍可保持在 935 mA·h/g,库仑效率达到 98%,该复合材料充分利用了石墨烯和 Co_3O_4 的协同作用,表现出优异的电化学性能。Fe_3O_4 与石墨烯材料的复合也备受关注,Lian 等利用气-液界面反

应制备了 Fe_3O_4/石墨烯复合材料,其中石墨烯的含量约为 22.7%。在大于 100 mA/g 的电流密度下放电,40 次循环后,其可逆比容量仍可保持在 1000 mA·h/g,高于 Fe_3O_4 纳米颗粒。其在 300 mg/A、500 mg/A 和 1000 mA/g 的电流密度下放电,可逆比容量分别为 740 mA·h/g、600 mA·h/g 和 410 mA·h/g,表现出优异的倍率性能。该复合材料优异的电化学性能归因于石墨烯阻止了 Fe_3O_4 颗粒的团聚和体积膨胀。CuO 具有高催化活性、低带隙能等优点,可作为锂离子电池负极材料使用。Mai 等制备了 CuO/石墨烯复合材料,其中 CuO 纳米颗粒的粒径约为 30 nm,并牢固地附着在石墨烯片上。该复合材料的首次库仑效率为 68.7%,经过 50 次充放电循环后,其可逆比容量仍达到 585.3 mA·h/g,容量保持率为 75.5%。Mn_3O_4 的理论比容量约为 936 mA·h/g,但由于其电导率极低($10^{-7} \sim 10^{-8}$ S/cm),实际容量发挥非常有限。Wang 等采用两步液相法制备了 Mn_3O_4/石墨烯复合材料,在 40 mA/g 的电流密度下,其可逆比容量为 900 mA·h/g,接近理论比容量,即使在 1600 mA/g 的电流密度下,比容量仍可保持在 390 mA·h/g,表现出较好的倍率性能。

Ren 等通过水热处理实现了 Fe_3O_4 活性材料与石墨烯片的自组装,得到了具有三维结构的 Fe_3O_4/石墨烯复合材料,其中 Fe_3O_4 球形颗粒均匀分布或嵌入相互交联的、具有介孔结构的石墨烯三维网络中(图 5-14)。使用该复合物作为负极材料,500 次循环后的可逆比容量仍达到 1164 mA·h/g。该复合材料出色的电化学性能归因于 Fe_3O_4 与石墨烯片之间较强的附着力,使其构成了具有三维结构的相互交联的多孔复合材料。石墨烯的存在提高了材料的导电性,三维结构有利于锂离子的传输,多孔结构可缓冲充放电过程中的体积变化,从而提升材料的倍率性和循环稳定性。

图 5-14 Fe_3O_4 颗粒的 SEM 图和 TEM 图

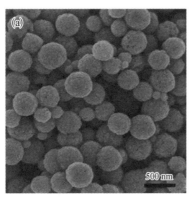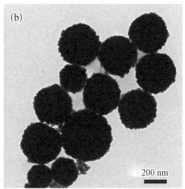

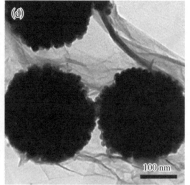

（a）（b）无石墨烯包覆的 Fe_3O_4 颗粒的 SEM 图和 TEM 图；（c）（d）石墨烯包覆 Fe_3O_4 颗粒的 SEM 图和 TEM 图

5.4.3 石墨烯在硅基负极材料中的应用

硅基负极材料的理论比容量高达 4200 mA·h/g，其嵌锂电位低（0.5 V），且在自然界中含量丰富，极具应用前景。

但硅基负极材料在充放电过程中会出现图 5-15 所示的三种失效现象中的一种或多种，导致容量衰减严重、循环性较差。另外，硅基负极材料在充放电过程中的体积变化明显（高达 270%），造成负极材料因反复膨胀收缩而产生结构坍塌，导致粉化脱落，影响循环性能。同时，由于硅属于半导体材料，导电性很差，很难实现大倍率充放电。将硅材料与石墨烯复合不仅可以阻止硅纳米颗粒的团聚，还可以缓解锂脱嵌过程中的体积变化，从而提高电子传输能力，同时石墨烯电导率较高，可有效提升材料的倍率性。He 等采用喷雾干燥法制备了浴花状高性能的硅-石墨烯复合材料，具有内部空腔结构的三维立体网络石墨烯，将硅颗粒包裹在其内部空腔中形成硅-石墨烯复合材料。在 200 mA/g 的电流密度下进行充放电，经过 30 次循环后，其可逆比容量仍可保持在 1502 mA·h/g，比容量保持率达到 98%，表现出优异的循环性能。Zhao 等通过湿化学法制备了硅-石墨烯复合材料，在 1000 mA/g 的电流密度下进行放电，经过 5 次循环后的可逆比容量仍可为 3200 mA·h/g，经过 150 次循环后的比容量高达理论比容量的 83%；即使在 4000 mA/g 的电流密度下，其可逆比容量仍高达 600 mA·h/g，表现出良好的循环

图 5 - 15 硅基负
极材料的三种失效
现象

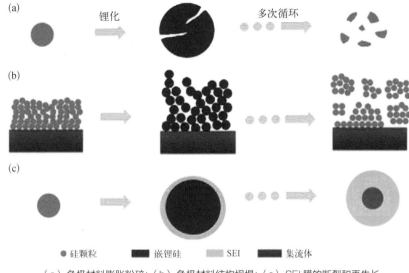

(a)

锂化 多次循环

(b)

(c)

● 硅颗粒　■ 嵌锂硅　▨ SEI　█ 集流体

（a）负极材料膨胀粉碎；（b）负极材料结构坍塌；（c）SEI 膜的断裂和再生长

性能和倍率性能。

5.4.4　石墨烯在锡基负极材料中的应用

氧化锡、锡及两者的混合物常用作锂离子电池的负极材料。SnO_2 的理论可逆
比容量为 782 mA·h/g,是目前被研究最多的锂离子电池负极材料。锡的理论比
容量可达 933 mA·h/g,但是它的首次不可逆比容量也很大。一方面是由于在第
一步生成了 Li_2O,导致锂的不可逆损失；另一方面是由于 SnO_2 在充放电过程中体
积变化极大,导致材料的结构不稳定,从而影响电池的性能。对于 SnO_2 的体积变
化较大,可通过将锡纳米化并附着在 GO 表面,从而达到缓冲 SnO_2 体积膨胀的目
的,如图 5 - 16 所示。

Zuo 等通过水热法合成了 SnO_2/GO 复合负极材料,该材料具有出色的锂离子储
存能力和循环稳定性,100 圈循环后其可逆比容量仍达到 612.2 mA·h/g,库仑效率
为 98.8%。即使在较高的充放电电流条件下(1000 mA/g),该复合负极材料仍具有
出色的循环稳定性和倍率性能,比容量仍达到 204.2 mA·h/g。这归结于 SnO_2 与氧
化石墨烯复合后晶粒尺寸远小于未经复合的 SnO_2,使得更多的活性材料参与到锂离
子的充放电存储过程。另外,氧化石墨烯的存在为 SnO_2 纳米颗粒的体积膨胀提供

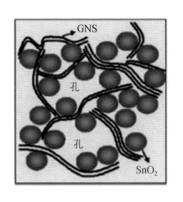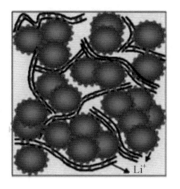

图 5 - 16 SnO₂/
GO 的充放电过程
及机理

了充足的空间,提高了复合负极材料的循环稳定性。而且随着氧化石墨烯含量的增加,倍率性能和循环稳定性随之增加。当电流密度达到 1000 mA/g 时,比容量可达到 558.3 mA·h/g;当电流密度降到 100 mA/g 时,循环 100 圈,比容量仍可恢复为 1067.5 mA·h/g,这表明该负极材料具有优异的倍率性能和循环稳定性。

Yao 等通过一种简单原位化学法合成了立体结构的 SnO₂/石墨烯纳米复合材料,4~6 nm 的 SnO₂ 颗粒均匀地负载在石墨烯表面,石墨烯和 SnO₂ 纳米颗粒在分子水平上混合可以确保 SnO₂ 纳米颗粒均匀地分散,同时促使石墨烯纳米片被有效分离。其具有优异的电化学储锂性能,归结为以下原因:SnO₂ 纳米颗粒的储锂机理是锂合金机理和转化反应机理的共同作用,SnO₂/石墨烯复合物较大的比表面积及纳米晶体特性促进表面电化学反应地发生。Wang 等利用氧化石墨烯和 SnCl₂ 间的原位氧化还原反应,辅助喷雾干燥法制备了 SnO₂/石墨烯复合材料,石墨烯的质量分数仅为 2.4%。该材料在 67 mA/g 的电流密度下进行放电,其可逆比容量仍可保持在 840 mA·h/g,高于简单物理混合制得的 SnO₂/石墨烯复合材料。

5.4.5 石墨烯在钛基负极材料中的应用

尖晶石型钛酸锂自从 1971 年 Deschanvres 等报道其合成方法与晶体结构之后,Colbow 等和 Ohuku 等对其进行了比较系统的电化学性能测试。而钛酸锂作为新型锂离子电池的负极材料开始于 20 世纪 90 年代后期。在 $Li_4Ti_5O_{12}$(尖晶石相)转化为 $Li_7Ti_5O_{12}$(岩盐相)的过程中,晶格常数由 0.8364 nm 转变为 0.8353 nm。在充放电过程中,$Li_4Ti_5O_{12}$ 的结构几乎没有变化,故而 $Li_4Ti_5O_{12}$ 被称为"零应变"材料,因此该材料用作电池负极具有较长的寿命。$Li_4Ti_5O_{12}$ 有比较高的电位[1.55 V (vs. Li/Li$^+$),石墨为 0.1 V(vs. Li/Li$^+$)],不易析出枝晶,充放电过程中安全性较高。基于 Li$_4$Ti$_5$O$_{12}$ 的长寿命和高安全性,以 Li$_4$Ti$_5$O$_{12}$ 为负极的锂离子电池可以应用于动力电池、储能电池等领域。25 ℃ 时,Li$_4$Ti$_5$O$_{12}$ 的化学扩散系数为 2×10^{-8} cm^2/s,比碳负极材料中的扩散系数高一个数量级。高的扩散系数使得该负极材料可以快速充放电,适用于新能源大巴等大功率电动车的快速充放电。Li$_4$Ti$_5$O$_{12}$ 的电子电导率(约为 10^{-11} S/m)不能与相应的锂离子扩散速率(约为 10^{-8} cm^2/s)相匹配,限制了其在大倍率充放电中的应用。通过表面碳包覆改性可以使 Li$_4$Ti$_5$O$_{12}$ 颗粒与颗粒之间构成导电网格,来提高电子的导通能力,以达到电导率与离子导率的匹配,实现大倍率充放电。

Chen 等采用原位水合反应将钛酸锂纳米颗粒锚定在还原氧化石墨烯表面,经过煅烧得到了还原氧化石墨烯改性的钛酸锂负极材料(LTO-rGO)。其电化学性能如图 5-17 所示,首次放电比容量高达 314.6 mA·h/g,高于未经还原氧化石墨

图 5-17　LTO-rGO 的电化学性能

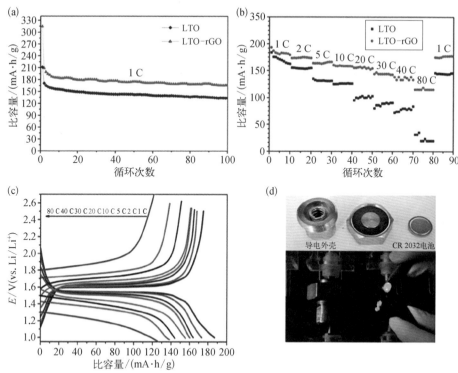

(a)1 C 倍率下的电化学循环性;(b)倍率性能;(c)不同倍率下的充放电曲线;(d)LTO-rGO 负极材料用于全电池(正极为钴酸锂)点亮 LED 灯

烯改性的钛酸锂材料（211.2 mA·h/g），循环 100 圈后的放电比容量仍达到 167 mA·h/g；80 C 倍率下比容量为 126 mA·h/g，倍率重回 1 C 后比容量可恢复到 174 mA·h/g；80 C 倍率下循环 2000 圈后的比容量保持率仍在 50%，非常适合大倍率充放电过程。

  Zhang 等通过将钛酸锂与氧化石墨烯纳米片混合后喷雾干燥再进行热还原，得到由还原氧化石墨烯均匀包覆钛酸锂初级颗粒聚集成的微米尺寸的球形二次颗粒。还原氧化石墨烯的加入构筑了三维空间网络结构，提升了电子和锂离子的传输性。20 C 倍率下的比容量达到 106.4 mA·h/g，循环 300 次后仍可达到 100 mA·h/g。Yu 等通过简单快速的水热煅烧过程合成了由 N 掺杂石墨烯纳米片包覆支撑的纳米尺度的钛酸锂颗粒，与纯相 $Li_4Ti_5O_{12}$ 相比，复合材料的电导率、柔韧性和机械强度都得到显著提高。0.5 C 倍率下的比容量达到 171.2 mA·h/g，40 C 倍率下的比容量仍达到 136.9 mA·h/g，循环 1000 次容量几乎无衰减。这主要得益于石墨烯纳米片构筑的三维网格结构对电子和锂离子传输速率的提升。

5.5 石墨烯在锂离子电池材料中的其他应用

  石墨烯由于其高电导率、大比表面积和高化学稳定性等优点，在锂离子电池中有很大应用前景。目前，石墨烯在锂离子电池中的应用研究主要包括以下三个方面：① 作为导电添加剂替代传统导电碳材料；② 直接用作锂离子电池负极材料；③ 将石墨烯与其他储锂材料复合以提高其电化学性能。

5.5.1 石墨烯作为导电添加剂

  目前，广泛应用的锂离子电池正极材料的本征电导率均较低，钴酸锂（$LiCoO_2$，10^{-1} S/m）、锰酸锂（$LiMn_2O_4$，10^{-2} S/m）、磷酸铁（$LiFePO_4$，10^{-7} S/m）和三元材料（$LiNi_xCo_yMn_{1-x-y}O_2$，10 S/m）如果不使用导电剂，电池内部欧姆极化增大，电池容量会显著降低。因此，需要在材料颗粒之间添加导电剂以构建电子导电网络，为电子传输提供快速通道，确保活性物质容量充分发挥作用。

由于导电剂本身在充放电过程中并不提供容量,所以希望在提升活性物质比容量的同时尽量减少导电剂的使用量,以提高正极中活性物质的比例,从而改善电池的质量比能量。目前所使用的导电剂通常是碳材料,如导电炭黑、导电石墨及碳纳米管等。其中导电炭黑是零维材料,其尺寸较小,因此极易团聚,很难与活性材料充分接触;碳纳米管为一维材料,长径比越大导电性越好,但易于缠绕,很难分散开构筑三维导电网络结构;导电石墨为三维材料,是石墨烯片层堆叠的宏观产物,其导电性存在于径向方向,较厚的堆叠很难充分发挥每层石墨烯片的导电性。

石墨烯是一种新型的纳米碳材料,其具有以下四点优势。

(1) 电子电导率较高,使用很少量的石墨烯就可以有效降低电池内部的欧姆极化。

(2) 具有二维片层结构,与零维的炭黑颗粒和一维碳纳米管相比,石墨烯可以与活性物质有更多的"面-点"接触点位,从更大的空间跨度上构建导电网络,实现整个电极上的"长程导电";与导电石墨相比,石墨烯片层不存在导电性径向方向问题。

(3) 石墨烯是由一层或几层石墨烯片堆叠而成,具有高比表面积(理论比表面积为 2630 m^2/g),与炭黑、导电石墨和碳纳米管相比,石墨烯上几乎所有碳原子都可以暴露出来进行电子传递。少量石墨烯即可构成完整的导电网络,从而提高活性物质含量,进而提高电池的能量密度。

(4) 石墨烯具有良好的柔韧性和机械强度,能对充放电过程中活性物质材料出现的体积变化起到缓冲作用,抑制极片的弹性变化,保持活性材料在循环过程中的良好接触,保证电池良好的循环性能。

综上所述,石墨烯是一种优异的导电添加剂,可在整个电池材料体系中形成高效的三维立体导电网络结构,降低电池内阻,提高充放电倍率性能和循环性能,同时减少导电剂的添加量,提高活性物质含量,从而提高能量密度。

虽然就电子导电性而言,石墨烯相比于其他导电剂具有非常明显的优势,但在实际应用过程中仍然有不少瓶颈。杨全红等研究发现,石墨烯片层对锂离子的传输有阻碍作用,特别是在大容量电池中,倍率性能很差。这是因为石墨烯的尺寸大多在微米级,而锂离子的直径较大,很难像电子一样穿过石墨烯片层。锂离子的传输需要绕过石墨烯片层,导致传输路径延长、锂离子传输速率减慢。尤其对于活性物质晶粒尺寸较小的正极材料(如磷酸铁锂),石墨烯的位阻效应更明显,而对于活性物质晶粒尺寸也在微米级的钴酸锂和三元材料,石墨烯的位阻效应相对较小,如图 5-18 所示。为减小石墨烯的位阻效应,需要对石墨烯进行多孔改性,在石墨烯片层内制造更多的锂离子传输孔径,或将石墨烯与其他导电剂进行复合使用。

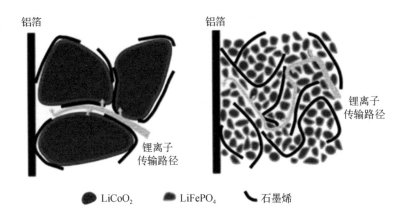

图 5-18 当正极材料活性物质晶粒尺寸不同时,使用石墨烯作为导电剂的锂离子传输路径

铝箔   铝箔

锂离子传输路径

锂离子传输路径

● LiCoO$_2$ ◆ LiFePO$_4$ ➤ 石墨烯

5.5.2 石墨烯作为电极的基体材料

石墨烯具有良好的导电性能和倍率性能,并且有一定的锂离子电化学反应活性。因此将其直接应用于锂离子电池负极材料中,可以大幅度提高材料的比容量及功率密度,具有很好的发展潜力。

纯石墨烯材料作为锂离子电池负极材料,虽然具有很高的首次放电比容量,但是存在首周库仑效率低、充放电平台高、循环稳定性差等问题,因此不能取代商用的石墨类碳材料直接应用。但是,石墨烯可以作为一种优良的基体材料,将石墨烯与锂电负极活性材料(如其他碳材料、硅基材料、锡基材料、金属氧化物等)制备成复合材料,从而发挥更大的作用。例如,将石墨烯掺入硅基或金属氧化物类电极材料中,其优势在于:① 石墨烯片具有柔韧性,可以有效缓冲电极材料本身的体积膨胀;② 石墨烯优异的导电性可以提高整体材料的导电性,增强电子传输能力;③ 氧化石墨烯(石墨烯的反应前驱体)表面的大量官能团作为反应成核位点,可以控制在其表面生长的金属氧化物颗粒保持在纳米尺度,从而改善电极材料的倍率性能。

Cheng 研究组首次报道了基于石墨烯复合材料的高性能柔性锂离子全电池。该电池的正负极材料均以三维石墨烯海绵为基底材料,分别在其孔道中原位负载了钛酸锂(作为负极材料)和磷酸亚铁锂(作为正极材料)。由于三维石墨烯海绵具有疏松的多孔结构,增强了锂离子的扩散传输能力及电子传输能力,因此正负极均表现出优良的大倍率充放电性能。其中,石墨烯/钛酸锂负极材料在1 C和30 C倍率下放电比容量分别达到170 mA·h/g和160 mA·h/g;石墨烯/磷酸亚铁锂正极材料在50 C倍率下放电比容量为98 mA·h/g。由这两种复合电极材料装配的锂离子全电池具有很好的倍率性能和循环性能,循环100周后比容量衰减率仅为4%。

5.6 石墨烯在新型锂电池中的应用

5.6.1 石墨烯在柔性锂离子电池中的应用

柔性锂离子电池是锂离子电池领域新兴的研究方向。目前,传统电池采用金属箔(铝、铜等)做电极集流体,电极活性材料也多为刚性的晶体结构,在柔性用途中无法反复的弯折,否则易导致电极材料的粉化或脱落。为了解决这个问题,必须使用本征具有柔性的材料,或者将电极活性物质与柔性材料进行复合。本征具有柔性的导电材料主要有碳系材料和导电高分子。在碳系材料中,石墨烯是研究比较多的新型材料。石墨烯具有二维平面结构,其碳原子以 sp^2 杂化方式键合,具有很高的杨氏模量和断裂强度。石墨烯也具有很高的电导率和热导率、优异的电化学性能以及较多的官能团活性位点,大的比表面积使其可负载更多活性物质、易加工形成薄膜。因此,石墨烯被认为是一种极具潜力的先进柔性电化学储能材料。石墨烯在柔性锂离子电池中的应用主要包括以下两个方面。

(1) 石墨烯作为导电增强相,借助高分子、纸、纺织布提供柔性骨架,以提高柔性极片的电子导电特性,获得复合导电基体,并负载活性物质。

石墨烯具有很高的电子电导率,可采用喷涂、浸润、涂覆等不同方法,将石墨烯附着于各类柔性基底上,利用基底提供柔性支撑,提供力学性能,石墨烯提供导电网络,形成了石墨烯/柔性基底复合结构。Yan研究组报道了棉布基柔性复合电极的制备方法:将氧化石墨烯浆料反复涂刷在棉布表面,经干燥和热处理后,即得到石墨烯柔性复合结构。其中,石墨烯与棉布基底结合紧密,并且棉布的多孔纤维结构也显著提高了电极的离子电导。若柔性基体为非导电材料,其对电池无法提供容量且增加了电极的质量,从而降低了电池的能量密度,甚至存在与电解质发生反应的风险。

(2) 石墨烯或其复合材料直接作为柔性基体或柔性电极

为了提高活性物质在柔性电极中的比例,石墨烯薄膜也可直接充当负极使用。Koratkar 采用激光还原石墨烯纸张的方法,快速还原过程中产生的气体可以在石墨烯薄膜中形成大量的微孔、裂纹等结构,该结构可有效提高锂离子的扩散速率,在 100 C 的高倍率放电下,比容量仍可达到 100 mA·h/g。除了化学剥离得到的石墨烯外,采用化学气相沉积法生长的石墨烯具有电子电导率高、结构缺陷低等优点,也常被用来制备柔性负极。Ning 等以层状蛭石为模板,采用化学气相沉积法制备了柔性石墨烯薄膜电极,其显示出良好的电化学性能。在 50 mA/g 的电流密度下,其放电比容量达到了 822 mA·h/g;在 1000 mA/g 的电流密度下,其放电比容量仍能达到 219 mA·h/g。

采用三维连通网络结构石墨烯泡沫取代传统金属集流体,可以有效降低电极中非活性物质的比例,实现集流体与活性物质一体化设计。由于三维石墨烯泡沫具有高导电性和多孔结构,为锂离子和电子提供了快速扩散通道,制作的柔性全电池可在弯折状态下进行快速充放电。刘等通过水热还原的方法制备了自支撑纳米硅/石墨烯复合纸柔性负极材料,纳米硅颗粒均匀分散在石墨烯片层中,制得的复合纸电极较纯纳米硅电极的电化学性能有较大提升,100 mA/g 的电流密度下首周放电比容量高达 4003 mA·h/g,十分接近硅的理论比容量,且首周库仑效率高达91%,循环 50 次后仍达到 1000 mA·h/g。这主要归因于石墨烯纸电极优异的柔韧性和导电性,从而有效抑制了纳米硅颗粒的体积膨胀和结构破坏。

5.6.2　石墨烯在锂硫电池中的应用

锂硫电池在 20 世纪 60 年代被首次提出,以单质硫为正极,以金属锂为负极,其充放电过程如图 5-19 所示。作为正极材料,硫单质的理论比容量高达 1675 mA·h/g,理论质量能量密度达到 2600 W·h/kg,而且单质硫具有储量大、价格低廉、低毒性等特点,是一种很有前景的正极材料。但单质硫不具有导电性,无法独立作为正极,需与其他材料复合,受制于复合材料中较低的含硫量、快速的

图 5 - 19 锂硫电
池的充放电过程

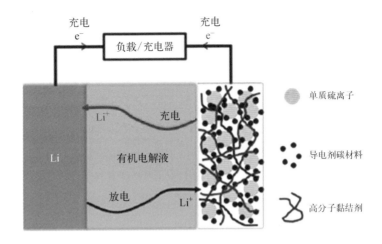

容量衰减以及锂负极的安全性等缺点,未能取得实际应用。随着电动汽车和储能电站等领域对电池能量密度的要求越来越高,需要发展更高能量密度的锂二次电池,因此锂硫电池重新得到重视。

锂硫电池与锂离子电池有所不同,充放电过程中不仅存在锂离子的穿梭,也存在多硫化物的穿梭,即充放电过程生成的可溶于电解液的多硫化物也可以扩散到金属锂负极,反应生成多硫化锂。多硫化锂在正负极之间产生飞梭效应,导致正极中单质硫的有效含量降低,电池循环性能变差。单质硫的电导率极低(5×10^{-28} S/m),需要与其他导电材料进行复合。而碳材料具有良好的导电性,其多孔结构又可以限制多硫化物的穿梭及体积变化,因此将单质硫与碳材料进行复合是锂硫电池的研究热点。作为新型碳材料,石墨烯应用于锂硫电池中有以下优点:① 石墨烯凭借其蜂巢状的二维结构和高比表面积,可为硫提供大量的附着位点,提高单质硫的含量,同时抑制充放电过程中多硫化物的流失,提高循环稳定性;② 石墨烯具有极高的导电性,将其与硫复合,可以提高活性电极的利用效率;③ 石墨烯良好的机械强度和韧性可为充放电过程中硫电极的体积膨胀/收缩提供一定的缓冲空间,提高电极结构的稳定性。根据负载形式与载体的不同,石墨烯与硫的复合方式可分为硫附着于石墨烯表面和硫封装于石墨烯内部两种。

1. 硫附着于石墨烯表面的复合结构

Wang 等通过对石墨烯纳米片和硫的混合物进行热处理,合成了硫颗粒均匀附着在石墨烯表层的复合材料。该复合材料制备的电极与单独的硫电极相比,充放电比容量和循环性能均有了显著的提高,且硫电极的利用率达到96.35%。Ji等经过化学反应和低温热处理过程将薄层硫均匀地附着于氧化石墨烯上,得到了含硫量达66%的硫/氧化石墨烯(S/GO)复合结构。在0.1 C的倍率下,50次循环后,其可逆比容量仍高达1400 mA·h/g。

2. 硫封装于石墨烯内部的复合结构

Wang等通过温和氧化制备出石墨烯包覆的亚微米尺度的单质硫,氧化石墨烯通过聚乙二醇(PEG)的桥连作用实现了对单质硫的均匀包覆,如图5-20所示。该结构提高了复合物的导电性,同时可以限制充放电过程中形成的多硫化物的溢出,缓解单质硫的体积膨胀。在0.2 C的倍率下,其比容量达到750 mA·h/g,循环10圈后仍有600 mA·h/g,再循环90圈后比容量只下降13%,因此具有出色的循环稳定性。

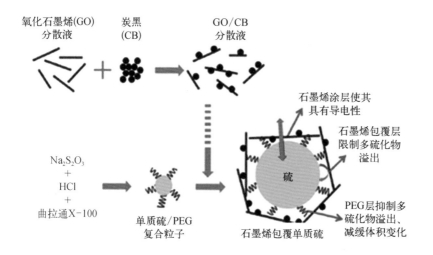

图5-20 石墨烯包覆单质硫的合成过程示意图

5.6.3 石墨烯在锂空气电池中的应用

Littauer等在1976年最早提出了锂空气电池的概念,是一种以金属锂作为负极、水溶液作为电解液、空气中的氧气作为正极的锂电池,其理论能量密度是传统锂离子电池的5~10倍,与汽油的能量密度较为接近。但它的反应可逆性差,反应过程需要催化剂,实际能量密度只比镍三元材料高一点。与锂电池不同,锂空气电池不需要锂离子在晶体中的脱嵌,而是靠Li^+与O_2的可逆电化学反应来释放或存储能量。从净电化学反应过程来看,锂空气电池的放电过程是通过金属锂与 O_2 的电化学氧化还原反应将化学能转化为电能的过程。充电反应则为放电过程的逆向反应,即放电产物发生电化学分解生成 Li^+ 与 O_2 的过程。由于锂空气电池的正极活性物质为 O_2,在大多数研究中锂空气电池是在高纯 O_2 中工作的,因此锂空气电池又被称为锂氧气电池。根据电解液的不同,锂空气电池可分为四类(图 5-21):非水系锂空气电池、水系锂空气电池、混合系锂空气电池和固态锂空气电池。所有类型的电极都需要一个具有多孔结构的空气电极,其多孔结构利于增大氧气的反应接触面积,还需具有促进反应发生的催化剂以及存储反应生成的固体不溶物的功能。

图 5-21 四类锂空气电池的放电示意图

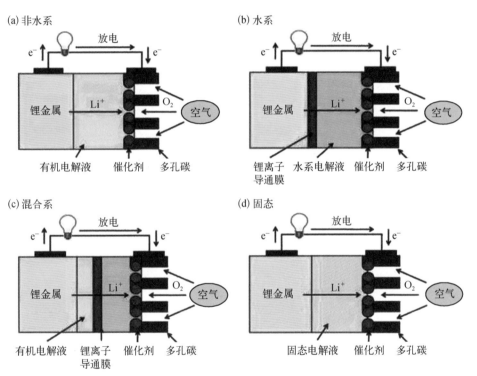

(a) 非水系锂空气电池;(b) 水系锂空气电池;(c) 混合系锂空气电池;(d) 固态锂空气电池

Alaf 等采用真空过滤的方法,以石墨烯作为支撑骨架合成了含有二氧化锰纳米棒、多壁碳纳米管及铂纳米颗粒的无支撑的柔性复合材料。由于石墨烯具有二维片层及多孔结构、较大的比表面积,可充分发挥其负载的催化剂活性。该复合材料与其他锂空气电池电极材料相比具有更优异的性能。

为避免石墨烯的片层堆叠、增加石墨烯的层间距、增大复合材料的比表面积,复合材料中添加了少量的多壁碳纳米管;为避免铂纳米颗粒的团聚,复合材料中添加了二氧化锰纳米棒。图 5-22(a)显示,该石墨烯材料具有大量无序多孔结构。图 5-22(b)显示,二氧化锰纳米棒可均匀分散在石墨烯材料表面。图 5-22(c)显示,铂纳米颗粒在石墨烯材料表面会出现聚集。图 5-22(d)显示,在掺杂二氧化锰纳米棒后,铂纳米颗粒可均匀分散在石墨烯材料基底表面,从而有利于充分发挥铂的催化活性。该材料经过电化学测试,循环 10 圈后的比容量可达到 560 mA·h/g,具有优异的电化学性质。

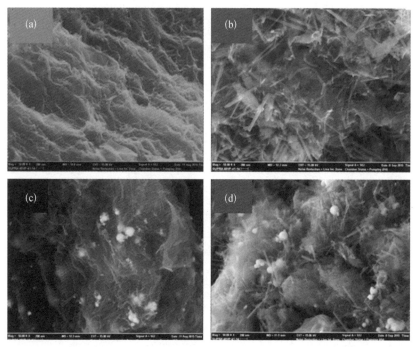

图 5-22 不同石墨烯复合电极材料的 SEM 图

(a)石墨烯(多壁碳纳米管);(b)二氧化锰纳米棒/石墨烯(多壁碳纳米管)复合电极材料;(c)铂纳米颗粒/石墨烯(多壁碳纳米管)复合电极材料;(d)二氧化锰纳米棒/铂纳米颗粒/石墨烯(多壁碳纳米管)复合电极材料

5.7 石墨烯在锂离子电池热管理中的应用

随着动力电池等高电压、高功率电池的快速发展,锂离子电池内部单位面积产生的热量迅速增加。热管理的主要目的就是将锂离子电池中的热量迅速传递出去,使锂离子电池不至于温度过高而发生燃烧或爆炸。根据热管理技术市场报道,热管理产品在全球市场的市值预估由 2015 年的 107 亿美元成长至 2021 年的 147 亿美元,年复合成长率为 5.4%。其中,在锂离子电池中的应用是一个重要的研究方向。

锂离子电池热管理的常用方法是采用相变材料(phase change material,PCM)控制温度,当锂离子电池温度高于相变材料的相变温度时,相变材料从电池中吸收能量发生相变而温度几乎保持不变,从而达到储能、控温的目的。考虑到 PCM 具有非常低的热导率,其在室温下一般为 0.17~0.35 W/(m·K),因此 PCM 只能存储来自电池内部的热量而不能将其从电池内部转移出去。

石墨烯具有极高的热导率,单层悬空的石墨烯高达 5300 W/(m·K),远大于传统的金属散热材料,如铜[350 W/(m·K)]和铝[200 W/(m·K)]。较高的热导率以及较强的机械强度和化学稳定性,使石墨烯成为极具潜力的下一代散热和热管理材料。添加石墨烯后的 PCM 显示出比传统 PCM 高两个数量级的热导率,同时保持其热储存能力,可将电池内部热量转移出去,从而显著降低锂离子电池内部温度。

Goli 等使用石墨烯纳米片作为导电填料,改善了锂离子电池中 PCM 的导电性。结果表明,石墨烯/PCM 复合材料的热导率可提高到 40 W/(m·K),同时保留了其蓄热能力。如图 5-23 所示,使用未经石墨烯复合的 PCM,电池内部温度为 24 ℃,而使用掺杂(1%)石墨烯纳米片的 PCM 可以将电池内部温度降低到 10 ℃,在较高的石墨烯纳米片掺杂量(20%)下,即使高负荷循环 10 圈后仍可维持在 13 ℃。此外,若锂离子电池外部的导热材料性能好,则锂离子电池内部的散热效果会更好。

图 5-23 掺杂石墨烯纳米片对锂离子电池内部温度的影响

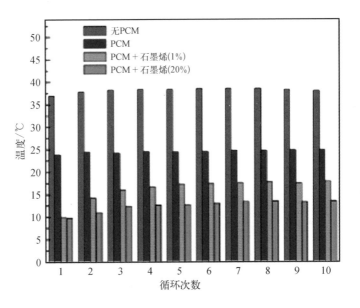

石墨烯除了掺杂在 PCM 相变材料中，也可与其他散热材料复合使用或直接作为石墨烯散热片。氧化石墨烯作为石墨烯的氧化产物，其部分保留了石墨烯高热导率的特点。同时，氧化反应带来的羟基（—OH）、羧基（—COOH）等含氧官能团容易使其进行共价键改性，增强其在高分子基体内的相容性，提高分散效果。Yong 等先通过 Hummers 法制备了氧化石墨烯，利用维生素 C 还原得到还原氧化石墨烯，再通过抽滤方式形成还原氧化石墨烯散热片，其热导率在散热片厚度为 $20\ \mu m$ 时可达到 $1600\ W/(m \cdot K)$。将制备的还原氧化石墨烯散热片加载在测试物上，可实现热量的快速传导与分布，其温度可比未使用散热片时降低约 $10\ ℃$。

石墨烯除了具有非常优异的热传导系数之外，Matsumoto 等发现石墨烯的热辐射系数在红外范围为 0.99，非常接近理论黑体辐射的热辐射系数（1），因此其作为热辐射散热材料具有相当大的潜力。相对于铜（约为 0.09）及铝（约为 0.02）的热辐射系数，石墨烯在散热应用上兼具了热传导与热辐射的特性，将其附着于散热材料表面可增加其散热能力。因此，若将石墨烯涂覆于铜箔或铝箔集流体的表面，可进一步提高铜箔或铝箔集流体的散热能力。当石墨烯分散液涂布于厚度为 $16\ \mu m$ 的铜箔表面且涂层厚度为 $30\ \mu m$ 时，温度可由未涂布时的 $88.9\ ℃$ 下降至涂布后的 $83.3\ ℃$。

由于石墨烯出色的导热性能，在热管理领域中显示出巨大的潜力。但也存在着一些挑战，如对于化学气相沉积法制备的石墨烯散热片，如何制备出高质量、大面积的石墨烯及实现无损转移仍然有待解决；对于液相剥离法制备的石墨烯溶液，如何将其制备成均匀的、连续的石墨烯薄膜还有待优化和提高；对于还原氧化石墨烯薄膜，由于采用高温或强酸还原的方法，对环境的影响和成本也不可忽视；另外，如何减少石墨烯薄膜和散热基底之间的热阻也需要更多的工作。

5.8　石墨烯在锂离子电池集流体中的应用

集流体是锂离子电池中不可或缺的组成部件之一，它不仅能承载活性物质，而且可以将电极活性物质产生的电流汇集并输出，有利于降低锂离子电池的内阻，提高电池的库仑效率、循环稳定性和倍率性能。因此，集流体成为锂离子电池中继电极活性物质、隔膜及电解质之后的一个重要研究内容。

　　　　　　　　　　　　　　石墨烯粉体材料：从基础研究到工业应用

1. 氧化石墨烯用作集流体的防腐蚀涂层

Prabakar等首次提出可将氧化石墨烯作为锂离子电池中铝集流体的保护涂层,以阻止铝集流体被电解液腐蚀,其原理如图 5‐24 所示。前期研究表明,石墨烯可用于金属的防腐蚀。但石墨烯对离子传输没有选择性,当用于锂离子电池中时,具有非离子选择性的石墨烯可以允许无差别的离子扩散,使电解液中具有腐蚀性的阴离子(FP_6^-)可以轻易通过其高比表面积而浸入铝集流体表面,导致铝被高速腐蚀。而氧化石墨烯的含氧官能团具有负电性,通过静电斥力可阻止FP_6^-到达铝集流体表面,避免铝集流体点状腐蚀的发生,起到对铝集流体的保护作用。

图 5‐24 氧化石墨烯用于铝集流体的防腐蚀原理示意图

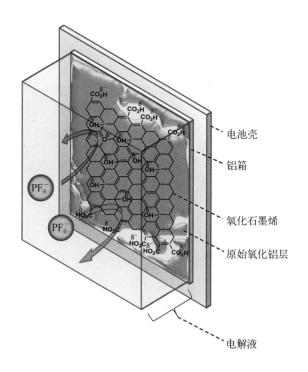

电池壳

铝箔

氧化石墨烯

原始氧化铝层

电解液

Prabakar等采用最简单但很有效的旋涂方式将氧化石墨烯涂布到铝集流体表面,通过调节氧化石墨烯分散液的浓度,可得到不同厚度的氧化石墨烯涂层。涂布的氧化石墨烯首先将铝集流体上的凹陷位置填平,从而明显改善铝集流体的表面粗糙度,AFM 测试显示涂布后平均粗糙度由 316 nm 降低到 154 nm。

由图 5‐25 所示,随着氧化石墨烯涂层厚度的增加,循环伏安法(cyclic

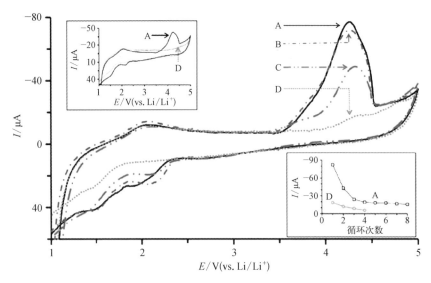

图 5-25　铝集流体和金属锂片作为正负极组装扣式电池测试的 CV 曲线

A—未涂布氧化石墨烯的铝集流体；B—涂布 0.1 mg/mLGO 的铝集流体；C—涂布 0.2 mg/mLGO 的铝集流体；D—涂布 0.3 mg/mLGO 的铝集流体

左上插图是 A 和 D 第 2 次循环的 CV 曲线；右下插图是 A 和 D 经历 8 次循环的阳极腐蚀电流

voltammetry，CV)测试的腐蚀电流逐渐减小至背景水平。较小的腐蚀电流和较大的过电位表明氧化石墨烯涂层在铝集流体和电解液之间形成了阻隔屏障，从而有效阻止电解液对铝集流体的腐蚀。涂布氧化石墨烯层后的铝集流体应用于锰酸锂电池中，测试发现电池的比容量有所提升，电池自放电有所减弱。

刘忠范课题组研究发现，在更高的工作电压（大于 5 V）下，铝集流体的腐蚀现象更严重。通过等离子体增强化学气相沉积法在铝集流体表面沉积氧化石墨烯薄膜做导电隔离层，实现对铝集流体的屏蔽，可以抑制铝箔集流体在锂离子电池使用过程中的电化学腐蚀。研究结果显示电池表现出优异的电化学性能，包括更好的循环性能、速率性能，并能显著改善电池的自放电性能。

2. 石墨烯用于金属基集流体

Lee 等用石墨烯改进活性材料与集流体之间黏结剂的导电性能，其制备过程如图 5-26 所示。集流体和活性材料之间加入的 PVDF 层具有高黏附性，但导电性较差，不利于活性材料与集流体之间的电荷迁移。通过向 PVDF 层中添加少量石墨烯，可显著增加 PVDF 黏结剂的电子传导性，有利于降低活性材料与集流体之间的电荷转移内阻，提升电化学倍率性能和循环稳定性。

图 5 - 26 石墨烯掺杂导电黏结剂层的制备过程示意图

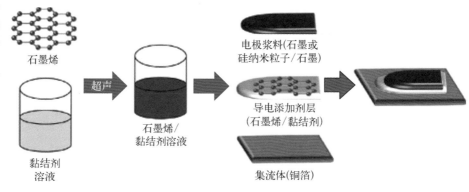

3. 石墨烯用于非金属基集流体

石墨烯海绵是一类可用作电池集流体的三维碳材料。氧化石墨烯纳米片表面富含各种含氧官能团,因此当 GO 官能团之间的静电排斥力与 GO 片层之间存在的范德瓦耳斯力保持平衡时,GO 可以稳定分散在水溶液中。但是当 GO 片被还原后(rGO),其含氧官能团数量显著减少,同时片层之间的 π-π 相互作用和疏水作用加强,促使 rGO 片之间彼此堆叠交联在一起,并最终自组装成具有三维连通网络结构的石墨烯海绵。其三维结构非常有助于离子和电子的输运,通过添加其他功能物质,如单质硫、金属锂、金属氧化物和硫化物等,可以用作电池理想的集流体。

Manthiram 课题组通过改进的 Hummers 方法制备了 GO 悬浮液,利用水热法得到了 rGO 水凝胶,冷冻干燥得到了 rGO 气凝胶。在制备过程中进行硼或氮的掺杂,以提高比表面积,为电极活性材料的负载提供更多的活性位点。再通过液体渗透蒸发的方法将 Li_2S 涂覆在硼或氮掺杂的石墨烯气凝胶中,得到了没有集流体和黏结剂的自支撑三维复合电极材料。将该复合材料切割、压缩并成形为片状以用作电极片。从图 5 - 27 中可看到,氮掺杂后的电荷转移阻抗明显降低,表明该复合材料利于电子和离子的转移,从而显著提升电极材料的比容量、倍率性能和循环稳定性。其性能的提升可归因于:① 掺杂的石墨烯和 Li_2S/Li_2S_x 中间物质之间具有强相互作用,从而减少多硫化物的溶解;② 多孔的三维网络结构可促进电子和离子的快速传输;③ 具有柔性结构的石墨烯可适应循环期间的任何应力或体积的变化。

Wang 等将石墨烯分散液涂布到 PET 薄膜表面,用作锂硫电池的集流体,替代质量更大的铝基集流体,其密度仅为 $1.37 \ g/cm^3$,只有铜的六分之一($8.94 \ g/cm^3$)。该方法可显著提高极片中活性材料的比例,且成本低、质量轻、化学稳定性好,可大

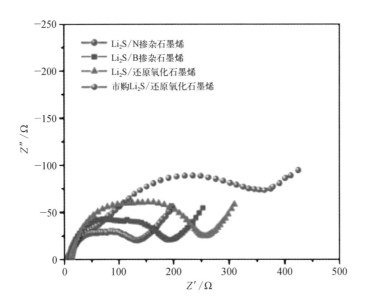

图5-27 不同材料
的电化学阻抗（室
温下频率为1～
100 MHz）

大提高锂硫电池的比容量和循环稳定性。在循环30次后，该电池的比容量保持率
为96.8%。自放电测试表明，30℃下储存30天后的比容量衰减率仅为0.8%。

如图5-28所示，Rana等则直接采用无支撑石墨烯薄膜作为集流体，不使用

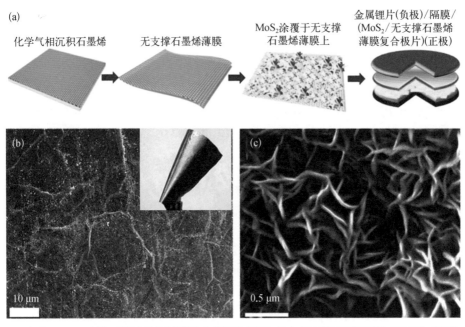

图5-28 MoS₂/
无支撑石墨烯薄膜
复合极片的合成过
程示意图及SEM图

（a）MoS₂/无支撑石墨烯薄膜复合极片的合成过程示意图；（b）无支撑石墨烯薄膜的SEM图，插图为
柔性无支撑石墨烯薄膜的照片；（c）无支撑石墨烯薄膜涂覆MoS₂后的SEM图

黏结剂和导电填料，直接将 MoS_2 涂覆在石墨烯薄膜上用作锂离子电池的极片。该方法可有效减小材料成本和质量，石墨烯薄膜有利于提高极片的柔韧性，可用于柔性锂电池。由于石墨烯薄膜具有大的表面积，增加了与电解质相互作用的电极表面积，从而提高了比容量，并具有高倍率性和循环稳定性。

5.9　小结

综上所述，石墨烯在锂离子电池的正极、负极、集流体等关键部件的应用可以有效解决目前锂离子电池存在的电导率低、锂离子传输速率慢、循环性差、热稳定性差或脱嵌锂导致体积变化大等问题，对于提升电极材料的电化学性能和循环稳定性有积极作用。纯石墨烯的充放电曲线与高比表面积的硬碳和活性炭非常相似，都具有首次循环库仑效率极低、充放电平台过高、电位滞后严重以及循环稳定性较差的缺点，这些问题其实是高比表面积、无序碳材料的基本电化学特征。因此，石墨烯更适合作为导电添加剂或以导电网络的形式存在于锂离子电池中。相比于传统的碳材料添加剂（如石墨、炭黑、碳纳米管等），石墨烯独特的二维结构和纳米级厚度使得其在实际使用过程中，即使在极低添加量的情况下，也可以通过桥接或包覆的方式起到连接导电网络的作用。同时，石墨烯的柔性特点和介观构造在新型锂离子电池中也有很广泛的应用前景。基于以上论述，我们有理由相信，在解决好石墨烯的成本、分散性及相容性等关键技术问题后，石墨烯在锂离子电池中必将发挥独特的作用和效果。

参考文献

[1] Schipper F，Aurbach D. A brief review：Past，present and future of lithium ion batteries[J]. Russian Journal of Electrochemistry，2016，52(12)：1095 - 1121.

[2] Goodenough J B，Kim Y. Challenges for rechargeable Li batteries[J]. Chemistry of Materials，2010，22(3)：587 - 603.

[3] Kucinskis G，Bajars G，Kleperis J. Graphene in lithium ion battery cathode materials：A review[J]. Journal of Power Sources，2013，240：66 - 79.

[4] Bruce P G, Freunberger S A, Hardwick L J, et al. Li - O₂ and Li - S batteries with high energy storage[J]. Nature Materials, 2012, 11(1): 19 - 29.

[5] Xiang H F, Li Z D, Xie K, et al. Graphene sheets as anode materials for Li-ion batteries: Preparation, structure, electrochemical properties and mechanism for lithium storage[J]. RSC Advances, 2012, 2(17): 6792 - 6799.

[6] Wang Y S, Zhang Q L, Jia M, et al. Porous graphene for high capacity lithium ion battery anode material[J]. Applied Surface Science, 2016, 363: 318 - 322.

[7] Zhang W J. A review of the electrochemical performance of alloy anodes for lithium-ion batteries[J]. Journal of Power Sources, 2011, 196(1): 13 - 24.

[8] Goriparti S, Miele E, de Angelis F, et al. Review on recent progress of nanostructured anode materials for Li-ion batteries [J]. Journal of Power Sources, 2014, 257: 421 - 443.

[9] Yu M P, Li R, Wu M M, et al. Graphene materials for lithium-sulfur batteries[J]. Energy Storage Materials, 2015, 1: 51 - 73.

[10] Guo P, Song H H, Chen X H. Electrochemical performance of graphene nanosheets as anode material for lithium-ion batteries [J]. Electrochemistry Communications, 2009, 11(6): 1320 - 1324.

[11] Lu J, Li L, Park J B, et al. Aprotic and aqueous Li - O₂ batteries[J]. Chemical Reviews, 2014, 114 (11): 5611 - 5640.

[12] Ren Z M, Yu S Q, Fu X X, et al. Coordination-driven self-assembly: Construction of a Fe₃O₄ - graphene hybrid 3D framework and its long cycle lifetime for lithium-ion batteries[J]. RSC Advances, 2015, 5(50): 40249 - 40257.

[13] Wei W, Lv W, Wu M B, et al. The effect of graphene wrapping on the performance of LiFePO₄ for a lithium ion battery[J]. Carbon, 2013, 57: 530 - 533.

[14] Kucinskis G, Bajars G, Kleperis J. Graphene in lithium ion battery cathode materials: A review[J]. Journal of Power Sources, 2013, 240: 66 - 79.

[15] Richard Prabakar S J, Hwang Y H, Bae E G, et al. Graphene oxide as a corrosion inhibitor for the aluminum current collector in lithium ion batteries[J]. Carbon, 2013, 52: 128 - 136.

[16] Alaf M, Tocoglu U, Kartal M, et al. Graphene supported heterogeneous catalysts for Li - O₂ batteries[J]. Applied Surface Science, 2016, 380: 185 - 192.

[17] Pyun M H, Park Y J. Graphene/LiMn₂O₄ nanocomposites for enhanced lithium ion batteries with high rate capability[J]. Journal of Alloys and Compounds, 2015, 643: S90 - S94.

[18] Goli P, Legedza S, Dhar A, et al. Graphene-enhanced hybrid phase change materials for thermal management of Li-ion batteries[J]. Journal of Power Sources, 2014, 248: 37 - 43.

[19] Wang H L, Yang Y, Liang Y Y, et al. Graphene-wrapped sulfur particles as a rechargeable lithium-sulfur battery cathode material with high capacity and cycling stability[J]. Nano Letters, 2011, 11(7): 2644 - 2647.

［20］ Rana K，Singh J，Lee J T，et al. Highly conductive freestanding graphene films as anode current collectors for flexible lithium-ion batteries［J］. ACS Applied Materials & Interfaces，2014，6(14)：11158 - 11166.

［21］ Zhou G M，Paek E，Hwang G S，et al. High-performance lithium-sulfur batteries with a self-supported，3D Li_2S-doped graphene aerogel cathodes［J］. Advanced Energy Materials，2016，6(2)：1501355.

［22］ Tang R，Yun Q B，Lv W，et al. How a very trace amount of graphene additive works for constructing an efficient conductive network in $LiCoO_2$-based lithium-ion batteries ［J］. Carbon，2016，103：356 - 362.

［23］ He X S，Han G K，Lou S F，et al. Improved electrochemical performance of $LiNi_{0.8}Co_{0.15}Al_{0.05}O_2$ cathode material by coating of graphene nanodots［J］. Journal of the Electrochemical Society，2019，166(6)：A1038 - A1044.

［24］ Tarascon J M，Armand M. Issues and challenges facing rechargeable lithium batteries ［J］. Nature，2001，414(6861)：359 - 367.

［25］ Nitta N，Wu F X，Lee J T，et al. Li-ion battery materials：Present and future［J］. Materials Today，2015，18(5)：252 - 264.

［26］ Wang H，Yang Y，Liang Y，et al. $LiMn_{1-x}Fe_xPO_4$ nanorods grown on graphene sheets for ultrahigh-rate-performance lithium ion batteries［J］. Angewandte Chemie，2011，50(32)：7364 - 7368.

［27］ Lee S，Oh E S. Performance enhancement of a lithium ion battery by incorporation of a graphene/polyvinylidene fluoride conductive adhesive layer between the current collector and the active material layer［J］. Journal of Power Sources，2013，244：721 - 725.

［28］ Wang Y S，Zhang Q L，Jia M，et al. Porous graphene for high capacity lithium ion battery anode material［J］. Applied Surface Science，2016，363：318 - 322.

［29］ Xu J T，Ma J M，Fan Q H，et al. Recent progress in the design of advanced cathode materials and battery models for high-performance lithium-X（X = O_2，S，Se，Te，I_2，Br_2）batteries［J］. Advanced Materials，2017，29（28）：1606454.

［30］ Manthiram A，Fu Y Z，Chung S H，et al. Rechargeable lithium-sulfur batteries［J］. Chemical Reviews，2014，114(23)：11751 - 11787.

［31］ Shim J H，Kim Y M，Park M，et al. Reduced graphene oxide-wrapped nickel-rich cathode materials for lithium ion batteries［J］. ACS Applied Materials & Interfaces，2017，9(22)：18720 - 18729.

［32］ Zuo X X，Zhu J，Müller-Buschbaum P，et al. Silicon based lithium-ion battery anodes：A chronicle perspective review［J］. Nano Energy，2017，31：113 - 143.

［33］ Chen C C，Huang Y N，Zhang H，et al. Small amount of reduce graphene oxide modified $Li_4Ti_5O_{12}$ nanoparticles for ultrafast high-power lithium ion battery［J］. Journal of Power Sources，2015，278：693 - 702.

［34］ 邓凌峰，余开明. 石墨烯改善锂离子电池正极材料 $LiCoO_2$ 电化学性能的研究［J］. 功能材料，2014，45(S2)：84 - 88.

第 6 章

石墨烯粉体材料在超
级电容器中的应用

超级电容器,又称电化学电容器、黄金电容、法拉第电容。其通过极化电解质来储能,包括双电层电容器和赝电容器。它是一种电化学元件,其储能过程是可逆的,因此可以反复充放电数十万次。超级电容器可以被视为悬浮在电解液中的两个无反应活性的多孔电极板,在电极板上加电,正极板会吸引电解液中的负离子,负极板会吸引电解液中的正离子,从而形成双电层结构(图 6-1)。与利用化学反应的蓄电池不同,超级电容器的充放电过程始终是物理过程,性能十分稳定,故而安全系数高、低温性能好、寿命长且免维护。

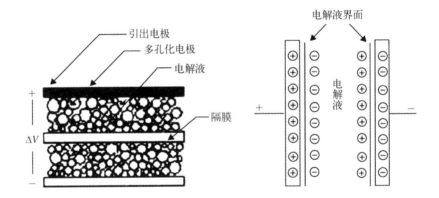

众所周知,插入电解液中的金属电极表面与液面两侧会出现符号相反的过剩电荷,从而使两相间产生电位差。因此,如果在电解液中同时插入两个电极,并在其间施加一个小于电解液分解电压的电压,这时电解液中的正、负离子在电场的作用下会迅速向两极运动,并分别在两个电极的表面形成紧密的电荷层,即双电层。它所形成的双电层和传统电容器中的电解质在电场作用下产生的极化电荷相似,从而产生电容效应,紧密的双电层近似于平板电容器,但是,由于紧密的电荷层间距比普通电容器电荷层间的距离要小得多,因而具有比普通电容器更大的容量。具体来说,超级电容器相比于其他类型的储能器件具有以下特征和优势。

(1)循环寿命长:超级电容器由于其储能的过程并不发生化学反应,这种储能过程是可逆的,没有"记忆效应",可以反复充放电数十万次,是锂离子电池的 500 倍、镍氢和镍镉电池的 1000 倍,如果对超级电容器每天充放电 20 次,可连续使用 13 年。

(2) 高效:大电流放电能力超强,能量转换效率高,过程损失小,大电流能量循环效率不低于 90%。

(3) 电荷容量大:超级电容器中电荷分隔的距离是由电解质中离子的大小决定的,其值小于 1 nm。所以,巨大的表面积及电荷之间非常小的距离使得同体积的超级电容器可以有很大的储存电量,容量通常为 0.1~1000 F,而且超级电容器可以串联、并联组成超级电容器模组,可耐压储存更高容量。

(4) 功率密度高:超级电容器的功率密度可达 300~5000 W/kg,相当于电池的 5~10 倍。4.7 F 的电容能释放瞬间 18 A 以上的电流。

(5) 充电速率快:充电 10 s~10 min 可达到其额定容量的 95% 以上。

(6) 工作温度范围广:超级电容器的工作温度为 -40~70 ℃,而一般电池的工作温度为 -20~60 ℃。

(7) 低温特性好:低温下提高超级电容器的工作电压,超级电容器的内阻不会上升,可提高超级电容器的使用效率。

(8) 绿色环保:超级电容器在生产过程中不使用重金属和其他有害的化学物质,且自身寿命较长,因而是一种新型的绿色环保电源。

6.1 超级电容器电产品结构

超级电容器根据制造工艺和外形结构可划分为纽扣型、卷绕型和大型三种类型,其容量分别为 5 F 以下、5~200 F 及 200 F 以上,由于各自的特点的不同,这三种超级电容器的应用领域也有所差异。纽扣型产品具备小电流、长时间放电的特点,可用在小功率电子产品及电动玩具产品中。而卷绕型和大型产品同时具备电荷容量大、短时放电的特点,都可以为有记忆存储功能的电子产品做后备电源,也同时都适用于有 CPU 的智能家电、工控和通信领域中的存储备份部件。另外大型超级电容器通过串并联构成的电源系统,可用在汽车灯高能供应装置上。

6.1.1　制备方法

　　超级电容器由电极、电解质、隔膜、端板、引线和封装材料组成,其结构与电解电容器非常相似,它们的主要区别在于电极材料。超级电容器的工艺流程为:配料→混浆→制电极→裁片→组装→注液→活化→检测→包装。

　　超级电容器的核心元件是电极,电极的制造工艺目前可分为干电极技术与湿电极技术。干电极技术即通过干混活性炭粉和黏结剂加工成电极。湿电极技术在制作电极的过程中,除了活性炭粉和黏结剂还需加入液态溶剂。由于液态溶剂会影响超级电容器的工作性能,因此还需使用烘箱对其进行烘干处理,将溶剂从电极中去除。

　　因此,与干电极技术相比,湿电极技术工序更长,生产成本更高。另外,烘干处理很难将溶剂彻底去除,制备的电极在超级电容器工作过程中,溶剂杂质会发生反应产生额外物质,影响电极和电解质的性能,反应产生的气体会加速超级电容器的老化。因此,采用湿电极技术制备的电极的超级电容器相对寿命较短、可靠性低、稳定性差。但由于其设备成本低廉,工艺相对简单,因此目前大多数厂家采用湿法技术制备电极片。

　　以美国 Maxwell 公司和中国中车公司为代表的超级电容器生产厂家采用干电极技术。他们在制备电极过程中,首先将活性物质、导电剂与聚四氟乙烯(PTFE)黏结剂在高温下反复捏合,再将这种混合物热压在集流体上形成电极。由于没有溶剂的加入,这种方法生产的电极往往面密度要高于通过湿电极技术生产的电极。但是这种技术对设备和工艺要求较高,普及率相对于湿电极法较低。

　　表 6-1 为两种关键技术所制产品的指标差异。

表 6-1　两种关键技术所制产品的指标差异

	干电极技术	湿电极技术
均匀度	高	低
附着力	高	低,容易剥落
牢固度	高	低
纯度	高	低
生产周期	短	长

	干电极技术	湿电极技术
稳定性	优良	一般
可靠性	优良	一般
寿命	较长	较短

6.1.2　电极材料

碳是最早被用来制造超级电容器的电极材料。碳电极电容器主要是利用储存在电极与电解液界面的双电层能量,电极比表面积是决定电容器容量的重要因素。尽管高比表面的碳材料比表面积越大,容量也越大,但实际利用率并不高,因为多孔碳材料中孔径一般要 2 nm 及以上才能形成双电层,从而进行有效的能量储存。而制备的碳材料往往存在微孔(小于 2 nm)不足的情况。所以碳材料电极主要是向着提高有效比表面积和可控微孔孔径(大于 2 nm)的方向发展。除此之外,碳材料的表面官能团、电导率、表观密度等对电容器性能也有影响。现在已有许多不同类型的碳材料被证明可用于制作超级电容器的极化电极,如活性炭、活性炭纤维、碳气溶胶、碳纳米管、石墨烯及某些有机物的裂解碳化产物。

赝电容储能机制则是在具有氧化还原活性的电极表面,通过电极和电解质之间发生快速可逆的氧化还原反应进行能量储存和释放。这类电容器的电极材料主要由表面含有氧化还原活性位点的材料,例如金属氧化物和导电聚合物。相比于双电层电容器,赝电容的容量更大,但由于材料的导电性能较差,材料发生氧化还原反应时结构容易被破坏,因此能量密度和循环性能相对较差。

金属氧化物作为超级电容器电极材料的研究是基于法拉第准电容储能原理,即在氧化物电极表面及体相发生的氧化还原反应而产生的吸附电容。其电容量远大于活性炭材料的双电层电容,但双电层电容器瞬间大电流放电的功率特性比法拉第电容器好。金属氧化物作为超级电容器电极材料有着潜在的研究前景。近年来金属氧化物电极材料的研究工作主要围绕以下两个方面进行:① 制备高比表面积的金属氧化物活性物质;② 多种金属氧化物复合。

导电聚合物电极电容器是通过导电聚合物在充放电过程中的氧化还原反应，在聚合物膜上快速产生 n 型或 p 型掺杂从而使其储存高密度的电荷，产生很大的法拉第电容来实现储存电量。研究发现聚吡咯、聚噻吩、聚苯胺、聚对苯、聚并苯等可用作超级电容器电极材料，其中聚吡咯及其衍生物由于具有优异的电化学性能、环境友好、合成简单等特点，被认为是最具有应用价值的材料之一。导电聚合物超级电容器具有使用寿命长、温度范围宽、不污染环境等特点，并且可以通过设计聚合物的结构，优选聚合物的匹配特性，来提高电容器的整体性能。但真正商业应用的导电聚合物电极材料品种还不多，价格也较高。今后研究的重点应放在合成新材料上，寻找具有优良掺杂性能的导电聚合物，提高聚合物电极的充放电性能、循环寿命和热稳定性等方面。

为进一步提高超级电容器的能量密度，近年来混合型超级电容器，又称非对称型超级电容器，引起了广泛的关注。在这种电容器结构中，一极采用具有氧化还原活性的电极材料，该类型材料通过电化学反应来储存和转化能量；另一极采用常规的碳材料，该类型材料通过双电层机制进行储能。在混合型超级电容器中，能量的储存通过双电层电荷吸附机制和电化学能共同实现，可以发挥两种或者多种材料的协同作用。具有氧化还原活性的电极材料的比电容、导电性、比表面积和结构稳定性是混合型超级电容器进行能量储存和转化的性能关键。

为提高超级电容器的能量密度和功率密度，无论是双电层超级电容器、赝电容超级电容器还是混合型超级电容器，其电极材料都需要通过设计优化满足比表面积高、导电性能好和结构稳定的基本要求。

从实用来讲，碳材料无疑是目前超级电容器各类电极材料中最具吸引力的材料，它几乎是市面上所有产品共同的选择。电极材料的成本占到超级电容器产品总成本的 30% 左右，这是导致超级电容器生产成本较高的主要原因，这在一定程度上限制了超级电容器的推广应用。而导电聚合物、金属氧化物等作为电极材料还处于探索之中，仅停留在实验室阶段。今后超级电容器电极材料的研究重点将集中在已有材料制备工艺及结构优化，兼具法拉第准电容和双电层电容新材料的开发，高性能材料的规模化生产，以适应市场对高性能、低成本、性能稳定和移动电源的需求。

6.1.3 产业化进程

早在 1879 年，Helmholz 就发现了电化学双电层界面的电容性质，并提出了双电层理论。但是，超级电容器这一概念最早是于 1979 年由日本人提出的。1957年，Becker 申请了第一个由高比表面积活性炭作电极材料的电化学电容器方面的专利，提出可以将小型电化学电容器用作储能器件。1962 年，标准石油公司（SOHIO）生产了一种 6 V 的以活性炭作为电极材料，以硫酸溶液作为电解质的超级电容器，并于 1969 年首先实现了碳材料电化学电容器的商业化。后来，该技术转让给日本 NEC 公司。1979 年，NEC 公司开始生产超级电容器，将其用于电动汽车的启动系统，开始了电化学电容器的大规模商业应用，才有了超级电容器名称的由来。几乎同时，松下公司研究了以活性炭为电极材料，以有机溶液为电解质的超级电容器。此后，随着材料与工艺关键技术的不断突破，产品质量和性能得到不断稳定和提升，超级电容器开始大规模产业化。超级电容器的产业化最早开始于 20世纪 80 年代。在超级电容器的产业化上，最早是 1980 年 NEC/Tokin 的产品与 1987 年松下和三菱的产品。20 世纪 90 年代，E-Cond 和 ELIT 推出了适合于大功率启动动力场合的电化学电容器。如今，Panasonic、NEC、EPCOS、Maxwell、NESS等公司在超级电容器方面的研究非常活跃。目前中国、美国、日本、俄罗斯的产品几乎占据了整个超级电容器市场，各个国家的超级电容器产品在功率、容量、价格等方面都有自己的特点和优势。

6.2 石墨烯在超级电容器中的应用和挑战

6.2.1 石墨烯的技术优势

值得注意的是，超级电容器依然无法在存储能量密度方面完全满足需要。这样就无法用超级电容器这种低污染大能量密度的器件完全替代现在有化学污染的电化学电池。这里面主要问题就是超级电容器储能用电极材料性能不能满足超级电容器的要求。电极材料作为决定超级电容器性能的关键因素，是目前超级电容器的研究热点,常用的电极材料有碳材料、金属氧化物和导电聚合物。其中碳材料由于其成本低,环境污染小,安全性高而受到广泛重视。石墨烯是一种由单层碳原子组成的新型的碳材料。由于具有特殊的纳米结构以及优异的性能,石墨烯在电子、催化、光学、传感器、二次电池、超级电容器等诸多领域显示了巨大的应用潜能。由于这些优点,利用石墨烯对电极材料进行改性,在超级电容器中实现应用,有很多技术性能上的优势,具体涉及以下几个方面。

(1)比表面积高。石墨烯的理论比表面积为 2630 m^2/g,高于一般的碳材料。高比表面积可以为电荷吸附提供更多的有效空间。值得注意的是,在实际使用过程中,石墨烯往往存在堆叠现象,这是因为范德瓦耳斯力的存在使石墨烯易团聚,其片层无法完全暴露,从而降低了石墨烯的有效面积,实测的纯石墨烯材料的质量比容表现无法达到理论预测值。

(2)导电性好。石墨烯每个碳原子均为 sp^2 杂化,并贡献剩余一个 p 轨道上的电子形成大 π 键,π 电子可以自由移动,赋予石墨烯良好的导电性,其理论电子迁移率可达到 15000 $cm^2/(V \cdot s)$。但在实际使用过程中,石墨烯的制备方法对其导电性能影响非常大,往往使得实测的石墨烯导电效果无法达到理论值,甚至低于常见的导电碳材料(如超导炭黑、碳纤维、碳纳米管等)。以石墨烯粉体为例,氧化还原法生产的石墨烯虽然单层率较高,但其六元环原子排列结构无法通过还原步骤彻底修复,结构上的缺陷使得其导电性能受到很大影响。同时,氧化步骤引入的表面含氧官能团和杂质无法通过还原步骤彻底去除,这些官能团和杂质的存在也会对其导电性能产生负面影响。常规机械剥离法生产的石墨烯片层较厚,其各项性质与石墨基本一致,无法达到石墨烯的理论值水平。

(3)化学稳定性好。石墨烯的碳原子排列采用六元环形式,属于晶体型排列,其化学稳定性要优于活性炭和炭黑等非晶型碳材料。值得注意的是,氧化还原法中,氧化步骤引入的石墨烯表面含氧官能团和杂质在水体系充放电循环时会产生赝电容信号,在有机体系充放电循环时会发生胀气现象,影响材料的化学稳定性。因此,有必要针对超级电容器的实际技术要求,改进石墨烯材料的制备方式,解决石墨烯材料在实际使用过程中发生的问题,使石墨烯材料的各项性能参数得以优化。

石墨烯与其他常见功能性碳材料的理化参数和超电性能的对比如表 6-2 所示。

碳材料	比表面积/(m²/g)	密度/(g/cm³)	电导率/(S/m)	比电容			
				水系		有机系	
				质量比电容/(F/g)	体积比电容/(F/m³)	质量比电容/(F/g)	体积比电容/(F/m³)
富勒烯	1100~1400	1.72	10^{10}~10^{16}				
碳纳米管	120~500	0.6	10^6~10^7	50~100	<60	<60	<30
石墨烯	2630	<0.1	10^8	100~200	100~200	80~110	80~110
石墨	10	2.26	10^6				
活性炭	1000~3500	0.4~0.7	10~1000	<200	<80	<100	<50
多孔碳	500~3000	0.5~1	30~1000	120~350	<180	100~150	<90
活化碳纤维	1000~3000	0.3~0.8	500~1000	120~370	<150	80~200	<120
碳气凝胶	400~1000	0.5~0.7	100~1000	100~125	<80	<80	<40

表6-2 石墨烯与其他常见功能性碳材料的理化参数和超电性能的对比

6.2.2 石墨烯的产业化应用进展

目前,已有少数国内和国际超级电容器厂商宣布初步掌握并开发了石墨烯的相关应用技术,对超级电容器产品的容量、内阻、等各项关键指标起到很好的促进和提升效果。具体如下。

(1) 2015 年,中国中车株洲电力机车有限公司发布消息称,"3 伏/12000 法拉石墨烯/活性炭复合电极超级电容器"和"2.8 伏/30000 法拉石墨烯纳米混合型超级电容器"在浙江省科技成果暨新产品鉴定会上,被鉴定为性能指标居于国际领先水平。根据不同的容量和额定工作电压,"3 伏/12000 法拉石墨烯/活性炭复合电极超级电容器"在 30 s 内即可充满电,"2.8 伏/30000 法拉石墨烯纳米混合型超级电容器"充电时间在 1 min 内。相比于活性炭超级电容器,石墨烯/活性炭复合电极超级电容器能量更大,寿命更长。中国工程院院士杨裕生、刘友梅和"国家 863 节能储能项目"专家张世超教授等 9 位专家一致鉴定:这两种超级电容器代表了目前世界超级电容器单体技术的最高水平,技术研发持续走在世界前列。

(2) 2017 年,英国 Zapgo 有限公司正式与株洲立方新能源科技有限责任公司签订了合作协议,确定将共同开发"Carbon-Ion"石墨烯超级电容器。相比于普通电池几个小时的充电时间,"Carbon-Ion"超级电容器在 3~5 min 即可完成充电。这预示着以石墨烯为代表的下一代电池终于开始了商业化量产。

（3）2018 年 5 月 25 日，"基于石墨烯-离子液体-铝基泡沫集流体的高电压超级电容技术成果鉴定会"在江苏南通成功召开。此次鉴定会由清华大学、江苏中天科技股份有限公司、中天储能科技有限公司、上海中天铝线有限公司联合组织，中国电工技术学会主办，中国超级电容产业联盟大力支持。此次鉴定会鉴定成果包括：① 提出了基于石墨烯-离子液体-铝基泡沫集流体的高电压超级电容技术；② 研发了高强度、超轻全铝与复合铝基泡沫集流体，填补了国内空白，技术指标优于国外产品；③ 开发了石墨烯浆料制作、注浆于集流体、压制集流体等极片制作新工艺，极片密度为 10～15 mg/cm²，研制了石墨烯-离子液体-铝基泡沫集流体的高电压双电层超级电容器，100～200 F 器件的体积能量密度达 23 W·h/L，500 F 器件的体积能量密度达 16 W·h/L，40 C 充电时能量密度是 5 C 充电时能量密度的90%以上；④ 提出了采用 γ-丁内酯与 EMIBF$_4$ 电解液配方，使用温度可低至－70 ℃。全铝泡沫集流体与电容器均通过了权威机构检测。鉴定专家组认为"该技术达到国际领先水平"。该项成果发展了体积能量密度高的超级电容器，主要面向未来的车用、航天等对器件体积要求严格的领域，而国际上已经正在细化不同容量的电容器在车辆的转向、声频系统、启停、刹车回收能量等的应用路线图。

6.2.3　石墨烯的产业化应用挑战

尽管石墨烯材料的切入为超级电容器的技术发展起到积极的推动作用，但是其在产业化应用的推广过程中仍面临诸多挑战，具体包括以下几个方面。

（1）价格昂贵。由于石墨烯粉体复杂的生产工艺，高端石墨烯的价格与银相当，为 4500～6000 元/千克，而传统活性炭材料的价格为 15～70 万元/吨，这种价格上的巨大差异客观上阻碍了石墨烯在包括超级电容器等储能系统中的广泛应用。

（2）堆密度小。由于石墨烯是一种具有二维特征结构的碳纳米材料，具有单层结构的石墨烯粉体的堆密度往往小于 0.1 g/cm³，而传统活性炭产品的堆密度一般约为 0.4 g/cm³。这样就会造成在进行石墨烯添加或者完全替代传统材料时，电极的面密度的下降和整体体积容量的损失。因此，需要针对这一技术问题对石墨烯材料进行宏观组装，在保证面间距的同时，提高其堆密度，避免发生石墨烯材料团聚而造成有效比表面积的下降。

（3）工艺匹配。对于拟替代活性炭的石墨烯来说，其属于粉料范畴，看起来就是一堆墨粉。而对于拟替代活性炭基的电容器件来说，要在极小的空间内，装入越来越多的石墨烯材料，措施包括辊压、黏合等。这些工程特性也对石墨烯的制备提出了要求，因为石墨烯是二维材料，比表面积巨大，一旦两片单层石墨烯叠合，巨大的范德瓦耳斯力将导致其无法再分开，比表面积立即降低 50%。另外，石墨烯材料在浆料中容易形成特有的网络结构，从而使得浆料具有凝胶特性，对浆料的流变性能会造成影响，进而对后续的浆料储存和涂布烘烤等工艺的匹配度造成困难，需要有针对性的解决。

6.3　石墨烯的有效比表面积

石墨烯材料具有优异的导电性、柔韧性、良好的机械性能及超大的比表面积，可以满足双电层超级电容器的电极材料的各项技术参数要求。早在 2008 年，石墨烯材料作为超级电容器的电极材料的应用方向即开始受到科研人员的关注。Ruoff 团队测试了化学修饰石墨烯材料（chemically modified graphene，CMG），发现其作为电极材料在水体系（KOH）和有机体系（$TEABF_4$/AN）的比电容分别可达到 135 F/g 和 99 F/g。Rao 团队测试了石墨烯材料，发现其在 1-丁基-1-甲基吡咯烷鎓双（三氟甲磺酰）亚胺盐作为电解质的体系的比电容可达到约 75 F/g，能量密度可达到 31.9 W·h/kg。值得注意的是，相比于传统的活性炭材料，石墨烯材料在作为电极材料时，其有效比表面积并不取决于其孔径分布，而是取决于石墨烯材料的层数和石墨烯片层的团聚程度。当石墨烯材料层数越少，团聚程度越低时，石墨烯材料能暴露的比表面积就越高。因此，在早期的论文中，受到制备方法的限制，石墨烯材料的有效比表面积并没有达到其理论值（2630 m^2/g），需要采用一定的策略使得石墨烯的有效比表面积增大。下面将对这些方法进行论述。

6.3.1　造孔

通过物理或者化学的方法，在石墨烯的片层结构上进行造孔，将石墨烯转化为多孔石墨烯，对于其在超级电容器中的应用起到了积极的作用。造孔之后形成的多孔石墨烯相比于原石墨烯材料有两方面的好处。一方面,造孔改变了石墨烯的有效比表面积构成。传统的石墨烯材料的有效比表面积主要取决于石墨烯材料的层数和石墨烯片层的团聚程度,而造孔之后得到的多孔石墨烯的各类孔洞也可以提供有效比表面积。这样一来,有效比表面积将由石墨烯材料本身以及其孔结构共同影响。因此,多孔石墨烯的有效比表面积可达到 3000 m^2/g,超过了石墨烯的比表面积理论值(2630 m^2/g)。另一方面,孔的存在使得石墨烯的片层团聚程度削弱,有利于有效比表面积的增大。

化学氧化造孔是通过化学氧化或催化氧化的方法,在氧化石墨烯或石墨烯表面进行造孔,通过调节氧化剂(KOH、HNO_3、$KMnO_4$ 及 CO_2 等)、催化剂以及反应时间等实现对孔径大小及密度的调控。与物理法相比,化学氧化法工艺更容易实现工业化大规模制备。例如,Zhu 等用 KOH 活化微波剥离后的石墨烯,合成了具有大量微孔和介孔结构的石墨烯材料,其比表面积高达 3100 m^2/g,同时具有较窄的孔径分布(0.6~5 nm),较高的电导率(约 500 S/m)和较低氢氧含量。作为超级电容器的电极材料,其在有机体系中展现了超高的比电容(166 F/g)、能量密度(70 W·h/kg)和功率密度(250 kW/kg)。

Zhang 等通过水热聚合/碳化氧化石墨和碳前驱体(酚醛树脂和聚乙烯醇)的混合物,再采用 KOH 活化的方法制备多孔石墨烯材料。所制备的石墨烯材料具有褶皱结构、超大的比表面积(3523 m^2/g)和良好的电导率(303 S/m)。Li 等采用离子交换结合 KOH 活化的方法一步制备了三维石墨烯材料。该方法以金属离子交换树脂作为碳前驱体,用离子交换树脂交换 Ni^{2+},使得 Ni^{2+} 在聚合物裂解过程中催化石墨化反应,而 KOH 的活化步骤使得产物具有较大的比表面积(1810 m^2/g)及微孔、介孔、大孔共存的孔结构,作为超级电容器电极材料展现出优异的比电容(0.5 A/g 的电流密度下比电容为 305 F/g,100 A/g 的电流密度下比电容为 228 F/g,保持率约为 75%)甚至在 15000 次循环后仍具有 100% 的容量保持率。

此外,HNO_3 也可以作为氧化剂与 GO 片层边缘或者缺陷处的一些活泼碳原子发生反应,导致 GO 片上碳原子被部分移除或分离。超声波产生的应变和摩擦力以及较高的反应温度都可以促进 HNO_3 对碳原子的氧化,导致 GO 片上孔的形成。例如,Zhao 等研究表明,石墨烯表面孔径的大小可以通过改变 HNO_3 浓度来调控。随着 HNO_3 浓度的增加,孔径的尺寸可以从 7 nm 增加到 600 nm。Wang 等通过回流浓 HNO_3 和还原氧化石墨烯一步法制备形状不规则的石墨烯材料,随着酸处理时间从 4 h 增加到 9 h,纳米孔的数量逐渐减少,而纳米孔的总面积和孔尺寸逐渐增加,从而使得孔径大小的调控可以通过改变酸处理时间来实现。

$KMnO_4$ 也可以作为氧化剂制备多孔石墨烯。例如,范壮军课题组采用 $KMnO_4$ 作为氧化剂,GO 作为原料,通过微波促进 GO 的氧化造孔,再经化学还原制备多孔石墨烯。碳原子充当牺牲性还原剂将高锰酸钾还原成二氧化锰,同时在石墨烯片层表面形成纳米尺寸的孔洞。通过改变 $KMnO_4$ 的用量以及氧化时间,可以调节孔径大小和孔密度。这些纳米孔洞可以有效地促进电解液与电极材料的接触,缩短电解液离子在石墨烯片层间的扩散路径,因此具有良好的倍率特性和循环稳定性。

总而言之,造孔为石墨烯材料的有效比表面积提高提供了一种便捷的、适合于大规模制备的方式。但是,造孔的过程中会引入类似于含氧官能团的杂质,会对石墨烯材料的导电性和结构稳定性造成影响,需要寻找有效的方式加以处理。另外,材料在造孔过程中形成的大量介孔和大孔会使得材料的振实密度大幅度下降,造成体积比电容的减小。因此,在造孔处理过程中,不应刻意追求质量比电容的增大而忽略整体性能的平衡。

6.3.2　层间控制

无论石墨烯、氧化石墨烯还是还原氧化石墨烯,他们在制备过程中均容易发生不同程度的堆叠,影响了石墨烯材料在电解质中的分散性和表面可浸润性,降低了石墨烯材料的有效比表面积和电导率。为避免这一情况的发生,层间控制技术是一种有效的手段,通过层间控制,实现石墨烯片层与片层之间的有效物理阻隔。目前主要包含以下几种方法实现层间控制:① 表面活性剂;② 层间控制剂;③ 空间位阻材料(包括炭黑、金属氧化物纳米颗粒等)。

(1) 表面活性剂

Zhang 等将各种表面活性剂(四丁基氢氧化铵、十六烷基三甲基溴化铵、十二烷基苯磺酸钠等)与氧化石墨烯片混合,使得表面活性剂有效存在于片层之间,缓解氧化石墨烯在还原过程中的堆叠现象,促进材料的分散,提高材料的比电容。研究结果表明,在 2 mol/L 的 H_2SO_4 水溶液中,采用四丁基氢氧化铵作为表面活性剂制备的电极材料在 1 A/g 的电流密度下的比电容达到 194 F/g。Yoon 等将己烷作为反溶剂物质加入氧化石墨烯片的乙醇溶液中,制备得到了不堆叠的氧化石墨烯片和还原氧化石墨烯片,有效地提高了还原氧化石墨烯的比表面积和孔隙率,分别为 1435.4 m^2/g 和 4.1 cm^3/g,显著地提升了该材料作为双电层电容器电极的性能。在 6 mol/L 的 KOH 水溶液中,该材料在 1 A/g 的电流密度下的比电容仍然达到 171.2 F/g。

(2) 层间控制剂

采用层间控制剂可以调控石墨烯的层间距离。例如,杨晓伟等报道了利用化学转化石墨烯在水中的高分散性,采用过滤的方法在滤膜和溶液界面可控制备了石墨烯片层定向分布的化学转化石墨烯水凝胶(chemically converted graphene, CCG),获得了石墨烯片层之间吸引力和溶剂化的排斥力之间的平衡点,CCG 具有良好的力学强度,可以直接作为超级电容器的电极应用。在此基础上,为了确保实际应用中石墨烯电极内部的片层网络结构,采用毛细管压缩过程,以 CCG 为前驱体,先通过真空过滤形成 CCG 膜,再将 CCG 膜浸润在不同比例的挥发性/非挥发性物质混合溶液中,通过毛细压缩作用,非挥发物质、硫酸或离子液体(EMIMBF₄)与水置换进入石墨烯片层间形成液体介导的致密性石墨烯基薄膜(如 EM - CCG)。

由于进入石墨烯片层的离子液体与水/离子液体混合比例有关,不同 EMIMBF₄ 体积比将形成堆积密度和石墨烯片层间距不同的 EM - CCG 薄膜,其电导率及内阻也不相同。利用 EM - CCG 薄膜作为对称电极,以 EMIMBF₄/AN 为电解液,由于在电极和电解液中均存在 EMIMBF₄,有效地解决了电极/电解液界面传输阻力,形成高电导率和连续离子传递网络,同时解决了石墨烯电极材料与电解液浸润性的问题。所组成的超级电容器开路电压可达到 3.5 V,其最大能量密度达到 60 W·h/L,经过 300 h 恒电压循环比电容保持率超过 95%,循环性能优异。

最近,Lee 课题组提出了一种通过芳香类连接剂控制石墨烯层间距的方法(图 6 - 2),并探索其超级电容器应用。他们自行合成三种分别具有 1 个、2 个和 3 个苯环的链状偶氮苯四氟硼酸盐,制备了三种石墨烯材料(rGO - BD1、rGO - BD2、rGO - BD3),可以有效地控制石墨烯层间距分别为 0.49 nm、0.7 nm 和 0.96 nm。考虑到水体系和有机体系的电解质尺寸不同,这种精确调控层间距的方法可以有效调控孔隙结构以便于离子传输。这三种材料在有机体系的电解液的能量密度最高可分别达到 111.61 W·h/kg、129.67 W·h/kg 和 114.47 W·h/kg,说明具有 0.7 nm 层间距的石墨烯材料最适合接收或通过电解质分子,并在材料表面形成电

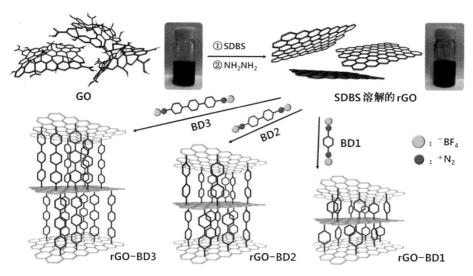

图6-2 芳香类连
接剂控制石墨烯层
间距的原理示意图

荷的吸脱附,最终得到较大的能量密度。

(3) 空间位阻材料

除了通过加入表面活性剂或者插层剂,调控与石墨烯/氧化石墨烯片层的范德瓦耳斯力、静电作用等作用力,减少片层团聚情况,还可以在石墨烯干燥过程中引入空间位阻材料,在对石墨烯的片层与片层之间形成物理阻隔。常用的空间位阻材料主要是纳米颗粒,如炭黑、碳纳米管、金属氧化物纳米颗粒等。例如,陈永胜课题组报道了通过利用碳纳米管作为空间位阻材料合成石墨烯三维结构,合成材料的比电容可达到318 F/g,能量密度可达 11.1 W·h/kg。这种材料的制备过程为将氧化石墨烯与碳纳米管按照一定比例超声混合 2 h,放入水热釜中 180 ℃下反应 18 h,得到的水凝胶在 120 ℃下干燥成粉末。随着碳纳米管加入量的降低,碳纳米管的位阻效应逐渐削弱,在低于石墨烯质量 1/4 后基本不对石墨烯的比电容表现形成增强作用(图 6-3)。

Wang 等报道了利用炭黑(CB)作为空间位阻材料合成柔性石墨烯薄膜并制备固态柔性超级电容器。CB 颗粒均匀地分布在石墨烯层之间,不仅防止了 rGO 薄片的紧密堆积,而且提供了 rGO 薄片的基面之间的电接触。与 rGO 膜相比,所制备的 rGO/CB 混合膜显示出增强的倍率能力。此外,采用聚乙烯醇(PVA)/H_2SO_4 凝胶作为电解质,以 Au 涂覆的 PET 膜作为集电体和机械载体,用优化的 rGO/CB 混合膜构建了固态柔性超级电容器。固态柔性超级电容器在 5 mV/s 的扫描速率

图6-3 碳纳米管
作为空间位阻材料
在石墨烯结构中的
应用示意图

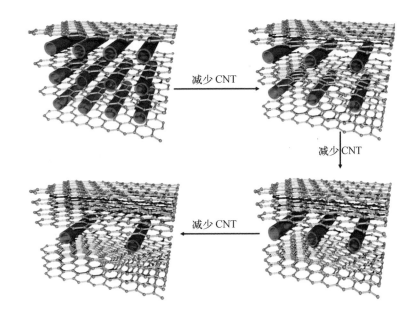

下显示出112 F/g的比电容,在1 V/s的高扫描速率下具有79.6 F/g的比电容的优异的速率性能。此外,固态柔性超级电容器在正常状态的3000次循环加上弯曲状态下的2000次循环后具有94%的电容保持率的良好的循环稳定性。

6.3.3　气凝胶(自组装)

(1) 简介

石墨烯气凝胶具有低密度、高比表面积、大孔体积、高电导率、良好的热稳定性及结构可控等独特优点,使其在吸附、催化、储能、电化学等领域有着极其广泛的应用前景。气凝胶,又称干凝胶。当凝胶脱去大部分溶剂,使凝胶中液体含量比固体含量少得多,或凝胶的空间网状结构中充满的介质是气体,外表呈固体状,即为气凝胶。与传统的二氧化硅气凝胶不同,石墨烯凝胶的组成单元为二维石墨烯片层,而并非纳米颗粒,因此在制备方法和产物性能上有诸多不同。

(2) 合成路线

其合成路线具体如下。第一步,通过Hummer法或者其他类似化学方法获得氧化石墨烯分散液,并作为前驱物。第二步,氧化石墨烯与交联剂混合(或者通过水热方法),形成石墨烯水凝胶。第三步,干燥。通常,为了避免孔洞的坍缩,会采用超临界干燥或冷冻干燥方式,并在干燥之前通过醇交换尽可能降低结构中的含水量。第四步,高温还原。第三步制得的气凝胶固体含有大量的含氧官能团,通过高温还原,可以有效去除石墨烯表面的含氧官能团,使得形成的固体产物具备还原氧化石墨烯的各项性质,成为真正意义上的石墨烯材料。值得注意的是,在以上提到的各项步骤中,干燥步骤耗能巨大,并不利于其工业化和成本优化。

(3) 应用

由于石墨烯气凝胶的超大比表面积和孔结构的特征,其在超级电容器中作为电极材料可以发挥出优秀容量性能。例如,Zhang 等采用水热法自组装合成了石墨烯气凝胶,比表面积高达 964 m^2/g,其独特的三维多孔结构能够让更多的离子吸附在二维石墨烯片层表面形成双电层,最大比电容可达 175 F/g(1 A/g)。石墨烯气凝胶被水合肼进一步还原后电导率提高至 2.7 S/m,其最大比电容达到 220 F/g,并且在 100 A/g 的电流密度下仍可保持 74% 的容量。Duan 等将石墨烯气凝胶切片压膜后做出柔性全固态超级电容器,膜厚为 120 μm 时,具有 186 F/g 的比电容和 372 mF/cm^2 的面电容。不同弯曲角度下的循环伏安曲线说明,弯曲程度对器件电化学性能的影响可以忽略,在 150°弯曲、10 A/g 的电流密度下,经过 1 万次充放电测试后比电容达到 8.4% 的衰减,说明充分说明该器件具有优异的机械强度。

6.3.4 模板法组装

模板法通过预先制备三维模板,来获得形貌和性能可控的三维石墨烯。CVD 法是模板法中最典型的三维石墨烯制备方法。与 CVD 法制备二维石墨烯相似,采用 CVD 法制备三维石墨烯主要以高温可分解的烷烃为碳源,泡沫镍作为模板。在高温下分解的碳原子在泡沫镍中溶解并扩散,然后快速冷却使泡沫镍中的碳快速析出,在其表面形成与泡沫镍模板相似的三维石墨烯结构。Cheng 等首次采用 CVD 法,以甲烷为碳源、泡沫镍为模板生长三维石墨烯。然后将聚甲基丙烯酸甲酯(PMMA)涂到石墨烯的表面,以保护石墨烯三维网络结构,不会在用盐酸刻蚀泡沫镍模板时发生塌陷,最后用丙酮去除石墨烯上的 PMMA,得到三维石墨烯。采用 CVD 法制备的三维石墨烯因为结构完整、形貌可控,表现出了非常高的物理和力学性能,CVD 法成为目前最常用的三维石墨烯制备方法。

除了以泡沫镍为模板,一些金属氧化物模板也被用来制备三维石墨烯。

Zhou 等在 1200 ℃下，以甲烷为碳源、氢气和氩气作为载气、多孔 Al_2O_3 陶瓷为模板制备了三维石墨烯/Al_2O_3 复合材料。所得复合材料的电阻可以达到 0.11 Ω/m^2，热导率可以达到 8.28 $W/(m \cdot K)$。Mecklenburg 等利用 CVD 法以 ZnO 作为模板成功合成三维石墨烯，其表现出了非常优异的力学性能。虽然采用 CVD 法制备的三维石墨烯的性能优异、结构完整、缺陷含量少，但是 CVD 法高昂的制备成本及复杂的制备工艺限制了其进一步的应用。因此，研究者采用了一种更为简便的方法，以氧化石墨烯为原料将其组装到三维多孔的模板上来制备三维石墨烯。浸涂法是目前采用比较多的一种制备三维石墨烯的方法，它是将三维的模板浸入 GO 水性分散液中，让 GO 包覆到三维模板表面，然后通过一系列还原、干燥和刻蚀模板过程来制备三维石墨烯。其中，以泡沫镍和金属氧化物模板应用最广。

除此之外，一些聚合物和无机盐也被作为模板来制备三维石墨烯。聚苯乙烯（PS）微球是目前制备三维石墨烯最常用的聚合物模板。Choi 等将化学修饰的石墨烯与 PS 溶液混合，通过两者之间的静电作用使得石墨烯均匀地吸附在 PS 微球表面，然后用甲苯去除其中的 PS 微球得到了大比表面积的三维石墨烯。Meng 等将 GO 悬浮液与 $CaCl_2$ 和 $NH_3 \cdot H_2O$ 混合，并向混合液中通入 CO_2 气体，然后通过真空过滤得到 GO/$CaCO_3$ 薄膜，最后用 HCl 去除其中的 $CaCO_3$ 得到三维石墨烯薄膜，并将其作为制备超级电容器的电极材料。另外电泳沉积和模板冷冻干燥等方法也被用来制备三维石墨烯。

除了以 GO 作为碳源，一些聚合物和生物分子也被当作碳源用来制备三维石墨烯。Sha 等将金属镍粉与蔗糖均匀分散到去离子水中，使蔗糖均匀地包覆在金属镍粉表面，干燥后将复合粉体冷压成型，然后在氩气/氢气的混合气氛下高温煅烧，最后利用 $FeCl_3$ 溶液去除金属镍粉得到三维石墨烯材料。其中蔗糖作为碳源，金属颗粒作为三维骨架。该材料具有较高的导电性和结构稳定性，其比表面积可以达到 1080 m^2/g，并且在水流作用下不会发生破裂，可承受超过自身质量 150 倍的载荷。

最近，朱彦武课题组开发设计了一种三维分级多孔碳材料，其作为超级电容器电极时，质量能量密度和体积能量密度分别可达 89 $W \cdot h/kg$ 和 64 $W \cdot h/L$，同时也保持了超级电容器固有的高功率输出和极快的充电速率，展示出优异的电化学储能行为。该团队利用聚氨酯绵作为模板，同时吸附氧化石墨烯及氢氧化钾作为活化前驱体。由于石墨烯片层无法进入海绵微孔而覆盖于海绵骨架表面,氢氧化钾则在微孔内部富集,在对前驱体进行高温处理时实现了"自内而外"的活化过程,得到了一种具有骨架表面完整而内部多孔的三维多孔碳材料。由于此三维结构可提供优异的离子输运能力,骨架表面的石墨烯片层可提供良好的电子电导,而充沛的微孔又可以实现离子的高性能存储,因此该材料展现出优异的双电层吸附行为(有机电解液中比电容最高为 207 F/g,水基电解液中比电容最高为 401 F/g)。该研究通过模板法将二维石墨烯片层组装并活化成三维结构,在获得高性能的同时,还得到了实用化的电极密度(0.72 g/cm^3),为超级电容器材料的设计和应用研究提供了新的研究思路。

6.3.5 石墨烯复合材料

除了作为单独作为超级电容器的电极材料,石墨烯还可以通过与其他材料复合,在其孔结构中内嵌其他类型的功能材料(如炭黑、碳纳米管、金属氧化物纳米颗粒等),形成石墨烯复合材料。这种材料的优势在于既可利用三维自支撑结构,又可有效利用其中的孔的空间,使得整体材料的空间利用率和相应的振实密度大幅度提高。

为形成这种复合材料,通常的做法是在石墨烯中加入预先制备的需要嵌入的功能材料。具体来说,是将功能材料与氧化石墨烯分散液,再加入相关试剂形成水凝胶。这样设计技术路线的优势在于可以促进功能材料与石墨烯片层的有效接触,进而形成较为分散较为均匀的石墨烯基气凝胶复合材料,避免了功能材料自身的大规模团聚。研究表明,GO 可以与 NH_3BF_3、FeOOH 纳米棒、Fe_3O_4、SnO_2、壳聚糖(CS)、多壁碳纳米管通过水热还原处理得到具有三维结构的石墨烯复合气凝胶。值得注意的是,这种方法也有其不足之处,主要表现为在制备过程中,由于石墨烯与其他材料之间没有很强的相互作用,两种组分容易各自发生聚集,从而无法形成有效分散的两者的复合材料,这种情况在复合体系浓度较大时尤为明显。

石墨烯复合材料还可以通过原位合成的技术路线制得。之所以称为"原位合成",是因为在这类型方法中,对功能材料不采用预先合成的方式,而是将功能材料的前驱物与氧化石墨烯分散液混合,形成含有该种前驱物的石墨烯复合水凝胶和气凝胶,之后在高温还原石墨烯的过程中形成功能材料。这种方法可尽量避免石墨烯与其他材料各自聚集的情况。例如,Wu课题组报道,在酸性条件下,苯胺单体会吸附在氧化石墨烯表面并原位聚合生产聚苯胺纳米纤维,然后经过水合肼还原可得到石墨烯/聚苯胺复合物。该材料的比电容在 0.1 A/g 的电流密度下达到480 F/g。Lin课题组详细研究了通过控制反应条件,例如单体和氧化剂的浓度,石墨烯和单体的比例,反应时间和反应温度等,制备得到了诸如纳米纤维、纳米管、纳米球等不同形貌的石墨烯/导电聚合物材料。

石墨烯基气凝胶复合材料利用两种或多种组成材料的功能方面的协同效应,在实际超级电容器应用中表现出了非常优异的性能。以上这些案例说明石墨烯与其他类型的功能材料的复合技术路线和结构,有利于发挥石墨烯的高比表面积的优势,同时可以最大限度地避免功能材料的自身团聚,增大石墨烯与功能材料的有效接触,具有广泛的应用前景。

6.4　柔性器件的挑战与前景

近年来,越来越多的民用类电子设备正在向轻薄化、柔性化和可穿戴的方向发展。这高度集成化和智能化的新概念电子产品的研发,迫切需要开发出与其高度兼容的具有高储能密度的柔性化储能器件。柔性超级电容器是一种非常有前景的储能器件,其开发关键点在于找到具有良好柔性、较高电导率和优异电化学性能的电极材料。石墨烯,尤其是石墨烯薄膜和纤维材料是制备柔性电极材料的理想原料。以石墨烯材料为基底,通过结构设计与组装构建的宏观体电极材料,例如一维石墨烯纤维、二维石墨烯薄膜和三维石墨烯网络,赋予了新型石墨烯柔性电极独特的性质,其拥有高比表面积、发达孔结构、高电导率、高断裂强度,不需要添加剂和导电剂等共同特性。

重要的是,这些石墨烯柔性电极既可作为柔性支撑基底和电极导电网络骨架,又可作为高性能储能电极活性材料,可被广泛应用于柔性化、可弯折、可拉伸的超级电容器。例如,Zang等将化学气相沉积法制备的石墨烯网状薄膜转移至几种不同的柔性基底(如聚对苯二甲酸乙二醇酯,PET;聚二甲基硅氧烷,PDMS;聚乙烯,PE;磨砂布和滤纸),并与胶体电解质组装成具有"三明治"结构的柔性超级电容器。根据柔性基底性质的不同,对电容器采取不同的变形性能测试,如弯曲、拉伸、折纸、任意变形等。测试结果发现,各种变形后电容器仍可保持稳定的电容性能,并且可以承受上百次变形,具有很好的变形稳定性。此外,Zang 等还报道了利用石墨烯网状薄膜可与基底紧密结合的特点,获得以预拉伸后的褶皱 PDMS 为基底、石墨烯网状薄膜为电极材料的可动态拉伸(弯曲)超级电容器。动态拉伸(弯曲)频率可高达 60%/s。拉伸过程通过 CV 曲线进行实时检测,结果表明,动态拉伸(弯曲)过程中未见明显的性能破坏,具有很好的动态变形性能。

目前,石墨烯材料应用于柔性储能器件仍处于实验室研究阶段,诸如从材料的连续化、规模化制备到器件组装与模块化集成等一些关键问题都缺乏深入的研究。需要继续开展石墨烯基柔性电极材料的制备与结构调控、电解液的优化、器件组装与封装等关键技术的系统研发,特别是柔性储能器件的扭转性研究,拉伸性能的提高,以及储能器件超过形变范围后的自修复能力等方面技术的探索。除了单个器件的有效构筑,多器件模块融合、系统集成随着柔性电子产品的快速发展,也将受到越来越多的关注和重视。

6.5 小结

综上所述,石墨烯材料由于其在比表面积、导电性和化学稳定性三个方面的性能优势,正逐渐成为超级电容器电极材料关注的焦点。针对超级电容器的实际应用技术要求,众多研究组和产业界人士也针对石墨烯材料进行了卓有成效的改进和应用探索。目前,石墨烯作为一种替代性材料在超级电容器中的产业化应用还需要解决以下几个方面的问题。

(1)高能量密度、高比电容的特种石墨烯材料的可控制备技术

解决这些问题的关键在于解决石墨烯边缘原子的数量、减小原子上下表面积的占比。理论研究表明,石墨烯材料的比表面积为 2630 m^2/g,石墨烯片上的比电容为 0.2 F/m^2,其边缘比电容为石墨烯片上的 20 倍。如果仅利用石墨烯片上的容量,其最大物理比电容为 533 F/g,即石墨烯片的边缘最大物理比电容为 10660 F/g。因此,生产平面尺寸小、具有多孔结构的石墨烯材料成为其满足高能量密度和高比电容的关键点。

（2）石墨烯材料的生产工艺优化和反应装置自主设计

针对化学法生产石墨烯过程中产率低、耗水量高、质量及性能难于控制等技术问题，应提出新型反应器和反应流程设计思想，优化反应器设计，完善过程控制参数，发展在线快速分析技术，建立提高剥离效率、减少缺陷的优化生产方法。通过控制氧化石墨烯氧化度等参数，实现简化过程、节水、降低能耗等目的。

（3）石墨烯在超级电容器电极材料中的组装技术

发展石墨烯基电极材料，有效减少石墨烯片层聚集和堆叠以获得良好的体积比电容是构建新型石墨烯基超级电容器的关键。通过毛细管挤压，二维氧化石墨烯薄膜可以转变为具有褶皱表面的三维石墨烯；通过添加表面活性剂，可在一定程度上缓解石墨烯的堆叠；通过官能团修饰或者与导电聚合物、金属氧化物和金属氢氧化物形成二元或三元复合材料，利用材料之间的协同作用能提高其电容性能。总之，优异的组装技术可以有效发挥石墨烯基电极高比电容的优势，从而满足应用需求。

参考文献

［1］ Zhang L L，Zhou R，Zhao X S. Graphene-based materials as supercapacitor electrodes［J］. Journal of Materials Chemistry，2010，20(29)：5983－5992.

［2］ Stoller M D，Park S，Zhu Y W，et al. Graphene-based ultracapacitors［J］. Nano Letters，2008，8(10)：3498－3502.

［3］ Vivekchand S R C，Rout C S，Subrahmanyam K S，et al. Graphene-based electrochemical supercapacitors［J］. Journal of Chemical Sciences，2008，120(1)：9－13.

［4］ Zhang X，Zhang H T，Li C，et al. Recent advances in porous graphene materials for supercapacitor applications［J］. RSC Advances，2014，4(86)：45862－45884.

［5］ Wu S，Chen G，Kim N Y，et al. Creating pores on graphene platelets by low-temperature KOH activation for enhanced electrochemical performance［J］. Small，2016，12(17)：2376－2384.

［6］ Zhang L，Zhang F，Yang X，et al. Porous 3D graphene-based bulk materials with exceptional high surface area and excellent conductivity for supercapacitors［J］. Scientific Reports，2013，3：1408.

［7］ Li Y Y，Li Z S，Shen P K. Simultaneous formation of ultrahigh surface area and three-dimensional hierarchical porous graphene-like networks for fast and highly stable supercapacitors[J]. Advanced Materials, 2013, 25(17): 2474 - 2480.

[8] Zhao X, Hayner C M, Kung M C, et al. Flexible holey graphene paper electrodes with enhanced rate capability for energy storage applications[J]. ACS Nano, 2011, 5(11): 8739 - 8749.

[9] Wang X L, Jiao L Y, Sheng K X, et al. Solution-processable graphene nanomeshes with controlled pore structures[J]. Scientific Reports, 2013, 3: 1996.

[10] Fan Z J, Zhao Q K, Li T Y, et al. Easy synthesis of porous graphene nanosheets and their use in supercapacitors[J]. Carbon, 2012, 50 (4): 1699 - 1703.

[11] Yang X W, Cheng C, Wang Y F, et al. Liquid-mediated dense integration of graphene materials for compact capacitive energy storage[J]. Science, 2013, 341 (6145): 534 - 537.

[12] Lee K, Yoon Y, Cho Y, et al. Tunable sub-nanopores of graphene flake interlayers with conductive molecular linkers for supercapacitors[J]. ACS Nano, 2016, 10(7): 6799 - 6807.

[13] Wang Y, Wu Y P, Huang Y, et al. Preventing graphene sheets from restacking for high-capacitance performance[J]. The Journal of Physical Chemistry C, 2011, 115 (46): 23192 - 23197.

[14] Wang Y M, Chen J C, Cao J Y, et al. Graphene/carbon black hybrid film for flexible and high rate performance supercapacitor[J]. Journal of Power Sources, 2014, 271: 269 - 277.

[15] Xu Y X, Sheng K X, Li C, et al. Self-assembled graphene hydrogel via a one-step hydrothermal process[J]. ACS Nano, 2010, 4(7): 4324 - 4330.

[16] Zhang L, Shi G Q. Preparation of highly conductive graphene hydrogels for fabricating supercapacitors with high rate capability[J]. The Journal of Physical Chemistry C, 2011, 115(34): 17206 - 17212.

[17] Xu Y X, Lin Z Y, Huang X Q, et al. Flexible solid-state supercapacitors based on three-dimensional graphene hydrogel films[J]. ACS Nano, 2013, 7(5): 4042 - 4049.

[18] Chen Z P, Ren W C, Gao L B, et al. Three-dimensional flexible and conductive interconnected graphene networks grown by chemical vapour deposition[J]. Nature Materials, 2011, 10(6): 424 - 428.

[19] Zhou M, Lin T Q, Huang F Q, et al. Highly conductive porous graphene/ceramic composites for heat transfer and thermal energy storage[J]. Advanced Functional Materials, 2013, 23 (18): 2263 - 2269.

[20] Mecklenburg M, Schuchardt A, Mishra Y K, et al. Aerographite: ultra lightweight, flexible nanowall, carbon microtube material with outstanding mechanical performance[J]. Advanced Materials, 2012, 24 (26): 3486 - 3490.

[21] Choi B G, Yang M, Hong W H, et al. 3D macroporous graphene frameworks for supercapacitors with high energy and power densities[J]. ACS Nano, 2012, 6(5): 4020 - 4028.

[22] Meng Y N, Wang K, Zhang Y J, et al. Hierarchical porous graphene/polyaniline

composite film with superior rate performance for flexible supercapacitors [J].
Advanced Materials, 2013, 25(48): 6985 - 6990.

[23] Sha J W, Gao C T, Lee S K, et al. Preparation of three-dimensional graphene foams using powder metallurgy templates[J]. ACS Nano, 2016, 10(1): 1411 - 1416.

[24] Xu J, Tan Z Q, Zeng W C, et al. A hierarchical carbon derived from sponge-templated activation of graphene oxide for high-performance supercapacitor electrodes [J]. Advanced Materials, 2016, 28(26): 5222 - 5228.

[25] Wu Z S, Winter A, Chen L, et al. Three-dimensional nitrogen and boron co-doped graphene for high-performance all-solid-state supercapacitors[J]. Advanced Materials, 2012, 24(37): 5130 - 5135.

[26] Cong H P, Ren X C, Wang P, et al. Macroscopic multifunctional graphene-based hydrogels and aerogels by a metal ion induced self-assembly process[J]. ACS Nano, 2012, 6(3): 2693 - 2703.

[27] Wu Z S, Yang S B, Sun Y, et al. 3D nitrogen-doped graphene aerogel-supported Fe_3O_4 nanoparticles as efficient electrocatalysts for the oxygen reduction reaction[J]. Journal of the American Chemical Society, 2012, 134(22): 9082 - 9085.

[28] Lin Q Q, Li Y, Yang M J. Tin oxide /graphene composite fabricated via a hydrothermal method for gas sensors working at room temperature[J]. Sensors and Actuators B: Chemical, 2012, 173: 139 - 147.

[29] Guo C X, Li C M. A self-assembled hierarchical nanostructure comprising carbon spheres and graphene nanosheets for enhanced supercapacitor performance[J]. Energy & Environmental Science, 2011, 4 (11): 4504 - 4507.

[30] Zhang K, Zhang L L, Zhao X S, et al. Graphene/polyaniline nanofiber composites as supercapacitor electrodes[J]. Chemistry of Materials, 2010, 22(4): 1392 - 1401.

[31] Huang Y F, Lin C W. Facile synthesis and morphology control of graphene oxide / polyaniline nanocomposites via in - situ polymerization process[J]. Polymer, 2012, 53(13): 2574 - 2582.

第 7 章

**石墨烯粉体材料在
燃料电池中的应用**

7.1　引言

石墨烯是由单层碳原子紧密堆积组成的二维蜂窝结构碳纳米材料,它是目前人类已知的最薄、强度最高的材料,是构建其他碳材料(如富勒烯、碳纳米管、石墨等)的基本单元。理想的石墨烯结构是平面六边形点阵,可以看作是一层被剥离的石墨分子层,其中 sp^2 杂化碳原子按六边形晶格排列,每个碳原子通过 σ 键与其他三个碳原子连接,因此石墨烯片层具有优异的性能。此外,在石墨烯中,每个碳原子都有一个未成键的 π 电子,该电子在与石墨烯片层平面垂直的方向形成离域大 π 键,π 电子的自由移动、高迁移率高致使石墨烯具有较好的导电性。石墨烯中 σ 键同时赋予其较高的力学性能。Ranjbartoreh 等对合成的石墨烯产品进行测试,其结果表明石墨烯的抗拉强度为普通钢材的 10 倍,且抗弯刚度为普通钢材的 13 倍。此外,石墨烯具有优良的导热性能。室温下,Balandin 等通过非接触光学方法验证石墨烯具有较高的热导率,其数值高达 5300 W/(m·K)。理论计算及声子传输特性研究表明,石墨烯的热导率具有各向异性的特点,不同方向上的热导率不同。石墨烯还具有巨大的理论比表面积,其数值为 2630 m^2/g。

石墨烯的独特性质,如极高的机械强度、较快的电子传输、巨大的理论比表面积,被越来越多的研究者用于负载纳米颗粒,作为电催化剂载体,其显著提高了催化性能。

7.2　石墨烯基复合纳米颗粒的制备

7.2.1　石墨烯基金属纳米颗粒的制备

石墨烯基金属纳米颗粒的制备方法有很多种,不同的制备方法对复合物的形貌影响很大,进而影响其性能。常见的制备方法可以分为物理合成法和化学合成法。

1. 物理合成法

物理合成法是合成石墨烯基金属纳米颗粒常用方法之一,可制备尺寸形貌各异的目标产物(如纳米薄膜、纳米颗粒、纳米线及纳米棒等)。物理合成法主要包括溅射法、离子或电子束沉积法、激光腐蚀法及各种辐射法。

2. 化学合成法

化学合成法主要包括电化学沉积法、微乳液法、溶胶-凝胶法、浸渍-液相还原法及水热法。

电化学沉积法是制备金属纳米颗粒常用方法之一。该方法通常采用两电极或三电极电化学体系,在含有金属前驱体盐的电解质溶液中,通过控制电极电势或电流密度,将含有金属前驱体盐的电解质在电解池的阴极发生还原反应,从而将金属纳米颗粒沉积在电极或支撑材料修饰的电极上。通过电化学沉积法可以制备包含有纳米颗粒、纳米线或纳米棒的薄膜。电化学沉积金属纳米颗粒的方法有很多种,主要包括恒电位法、恒电流法、循环伏安法和脉冲伏安法等。

Maiyalagan 等以 3D 石墨烯作为载体,采用脉冲伏安法沉积 Pt 纳米颗粒(图 7-1)。研究者发现,通过控制电沉积电位及时间能够获得不同形貌及尺寸的 Pt 纳米颗粒。通过对比以碳纤维和 3D 石墨烯作为载体负载的 Pt 纳米颗粒对甲醇的催化性能,研究者发现后者更高,这可能是由于其具有 3D 相互连接的多孔结构、超高的比表面积及较高的电导率。

微乳液法也是制备石墨烯基金属纳米颗粒的常用方法之一,微乳液分为 O/W 型和 W/O 型,该方法采用微乳体系反应生成纳米颗粒,随后再进行氧化还原反应,得到石墨烯基金属纳米颗粒。微乳液中的活性剂组分能够起到保护剂的作用,它通过限制颗粒的生长,进而降低颗粒的聚集。通过选择合适的表面活性剂并控制其相对含量,可以调控微乳液颗粒的大小(1~100 nm),从而控制产物颗粒的尺寸。该制备方法的优点是易于控制金属纳米颗粒的尺寸和形貌,制备的金属纳米颗粒分散均匀,平均粒径小,催化活性较高。缺点是需要使用价格昂贵的表面活性剂,同时需掺杂有机相,致使金属纳米颗粒需要进行大量的分离洗涤,清洗工艺过于烦琐。Sreekumar Kurungot 等采用微乳液法将石墨烯与金属 Ni 进行复合,合成了氮掺杂石墨烯(N-Gr)贯穿的三维镍纳米笼(Ni-N-Gr)电催化剂,所合成材料形

图7-1 不同载体
及催化剂的 SEM 图

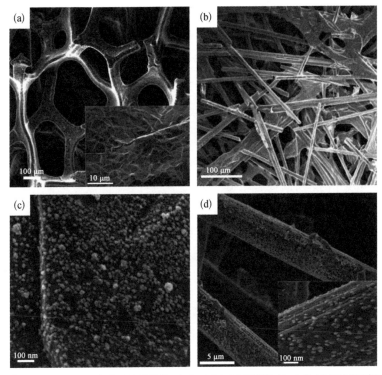

（a）3D 石墨烯载体；（b）碳纤维载体；（c）Pt/3D 石墨烯催化剂；（d）Pt/碳纤维催化剂

貌尺寸均匀，并显示出优异的电催化活性和稳定性。

　　溶胶-凝胶法是一种高效环保的湿化学方法，是在特定的氧化剂和稳定剂存在的条件下，用一定的还原剂还原金属纳米颗粒的前驱体为胶体，将其均匀地分散在溶剂中，经过滤、洗涤、干燥即可得到所需金属纳米颗粒。溶胶-凝胶法的优点是金属纳米颗粒分散性好、粒径尺寸范围较窄；缺点是在水解过程中，众多外界因素（溶液和陈化时间）会影响能否形成胶体、胶体的稳定性以及颗粒的尺寸。徐伟箭等以硝酸钯为前驱体、硼氢化钠为还原剂，采用溶胶-凝胶法制备 Pd/rGO 纳米材料，通过 SEM 表征，可以看出金属 Pd 均匀地分布在石墨烯表面。通过 Pd/rGO 纳米材料在碱性环境下对甲醇催化氧化的性能研究，充分证明了载体在催化过程中的协同作用，同时 Pd/rGO 纳米材料对甲醇催化氧化具有很好的稳定性和抗中毒性能。

　　浸渍-液相还原法是制备催化剂较为广泛的一种方法，其制备过程包括浸渍和还原两个步骤。在浸渍过程中，首先将催化剂载体（石墨烯）于合适溶剂（如水、乙醇、异丙醇及其混合液）中浸湿；然后加入一定量的金属前驱体盐，超声分散，调节体系的 pH;随后在一定温度下加入过量的还原剂(如硼氢化钠、肼、甲酸等),还原前驱体并将其负载至载体上;最后经过过滤、洗涤、干燥制得石墨烯基金属纳米颗粒。

水热法是一种简单、无模板、无表面活性剂合成石墨烯基金属纳米颗粒的常用方法之一。水热法为均相反应,反应须在高温高压的条件下进行,其最终产物和溶剂选择有重要关系。卓克垒等以六水合氯铂酸和六水合氯化镍为金属前驱体,在氯化胆碱-乙二醇低共熔溶剂(DES)的辅助下,利用一步水热法制备了 rGO 负载海胆状 PtNi 纳米材料。在该方法中,无须向体系中加入还原剂,DES 既作为结构导向剂又作为还原剂。所制备的 PtNi/rGO 复合材料对甲醇电催化氧化表现出良好的催化活性。

7.2.2 石墨烯基过渡金属化合物的制备

石墨烯负载型纳米复合材料由于其制备简单、性能优异、成本较低等优点,已成为石墨烯复合材料催化研究领域的一个热点。其中,石墨烯不仅可以作为复合物的功能材料之一,而且可以作为过渡金属化合物的载体。这是由于化学修饰后的石墨烯,可分散至水或各种有机溶剂中,从而可与各种无机纳米材料、有机分子、聚合物等形成复合材料。此外,石墨烯的大 π 共轭平面也有利于其通过非共价作用负载芳香族有机分子。因此石墨烯在众多催化剂载体中脱颖而出。石墨烯过渡金属化合物包括石墨烯基过渡金属氧化物、石墨烯基过渡金属氮化物、石墨烯基过渡金属碳化物等,其具体的制备方法如下。

1. 石墨烯基过渡金属氧化物

石墨烯基过渡金属氧化物的制备方法主要包括直接沉积法、水热法、微波辅助沉积法、电化学沉积法和溶胶-凝胶法等。

直接沉积法由于制备简单,无须高温高压等苛刻条件,因此被认为是常见的制备石墨烯基材料负载金属氧化物材料的方法之一。制备过程为将金属前驱盐与 GO 溶液混合均匀,金属盐转化为金属氧化物,加入还原剂或者高温热处理等方法将 GO 还原成 rGO。成会明课题组制备了石墨烯负载 Co_3O_4 复合物,首先将硝酸钴水溶液与石墨烯的水/异丙醇分散液混合,然后加入氨水进行沉积处理,再将此复合物进行 450 ℃的高温煅烧,制备出了尺寸为 10~30 nm 的 Co_3O_4 纳米颗粒,它们均匀负载至石墨烯表面,最终形成 Co_3O_4/石墨烯复合物。该复合物具有优异的可逆容量、高库仑效率及较好的倍率性能。2014 年,楼雄文课题组将 $NiCo_2O_4$ 纳米片沉积于石墨烯表面,获得了 $NiCo_2O_4$/石墨烯复合材料。方法分为两步,首先将 Ni^{2+} 和 Co^{2+} 盐分散至六亚甲基胺(HMT)以及柠檬酸三钠盐(TSC)水溶液中,它们通过与 GO 表面的氧化官能团(如—COOH、—OH)的相互作用而连接,在 90 ℃ 回流反应后得到了 rGO/Ni‐Co 前驱体。采用 HMT、TSC 作为还原剂,将前驱体在 300 ℃ 煅烧,最终合成了 rGO/$NiCo_2O_4$ "三明治"复合物。研究结果表明,该复合材料可有效促进电荷转移。rGO/$NiCo_2O_4$ 复合材料在锂离子电池应用中,具有高可逆容量及电流密度。此外,研究者也可通过一步法直接制备石墨烯基过渡金属氧化物。这是由于 GO 本身含有大量的含氧官能团,如羟基、羧基、酮基以及环氧官能团,金属前驱体可作为还原剂,与含氧官能团发生氧化还原反应,该方法操作简单。张进涛等报道了以 Ti^{3+} 和 Sn^{2+} 为氧化物的前驱体盐,同时也作为 GO 的还原剂,最终 GO 被还原为 rGO,Ti^{3+} 和 Sn^{2+} 被氧化为 TiO_2 和 SnO_2 沉积在 rGO 表面,即通过一步法制备了 TiO_2/rGO 复合物。

水热法是指在密闭反应器(如反应釜)中,以水或者有机溶剂等为反应物质,通过加热形成高温高压反应环境,一步合成高结晶的纳米颗粒,不需要再经过后续的煅烧热处理。2010 年,李景虹课题组采用水热法一步合成 TiO_2(P25)/石墨烯复合光催化剂,并考察了其对亚甲基蓝的光降解性能。研究结果表明 P25/石墨烯复合材料具有较高的染料吸附性能、较宽的光吸收范围,以及优异的电荷分离性能。P25/石墨烯光降解亚甲基蓝的速率要高于单一的 P25 和 P25/碳纳米管复合材料,这可能是由于其 2D 结构有利于染料的吸附以及电荷转移。戴宏杰等报道了采用两步法制备具有不同氧化程度的石墨烯并将其负载 Fe、Co、N 氧化物,该方法能够较好地控制纳米颗粒的形貌。首先通过把石墨烯分散于 DMF/H_2O(体积比为 10:1)混合溶液中,加入 $Ni(CH_3COO)_2$ 前驱体盐,将其在 80 ℃ 下回流反应,得到 $Ni(OH)_2$/GO;然后将 $Ni(OH)_2$/GO 置于反应釜中,180 ℃ 水热处理,得到了 $Ni(OH)_2$/GS,其纳米颗粒形貌得到了较好的控制,戴宏杰等利用这种方法分别制备了纳米片和纳米棒状的纳米颗粒负载在石墨烯表面。他们还通过两步液相-气相反应制备出 Mn_3O_4/rGO 复合物将其用于锂离子电池,研究结果表明 Mn_3O_4/rGO 的比容量高达 900 mA·h/g,接近理论容量,同时其具有较好的倍率性能和循环稳定性。

微波辅助沉积法操作简单,可快速提供化学反应所需要的能量,有效制备金属氧化物及石墨烯。范壮军等采用微波辅助沉积法快速合成了 Co_3O_4/rGO。他们采用硝酸钴作前驱体,与 GO 溶液混合后加入尿素作沉淀剂,微波反应 10 min 后即得到褐黑色 Co_3O_4/rGO,再将其在马弗炉中 320 ℃ 煅烧 1 h 得到目标产物,其中 Co_3O_4 颗粒尺寸为 3~5 nm。Co_3O_4/rGO 在超级电容器的应用中显示出较高的质量比电容(243.2 F/g)与较好的循环稳定性(循环 2000 圈,其比电容仍高达95.6%)。虽然该制备方法操作简单,且产率较高,但是由于微波反应中的温度等因素难以调控,纳米颗粒的尺寸及形貌并不能得到很好的控制,而且纳米金属颗粒在石墨烯上的分布也不均匀。

电化学沉积法可直接在石墨烯的基底上电沉积金属氧化物,不需要进行任何的后处理。目前,研究者已经成功地将 ZnO、Cu_2O、MnO_x 等金属氧化物负载在rGO 及 CVD 法制备的石墨烯片上。例如,张华等在氧气饱和的 KCl 和 $ZnCl_2$ 电解液中,浸入涂抹有氧化石墨烯的石英薄片,最终在石墨烯片上形成了 ZnO 纳米棒。该 ZnO/石墨烯材料被应用于太阳能电池中,表现出较小的功函数及较好的性能。此外,Huang 等采用溶液自组装和电化学沉积法制备了 $\alpha - MnO_x/GS - CN$复合材料,其具有 3D 分层孔结构,质量比电容高达 1200 F/g。

溶胶-凝胶法是制备金属氧化物和纳米材料的常用方法之一。利用金属的醇盐或氯盐作前驱体,在较低的温度下进行一系列水解与缩聚反应,可以得到金属氧化物。溶胶-凝胶法的优点在于 GO 及 rGO 表面的羟基官能团可以作为水解反应的成核位点,使生成的氧化物通过化学键与石墨烯连接。成会明课题组通过溶胶-凝胶法及低温退火处理制备出了具有不同 Ru 负载量的凝胶状 RuO_2/石墨烯复合材料。该复合材料用于超级电容器时表现出了高比电容、高倍率性能及优异电化学稳定性。此外,该课题组于 2010 年通过溶胶-凝胶法将 $FeCl_3$ 和石墨烯于 80 ℃反应 12 h,制备出梭状 FeCOOH 颗粒嵌入至石墨烯纳米片,然后将其在 600 ℃ 煅烧 4 h,制备出 GNS/Fe_3O_4 复合物,该复合物用于锂离子电池时具有优异性能。

2. 石墨烯基过渡金属氮化物

石墨烯基过渡金属氮化物最常用的制备方法是在含氨气气氛下将金属氧化物进行高温氮化。崔光磊等通过水热方法将过渡金属氮化物(MoN、TiN、VN)均匀分散至氮掺杂石墨烯中(MoN/NG、TiN/NG、VN/NG)。图 7-2 为 MoN/NG、

石墨烯粉体材料:从基础研究到工业应用

TiN/NG、VN/NG 的 SEM 图和 TEM 图。其中,制备 MoN-NG 过程如下:将钼酸和含有正十二硫醇的 GO 混合液混合搅拌 10 min,然后将其放置在高压反应釜中 200 ℃反应 16 h,制备得到 MoO_2/rGO 复合材料,最终将 MoO_2/rGO 复合物在氨气气氛下 800 ℃煅烧,得到目标产物 MoN/NG。

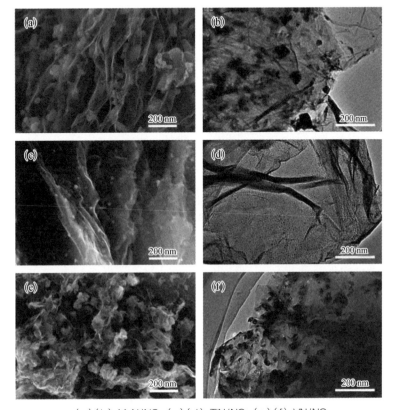

(a)(b) MoN/NG; (c)(d) TiN/NG; (e)(f) VN/NG

此外,Lai 等报道了通过配体螯合制备过渡金属氮化物纳米颗粒-N/rGO 复合物(图 7-3)。他们采用简单传统的化学方法制备该复合物,具体制备过程如下:首先将乙二胺(EN)和过渡金属化合物螯合混合,制备出过渡金属螯合物(TMN^{n+}-EN),其中—NH_2 官能团易吸附于 GO 的含氧官能团表面,然后将其在 NH_3/Ar(120 sccm①)的条件下 850 ℃煅烧 1 h,GO 被还原为 N-GO,同时 TMN^{n+}-EN

---

① SCCM: standard cubic centimeter per minute,标准毫升每分钟。

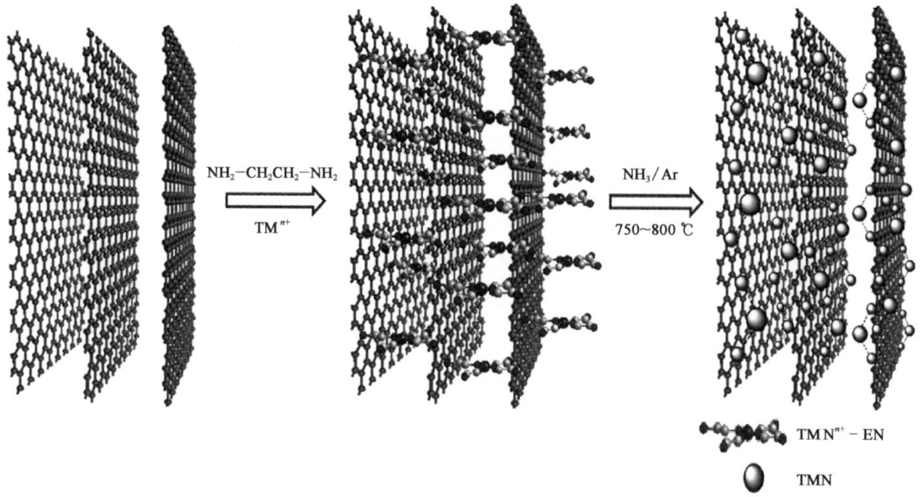

图7-3 TMN-N/rGO 复合物的合成示意图

转化为氮化物,最终得到 TMN-N/rGO 复合物。研究结果表明,该复合物在锂离子电池应用中表现出较高的循环稳定性、低充放电电压及高可逆容量。

同时,也有研究者采用其他氮源(如 C_3N_4、尿素等)代替氨气制备金属氮化物。Wen 等制备了 TiN/NG 纳米杂化物,并将其用于 I_3^- 还原及 NADH 氧化。制备过程如下:首先通过 GO 和氨腈的氨基化作用在 GO 表面形成 C_3N_4 膜并聚合形成 C_3N_4/GO,随后将其分散在含有金属前驱体盐的水或者乙醇溶液中,有利于金属离子有效吸附至 C_3N_4 表面而形成 M^+/C_3N_4/GO,然后将该复合物高温煅烧裂解 C_3N_4,使其产生含氮气体,最终形成 MN/NG 复合材料。

3. 石墨烯基过渡金属碳化物

石墨烯基过渡金属碳化物的制备方法与上述石墨烯基过渡金属氮化物的制备方法基本相同。Ma 等采用程序控制还原渗碳技术和微波辅助沉积法制备了 WC/rGO 负载的低含量 Pt 纳米颗粒,并将其用于甲醇催化。其制备过程如下:首先制备 GO 溶液,随后将偏钨酸溶解至分散好的 GO 溶液中,再通过超声、过滤、洗涤得到前驱体盐,将前驱体盐置于管式炉中,在 CO 气氛下、900 ℃煅烧制备得到 WC/rGO,最后加入氯铂酸,通过乙二醇还原得到目标产物 Pt-WC/rGO 复合物(图7-4)。研究结果表明,该复合物具有较高的电化学活性面积以及催化甲醇性能(高抗毒化性能、高电流密度、低起始氧化电位及高循环稳定性)。

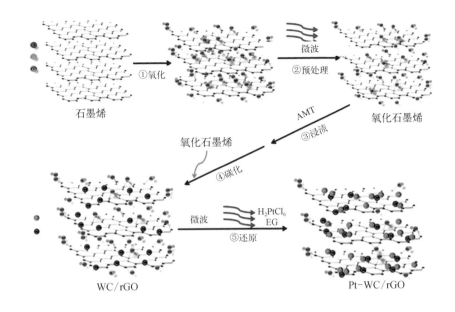

图 7 - 4 Pt - WC/rGO 复合物的合成示意图

7.3 石墨烯粉体材料在催化中的应用

由于石墨烯具有超高的比表面积及优良的导电性,因此其被众多研究者广泛应用于燃料电池中,其作为载体负载催化剂,可有效提高催化剂活性、稳定性及利用率。通过控制复合物的尺寸、形貌、组分及结构,可合成不同的石墨烯基复合材料。本节主要介绍石墨烯粉体材料在醇类氧化反应(alcohol oxidation reaction,AOR)、氧还原反应(oxygen reduction reaction,ORR)、析氧反应(oxygen evolution reaction,OER)及析氢反应(hydrogen evolution reaction,HER)中的应用。

7.3.1 醇类氧化反应

1. 石墨烯负载 Pt 基催化剂

Pt 基催化剂是燃料电池阳极氧化反应中常用的催化剂之一。自 2004 年石墨烯被发现以来,众多研究者制备了高催化性能 Pt/rGO 催化剂,并将其用于醇类氧化。Pt/rGO 复合物最简单的制备方法为采用还原剂(如氢气、乙醇、乙二醇、硼氢化钠等)还原 Pt 前驱体盐,将其负载于石墨烯表面。Pt 颗粒本身特性及其与石墨烯π-d相互作用决定了催化剂的催化性能。Yoo等研究表明,Pt纳米颗粒及石墨烯纳米片的强相互作用有助于形成亚纳米尺寸(<0.5 nm)的Pt纳米簇,这将有利于Pt纳米颗粒获得特殊的电子结构,从而有助于提高醇类的催化活性。

此外,也有研究表明,Pt颗粒的结构形貌对Pt/rGO催化性能有着重要影响。Wang等原位合成了石墨烯负载中空Pt颗粒,该中空Pt颗粒及与rGO之间的协同效应导致其具有较高的甲醇催化性能。与此同时,具有各向异性的Pt纳米线近年来引起了研究者的广泛关注。负载于S掺杂rGO的超长纳米线,其对甲醇的催化性能是商业Pt/C催化剂的2~3倍。Luo等研究了通过甲酸还原制备的树枝状Pt纳米线,将其负载于rGO表面。结果表明,该催化剂对甲醇催化活性的电流密度高达1.154 mA/cm²,是商业Pt/C催化剂催化活性的3.94倍。但是,单金属Pt催化剂易受中间产物CO影响而中毒。研究者发现,制备Pt基合金催化剂可以在减少贵金属用量的同时提高催化剂抗毒化性能,从而提高催化剂的催化活性,因此双金属(PtPd、PtAu、PtRu、PtFe、PtCo、PtNi、PtCu、PtSn)及三金属(PtPdAu)催化剂应运而生。具有可控尺寸双金属纳米枝晶催化剂具有较大的催化活性面积,因此其催化甲醇性能远远高于商业Pt/C催化剂(图7-5)。

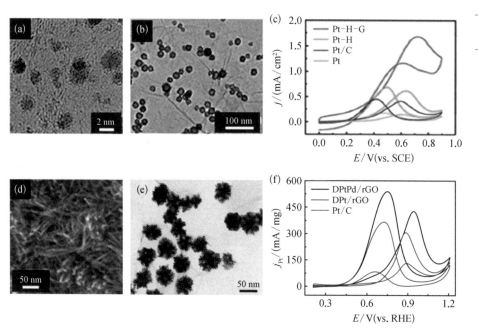

图7-5

(a)Pt纳米簇/rGO的TEM图;(b)(c)中空Pt/rGO的TEM图及其甲醇催化氧化图;(d)Pt纳米线/S-rGO的TEM图;(e)(f)PtPd枝晶/rGO的TEM图及其甲醇催化氧化图

　　　　　　　石墨烯粉体材料:从基础研究到工业应用

综上所述，催化剂性能不仅取决于颗粒的尺寸而且取决于其形貌。由于石墨烯载体以及金属纳米颗粒之间具有强烈的相互作用，因此载体对合成特殊形貌的纳米颗粒具有一定影响。自组装技术可以更好控制颗粒形成过程及降低载体表面化学官能团对催化剂影响，可将纳米颗粒附着于石墨烯表面。Sun 等通过简单溶液自组装方法制备了 FePt/rGO 催化剂，该催化剂可通过控制制备过程，得到不同尺寸、组分以及形貌的 FePt 纳米立方体。

2. 石墨烯负载其他贵金属催化剂

Pt 及 Pt 基催化剂在醇类催化氧化中虽然活性很高，但也有一些缺点，如成本高、可能会被电解液腐蚀，以及易受中间产物 CO 影响而中毒，可通过使用其他贵金属及合金以有效解决上述问题。因此，研究者探索将石墨烯负载其他贵金属及合金制备复合材料，并研究其应用。其中，相对于 Pt 催化剂，Pd 催化剂由于其含量丰富及高催化性能等优点而被广泛应用于甲醇及甲酸催化。Xie 等通过氯钯酸钾以及 GO 的氧化还原反应一步法制备了 Pd/rGO 催化剂。制备过程中无须表面活性剂，纳米颗粒较好地分散至石墨烯表面，该催化剂对甲酸及乙醇表现出较高的催化活性。此外，Chen 等采用 Ag/rGO 作为模板及载体，通过置换反应制备出中空 PdAg 纳米环修饰的石墨烯纳米片。研究结果表明，该催化剂对甲醇具有较高催化活性。

3. 功能化石墨烯负载贵金属

贵金属纳米颗粒沉积至具有功能化官能团的石墨烯表面，该石墨烯表面功能化的官能团及缺陷位点可作为形成贵金属纳米颗粒的活性以及成核位点。同时，这些官能团及缺陷位点可增强贵金属纳米颗粒和石墨烯之间的相互作用，这将有助于提高复合物的催化活性以及稳定性。王等通过等离子方法，将 GO 在氨等离子体条件下还原后，随后在氢等离子条件下将氯铂酸及氮掺杂石墨烯片还原制备得到 Pt/N-rGO 复合物。在该复合物中，含 N 官能团及含 O 官能团促进 Pt 纳米颗粒吸附至石墨烯表面，因此该复合物具有较高催化活性。功能化的石墨烯也可与分子或者电解液通过 π-π 堆积及相互排斥力而制备。该非共价键的形成有助于保持石墨烯本身电子以及结构特性。研究者可通过线性阳离子电解液 PDDA或者 CTAB 实现石墨烯非共价键的功能化。李等研究者制备石墨烯负载 Pt/

PANI 复合物,Pt 及 PANI‑rGO 之间具有较强的相互作用,使该复合物表现出较强的催化甲醇性能。

4. 3D 石墨烯纳米结构负载贵金属颗粒

石墨烯作为载体负载催化剂对于醇类催化性能以及稳定性的提高起重要作用。石墨烯量子点可有效解决石墨烯纳米片的聚集问题,石墨烯量子点的结构缺陷可控制 Pt 表面游离氧的吸附以及中间产物 O^* 和 HO^* 的结合。2D 石墨烯的堆叠导致其聚集,这将严重影响催化性能的下降,但引入纳米颗粒(金属氧化物)或者碳材料可有效阻止 2D 石墨烯堆积。3D 多孔石墨烯结构可提高醇类催化性能,因此众多研究者将 3D 石墨烯作为催化剂载体来负载纳米颗粒,这将有助于催化过程中质子传输及催化剂表面活性位点的有效利用。Dai 等通过水热反应制备了 3D 石墨烯负载 Pt/PdCu 纳米立体方体,其可用于乙醇催化(图 7‑6)。研究结果表明,该复合物具有较高的催化性能,这与 Pt/PdCu 和石墨烯之间的协同作用密不可分。

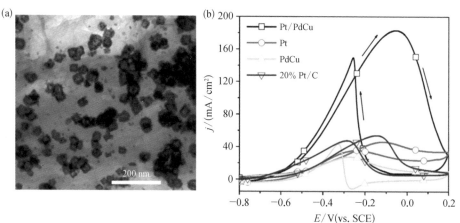

图 7‑6 水热反应制备的 3D 石墨烯负载 Pt/PdCu 纳米立体方体及其催化性能测试

(a) 3D 石墨烯负载 Pt/PdCu 纳米立方体的 TEM 图;(b) 乙醇催化氧化图

侯士峰课题组使用成本低的聚苯乙烯微球作为硬模板,抑制氧化石墨烯堆叠,掺杂碳纳米管,制备了具有高比表面积、优异机械强度和柔韧性的多孔氧化石墨烯/单壁碳纳米管柔性膜材料,将其作为载体负载 Pt 制备了 Pt/e‑rGO‑SWCNT 并用于甲醇催化(图 7‑7)。Pt/e‑rGO‑SWCNT 催化剂对甲醇催化峰电流密度

图 7 - 7 利用过滤
法和模板法制备 Pt/
e - rGO - SWCNT

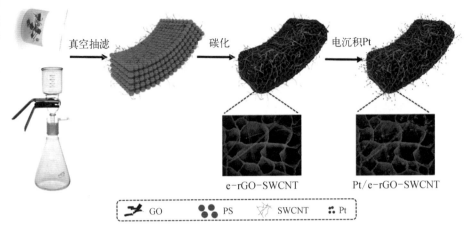

为 191.7 mA/mg, 远高于 Pt/e - rGO (109.7 mA/mg) 和 Pt/rGO (68.5 mA/mg)。这是由于 Pt/e - rGO - SWCNT 具有较高的比表面积、三维多孔相互连接结构和优异导电性。值得一提的是, Pt/e - rGO - SWCNT 在不同弯曲状态(如折叠和扭曲状态)下的电催化性能几乎同非弯曲状态相同。

7.3.2 氧还原反应

在能源需求以及矿物燃料消耗日益增加的当今社会, 探索新能源(包括燃料电池)迫在眉睫。石墨烯由于其独特的性能被认为是能量转化应用最具有潜力的材料。目前, 越来越多研究者研究石墨烯负载金属基复合物作为氧还原的催化剂。作为一个动力学缓慢的过程, 阴极氧还原反应(ORR)是限制质子交换膜燃料电池和直接甲醇燃料电池性能的重要因素。一般来说, 氧还原反应分为以下两个途径: ① 两步两电子传输路径, 过氧化氢为中间产物; ② 四电子传输路径, 最终产物是水, 该路径更加有效, 比较符合人们的需求。

1. 石墨烯负载金属基催化剂的氧还原反应

研究者研究石墨烯负载少量的 Pt 及 Pt 基纳米颗粒复合物在降低贵金属 Pt 负载量的同时还能提高 ORR 性能。Tagmatarchis 等制备了石墨烯负载凹立方体高指数晶面 Pt(311)的复合物。研究结果表明, 相对于商业 Pt/C 催化剂, 该复合物表现出较高的电流密度,其数值为商业 Pt/C 催化剂的 7 倍。与此同时,该复合物具有较好的半波电位($E_{1/2}$),当 Pt 负载量仅有 46 mg/cm² 时,其半波电位为 0.967 V,该数值高于商业 Pt/C 催化剂(63 mV)。循环 1000 圈后,其半波电位基本维持不变,且单位质量及单位面积的催化活性仍然为商业 Pt/C 催化剂的 6.3 倍及 6.7 倍。一般而言,当 Pt 含量较低时,将凹立方体 Pt 纳米颗粒负载在石墨烯表面,其催化剂具有较高的 ORR 性能及稳定性,这是由于石墨烯不仅提高催化剂的导电性,而且阻止纳米颗粒团聚。Zhang 等通过浸渍-液相还原法制备了多孔石墨烯负载 Pt 纳米颗粒,结果表明尺寸为 50~100 nm 的 Pt 纳米颗粒均匀地分散在 3D 多孔石墨烯表面,且表现出较高的 ORR 催化性能,循环测试 500 圈后,其催化性能没有明显的降低。

此外,PtPd 双金属催化剂可降低催化剂成本、提高催化性能。2014 年,Li 等加入氯化十六烷基吡啶作为导向剂,采用一步湿化学方法制备了尺寸为 110~130 nm 的 PdPt@Pt 核壳纳米环结构,并将其负载至 rGO 表面。该纳米环是由 2~4 nm 的 Pd 和 Pt 纳米颗粒组成的 3D 相互连接的多孔结构。研究测试表明,PdPt@Pt/rGO 催化剂在酸性条件下表现出较高的 ORR 性能,具有较高的半波电位,其峰电流分别为 Pt/C(10%)及 Pt/rGO(60%)的 20 倍及 4 倍[图 7-8 (a)(b)]。Song 等通过三步法制备了石墨烯负载 PtPd 纳米立方体催化剂,制备过程为 Pd 纳米立方体原位生长于石墨烯表面,然后将 Pt 壳负载于 Pd 纳米立方体的表面,最终选择性刻蚀 Pd 核将其负载于石墨烯。研究结果表明,该催化剂在混合动力学控制区域,其面积比活性和质量比活性分别为 Pt/C 的 3.9 倍及 4.4 倍。循环 10000 圈后,PtPd/rGO 催化剂的面积比活性和质量比活性分别衰减 20% 和 29%,归因于其中空结构以及双金属组分和石墨烯基底间的相互作用[图 7-8 (c)(d)]。

石墨烯负载 Pt-过渡金属合金纳米催化剂在氧还原反应中表现出较高的催化性能及稳定性。Guo 等通过水相自组装法制备了石墨烯负载 FePt 纳米颗粒[尺寸为(7±0.5)nm],并将其用于氧还原反应。相对于 FePt/C 及商业 Pt/C 催化剂,该 FePt/rGO 复合催化剂在氧还原反应表现出较高的催化活性,在动力学扩散区域,该复合催化剂的催化活性分别是 FePt/C 和商业 Pt/C 催化剂的 4.5 倍及 8.2 倍。同时,可采用乙二醇还原法制备粒径尺寸为 4~5 nm 的 $Pt_3M(M=Cr,Co)$ 纳米颗粒,将其用于氧还原反应。电化学测试表明,在氧气饱和的硫酸溶液中,相对于 Pt/rGO,该石墨烯负载的 Pt_3M 合金表现出较低的过电位,在动力学扩散过程中单位面积峰电流是 Pt/rGO 的 3~4 倍。这是由于合金抑制羟基在 Pt 表面的形成,因

图 7-8

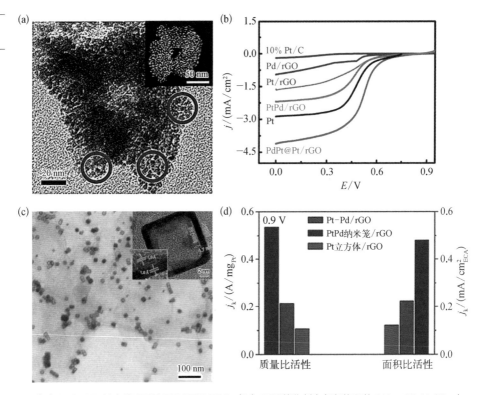

（a）PdPt@Pt 核壳纳米环的 TEM 图及 EDS；（b）不同催化剂在氧气饱和的 0.5 mol/L H₂SO₄ 中、5 mV/s 的扫描速率下的 ORR 极化曲线；（c）PtPd 纳米笼/rGO 的 TEM 图及 HRTEM 图；（d）不同催化剂在 0.1 mol/L HClO₄ 溶液中混合动力学控制区域的质量比活性和面积比活性

　　而增加了其氧还原性能。与此同时，由于纳米颗粒同石墨烯之间的相互作用，该复合物具有较高的循环稳定性，500 圈后其峰电流基本维持不变。

　　在碱性条件下，相对于 Pt 基催化剂，Pd 基催化剂由于其较低的价格，因此被广泛应用于氧还原反应。将其负载至石墨烯制备的催化剂，其成本较低，且具有较高的性能及稳定性。迄今为止，对石墨烯负载 Pd 基催化剂用于氧还原研究较少。其中，石墨烯负载 CuPd 合金纳米颗粒是一个值得研究的课题。Cu 与 Pd 的比例对复合物电子结构起关键作用，不同比例对应不同的相结构及尺寸，进而影响其催化性能。研究结果表明，负载于石墨烯表面粒径为 5.3 nm 的 Cu_3Pd 纳米颗粒具有较低的界面电阻，其在碱性条件下表现出较高的催化活性，因此 Cu_3Pd/rGO 复合物可被广泛应用于燃料电池。与此同时，通过水热法制备出粒径为 6.8 nm 的 PdCu NPs-rGO 复合物，在氧还原反应中的单位面积催化电流是商业 Pd/C 催化剂的2.5倍。此外，也可合成石墨烯基 PdAg、PdAu 催化剂，并将其用于氧还原反应。

为进一步降低催化剂成本，研究者还制备石墨烯负载非贵金属催化剂用于氧还原反应。其中，过渡金属氧化物或者硫化物被认为是最常用可代替的 ORR 催化剂。但是，面对条件苛刻的燃料电池环境，上述催化剂面临颗粒团聚及溶解问题，导致其催化性能降低。然而，将过渡金属氧化物或硫化物负载于石墨烯表面，提高催化剂的导电性，不仅可以提高其长循环稳定性，而且可以增加其催化性能。因此，众多研究者合成了石墨烯负载 Co-基催化剂（Co_3O_4、Co/CoO、$Co_{1-x}S$ 和 $MnCo_2O_4$），它们表现出优异的 ORR 性能。Guo 等制备了石墨烯负载 8 nm 粒径的 Co 核和 1 nm 粒径的 CoO 壳的 Co/CoO 核壳纳米颗粒。相对于商业 Pt/C 催化剂，该复合催化剂表现出较高的催化性能及稳定性。与此同时，Yan 等制备了石墨烯负载 Cu_2O 纳米颗粒，并将其用于氧还原反应。研究结果表明，该催化剂表现出较高的稳定性、抗甲醇及 CO 性，但是相对于商业 Pt/C 催化剂，其 ORR 性能较低。

2. 功能化石墨烯负载金属基催化剂的氧还原反应

金属纳米颗粒分散均匀及有效耦合至石墨烯表面对于复合催化剂在 ORR 催化中的性能及稳定性提高至关重要。将石墨烯共价化及非共价化以达到功能化石墨烯目的。将石墨烯硫醇化（tGO）作为载体负载 PdCo 纳米颗粒，并将其应用于氧还原反应。反应动力学表明，PdCo/tGO 催化剂的氧还原反应通过四电子传输途径进行，该特殊行为主要归属于 S 原子固定的 PdCo 纳米颗粒负载于石墨烯表面。也有研究者通过 Au-S 相互作用合成硫基功能化石墨烯（GOSH），用其负载 Au 纳米颗粒。Au 纳米颗粒与 GOSH 之间强相互作用导致 Au 纳米颗粒均匀分散在石墨烯表面，此外，相对于无负载的 Au 纳米颗粒，该复合催化剂表现出较强的 ORR 催化性能。有研究者通过共价键富有 SO_3H—或 NH_2—的功能化石墨烯负载 Pt 纳米，颗粒并对其对 ORR 性能进行了研究。石墨烯表面的 SO_3H—或 NH_2—为 Pt 核形成提供活性位点，因此有助于较小尺寸 Pt 纳米颗粒分散。

但是，通过共价键方式功能化的石墨烯，其本身的性质（如导电性）将有所降低，因此研究者尝试通过非共价键方式将石墨烯功能化，发现其不仅可以维持石墨烯本身性质，而且有助于纳米颗粒分散。他们通过聚二烯丙基二甲基氯化铵（PDDA）非共价键功能化石墨烯负载 MPd_3（M = Fe，Cu，Ag，Au，Cr，Mo，W）纳米颗粒，并将其用于碱性条件下 ORR 性能研究。研究者首先制备带正电的 PDDArGO,随后将金属前驱体盐原位还原至石墨烯表面。其中,PDDA作为还原剂及稳定剂可将较小尺寸双金属纳米颗粒还原并负载于石墨烯表面。研究结果表明,$FePd_3/rGO$复合物具有较低的起始还原电位,$CrPd_3/rGO$、$MoPd_3/rGO$和WPd_3/rGO复合物表现出较高的电流密度(图7-9)。基于上述结果,可将Cr、Mo及W掺杂至$FePd_3$纳米合金形成三金属催化剂,并将其用于ORR性能测试。此外,其他非共价键功能化的石墨烯[聚丙烯胺,$2,2'-(2,6-$吡啶$)-5,5'-$二苯并咪唑]负载金属纳米颗粒也可用于ORR性能研究。

图7-9

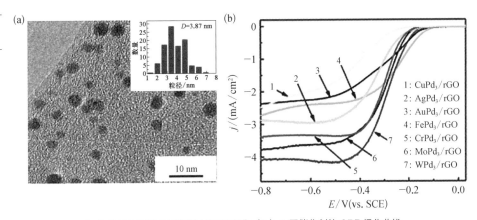

(a)$FePd_3/rGO$复合物的HRTEM图;(b)不同催化剂的ORR极化曲线

　　相对于石墨烯,N掺杂石墨烯(NG)具有更好的导电性,因此其被认为是理想的负载金属催化剂的载体。理论及实验结果表明,金属基纳米颗粒和NG之间的相互作用可促进纳米颗粒的电子转移至碳载体,因此其ORR催化性能显著提高。研究者制备了一系列NG负载贵金属、过渡金属合金、过渡金属碳化物及过渡金属硫化物的催化剂,并将其用于ORR性能测试。其中,过渡金属碳化物由于其具有高电导率、耐腐蚀性,以及具有与贵金属类似的催化性能,因此引起了广大研究者的关注。Chen等通过两步法制备了NG负载双金属FeMo碳化物催化剂,并将其用于ORR性能测试(图7-10)。具体制备过程为FeCo纳米颗粒生长在氧化石墨烯基底,随后在尿素存在条件下裂解生成FeMo碳化物及NG。研究者研究了碱性条件下N掺杂、裂解温度及Fe与Mo的比例等因素对ORR性能的影响。结果表明,N掺杂提高了电子导电性,从而催化活性提高,这有助于毗邻N原子的C原子对氧的吸附、溶解,同时有效阻止高温煅烧过程中纳米颗粒的团聚。相对于

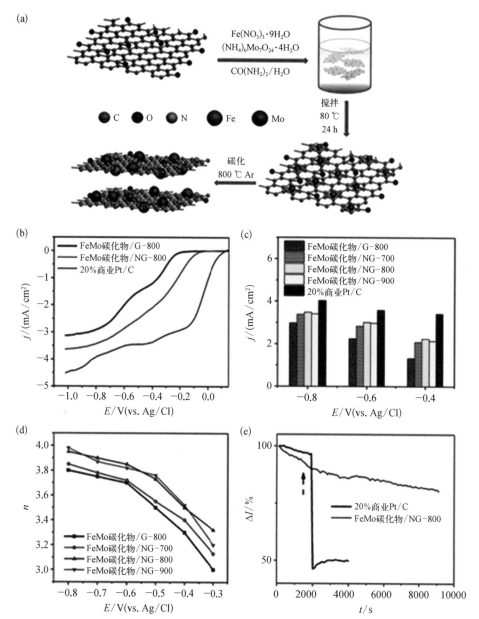

图 7 - 10　两步法制备 NG 负载双金属 FeMo 碳化物催化剂

（a）NG 负载 FeCo 纳米颗粒的制备过程示意图；（b）氧气饱和的 0.1 mol/L KOH 溶液中 FeMo 碳化物/G - 800、FeMo 碳化物 /NG - 800 及 20% 商业 Pt/C 催化剂的 ORR 性能测试的 RDE 极化曲线；（c）不同煅烧温度的催化剂在不同电位下的动力学电流；（d）不同煅烧温度的催化剂的电子转移数与电位的关系；（e）在 0.1 mol/L KOH+CH₃OH 溶液中、0.55 V 的电位下，FeMo 碳化物/NG - 800 及 20% 商业 Pt/C 催化剂的 ΔI - t 曲线

无掺杂石墨烯,LSV 测试表明将负载于 NG 表面的 FeMo 碳化物 800 ℃煅烧后,其表现出较高的扩散控制电流密度,较高的起始电位及电子转移数。相对于商业 Pt/C 催化剂,复合催化剂虽然 ORR 性能较低,但是表现出较好的稳定性以及抗甲醇毒化能力。同时,随着裂解温度的提高,复合催化剂的 ORR 性能逐渐增加,这是由于其 N 含量逐渐增加所导致。

7.3.3 析氧反应

析氧反应是光解水的半反应,该反应比较缓慢,可降低光解水进程的效率。目前,贵金属(如 RuO_2、IrO_2)催化剂可有效降低能量位垒从而提高 OER 效率,但是由于含量匮乏及高成本导致其难以商业化。因此,越来越多研究者寻找非贵金属催化剂来代替贵金属催化剂以用于 OER 性能测试。但当非贵金属催化剂在强酸或者强碱溶液中进行长时间测试时,其仍面临低性能及稳定性差的挑战。

Cui 等制备出廉价催化剂并用于 OER 催化性能研究(图 7-11)。研究者合成单层石墨烯包裹的均匀 3d 过渡金属纳米颗粒(如 Fe、Co、Ni 及采用介孔氧化硅辅

图 7-11 M@NC 催化剂用于 OER 催化性能研究

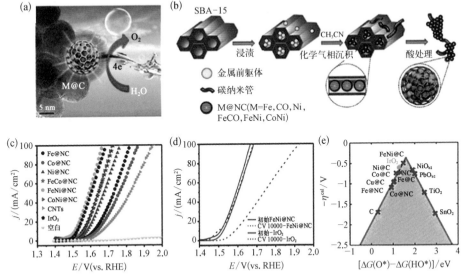

(a)rGO 包裹金属催化剂 OER 性能测试示意图;(b)金属前驱体盐及 SBA-15 原料合成 M@NC 的过程示意图;(c)M@NC、CNT 和 IrO_2 的 OER 极化曲线;(d)碱性条件下 FeNi@NC 和 IrO_2 的稳定性测试;(e)不同催化剂负过电位(η^{cal})与 $\Delta G(O^*) - \Delta G(HO^*)$ 的关系图

助合成过渡金属合金）。电化学数据表明，单层石墨烯包裹的金属的 OER 催化性能顺序为 Co＜Fe＜Ni。当电流密度为 10 mA/cm² 时，FeNi 合金催化剂的过电位仅为 280 mV，表现出较好的催化活性及较高的稳定性。DFT 计算表明，单层石墨烯促进电子从包裹的金属转移至石墨烯表面，这将优化石墨烯表面的电子结构，进一步调整反应中间产物（O* 和 HO*）在石墨烯表面的结合能。通过改变金属类型，O* 自由能与 HO* 自由能的差值可被调整至最佳数值，这将导致 OER 催化性能达到最佳。此外，Xia 等合成了 C 包裹的 Co 纳米颗粒及 N 掺杂碳纳米管，相互连接形成中空网状结构。相对于已报道的纳米碳基催化剂和 IrO₂/C 催化剂，当电压为 1.60 V 时，该复合催化剂对 OER 催化的电流密度为 10 mA/cm²。该优异的催化性能归属为过渡金属和碳复合物之间的协同效应及较强的中空结构。

7.3.4 析氢反应

长期以来，人们认为氢是一种可取代传统化石燃料的清洁可再生能源。光解水成为产氢的有效途径。HER 是光解水的半反应，其中贵金属 Pt 是常用的催化剂。但是 Pt 催化剂存储量少、成本较高，因此越来越多研究者开始研发具有高活性及高稳定性的非贵金属催化剂。实验条件及 DFT 计算表明，石墨烯表面的化学惰性，导致氢在石墨烯表面吸附力比较弱，因此石墨烯表现出较弱 HER 性能。但是在石墨烯负载过渡金属纳米颗粒后，由于过渡金属纳米颗粒较低的功函数，电子从过渡金属转移至石墨烯，这将极大地修饰碳原子费米能级的电子态，导致 C—H 结合能位于较低能级，这意味着 C—H 化学键的键能增加，从而提高 H 在石墨烯表面的吸附。

Asefa 课题组通过简单易操作的方法合成了富 N 石墨烯壳包裹的过渡金属催化剂，该催化剂对 HER 具有较高催化活性。研究者认为，包裹的金属纳米颗粒可导致碳表面较低的功函数，这是由于电子从金属纳米颗粒转移至石墨烯。同时 N 的掺入有助于氢的吸附，从而提高催化性能。研究结果表明，过渡金属 Fe、Co 及 Ni 负载在 NG 表面时，其 HER 催化活性能为 Fe＜Ni＜Co。因此，众多研究者将 Co 作为封装剂用于 HER 性能测试。Zhou 等采用溶剂热法及高温煅烧氨腈，合成了 Co@NC/NG 催化剂，并将其用于 HER 性能测试。研究结果表明该复合物具有优良导电性以及丰富活性位点，这将导致其较高的催化活性、较低的起始电位以及优异的稳定性。除了过渡金属（如 Fe、Co、Ni 等），少量研究者将其他贵金属过渡金属（Au）作为

HER 催化剂。Zhou 等从微生物细胞中生物还原贵金属 Au 纳米颗粒,制备了 NC 包裹的均匀分散的 Au 催化剂(Au 粒径约为 20 nm),并将其用于 HER 性能测试。Au 与 NC 之间的电荷转移可调节 NC 周围电子密度分布,从而使其催化性能提高。

过渡金属碳化物(如碳化钼)其 d 键电子态密度同 Pt 类似,并且其还具有高导电性,因此其被越来越多研究者认为是 HER 催化中较好的非 Pt 催化剂。但是,碳化钼颗粒易聚集、快速增长、易被氧化为氧化钼的问题仍然存在。为解决上述问题,研究者将其制备为链甲催化剂,例如将碳化钼纳米颗粒包裹进石墨烯壳内部。Zou 等通过一步热处理法混合钼酸铵和双氰胺,得到了 NC 纳米层包裹的超小碳化钼纳米颗粒($Mo_2C@NC$)。该复合催化剂在 HER 性能测试中表现出较高催化性能、高稳定性,以及 100% 法拉第电流,值得一提的是,相对于 Mo_2C 催化剂,$Mo_2C@NC$ 复合物具有较高的催化活性。此外,为了阻止 Mo_2C 纳米颗粒聚集以及提高活性位点分散,Li 等采用 PMo_{12}($H_3PMo_{12}O_{40}$)- PPy/rGO 作为前驱体盐制备 N、P 共掺杂 rGO 和 N、P 共掺杂碳壳包裹 Mo_2C 纳米颗粒($Mo_2C@NPC$/NPRGO)催化剂。$Mo_2C@NPC$/NPRGO 具有特殊结构及 NPRGO 的高度分散和较强的耦合作用,这将有利于电子快速转移。相对于商业 Pt/C 催化剂,该复合物催化剂的 HER 催化性能优于目前报道的非贵金属催化剂。

7.3.5 光催化

在过去几十年里,光催化的研究引起人们的关注,这是因为光催化反应可以将太阳能转化为化学能及电能,或者将其用于降解环境污染物。当能量大于光催化剂的能带隙的光子照射到该催化剂时,催化剂表面电子受激发而跃迁,产生光生电子空穴对,从而达到产氢、降解有机污染物或者还原贵金属离子的作用。然而,光生电子与空穴不稳定,非常容易复合,耗费了输入的能力,降低了光催化过程的效率。导电性良好的石墨烯可降低该复合而被用作电子运输通道,从而导致光催化材料的具有较高转化效率。TiO_2 由于具有高效光催化、无毒、低成本的性能,因此是最常用的光催化材料。Lightcap 等表明采用石墨烯作为电子转移中间体的可能性。研究结果表明,通过多步电子转移过程,石墨烯可存储及运输电子。首先将 TiO_2 中产生的电子转移至石墨烯表面,部分电子用于石墨烯还原,剩余电子存储于 rGO 表面;其次引入硝酸银后,石墨烯内存储的电子的可还原 Ag^+(图 7-12)。

因此,石墨烯通过接收及运输光电子成为阻止电子空穴再聚集的有效途径。Liu 等在紫外照射条件下合成了 TiO₂/rGO 复合物,并将其用于降解普鲁士蓝。研究结果表明,该催化剂在电荷

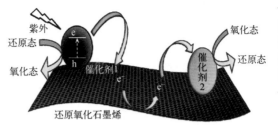

图 7-12 石墨烯作为电子转移中间体的多步电子转移过程示意图

重组中发生有效还原,这是因为石墨烯和 TiO₂ 间强相互作用导致其光催化性能增强。为了提高可见光对 TiO₂/rGO 光催化的响应,Chen 等合成了具有 p/n 异质结的 GO-TiO₂ 复合物,并使用其对甲基橙进行降解。除 TiO₂/rGO 催化剂之外,为了降解水中不同的污染物,研究者还合成了 SnO₂/rGO 及 ZnO/rGO 复合物。

Zhang 等通过水热法制备了 TiO₂ 催化剂(P25)/rGO 复合物催化剂,该催化剂具有较好的染料吸附性能、较宽的光吸收范围,以及有效的电子与空穴分离能力(图 7-13)。研究结果表明,相比于非负载型的 P25,该催化剂具有更高的紫外可见光辐照下的降解亚甲基蓝的能力。他们指出,通过优化石墨烯的含量等参数、控制制备条件,可以进一步提高 P25/rGO 的性能,使 TiO₂/碳材料复合物更多地应用在能源催化方面。

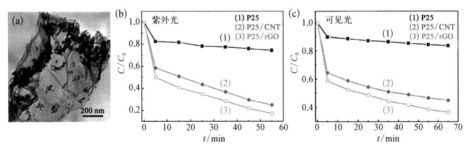

（a）P25/rGO 的 TEM 图;（b）（c）P25、P25/CNT 及 P25/rGO 在紫外及可见光条件下对亚甲基蓝的光催化降解图

图 7-13 P25/rGO 复合物催化剂表征及相关性能测试

7.4 小结

石墨烯由于其二维结构、优异的导电性及高比表面积性质被广泛用于催化剂

载体。石墨烯负载的形貌尺寸及组分可控的贵金属纳米颗粒可广泛用于燃料电池以及光催化。本章主要介绍石墨烯基纳米颗粒的制备及其在催化中应用。面临苛刻电化学环境,金属纳米颗粒催化剂因聚集、溶解和较低抗 CO 毒化性能等缺点被限制商业化应用。掺杂石墨烯及金属合金纳米颗粒复合物成为燃料电池以及光催化领域内的有效催化剂。因此,探索独特石墨烯基复合结构以及优异电子性能(如MOF/石墨烯)可进一步拓展复合材料在催化领域中应用。

参考文献

[1] Maiyalagan T, Dong X C, Chen P, et al. Electrodeposited Pt on three-dimensional interconnected graphene as a free-standing electrode for fuel cell application[J]. Journal of Materials Chemistry, 2012, 22(12): 5286 - 5290.

[2] Peng X S, Koczkur K, Nigro S, et al. Fabrication and electrochemical properties of novel nanoporous platinum network electrodes[J]. Chemical Communications, 2004 (24): 2872 - 2873.

[3] Zhang X Y, Chen X, Zhang K J, et al. Transition-metal nitride nanoparticles embedded in N-doped reduced graphene oxide: Superior synergistic electrocatalytic materials for the counter electrodes of dye-sensitized solar cells[J]. Journal of Materials Chemistry A, 2013, 1(10): 3340 - 3346.

[4] Lai L F, Zhu J X, Li B S, et al. One novel and universal method to prepare transition metal nitrides doped graphene anodes for Li-ion battery[J]. Electrochimica Acta, 2014, 134: 28 - 34.

[5] Wen Z H, Cui S M, Pu H H, et al. Metal nitride/graphene nanohybrids: General synthesis and multifunctional titanium nitride/graphene electrocatalyst[J]. Advanced Materials, 2011, 23(45): 5445 - 5450.

[6] Ma C N, Liu W M, Shi M Q, et al. Low loading platinum nanoparticles on reduced graphene oxide-supported tungsten carbide crystallites as a highly active electrocatalyst for methanol oxidation[J]. Electrochimica Acta, 2013, 114: 133 - 141.

[7] Siburian R, Kondo T, Nakamura J. Size control to a sub-nanometer scale in platinum catalysts on graphene[J]. The Journal of Physical Chemistry C, 2013, 117(7): 3635 - 3645.

[8] Yoo E, Okata T, Akita T, et al. Enhanced electrocatalytic activity of Pt subnanoclusters on graphene nanosheet surface[J]. Nano Letters, 2009, 9(6): 2255 - 2259.

[9] Qiu J D, Wang G C, Liang R P, et al. Controllable deposition of platinum

nanoparticles on graphene as an electrocatalyst for direct methanol fuel cells[J]. The Journal of Physical Chemistry C, 2011, 115(31): 15639 - 15645.

[10] Xiao Y P, Wan S, Zhang X, et al. Hanging Pt hollow nanocrystal assemblies on graphene resulting in an enhanced electrocatalyst[J]. Chemical Communications, 2012, 48(83): 10331 - 10333.

[11] Hu C G, Cheng H H, Zhao Y, et al. Newly-designed complex ternary Pt /PdCu nanoboxes anchored on three-dimensional graphene framework for highly efficient ethanol oxidation[J]. Advanced Materials, 2012, 24(40): 5493 - 5498.

[12] Wen Z L, Yang S D, Liang Y Y, et al. The improved electrocatalytic activity of palladium /graphene nanosheets towards ethanol oxidation by tin oxide [J]. Electrochimica Acta, 2010, 56(1): 139 - 144.

[13] Yang S Y, Chang K H, Lee Y F, et al. Constructing a hierarchical graphene-carbon nanotube architecture for enhancing exposure of graphene and electrochemical activity of Pt nanoclusters[J]. Electrochemistry Communications, 2010, 12(9): 1206 - 1209.

[14] Chang Y Z, Han G Y, Li M Y, et al. Graphene-modified carbon fiber mats used to improve the activity and stability of Pt catalyst for methanol electrochemical oxidation [J]. Carbon, 2011, 49(15): 5158 - 5165.

[15] Wang C M, Ma L, Liao L W, et al. A unique platinum-graphene hybrid structure for high activity and durability in oxygen reduction reaction[J]. Scientific Reports, 2013, 3: 2580.

[16] Zhang Y, Liu H N, Wu H K, et al. Facile synthesis of Pt nanoparticles loaded porous graphene towards oxygen reduction reaction [J]. Materials & Design, 2016, 96: 323 - 328.

[17] Li S S, Lv J J, Teng L N, et al. Facile synthesis of PdPt@Pt nanorings supported on reduced graphene oxide with enhanced electrocatalytic properties[J]. ACS Applied Materials & Interfaces, 2014, 6(13): 10549 - 10555.

[18] Bai S, Wang C M, Jiang W Y, et al. Etching approach to hybrid structures of PtPd nanocages and graphene for efficient oxygen reduction reaction catalysts[J]. Nano Research, 2015, 8(9): 2789 - 2799.

[19] Rao C V, Reddy A L M, Ishikawa Y, et al. Synthesis and electrocatalytic oxygen reduction activity of graphene-supported Pt_3Co and Pt_3Cr alloy nanoparticles[J]. Carbon, 2011, 49(3): 931 - 936.

[20] Zheng Y L, Zhao S L, Liu S L, et al. Component-controlled synthesis and assembly of Cu-Pd nanocrystals on graphene for oxygen reduction reaction[J]. ACS Applied Materials & Interfaces, 2015, 7(9): 5347 - 5357.

[21] Lv J J, Li S S, Wang A J, et al. One-pot synthesis of monodisperse palladium-copper nanocrystals supported on reduced graphene oxide nanosheets with improved catalytic activity and methanol tolerance for oxygen reduction reaction[J]. Journal of Power Sources, 2014, 269: 104 - 110.

[22] Govindhan M, Chen A C. Simultaneous synthesis of gold nanoparticle/graphene

nanocomposite for enhanced oxygen reduction reaction[J]. Journal of Power Sources, 2015, 274: 928 - 936.

[23] Liang Y Y, Li Y G, Wang H L, et al. Co_3O_4 nanocrystals on graphene as a synergistic catalyst for oxygen reduction reaction[J]. Nature Materials, 2011, 10(10): 780 - 786.

[24] Guo S J, Zhang S, Wu L H, et al. Co/CoO nanoparticles assembled on graphene for electrochemical reduction of oxygen[J]. Angewandte Chemie - International Edition, 2012, 51(47): 11770 - 11773.

[25] Wang H L, Liang Y Y, Li Y G, et al. Co_{1-x}S-graphene hybrid: A high-performance metal chalcogenide electrocatalyst for oxygen reduction[J]. Angewandte Chemie - International Edition, 2011, 50(46): 10969 - 10972.

[26] Liang Y Y, Wang H L, Zhou J G, et al. Covalent hybrid of spinel manganese-cobalt oxide and graphene as advanced oxygen reduction electrocatalysts[J]. Journal of the American Chemical Society, 2012, 134(7): 3517 - 3523.

[27] Yan X Y, Tong X L, Zhang Y F, et al. Cuprous oxide nanoparticles dispersed on reduced graphene oxide as an efficient electrocatalyst for oxygen reduction reaction [J]. Chemical Communications, 2012, 48(13): 1892 - 1894.

[28] Ahmed M S, Kim D, Jeon S. Covalently grafted platinum nanoparticles to multi walled carbon nanotubes for enhanced electrocatalytic oxygen reduction [J]. Electrochimica Acta, 2013, 92: 168 - 175.

[29] Wang F B, Wang J, Shao L, et al. Hybrids of gold nanoparticles highly dispersed on graphene for the oxygen reduction reaction[J]. Electrochemistry Communications, 2014, 38: 82 - 85.

[30] Xin L, Yang F, Rasouli S, et al. Understanding Pt nanoparticle anchoring on graphene supports through surface functionalization[J]. ACS Catalysis, 2016, 6(4): 2642 - 2653.

[31] Wang S Y, Wang X, Jiang S P. Self-assembly of mixed Pt and Au nanoparticles on PDDA-functionalized graphene as effective electrocatalysts for formic acid oxidation of fuel cells[J]. Physical Chemistry Chemical Physics, 2011, 13(15): 6883 - 6891.

[32] Yin H H, Liu S L, Zhang C L, et al. Well-coupled graphene and Pd-based bimetallic nanocrystals nanocomposites for electrocatalytic oxygen reduction reaction [J]. ACS Applied Materials & Interfaces, 2014, 6(3): 2086 - 2094.

[33] Zhang Q, Ren Q, Miao Y, et al. One-step synthesis of graphene/polyallylamine-Au nanocomposites and their electrocatalysis toward oxygen reduction[J]. Talanta, 2012, 89: 391 - 395.

[34] Fujigaya T, Kim C, Hamasaki Y, et al. Growth and deposition of Au nanoclusters on polymer-wrapped graphene and their oxygen reduction activity[J]. Scientific Reports, 2016, 6: 21314.

[35] Ma J W, Habrioux A, Luo Y, et al. Electronic interaction between platinum nanoparticles and nitrogen-doped reduced graphene oxide: Effect on the oxygen

reduction reaction[J]. Journal of Materials Chemistry A, 2015, 3(22): 11891 – 11904.

[36] Ghanbarlou H, Rowshanzamir S, Kazeminasab B, et al. Non-precious metal nanoparticles supported on nitrogen-doped graphene as a promising catalyst for oxygen reduction reaction: Synthesis, characterization and electrocatalytic performance[J]. Journal of Power Sources, 2015, 273: 981 – 989.

[37] Chen M H, Liu J L, Zhou W J, et al. Nitrogen-doped graphene-supported transition-metals carbide electrocatalysts for oxygen reduction reaction[J]. Scientific Reports, 2015, 5: 10389.

[38] Dou S, Tao L, Huo J, et al. Etched and doped Co_9S_8/graphene hybrid for oxygen electrocatalysis[J]. Energy & Environmental Science, 2016, 9(4): 1320 – 1326.

[39] Ellis W C, McDaniel N D, Bernhard S, et al. Fast water oxidation using iron[J]. Journal of the American Chemical Society, 2010, 132(32): 10990 – 10991.

[40] Yin Q S, Tan J M, Besson C, et al. A fast soluble carbon-free molecular water oxidation catalyst based on abundant metals[J]. Science, 2010, 328(5976): 342 – 345.

[41] Lu Z Y, Wang H T, Kong D S, et al. Electrochemical tuning of layered lithium transition metal oxides for improvement of oxygen evolution reaction[J]. Nature Communications, 2014, 5: 4345.

[42] Cui X J, Ren P J, Deng D H, et al. Single layer graphene encapsulating non-precious metals as high-performance electrocatalysts for water oxidation [J]. Energy & Environmental Science, 2016, 9(1): 123 – 129.

[43] Xia B Y, Yan Y, Li N, et al. A metal-organic framework-derived bifunctional oxygen electrocatalyst[J]. Nature Energy, 2016, 1: 15006.

[44] Lightcap I V, Kosel T H, Kamat P V. Anchoring semiconductor and metal nanoparticles on a two-dimensional catalyst mat: storing and shuttling electrons with reduced graphene oxide[J]. Nano Letters, 2010, 10(2): 577 – 583.

[45] Zhang Q, Yue F, Xu L J, et al. Paper-based porous graphene/single-walled carbon nanotubes supported Pt nanoparticles as freestanding catalyst for electro-oxidation of methanol[J]. Applied Catalysis B: Environmental, 2019, 257: 117886.

第8章

石墨烯粉体材料在生物传感器及医药领域的应用

石墨烯具有独特的机械、电学和光学特性,在电子、复合材料等领域的用途逐渐展现。2010年以后,石墨烯材料在生物医药领域的应用开始崭露头角,与其他碳纳米材料相比,石墨烯及其衍生物具有一些与生物医药相关的特殊性质,这些性质使得石墨烯在生物医药应用方面比其他材料更具潜在的优势。如单层石墨烯的理论比表面积比大多数纳米材料大至少1个数量级,且石墨烯的上下表面与边缘均可与生物分子进行相互作用,这使石墨烯具有较高的载药能力;经过功能化的石墨烯可作为有效载体将用于化疗的抗肿瘤药物运输到细胞中,提高治疗效果、降低副作用;石墨烯及其衍生物可以通过物理吸附或化学结合蛋白、多肽、蛋白质、小分子、细菌和细胞等,由此制得的石墨烯生物传感器可用于临床检测;石墨烯纳米孔设备可以快速完成DNA测序;石墨烯量子点可应用于生物成像中。这些都为石墨烯在生物医药领域的应用提供了广阔的前景。

目前,可用于生物医药领域的石墨烯材料包括石墨烯膜、石墨烯粉体材料、GQD等。用于生物传感器设计的材料包括CVD法合成的石墨烯膜材料、石墨烯粉体材料、GQD等;用于生物成像系统的材料包括GQD、功能化石墨烯等;用于药物输送、组织培养的材料包括氧化石墨烯等。

石墨烯和功能化氧化石墨烯(functionalized graphene oxide,FGO)是生物医学领域应用较多的石墨烯类材料,石墨烯粉体和GO通常是由石墨经化学氧化、还原制备获得。GO含有大量的含氧活性官能团(如羰基、羧基、羟基与环氧基等),因此具有良好的生物相容性和水溶液稳定性,可以进入细胞,无生物毒性;并且这些含氧活性官能团为下一步的化学功能化修饰提供了反应位点,可在不同领域得到应用。FGO经设计后可具有明显的肿瘤靶向性,为其在药物负载与运输方面奠定了基础。石墨烯、GO、FGO可以作为细胞生长支架材料,与多糖、蛋白质等物质合成生物相容性复合材料,作为器官植入器件。GQD的荧光特性、生物相容性等使其在生物传感、生物成像、药物输送、辅助药物治疗等领域逐渐得到应用。

总之,石墨烯在生物检测、药物输送、细胞成像和肿瘤治疗等方面的应用,对推动生物医药行业的发展起到了不可忽视的作用。虽然石墨烯在生物医学领域的应用研究还处于起步阶段,但其产业化前景是石墨烯材料最为广阔的应用领域之一。

本章主要综述石墨烯粉体和 GO 在生物传感器、生物医学和医药等领域的应用,主要包括:① 生物小分子检测;② DNA、蛋白质、抗体等生物大分子检测;③ 生物成像;④ 药物输送;⑤ 辅助治疗;⑥ 组织培养、生物工程及 3D 打印生物材料;⑦ 抗菌材料;⑧ 智能穿戴领域等。这些领域涉及生物医学、临床诊断、影像检测及增强、药物输送、光热疗法、癌症检测与治疗、组织工程学、抗菌、蛋白质相互作用、毒性、DNA 及 RNA 检测与输送等基本医学领域和智能穿戴等新领域,本章主要从可能的产业化基础入手,探讨最可能的石墨烯粉体产业化技术。

8.1 石墨烯生物利用基础

1. 石墨烯生物利用的物理特性

石墨烯生物利用的物理特性包括较好的热响应、极佳的力学柔韧性和强度、可变的光电响应等。

2. 石墨烯生物利用的化学特性

通过各种化学反应可以赋予石墨烯和 GO 特有的化学性质,从而使其具备在生物医药领域应用的基础:① 石墨烯可通过修饰和改性使其能够在生物体系中稳定分散;GO 表面的羟基和羧基可在水中发生电离,在水溶液中带有负电荷,使其在水溶液中呈现极好的分散性;② 石墨烯和 GO 表面的共轭结构可通过 π-π 共轭相互作用负载大多数带含芳香环的药物,水溶性药物则可通过离子键和氢键等非共价键固定在石墨烯和 GO 表面;③ 分子药物、生物大分子、蛋白质等可通过共价键与石墨烯边缘的羧基等官能团连接起来,从而使石墨烯成为一种多功能的药物载体。

3. 石墨烯材料的生物相容性

较好的生物相容性使石墨烯和 GO 可广泛应用于临床研究。通过对石墨烯和 GO 在生物组织内的吸收、分布、代谢、排泄及其生物相容性的研究发现,适量 GO

静脉注射小鼠体内后,在一定时间内,小鼠组织器官未见病理学改变;亲水性高分子材料修饰 GO 除增强石墨烯的水溶性或水分散性外,也相应提高其生物相容性和安全性,这些都是石墨烯在生物医药领域应用的基础。

4. 石墨烯材料的生物毒性

石墨烯的主要组成元素是碳,而碳是组成生物有机体内基本的元素之一,石墨烯材料在生物医药应用中具有天然的优势。石墨烯出色的力学、热学、光电和生物学性质,使其可在多个生物医用领域展现出临床应用的可能性,但其生物安全性仍然是需要优先考虑的问题。目前研究表明,石墨烯是一种生物相容性良好的碳纳米材料。但真正的临床应用需要长时间的生物安全研究和测试。

在生物医药领域,动物毒性是评估材料生物安全性的一个重要指标。研究发现,石墨烯可在肺部富集并存在较长时间,这有可能导致肺部水肿和肉芽肿瘤的形成,从而诱发肺部损伤。GO 上面的羟基、羧基、环氧基等含氧活性官能团可增强其水溶性,因此 GO 的细胞毒性低于石墨烯。若采用亲水性高分子材料修饰石墨烯和 GO,可以进一步提高 GO 的生物安全性,石墨烯经聚乙二醇、葡聚糖、壳聚糖、蛋白质等聚合物修饰后,石墨烯材料的体内毒性可明显降低。

最近研究表明,生物体内存在的髓过氧化物酶(myeloperoxidase,MPO)等会引发石墨烯材料的降解,这种生物酶促降解行为,可在很大程度上降低石墨烯材料的长期生物毒性,为其在生物医用领域的应用提供了生物保证。

8.2 生物分子分析

8.2.1 生物小分子分析

生物传感器在医学、食品、环境等领域具有广泛的应用,具有专一性和特异性,可以对特定的物质进行检测,实现对检测底物的快速、实时监测,如食品腐败指标在线监测、食品添加剂含量检测、临床医学检测、疾病诊断检测等。高灵敏性、高精度、高选择性、多功能、微型化、智能便携式的生物传感器结合现代智能化网络和信息化的应用,将在远程治疗、检测和物联网时代展现巨大的发展前景,并将随着信息技术和材料制备技术的发展而在产业化领域得到快速发展。

生物传感器按照器件检测的原理分类，可分为热敏生物传感器、光学生物传感器、声波道生物传感器、电化学生物传感器等。其中，电化学生物传感分析是指通过检测底物在电极表面的电化学相应信号进行浓度等测试，其核心是设计电极材料。碳材料是电化学分析领域广泛应用的电极材料，其具有比表面积高、成本低、化学稳定性好以及电催化活性高等优点。传统碳电极材料包括玻璃碳、石墨、碳糊、碳纳米管等，石墨烯作为新型碳材料具有良好的生物相容性、优异的电化学性质、丰富的化学活性官能团、超大的比表面积、优异的可折叠性等优点，可从多个方面提升电化学生物传感器的性能，是发展新一代生物电化学传感器最具潜力的材料之一。

石墨烯及其衍生物具有良好的水分散性、生物相容性及对特定生物分子的亲和性，通过对石墨烯表面特定分子的修饰，既可以实现电子的快速传递、将生物材料(抗体、酶、核酸、细胞等)结合到载体上组合成电极材料，又可以对生物分子进行选择性检测。因此，石墨烯是生物电化学传感器的理想电极材料。

具体而言，石墨烯电化学生物传感器的应用包括以下几点。① 石墨烯的比表面积为 2630 m^2/g，远高于石墨(10 m^2/g)和碳纳米管(1315 m^2/g)的比表面积。相比于其他碳材料，石墨烯具有优异的对目标生物分子的捕捉能力，增加了电化学生物传感器的灵敏度等性能。② 石墨烯电子迁移率和电学性质，优于单壁碳纳米管，电子传递能力较强，在电化学传感器的应用中可以发挥很大的作用。如 rGO 修饰的玻碳电极在磷酸缓冲液中的电位窗口为 2.5 V，与石墨修饰电极和玻碳电极接近，且对于多种无机和有机电活性化合物，rGO 修饰的玻碳电极表现出更低的电荷转移电阻。③ 石墨烯粉体材料的功能化发展比较成熟，随着 GO 和 rGO 等相关材料的化学方法功能化技术的开发，可以在边缘和表面结合多样的化学官能团，尤其是 GO 亲水性和生物相容性较好，表面的丰富的活性官能团可修饰、负载和键合其他的功能分子，容易实现石墨烯电化学生物传感器的功能化。④ 石墨烯的优异导电性会促进生物分子与电极表面修饰材料的电子传输，可用于制备低噪声、生物相容性好的传感器。⑤ 石墨烯、GO、rGO 对生物小分子表现出优异的电催化行为。

电化学检测方法具有易携带、灵敏度高、成本低等优点，因此在高性能电化学生物传感器领域，石墨烯受到广泛关注。目前基于，石墨烯粉体的电化学生物传感器已经对多种生物小分子、生物大分子、蛋白质、DNA、肿瘤标志物、病毒等的分析都展示了较高的选择性和灵敏度,是用于构建高效、快速、灵敏检测的生物传感器的理想材料。

除电化学传感外,由于具有可功能化的表面和高度灵敏的光性能,石墨烯还被用作生物大分子(如核酸、蛋白质等)的光化学检测技术。

1. 无机物检测

目前,通过制备各类石墨烯电极材料,可实现对影响人类健康的重金属离子[如 Hg(Ⅱ)、Ag(Ⅰ)、Cu(Ⅱ)、Pb(Ⅱ)、Cd(Ⅱ)、Cr(Ⅲ)、Ni(Ⅱ)、Co(Ⅲ)]的电化学检测,这种检测方法具备方便、快捷、灵敏度高、可逆性好等优点。修饰或未修饰的GO 也可对其他无机化合物(如 NO、NO_2、NH_3、CO、H_2、H_2S、CO_2、SO_2 等)实现电化学检测。

石墨烯功能油墨也可以通过丝网印刷等技术制备一次性的印刷电极(图8-1),其可用于环境中 Cd(Ⅱ)、Pb(Ⅱ)的实时检测。

图8-1 石墨烯功能油墨制备一次性的印刷电极用于重金属离子的实时检测

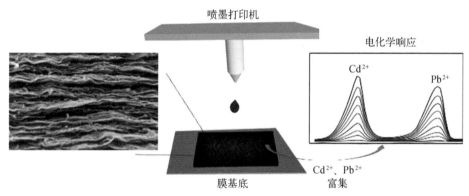

2. 抗坏血酸、尿酸、多巴胺等生物小分子的检测

石墨烯材料可以通过涂覆、修饰等手段,在玻碳、石墨烯、金属等表面制备石墨烯电极,这些电极具有高比表面积、可修饰性、高导电性等优点,可用于对生物小分子如抗坏血酸(ascorbic acid, AA)、多巴胺(dopamine, DA)和尿酸(uric acid, UA)的检测。用于这些小分子检测的石墨烯材料包括:① 石墨烯、GO、rGO 等;② 石墨烯、GO、rGO 等和铂、金、银、钯等金属颗粒的复合材料;③ 氮、硼掺杂石墨烯材料;④ 石墨烯、GO/金属氧化物复合材料。

rGO/Au、rGO/Cu$_2$O复合材料电极可同时进行L-抗坏血酸(L-AA)、多巴胺和尿酸的电化学分析。由于氮掺杂石墨烯显示出对多种生物小分子的电催化活性,因此其可以同时检测多种生物小分子,电化学传感器显示出宽的线性响应浓度和较低的检测限,对于抗坏血酸,线性响应浓度为 5.0 μmol/L～1.3 mol/L,检测限为 2.2 μmol/L;对于多巴胺,线性响应浓度为 0.5 μmol/L～0.17 mmol/L,检测限为 0.25 μmol/L;对于尿酸,线性响应浓度为 0.1 μmol/L 到 0.02 mmol/L,检测限为 0.045 μmol/L(信噪比[①]均为 3)。

另外,GQD 具有类似于石墨烯片和碳纳米管的固有的过氧化物酶样催化活性。GQD 键合 2,2′-叠氮基双(3-乙基苯并噻唑啉-6-磺酸)后可用于检测过氧化氢,检测限为 20 μmol/L。

3. 葡萄糖检测

目前,石墨烯-葡萄糖传感器主要包括葡萄糖氧化酶(glucos oxidase,GOx)酶传感器(图 8-2)、非酶传感器(图 8-3)等。石墨烯可作为电极材料固定 GOx,也可作为 GOx 氧化还原中心的导电介质,在保持 GOx 的生物活性同时促进电子在 GOx 酶活性中心向电极表面的传递。石墨烯的大比表面积有利于 GOx 在电极表面的负载,基于此构建的葡萄糖电化学生物传感器具有较宽的检测范围。非酶传感器由石墨烯复合金属氧化物[如 Ni(OH)$_2$]催化葡萄糖在电极表面的氧化来实现电化学检测(图 8-3)。

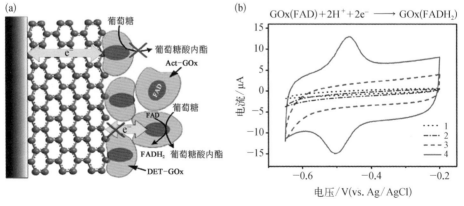

图 8-2 石墨烯-GOx 葡萄糖传感器的工作原理示意图

---

① 信噪比: signal to noise ratio,S/N。

图 8-3 石墨烯-
Ni（OH）₂ 葡萄糖
传感器的工作原理
示意图

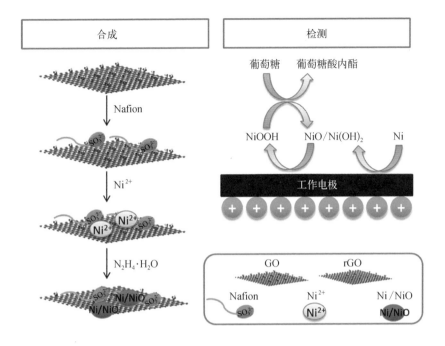

通过 GOx 在功能化石墨烯上修饰固定,利用 Nafion 等材料在电极表面修饰成膜,利用 GO 极好的溶解性提高 GOx 在膜中的分散性,利用 GO 的生物相容性保护 GOx 的生物活性,利用石墨烯高的导电性来增强电化学响应,由此,修饰电极对葡萄糖检测的线性响应、稳定性的相应时间均较佳。

通过电聚合法制备 GO 和普鲁士蓝(prussian blue,PB)复合膜修饰的电极,结合壳聚糖的生物相容性,制备了 GO/PB/GOx/壳聚糖复合物修饰电极对葡萄糖显示了很好的检测性能,在 -0.1 V 的电位下,检测的线性响应浓度为 $0.1\sim8.5$ mmol/L,检测限可以达到 0.343 μmol/L。石墨烯-葡萄糖传感器在抗坏血酸、多巴胺、尿酸和 L-半胱氨酸等存在下也显示了很高的选择性,并且具有长期稳定性。

利用三维多孔石墨烯气凝胶固定葡萄糖氧化酶,可设计酶促电化学微流生物传感器,气凝胶的高电导率、多孔结构为 GOx 提供了良好的仿生环境。三维多孔石墨烯气凝胶大的比表面积有利于固定更多的 GOx,并且微流体系统可以减少测试过程中样品的消耗,通过安培测量检测葡萄糖浓度,线性响应浓度为 $1\sim18$ mmol/L($R^2=0.991$),检测限为 0.87 mmol/L(S/N=3),传感器显示出极好的选择性和稳定性。

4. 其他小分子检测

在食品、医药、临床及人体健康等领域,过氧化氢(H_2O_2)、还原型烟酰胺腺嘌呤二核苷酸(reduced nicotinamide adenine dinucleotide,NADH)等生物分子的电化学检测具有重大的意义。经石墨烯修饰的电极具有出色的电催化活性、丰富的电化学活性位点,可极大提高被检测生物分子的电子转移速率,降低电子转移电阻。石墨烯修饰的电极可在同时存在多种生物分子的条件下,对其中一种分子进行选择性检测,具有选择性好、检测限低等优点。

利用石墨烯修饰金、铂等纳米颗粒的复合材料,可实现对过氧化氢的电化学催化;石墨烯复合材料修饰电极对多巴胺的催化分析也有很多报道;聚赖氨酸功能化的 rGO 电极可检测儿茶酚胺分子。利用羧酸功能化的石墨烯纳米材料来制备和构造新型的生物传感器,可实现同时检测腺嘌呤和鸟嘌呤。腺嘌呤和鸟嘌呤在羧酸功能化的石墨烯修饰的玻碳电极表面发生直接电氧化行为,对于腺嘌呤和鸟嘌呤的检测限分别为 0.05 μmol/L 和 0.025 μmol/L(S/N=3)。这种生物传感器显示出简单、快速、高灵敏性、高重复性、长期稳定性等优势。

8.2.2 生物大分子检测

由于石墨烯、GO 的生物相容性等特性,基于石墨烯和 GO 的生物传感器已扩展到蛋白质、激素、5′-三磷酸腺苷、胆固醇等的检测。

石墨烯-聚乙烯吡咯烷酮-聚苯胺(graphene-PVP-PANi)复合纳米材料可用来制备纸基胆固醇生物传感器,聚乙烯吡咯烷酮可提高石墨烯在水中的分散性,graphene-PVP-PANi 电化学信号可增强 3 倍以上,用于检测胆固醇,其线性响应浓度为 50 μmol/L~10 mmol/L,检测限为 1 μmol/L。该生物传感器用于实际样品检测时,也显示出了较好的回收率和实际应用价值。

甲胎蛋白(α-fetoprotein,AFP)是被广泛应用的临床肿瘤标志物,血浆中 AFP 浓度升高,是一些癌症(肝癌、胃癌、鼻咽癌等)的早期检测指标。氨基功能化石墨烯和金纳米颗粒(AuNP)复合物修饰碳电极,可用于制备电化学免疫传感器。将氨基修饰的石墨烯滴加到碳糊电极表面,再利用静电相互作用在 GO 表面吸附一层带负电荷的 AuNP,随后将电极浸泡在 AFP 溶液中,利用抗体与 AuNP 的自组装作用在电极表面修饰一层抗体,然后利用牛血清白蛋白溶液阻塞非特异性吸附的活性位点,最后通过抗原 anti－AFP 与 AFP 的特异性相互作用,可检测不同浓度的 AFP,其对 AFP 检测的线性响应浓度为 1～250 ng/mL,检测限为 0.1 ng/mL。

同样,利用表面修饰石墨烯光致发光性能可用来开发荧光免疫检测试剂和技术,通过静电相互作用在氨基修饰的玻璃片表面沉积 GO 阵列,再通过酰胺键将轮状病毒的抗体固定在 GO 阵列上,病毒可通过抗原抗体相互作用被捕获,最后用连接有抗体的 AuNP 再与其相互作用。由于 GO 和 AuNP 之间直接接触产生荧光共振能量转移(fluorescence resonance energy transfer,FRET),会导致荧光猝灭,为了使 AuNP 能与 GO 连接,又要与其保持一定的距离,抗体与 AuNP 之间通过一条 100 个碱基的单链 DNA(single-stranded DNA,ssDNA)作为桥连接,目标病毒的识别即通过观察 GO 的荧光猝灭检测。该方法可以继续扩展制备 GO 微阵列,其可用于多种病菌检测。独特的荧光发射性能和简便的制备方法使 GO 在新型荧光标记的分子诊断中具有很大的应用潜能。

基于石墨烯可以与细胞膜形成牢固耦合的界面,因此使用石墨烯场效应晶体管(field effect transistor,FET)器件可以直接检测活细胞中的生物信号。例如,使用机械剥离法制备的石墨烯和 CVD 法制备的石墨烯阵列型 FET 器件成功检测到了心肌细胞的电信号。

8.2.3　DNA 检测

电化学 DNA 传感器具有灵敏度高、选择性高和成本低等优点,有望提供一种简单、准确和廉价的临床检测平台。石墨烯具有较宽的电势窗口,可直接检测氧化还原电位较高的核酸分子。金纳米颗粒/石墨烯膜构建直接电化学 DNA 传感器可用来检测 DNA 序列和与疾病相关的变异基因,通过差分脉冲伏安法可成功检测序列特异性的 DNA 寡核苷酸。基于 rGO 的 DNA 电化学传感器可有效区分 DNA 中的 4 个自由基(鸟嘌呤、腺嘌呤、胸腺嘧啶和胞嘧啶)在电极上的电化学反应,并可在不需水解的前提下同时测定单链 DNA 和双链 DNA(double-stranded DNA,dsDNA)。

利用 DNA 和功能化石墨烯之间的相互作用可以进行 DNA 检测,这个实验原理基于 GO 与 ssDNA 的优先相互作用,ssDNA 中暴露的碱基与 GO 表面强烈吸附,但 dsDNA 中的碱基被包裹隐藏在螺旋结构中,这阻止了碱基与 GO 表面的直接相互作用。利用这个原理,科学家设计了基于 GO 的 DNA 传感器,其工作原理如下(图 8 - 4)。首先在 GO 表面吸附荧光标记的 ssDNA 探针,GO 的荧光猝灭作用使得荧光标记的 ssDNA 探针荧光消失。然后在溶液中加入与其互补的目标 ssDNA,ssDNA 探针和目标 ssDNA 可以形成 DNA 双链体,从而与 GO 分离,此时,被 GO 猝灭的荧光得以恢复,通过检测荧光变化,可以检测 DNA 及其浓度。基于此概念,可成功实现多个 ssDNA 和微核糖核酸(microRNA)的检测。通过聚合酶链式反应(polymerase chain reaction,PCR)技术,可进一步提高检测限。

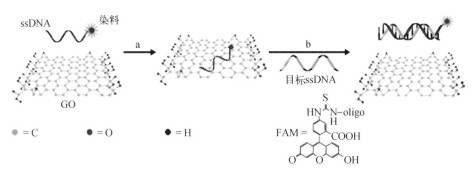

图 8 - 4 基于 GO 的 DNA 传感器的工作原理示意图

石墨烯非常薄,其厚度小于 DNA 两个碱基之间的距离,因此石墨烯纳米孔具有高分辨率。另外,由于 DNA 的 4 个碱基阻断电流的能力不同,很容易通过这种石墨烯纳米孔进行区分,从而使得石墨烯用于 DNA 快速测序技术成为可能。Merchant 等设计了用于 DNA 测序的石墨烯纳米孔结构(图 8 - 5),该装置使用了 1～5 nm 厚的石墨烯薄膜,并在其上用电子束刻蚀了一个直径为 5～10 nm 的纳米孔。由于石墨烯薄膜极薄,DNA 经过纳米孔时,可观测到比传统固态纳米孔更大的阻断电流,石墨烯作为膜材料的使用为新型纳米孔设备打开了大门。

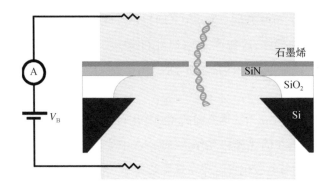

图 8 - 5 使用石墨烯薄膜用于 DNA 测序的装置示意图

美国哈佛大学和麻省理工学院的研究人员也同时证实石墨烯薄膜有可能制成人工膜用于 DNA 测序。研究人员将制得石墨烯薄膜在硅支架上延展,插入两个独立的液体库之间,并用聚焦颗粒束技术在石墨烯薄膜上刻蚀得到纳米孔。当流体槽存在电压时,将推动离子通过石墨烯薄层,并显示电子流信号。研究人员将长 DNA 链加入流体中,它们能够通过电流依次穿过石墨烯纳米孔。DNA 穿过纳米孔时会阻断离子流,从而生成特征性的电子信号反馈 DNA 分子的大小和结构。不同碱基会引起不同的电流变化,因此能够根据电流对通过的 DNA 链完成快速测序。图 8-6 是分子动力学模拟石墨烯纳米孔对单链 DNA 进行测序的示意图。

图 8-6 分子动力学模拟石墨烯纳米孔对单链 DNA 进行测序的示意图

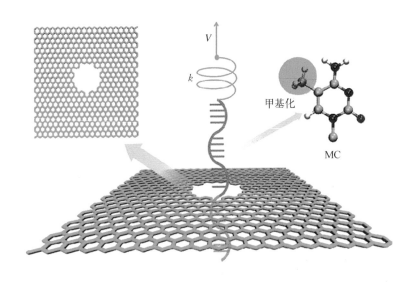

8.3 生物成像和诊断

生物成像是诊断研究的重要方面,通常可以用于体内和体外两种环境类型监控生物成分的变化,反映人体的健康状况。

用于生物成像材料的主要要求是高特异性、敏感性和无毒性。由于石墨烯具有良好的分散稳定性、生物相容性、固有的光学性质、较强的荧光成像效果,同时,其自身在近红外光激发下可发出荧光,荧光染料也可通过共价或非共价方式连接到石墨烯上,获得具有荧光性能的复合物,因此,石墨烯基材料作为一种新兴的荧光成像材料在生物活体成像领域具有广泛的应用前景,可用于生物医学成像和临床诊断。

GO-磁性纳米颗粒复合材料可用于增强体内的磁共振成像(magnetic resonance imaging,MRI)信号。例如,氨基葡聚糖包覆的 Fe_3O_4 纳米颗粒与 GO 偶联,被细胞摄取后,MRI 信号会增强;放射性标记的 GO(与某些抗体偶联的 GO)可用于癌细胞的正电子发射断层成像(positron emission tomography,PET)。

戴宏杰课题组制备了一种可在生理环境中稳定存在的聚乙二醇功能化的 GO(GO-PEG),并发现 GO-PEG 在可见和近红外光区均存在良好的光致发光性能,且易与细胞的自发荧光区分开,因此其可用于进行细胞成像。

Yang 等将染料 Cy7 连接到 GO-PEG 上,并通过静脉注射方式将其注入种植有肿瘤的小鼠体内,1 天后经 Cy7 修饰的石墨烯大量富集在肿瘤内部,并呈现出强烈的荧光,实现了肿瘤的标记检测。

多功能石墨烯(multi-function graphene,MFG)可用作成像探针,图 8-7 显示了用荧光标记的 MFG 处理过的斑马鱼的体内图像。激光扫描共聚焦显微图像显示 MFG 仅位于细胞质区域,在斑马鱼中表现出出色的共定位性并且呈现从头到尾的生物分布,生物体没有发现明显的异常,也没有影响斑马鱼微注射 MFG 后的存活率。

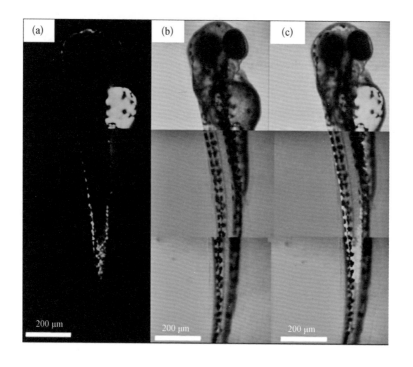

图 8-7 用荧光标记的 MFG 处理过的斑马鱼的体内图像

石墨烯粉体材料:从基础研究到工业应用

表面等离激元共振成像(surface plasmon resonance imaging, SPRi)是用于免疫分析强有力的工具之一,其具有无标记、实时和高通量的特点,但是它通常会受限于灵敏度。胡卫华等利用聚多巴胺(polydopamine, PDA)功能化 rGO(PDA-rGO)纳米片用于血清的灵敏 SPRi 免疫分析。他们在温和的碱性溶液中将 GO 片与多巴胺进行聚合,然后经过蛋白和 PDA 组分自发反应发生抗体偶联最终形成 PDA-rGO(图 8-8)。在双信号放大模式下,第一个信号来自抗体偶联 PDA-rGO 对 SPRi 芯片上形成的夹心免疫复合物的捕获,然后是 PDA-rGO 上 PDA 诱导的自发金还原沉积,进一步增强 SPRi 信号。在 10%的人体血清中,对于模型生物标志物癌胚抗原(carcinoembryonic antigen, CEA),该芯片具有高特异性和宽动态范围,能实现低至 500 pg/mL 的检测限。

图 8-8

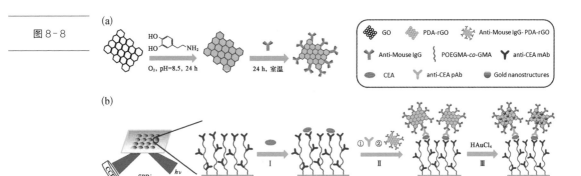

(a) PDA-rGO 和抗体偶联 PDA-rGO 的制备示意图;(b) 用于 SPRi 检测的双信号放大方法示意图

生物成像中使用最广泛的是 GQD。由于 GQD 显示出显著的光学性质,2000年,已有将 GQD 用作成像探针的初步研究的报道,GQD 在水中优异的分散性、出色的生物相容性和光致发光性能,使其作为一种新兴的生物成像材料,在细胞标记和成像材料领域得到极大的关注。

GQD 可通过简单的剥离和氧化过程合成,也可通过水热法从有机小分子(如葡萄糖)制得,制备较方便。由于其本身具有光致发光性能,可直接用于细胞内成像,无须任何表面处理或功能化过程。与传统的量子点(quantum dot, QD)相比,GQD 具有化学惰性,其生物毒性极低,从而规避传统 QD(如 CdS)中重金属毒性。

也可通过功能化或复合技术形成功能化 GQD 或复合材料。氮掺杂的 GQD

（N-GQD）引入海拉细胞^①，使用激光扫描共聚焦显微镜对其生物成像能力进行观测，可以看到在细胞内部观察到了明亮的绿色发光，表明 N-GQD 已被海拉细胞内在化，并且 N-GQD 主要位于细胞质区域，即 N-GQD 可以用作有效的生物成像探针。

用聚多巴胺包覆 GQD，PDA 修饰的 GQD 显示出优异的光致发光强度稳定性，并且由于 GQD 在水中的稳定性增强，因此其在体内毒性降低。GQD 在 PBS 溶液中的光致发光强度随时间延长迅速降低，14 天后光致发光强度降低了 45%。而用 PDA 包覆后，涂覆 PDA 的 GQD 的光致发光强度可稳定地保持 14 天。在裸鼠体内，涂有 PDA 的 GQD 展现出良好的体内生物相容性。因此，PDA 修饰的 GQD 可用作长期光学成像剂以及生物相容性药物载体。

羧基化荧光石墨烯纳米点（cGQD）除可用于生物成像外，可展现出光照辅助治疗特性，在红外（波长为 670 nm）激光照射下，cGQD 可产生足够的热量，通过热烧蚀杀死癌细胞。通过光动力和光热效应，cGQD 能够杀死 MDA-MB231 癌细胞（>70%）。经过 21 天观察发现，cGQD 对 MDA-MB231 异种移植患有肿瘤的老鼠体内模型同样有效，且经 cGQD 处理的肿瘤生长速率要小于经盐水处理的肿瘤。制得的 cGQD 能使小鼠肿瘤组织可视化，从而说明其可作为光成像剂用于深层组织或癌症器官的无创伤检测。因此，多模式 cGQD 能被用于光治疗，通过光动力或光热效应，能够用于深层组织和肿瘤的无损伤光学成像。

GQD 在紫外线、蓝光和绿光的照射下分别显示出强烈的蓝色、绿色和红色发光。此外，GQD 以依赖于激发的方式发出 800~850 nm 的近红外（near infrared specturm，NIR）荧光，该 NIR 荧光具有 455 nm 的大斯托克斯位移，为灵敏测定和生物靶标成像提供了有利条件。GQD 在生物成像中有广阔的前景。

8.4　药物输送

纳米载药体系是指通过物理或化学方式将药物分子装载在纳米材料载体上，形成药物-载体的复合体系，进而通过注射等手段进入特定组织和区域。它的主要

---

① 一种可以不断再生的人类宫颈癌细胞。

优点包括：① 可将药物分子靶向递送至特定的细胞或器官；② 可提高难溶性药物在水溶液中的溶解性；③ 能够显著提高靶区的药物浓度，提高药物的利用率，增强治疗效果，降低药物的不良反应；④ 可将细胞难以摄取的生物大分子药物（如核酸、蛋白质等）递送至细胞内的活性部位。

最早期使用的药物载体材料包括高分子材料、分子树、病毒等，2008 年以来，随着研究的深入，石墨烯（以 GO 为主）用于药物载体实现药物的有效输送逐渐开展起来。

石墨烯用于药物载体主要基于以下几个优点。（1）石墨烯的比表面积较高（2630 m^2/g），这使其可最大限度地负载药物分子，目前单层 GO 及 rGO 是实现高效载药的最佳材料。石墨烯和药物分子的结合方式包括：① 通过静电相互作用与离子型药物分子形成复合物；② 通过 π-π 共轭相互作用与药物分子的芳香环相互结合；③ 通过化学键合与分子进行键合。（2）由于可以调控其表面性质，石墨烯传递药物可控制药物可持续释放的释放速率。（3）石墨烯表面可负载磁性颗粒等材料，有助于在其进入体内后，利用外加磁力进行可控输送。（4）通过键合靶向分子，可实现对特定细胞进行选择性药物的精确输送。（5）石墨烯的光热性能，使其可以实现可控释放。

目前，GO 已成为颇具竞争力的药物运输系统，具有可用于系统靶向和局部有效药物输送的潜力。

8.4.1　GO 和 rGO 负载药物分子

π-π 共轭相互作用是石墨烯负载有机药物分子的一个主要路线，一般通过石墨烯溶液和药物分子溶液混合即可实现，过程比较简单，不需要特殊处理。

通过 GO 体系，可将非水溶性的药物分子有效输送进入人体体液组织，如利用 π-π 共轭相互作用，通过简单的物理吸附等方法即可把疏水性药物（如阿霉素、蒽环类抗生素、喹诺酮生物碱、紫杉烷、铂配合物、亚硝基脲化合物、嘧啶类似物、多酚化合物、醌化合物和其他化学治疗药）及用于选择性杀死癌细胞的药物输送进入体内癌组织（图 8-9）。在这个体系中，石墨烯由于其体积小、内在的光学特性、大的比表面积、低成本以及与芳香族药物分子非共价相互作用而成为一种通用纳米材料。

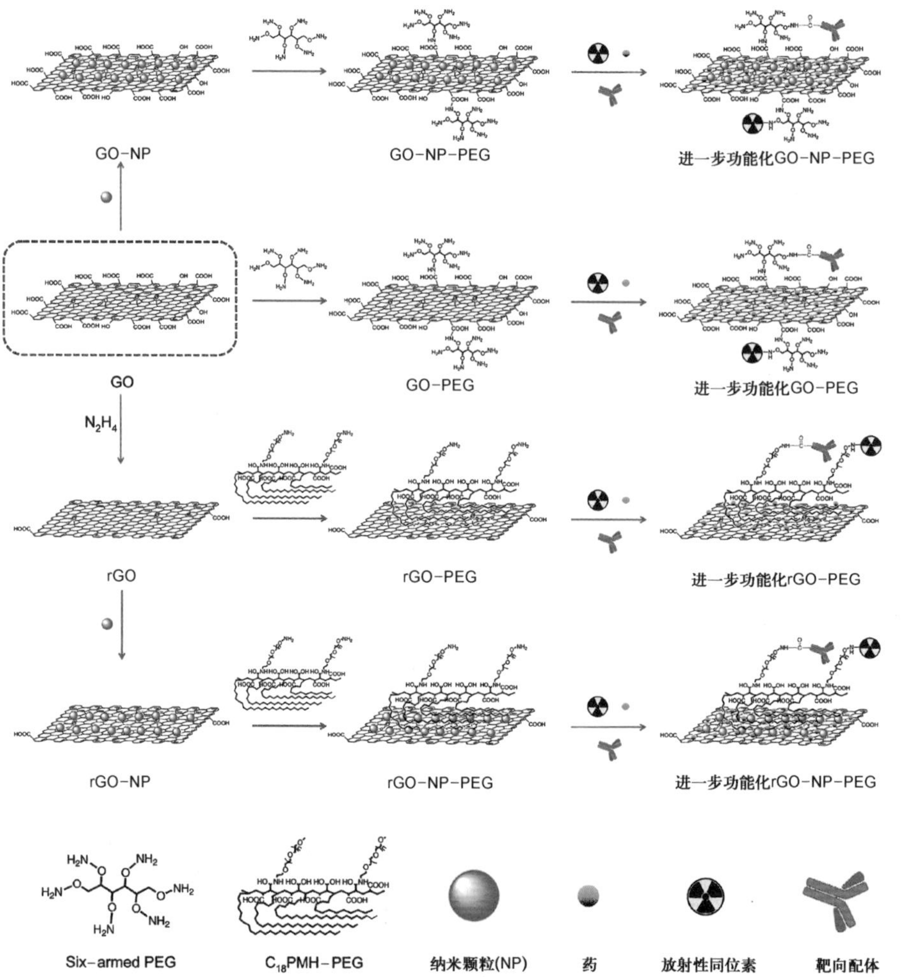

图 8-9 石墨烯药物输送的设计原理示意图

GO-NP

GO-NP-PEG

进一步功能化GO-NP-PEG

GO

GO-PEG

进一步功能化GO-PEG

rGO

rGO-PEG

进一步功能化rGO-PEG

rGO-NP

rGO-NP-PEG

进一步功能化rGO-NP-PEG

Six-armed PEG   C₁₈PMH-PEG   纳米颗粒(NP)   药   放射性同位素   靶向配体

例如,通过 π-π 共轭相互作用和酰胺键,可在 GO 上负载紫杉醇和氨甲蝶呤,对肺癌和乳腺癌治疗效果极佳。

8.4.2 功能修饰 GO 和 rGO 对药物分子的负载

单一的 GO 具有较强的载体性能,许多研究也已经证实 GO 作为药物载体的优良性能。但在实际体系中,对 GO 进行巧妙的表面修饰设计是实现药物输送差异化的必要条件,特定官能团修饰后的 GO 作为抗肿瘤药物载体性能更加优越。

常见的修饰剂包括聚乙二醇(PEG)、聚乙烯亚胺(PEI)、聚酰胺、壳聚糖、蛋白质等大分子材料,这些材料修饰后的 GO 可作为药物和蛋白递送载体,有效实现药物分子的高效输送。

蛋白质药物虽然生物活性好、毒性低,但易被生物体内存在的蛋白酶所降解,不能有效地递送至细胞内,导致其生物利用度大幅降低,从而严重影响了蛋白质药物的疗效。通过使用 GO,可以高效地负载蛋白质,有效保护其不被酶水解。例如将转铁蛋白(Tf)共价修饰在 PEG - GO 表面,药物递送体系可以穿过血脑屏障,进而将抗肿瘤药物阿霉素(doxorubicin,DOX)靶向递送至脑胶质瘤部位。荷瘤大鼠体内试验表明,该递送系统可以靶向递送 DOX 至脑胶质瘤部位,并有效抑制肿瘤生长,显著延长荷瘤大鼠存活时间。

紫杉醇(paclitaxel,PTX)是一种广泛使用的化疗药物。然而,水溶性低、生物利用率低和病人出现的耐药性限制了其生物学应用。Huang 等利用 GO 来提高 PTX 的利用率,制备出了用于治疗癌症的新型药物输送体系。首先,将 PTX 与聚乙二醇二丙烯酸酯连接,然后在中性条件下经过酰胺化共价结合于 GO 片的表面,得到药物输送体系 GO - PEG - PTX,GO - PEG - PTX 纳米载体能够迅速进入 A549 细胞[①]和 MCF - 7 细胞[②],GO - PEG - PTX 体系在一定浓度 PTX 存在下可以对 A549 细胞和 MCF - 7 细胞表现出非常高的细胞毒性。

聚乙烯亚胺已广泛用作 GO 片的表面修饰剂,可通过静电相互作用复合或共价结合质粒 DNA(plasmid DNA,pDNA),从而将基因传递到细胞中。与 PEI / pDNA 复合物相比,GO - PEI /pDNA 显示出高基因转递效率,且细胞毒性低。

可生物降解的壳聚糖 - GO(CS - GO)纳米复合材料也可用于药物输送,且药物释放速率比壳聚糖更快,生物降解速率减慢。壳聚糖功能化的 GO 通过 π - π 共轭相互作用可负载抗肿瘤药物,通过静电相互作用可应用于 pDNA 的高效代码传递。

8.4.3 pH 和光热效应控制 GO 和 rGO 表面药物释放

溶解度和释放速率具有 pH 依赖性的小分子药物控制释放技术具有较大的应用前景,GO 作为载体也可进行 pH 控制释放。DOX - GO 复合物使 DOX 在低 pH

---

① 人体肺癌细胞。
② 人体乳腺癌细胞。

条件下具有较高的溶解度,利用这一性质,DOX 和喜树碱(captothecin,CPT)的 pH 响应可以实现抗肿瘤药物靶向释放。也可通过使用具有 pH 响应释放的 CS-GO 复合物来递送具有不同亲水性的抗炎药(如布洛芬和 5-氟尿嘧啶)。

磁性 GO-Fe₃O₄ 纳米复合材料常被用作靶向药物递送载体,但也可使用 pH 控制药物释放。基于 GO、具有双重靶向功能和 pH 敏感的抗肿瘤药物递送载体合成路线如下:首先使用共沉淀法制备超顺磁性的 GO-Fe₃O₄ 复合材料,随后将叶酸(folic acid,FA)通过氨基酰亚胺键偶联到 Fe₃O₄ 纳米颗粒上(3-氨基丙基三乙氧基硅烷改性的 GO-Fe₃O₄),最后将抗肿瘤药物 DOX 负载到该多功能 GO 的表面上,由于 GO 表面存在的羧基,DOX 的释放表现出对 pH 的依赖性。

PEG 功能化(与聚乙二醇共价结合)的 GO 也可以负载阿霉素(DOX)、紫杉醇和氨甲蝶呤等,其进入体内后,通过调控 pH,可控制 DOX 与 GO 之间的相互作用力,从而控制 DOX 在体内的释放速率。

透明质酸(hyaluronic acid,HA)修饰 GO 后,通过和 DOX 的作用得到 HA-GO-DOX 纳米复合物,其中,HA 作为靶向官能团和亲水官能团,可使该复合物在体液中稳定分散。同时,HA-GO 也可以作为 pH 响应药物输送体系,该纳米复合物具有持续的药物释放能力,并且可以选择性杀伤癌细胞,因此,其可用于负载 DOX,控制 DOX 在体内释放。与自由 DOX 和 GO-DOX 相比,HA-GO-DOX 纳米复合物对小鼠体内的 H22 肝癌细胞表现出显著增强的抑瘤率。因此,HA-GO-DOX 纳米复合物在抗肿瘤药物输入领域具有潜在的应用价值。

除此之外,也可利用石墨烯的光致发热作用,利用温度效应控制石墨烯表面药物的释放。光作为一种广泛应用于自然界的能量来源,由于其具有可微调照射位置和剂量的特性,是一种常用的刺激手段。石墨烯在近红外区域具有很强的光吸收能力,具有良好的光热转换效率,是肿瘤光热消融的理想光热剂。这种光诱导的局部温度升高也可以使药物以光控方式从石墨烯基纳米载体中释放。

8.4.4 GO 和 rGO 对生物大分子的载入

石墨烯不仅可以与药物相互作用,而且还可以与其他生物分子(如核酸、DNA 和 RNA)相互作用,用于基因治疗。基因递送载体的基本要求包括保护 DNA 免受

石墨烯粉体材料:从基础研究到工业应用

降解、确保高转移效率，GO 通过 π-π 相互作用吸附碱基，既可以固定基因片段，又可以有效地保护核苷酸免受酶促裂解。也可将 GO 表面的含氧官能团进行化学修饰，用于基因输送。GO 衍生物可以提高干扰小 RNA（small interfering RNA，siRNA）或 pDNA 进入细胞的能力，从而保护它们免受酶促裂解。如 GO 与血管内皮生长因子（vascular endothelial growth factor，VEGF）结合可促血管生成基因复合，是一种有效的心肌治疗药物。

目前，聚乙烯亚胺、壳聚糖和芘甲胺（Py-CH₂NH₂）等带正电荷材料已被用于修饰石墨烯并充当基因输送载体。张智军课题组发现，经聚乙烯亚胺共价修饰的 GO 具有更低的细胞毒性，并表现出较 PEI 更好的基因转染效果，且能有效地将 pDNA 输送至细胞核（图 8-10）。他们还发现，经 PEI 修饰的 GO 可同时负载 siDNA 和 DOX，实现基因治疗与化疗对肿瘤细胞的协同治疗。

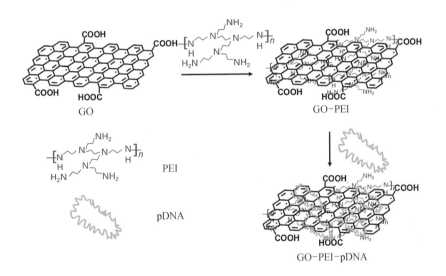

图 8-10 GO-PEI-pDNA 的合成路径

Kim 等利用 PEG-BPEI-rGO 载体在近红外光的辐照下实现了可控的基因输送。石墨烯高效的光热转换能力可有效促进 pDNA 从溶酶体内释放，实现近红外光辐照下的可控的基因输送。

刘坚课题组制备了能够实现基因转染的氧化石墨烯图案型基底，实现了由 GO 基底作为有效平台富集 PEI/pDNA 复合物，并且能够使该复合物在一个相对较长的时间里实现逐步释放，从而来增强基因传递。它能够以一种区域性的方式显著性地提高向选择性培养在氧化石墨烯图案型基底上的细胞输送外源基因的效率。

该GO基底表现出了良好的生物相容性，能够对各种细胞系包括干细胞实现有效基因转染，因此其在干细胞研究和组织工程中有重要的应用前景。

8.5　辅助治疗

石墨烯的出现为癌症的光热治疗（photothermal therapy，PTT）技术提供了一种可能。石墨烯在近红外区域有较强的吸收，具有出色的光热转换能力，能够把光能转化为热能，因此可利用石墨烯的光致发热作用在癌细胞局部产生高温，进而杀死肿瘤细胞（图8-11）。与贵金属纳米颗粒和碳纳米管相比，石墨烯特别是GO在NIR区域具有更大的光吸收率和更高的光热转换率，加上其超大的比表面积、可控的片径和界面以及较低的制造成本，是PTT的理想候选者。

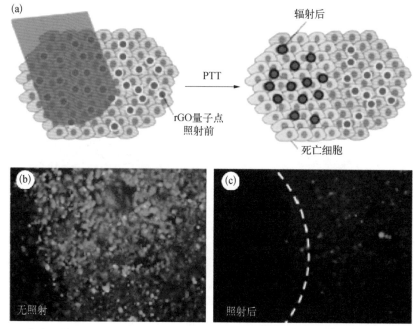

图8-11 PTT的示意图

（a）通过rGO量子点光热治疗杀死癌细胞；（b）（c）治疗前和治疗后的细胞荧光图像

聚乙二醇（PEG）修饰的石墨烯可靶向富集到肿瘤组织，将其应用于肿瘤的PTT，在所需剂量下并无明显生物毒性。Yang等首次使用GO进行有效地体内

PTT。结果显示，经过 PEG 修饰后的 GO 能够在小鼠肿瘤组织中高度富集，并且具有明显的肿瘤组织滞留性，实验明显观察到肿瘤组织的热致凋亡。

将抗肿瘤药物 DOX 负载在 PEG 修饰的 GO 表面上，利用 GO 的 PTT 和 DOX 的协同作用，可进一步增强肿瘤治疗的效果。近红外激光可实现 GO-透明质酸（HA）共轭物（GO-HA）对黑色素瘤皮肤癌的光热消融治疗。Fe_3O_4 和金纳米颗粒共同修饰的 GO 复合材料具有强顺磁性和高 NIR 吸收能力，可在生理环境中稳定存在，体内和体外实验结果均证明该复合材料无显著毒性，且具有增强的肿瘤 PTT 效果。

生物功能化石墨烯衍生物（标有 NIR 荧光染料，但未携带任何药物）被用于小鼠异种移植模型中被动靶向肿瘤并通过 PTT 杀死癌细胞的研究。图 8-12 显示了静脉注射聚乙二醇功能化的纳米石墨烯片（PEG-NGS）后进行的体内 PTT 研究结果。激光照射 1 天后，注射了 PEG-NGS 的小鼠身上所有受辐照的肿瘤消失，原始肿瘤部位留下了黑色的瘢痕，在治疗后约一周脱落，并且在 40 天的疗程中没有发现肿瘤再生长。

图 8-12 PEG-NGS 的体内 PTT 研究结果

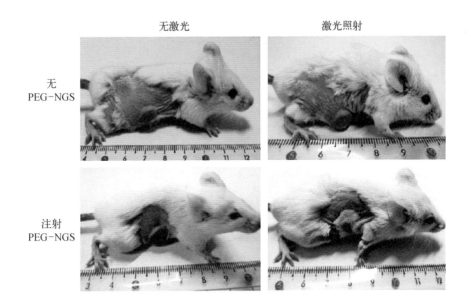

通过合成二氧化硅/石墨烯核壳结构材料，也可用于化学治疗-光热治疗法，在这个材料中，血清蛋白修饰在石墨烯表面，形成 SiO_2/石墨烯/Serum，这种纳米颗粒在生理条件下具有良好的可溶性和稳定性，由于石墨烯可将光能转换为热能，因

此这种纳米颗粒具有高的光热转换效率和稳定性,同时对 DOX 具有高的负载和释放能力。在小鼠模型中,SiO₂/石墨烯/Serum-DOX 的化学-光热效应明显抑制了肿瘤的生长。

光动力治疗(photodynamic therapy,PDT)是利用一定波长的光照射靶体内的光敏剂(photosensitizer,PS),使之从基态跃迁到激发态,处于激发态的光敏剂与基态氧($^3O_2$)发生能量或者电子转移,产生大量的活性氧(reactive oxygen species,ROS),包括过氧化氢 H_2O_2、超氧阴离子(O_2^-)、羟基自由基($\cdot HO$)和单线态氧($^1O_2$)等,其中最典型的是 $^1O_2$。因为强氧化性,ROS 可以通过氧化细胞内的生物大分子损伤细胞结构或影响细胞功能,进而达到杀死病变部位细胞和治疗的目的。在光动力疗法中,用合适的波长辐照石墨烯基纳米材料,可产生反应性自由基,与其周围环境(包括细胞壁、细胞膜、肽和核酸)反应迅速从而不可逆地杀死癌细胞。

通过 π-π 共轭作用、疏水作用和氢键相互作用将竹红菌甲素(hypocrellin AHA,一种疏水性醌类非卟啉抗肿瘤药物)固定在 GO 上,得到 GO-HA 复合材料,通过适当波长的光照射它,激发出 $^1O_2$,用海拉细胞进行的体外测试,结果显示海拉细胞对 GO-HA 的吸收效率很高,光照射后会导致细胞大量死亡。

GO 和光催化材料 TiO₂ 结合同样可用于 PDT 治疗,通过可见光照射,可观察到 GO/TiO₂ 复合材料在细胞内和体外均可产生活性氧,通过观测辐射下和 GO/TiO₂ 接触的细胞变化,发现这些细胞的线粒体膜电位、细胞活力、超氧化物歧化酶、过氧化氢酶和谷胱甘肽过氧化物酶的活性均显著降低,导致半胱氨酸蛋白酶活性显著升高,并诱导了凋亡。结果表明,由于 PDT 和光催化疗法的联合作用,GO/TiO₂ 复合材料具有高度的 PDT 抗肿瘤活性。

通过 π-π 共轭、静电吸引等协同作用,石墨烯可分别加载 DOX 和亚甲基蓝(MB)、叶酸受体(FA),形成的 GO/DOX-FA 和 GO/MB-FA 纳米复合物具有超高的比表面积、高载药量、靶向特异性以及良好的光热转化效率和光稳定性。同时,在用 DOX 或 MB 装载纳米平台后,叶酸受体将药物递送到肿瘤细胞中,并通过加热,在酸性肿瘤环境中触发药物释放。与单独应用的光热治疗、光动力治疗或化学治疗相比,使用 GO/DOX-FA 或 GO/MB-FA 的光热化学治疗或光热-光动力协同疗法表现出了显著的协同作用。

同样,可以设计含有磁性靶向(Fe₃O₄)、活性靶向分子(叶酸)和线粒体靶向(三苯基膦)的氧化石墨烯纳米复合材料(GFFP‐TPPa),提供有效的药物递送系统光敏剂,用于改善针对人类肿瘤的光动力疗法(图8‐13)。

图8‐13 GFFP‐TPPa的合成路线

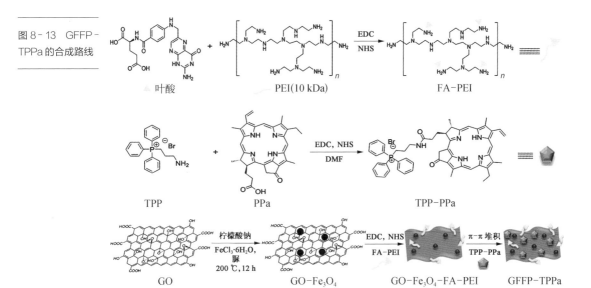

8.6 组织培养、生物工程与3D石墨烯

组织工程是一门结合细胞生物学和材料科学进行体外或体内组织或器官的构建,来修复、替代或改善生物组织功能的新兴学科。组织工程在组织修复和再生等领域已取得了较好的成果。例如,骨组织工程通过将种子细胞与支架材料复合,然后在各种生长因子的诱导下促进种子细胞向骨分化,进而实现组织修复等目的。

作为研究的基础,骨组织工程首先需要找到具有较强的机械强度、较好的生物相容性的理想骨架材料,以使组织细胞在上面生长、增殖。石墨烯和GO复合材料具有可调的机械强度、良好的生物相容性、柔韧性以及无细胞毒性,可以实现细胞的黏附、增殖,是骨组织工程的理想材料。

将干细胞接种在石墨烯水凝胶上,加入成骨诱导液培养观察该材料诱导成骨的能力,研究发现单层石墨烯在体外和体内均可以促进间充质干细胞的成骨分化。石墨烯及其衍生物可以诱导间充质干细胞向不同方向分化,干细胞的更新和分化机制似乎与分子相互作用有关。因此石墨烯可以用于制备成组织工程中具有生物相容性的结构增强膜材料和支架材料等。

作为细胞培养和组织工程的支架,石墨烯基纳米材料具有非常好的黏附性能,具有促进干细胞向骨细胞分化的能力,对哺乳动物细胞的亲和性极好。

如今,有很多工作专注于在 3D 系统中使用石墨烯和 GO,无论是作为纯网络还是与其他材料混合使用,在生物医学应用中,这些材料都具有广阔的前景。

8.6.1 组织培养

石墨烯及其衍生物可被用作哺乳动物细胞培养的底物。程国胜教授团队已系统地研究了二维石墨烯薄膜对海马神经元细胞发育的影响,发现石墨烯不仅对神经细胞具有良好的生物相容性,且对神经突起发生和生长具有显著促进作用。Min 等对小鼠胚胎成纤维细胞系(NIH-3T3)纤维细胞在各种碳纳米材料涂层的基材(如 GO、rGO 和 CNT)上的行为进行研究,研究表明碳纳米材料涂覆的基底显示出了高生物相容性并且能增强基因转染效率。

8.6.2 增殖作用

石墨烯具有高机械强度、高比表面积、高电导率和低密度,且不易受酸和碱环境的影响,可抵抗周围环境的腐蚀。除此之外,石墨烯还具有一些独特性能,如高弹性、柔韧性以及对平坦和不规则表面的适应性,使其适合用于组织工程的结构增强。

一方面,GO 表面上的羟基、环氧基、羧基等官能团可用于表面改性,并可与各种生物分子(如 DNA、蛋白质、肽和酶)相互作用,因此 GO、rGO 和其他基于石墨烯的复合材料可轻松进行化学修饰。另一方面,rGO 和其他 GO 复合材料由于其制造的灵活性而被用于组织工程,例如 GO 可诱导特定的细胞功能,指导细胞分化并调节细胞间的相互作用。

石墨烯具有较低的细胞毒性,GO 薄膜可以通过促进哺乳动物细胞的黏附和增殖从而提高其生长能力,可加快人骨髓间充质干细胞(human mesenchymal stem cell, hMSC)向成骨细胞分化。石墨烯适宜成骨细胞在其表面进行黏附,而且成骨细胞的黏附则直接影响着其增殖、分化等细胞活动。

在再生医学中,干细胞疗法被认为是创新的治疗手段。干细胞分化成所需细胞系是干细胞研究的重要研究课题之一,石墨烯基材料由于其良好的生物相容性和导电性而被用于干细胞培养和分化。例如,GO可以有效地支持干细胞的分化,用于干细胞培养底物,刺激间充质细胞的心肌分化过程。

目前,石墨烯材料已被广泛用于生物工程材料,石墨烯与生物聚合物、蛋白质、肽、DNA和多糖键合修饰的技术已经开发出来,已被用于心脏、神经、骨骼、软骨、骨骼肌和皮肤/脂肪组织工程。同时,石墨烯的抗菌性可减少微生物引起的感染,这是组织工程材料必须考虑的问题。

8.6.3　医用涂层材料

石墨烯是理想的医疗设备表面的功能性涂层,可用作与化疗药物接触治疗的涂敷材料。化疗药物与石墨烯之间不会发生相互作用,这为化疗药物和其他物质的接触、释放、治疗技术研究提供了方向,相关研究的快速突破使石墨烯复合功能涂层应用于医疗领域,可最终提高癌症治疗的效果。

8.6.4　骨组织和3D打印材料

石墨烯具有良好的生物相容性,可促进人类神经干细胞(human neural stem cell, hNSC)的黏附并诱导其向神经元细胞分化,且能够明显提升神经突的数量和平均长度,是一种潜在的神经接口材料。神经干细胞可在三维石墨烯泡沫表面黏附增殖,并进一步定向分化为星形胶质细胞,尤其是神经元细胞。3D打印石墨烯油墨(石墨烯含量高达60%)除石墨烯之外的材料主要是具有良好生物相容性的可降解聚酯材料,这使得其能够灵活安全地应用于生物医用领域。体内实验证实采用该油墨3D打印的石墨烯支架结构具有良好的生物相容性。体外实验表明,石墨烯支架不会影响干细胞生存,且能促进其继续分裂、增殖并转化成类似神经元的细胞。以上研究表明石墨烯有望在神经组织工程及神经干细胞移植治疗等领域得到应用。

羟基磷灰石(hydroxyapatite, HA)与人体骨组织中的磷酸钙的化学成分、晶体结构非常相似,且其具有优异的生物相容性,可用于成骨细胞的黏附、增殖和成骨矿化。羟基磷灰石在骨骼和组织工程中通常以各种形式和形状使用,但是,由于它们缺乏机械强度,无法替代骨骼系统的各个部分。与人体骨组织相比,羟基磷灰石固有的共价键或共价键/离子键降低了其生物韧性,直接使用可靠性较差与服役时间均较短。通过水热法可一步合成石墨烯/羟基磷灰石纳米棒,该复合材料能显著提高羟基磷灰石的杨氏模量和力学性能,表现出较好的生物相容性及优异的骨细胞繁殖诱导能力;若利用酰胺化反应,将酪蛋白磷酸肽直接接枝到羧基化石墨烯的表面,可制备出酪蛋白磷酸肽石墨烯复合物,该材料可改善石墨烯的骨整合能力。利用石墨烯纳米片(GNS)作为羟基磷灰石的二维增强相,GNS/HA 复合材料的显微硬度、弹性模量和断裂韧性均有较大增加,GNS 可提高晶粒之间的裂纹桥接、裂纹偏转等增韧机制,1.0%(质量分数)GNS/HA 的弹性模量、显微硬度和断裂韧性分别比 HA 增加了约 40%、30% 和 80%。

超高分子量聚乙烯(ultra-high molecular weight polyethylene,UHMWPE)可以作为制造人工关节材料,其具有较好的耐磨性能,但在长期使用过程中,磨损会产生磨屑,影响人工关节服役寿命,并引起相关炎症。通过引入 0.1%(质量分数)的 GO,制得的 GO/UHMWPE 复合材料具有为优异的硬度,并且在不同润滑介质下都具有良好的耐磨性能,用其制作的人工关节服役生命长。

同样,聚甲基丙烯酸甲酯(PMMA)中加入 0.1%(质量分数)的 GO 可制得耐磨性好的牙齿基托材料,其在人工唾液润滑下的耐磨性能实验表明,这种材料具有出色的仿真美学效果和生物学性能。

8.7　杀菌作用

石墨烯、石墨烯/无机金属(氧化物)复合材料可以作为抗菌剂及基础材料在各种领域中应用,包括药物输送、抗表面感染、牙科填充剂、饮用水消毒和食品包装等。

Yang 等研究了 GO 在盐水和营养肉汤中的抗菌性。在盐水中,裸 GO 具有固有杀菌性,当 GO 浓度为 200 μg/mL 时,细菌存活率小于 1%。

2010 年,科学家首次发现 GO 和 rGO 均具有优异的抗菌性,通过真空抽滤方法制备的 GO 薄膜和 rGO 薄膜同样表现出优异的抗菌性。深入研究发现,GO 和

rGO 片层结构的边缘坚硬,可能会对大肠杆菌等细菌的细胞膜造成损伤。有研究人员利用电泳沉积法在不锈钢基底表面制备了 GO 薄膜,并通过水合肼还原得到了 rGO 薄膜,两者均会破坏细菌细胞膜的完整性,从而表现出优异的抗菌性。对比 GO 薄膜,rGO 薄膜对革兰氏阴性菌(大肠杆菌)与革兰氏阳性菌(金黄色葡萄球菌)有更好的抑制效果,这主要是由于 rGO 的边缘更加锋利,其与细菌相互作用时具有更好的电荷转移特性。

通过对石墨烯的抗菌机理研究发现,石墨烯基材料的抗菌性主要来源于其尖锐的边缘与细菌的细胞膜相接触时而产生的膜应力。细胞沉积在石墨烯基材料的表面时,会直接接触锋利的纳米材料片层,导致细菌膜产生膜应力,导致细胞死亡。当石墨烯接触到细菌的细胞膜后,也可诱导细菌细胞膜上的磷脂分子脱离细胞膜并"攀爬"上石墨烯表面。石墨烯独特的二维结构使其可以与细菌细胞膜上的磷脂分子发生很强的相互作用,从而实现石墨烯对细胞膜上磷脂分子的大规模直接抽取,即石墨烯通过物理作用杀死细菌。基于石墨烯的抗菌性能,研究人员已经开始实践"石墨烯创可贴"的想法,并成功制备了耐清洗和具有长时间抗菌能力的石墨烯棉布。

通过比较发现石墨烯基材料的结构性质、片层大小均会影响其抗菌性能。在相同条件下,GO 表现出最好的抗菌性,其次分别是 rGO、石墨和氧化石墨。与石墨、石墨烯相比,GO 具有较小的尺度、丰富的官能团以及相对较好的水溶液分散性,所以 GO 与细菌膜的接触概率最大,抗菌活性最强。由于 GO 制备简便、成本低廉,GO 的抗菌性有望在环境和临床领域得到广泛的应用。

GO 对小麦的两种病原细菌(假单胞菌、黑颖小麦黄单胞菌)和两种病原真菌(禾谷镰刀菌、尖胞镰刀菌)均具有高效抗菌性。作用机理为 GO 通过缠绕包裹细菌和真菌孢子,损伤细胞膜,引起细菌细胞膜电势降低、孢子电解质泄露,从而造成病原菌部分裂解死亡。这种物理性的抗菌机理不容易引起病原菌的抗性,从而有望成为一种新型杀菌剂来防御植物病害。

石墨烯基材料可通过物理吸附、化学键合等的多种方法装载抗菌剂。GO 纳米复合物是用于各种基底的表面涂层杀菌材料的候选物,可有效阻止生物器件中细菌的生长、繁殖和生存。通过与其他金属或金属氧化物复合,可以制备性能更加优异的石墨烯协同抗菌材料。例如,ZnO/GO 复合材料在不损害其他细胞的情况下表现出优异的抗菌性。GO 可通过水热合成、静电相互作用、简单的化学还原等方法与银纳米颗粒(AgNP)复合,可制备性能优异的抗菌材料。与纯银纳米颗粒相比,GO-AgNP复合材料的抗菌活性显著增强。不同质量比的GO-AgNP复合材料可与聚丙烯酸和聚甲叉双丙烯酰胺交联制成石墨烯复合水凝胶。当水凝胶中银与石墨烯的质量比为5∶1时,该水凝胶表现出较好的力学性能以及优异的抗菌性和生物相容性。

目前,石墨烯及其纳米复合材料已在许多领域用作抗菌剂,研究人员通过使用生物分子、聚合物和无机纳米结构进行表面改性,开发了各种基于石墨烯的纳米复合材料,以提高其抗菌效率,在控制微生物病原体、伤口敷料、组织工程、包装、药物输送和水净化等领域得到应用。

8.8 石墨烯在智能穿戴领域的应用

最近几年,随着微电子技术的发展,能够实时检测各种人体运动信号,包括呼吸、脉搏、吞咽、发声等细微变化的可穿戴设备逐步进入人们的生活中,这项技术的发展为未来健康监测领域设备产业提供了很大的发展空间。

石墨烯具有良好的导电性、柔韧性,只需要在石墨烯触觉传感器上施加微应力变形,就会导致电阻的急剧变化,正是这种优良的压阻效应,使石墨烯成为检测可穿戴设备中触觉信号装置的理想传感元件。

(1) 压力及触觉传感器

传统的压力传感器是用来测量局部应力和损伤检测、表征材料的结构和疲劳强度的,金属和半导体应变测量仪具有较高的灵敏度和较低的价格,但是传统的压力传感器都是固定方向的传感和应力检测,很少既具有高的应变系数,又具有大的应变范围,所以传统传感器只能应用于只需要高的灵敏度或者大的应变范围的特殊情况下,在检测人的微小和大幅度的活动时,这些传感器无法同时满足要求。

纳米材料可以嵌入结构材料中,用于制成在纳米尺度上具有较高分辨率的多方向、多功能性传感器,该传感器还具有高的弹性模量和灵敏的电学感应,随着可穿戴设备的发展,基于纳米材料(如纳米颗粒、纳米管、纳米线、薄膜等)及其复合材料的传感器因其独特的性质得到了广泛的关注。

利用 rGO 和人的头发组装成压力传感器,具有体积小、质量轻、强度大等特性,可以设计成纤维、弹簧、网状结构,用于检测多种变形,包括拉伸、弯曲和压缩等,将其固定在手指上,可以快速响应手指的运动,每个弯曲释放运动以后可以回复到原始的电流值,具有好的耐久性。

利用 rGO 修饰的热塑性聚氨酯,通过静电纺丝可制成三维导电网络结构,rGO 均匀地分散在聚氨酯纤维的表面形成导电通路,使其形成优异的 3D 导电网络结构,由此制备的电阻性压力传感器显示出好的拉伸性和高的灵敏度。传感器还显示出优异的耐久性、稳定性(拉伸/释放测试 6000 圈)和快速的响应速率,在人的皮肤和衣物上进行测试时,显示出了其在智能可穿戴设备上的潜在应用价值。

传统的传感器基底一般是 PDMS、聚合物、硅、铜网等,也可利用打印或丝网印刷技术在纸质等其他基底上制备 rGO 应力传感器,这种传感器对多种变形都具有高的灵敏度,弯曲和折叠角度小至 0.2° 和 0.1° 都可以测试出,用于检测膝盖、手腕和手指部位运动的脉冲时,显示出了传感器较好的性能。

利用激光还原 GO 技术直接制备 rGO 膜,如 DVD 刻录机上还原石墨烯膜,制备的石墨烯压力传感器在 10 mm × 10 mm 的应变系数为 0.11。当使用宽为 20 μm,长为 0.6 mm 的石墨烯纳米带构造石墨烯应力传感器时,应变系数增强为 9.49。设备可以适应多种应用需求,例如在低应力环境中高的应变系数以及在高的变形应用中低的应变系数。激光刻柔性石墨烯压力传感器能够广泛应用在人造皮肤和生物医药传感等领域。

Tao 等首次利用一步法激光打印石墨烯制备了自适应和可调控性能的压力传感器。该传感器适用于检测人类的大部分活动,其拥有超高的应变系数及较广的应变范围:应变范围为 35% 时,应变系数为 457;应变范围为 100% 时,应变系数为 268。更重要的是,可以通过调整石墨烯来实现调控传感器的性能,达到检测人类所有活动包括微小和大幅度运动的目的。这种传感器在可穿戴电子设备、医疗检测和智能机器人等领域有潜在的应用价值。

石墨烯目前已广泛应用于压阻式触觉传感器,相信在不久的将来,石墨烯助力触觉传感器得以更大发挥。

(2) 温度传感器

利用石墨纳米颗粒插层法制备均匀的 GQD 悬浮液,GQD 由直径 3.5 nm 高度结晶的量子点组成,在紫外光(365 nm)照射下显示蓝色的光致发光,具有 22.3% 的量子产率。用 GQD 制备的温度传感器显示了 0.62%/℃ 的灵敏度,在 30～80 ℃ 有响应,比金、二极管或者其他报道的温度传感器都具有更好的性能。

(3) 湿度和 pH 传感器

GO 优异的亲水性和丰富的官能团使其在设计湿度和 pH 传感器上有巨大的潜力。

利用真空抽滤技术,在纸基底上合成了石墨烯基器件,可以通过直接测量传感器的电阻来检测溶液的 pH,这种方法制备的传感器具有 30.8 Ω/pH 的灵敏度和高的线性相关系数($R^2 = 0.9282$),同时具有测试简便、柔性和用后可丢弃性。

木质素磺酸盐(lignosulfonate,LS)和 rGO 作为抗变层组装成 rGO/LS 薄膜,这种三维分子结构具有两亲性质,能够对于环境湿度产生高灵敏度响应,在较宽的相对湿度(22%～97%)内具有大的响应和稳定的重复性。这种薄膜未来可应用于多种应用呼吸频率转换器。

在聚烯丙胺盐酸盐(PAH)存在的情况下,利用静电作用和二氧化锡修饰 rGO,制备出 rGO 层(负电)上修饰 SnO_2:Fe(正电)的结构,这种 SnO_2:Fe - PAH - 石墨烯传感器对于湿度具有较好的响应,rGO 表面用纳米材料来修饰增加了其活性传感表面区域,在传感过程中增加了水分子的吸附,其湿度传感性质比单独的 SnO_2:Fe 纳米材料更优异。SnO_2:Fe 纳米材料支撑着上面的 rGO 片,因此,水分子可以扩散到 rGO 和纳米颗粒的表面和间隙的吸附位点,湿度传感的区域就被提升到界面的边界和晶界上,因此具有更好的灵敏性。

利用侧面抛光的光学纤维覆盖在 GO 膜的表面,利用自蒸发可制备出高性能的湿度传感器。GO 在高湿度环境下的溶胀效应,会增大 GO 膜的厚度,导致共振波长的红移效应。通过检测波长变化或强度变化,可准确测出传感器对湿度的变化,这种传感器具有高的灵敏度、好的可逆性、极佳的可重复性、优异的线性关系等优点。如通过检测波长变化,在低的湿度环境(32%～85%)下,具有高的灵敏度(0.145 nm/RH%)和高的线性相关系数(0.996)。在高的湿度环境范围 85%～97.6% 下,具有 0.915 nm/RH% 的灵敏度和 0.987 的线性相关系数。在强度变化模式下,在较宽的湿度范围下(58.2%～92.5%),具有高的灵敏度(0.427 dB/RH%)和优异的线性相关系数($R^2 = 0.998$)。

触觉传感器要求器件具有柔性、可拉伸、耐用、轻质、透明等特性,形成电子皮肤。与传统的基于金属和半导体的触觉传感器相比,基于光纤的石墨烯触觉传感器可以提高机械柔顺性和工作范围。

石墨烯基应变传感器在微变形和检测区域的敏感度等方面仍然存在困境,这限制了其在电子皮肤中进一步应用。

健康检测需要实时检测细微生理信号(脉搏、血压和呼吸等),而目前大多数研究传感器具备单一功能,需要基于石墨烯膜材料开发集成的触觉传感器系统,实现多种形式检测,包括机械拉伸应变、弯曲、扭曲、生物电信号变化、生理信息(如葡萄糖的变化)等。

因此,与基于其他传统活性材料(如炭黑、活性炭和导电聚合物)的可穿戴传感器相比,石墨烯材料可同时获得高灵敏度和高拉伸能力,这是其表面和内部结构的固有特点决定的,基于石墨烯的高性能触觉传感器为广谱可穿戴设备,从精确的语音识别、脉冲监测、剧烈复杂动作记录、健康实时监控,尤其是健康设备的设计与制备提供了可能。

8.9　石墨烯的毒性及毒理研究

作为生物医用材料,石墨烯及其衍生物的生物毒性是石墨烯生物安全性评估的重要指标之一。石墨烯纳米材料的细胞毒性主要来源于石墨烯材料自身的物理化学性质(颗粒大小、浓度、分散性、形状及表面官能团等)与细胞种类的关系。研究发现,未经修饰的 GO 和 rGO 都显示出一定程度的毒性,将大肠杆菌和金黄色葡萄球菌暴露在石墨烯中,通过石墨烯对细胞膜的接触破坏,可以引起菌体死亡的现象,原因是当细胞直接与 GO 相接触时,GO 锋利的层状结构会破坏细胞膜的结构而引起细胞凋亡。GO 经由生物相容性的大分子(如蛋白质、壳聚糖等)修饰后或包裹后,就可以大大降低其与细胞之间的相互作用,从而降低其毒性。一些研究也表明 GO 在体内存在生物降解现象,这些为石墨烯材料的生物应用提供了可能。

8.10　小结

进入 21 世纪,随着人们对健康需求的日益增加,生物医药产业发展的推动力越来越大,其在全球市场中所占份额逐渐扩大。石墨烯及其衍生物的物理、机械、化学、光学、电子特性使其成为开发生物传感器、药物输送、组织工程等领域最有希望的候选材料之一。通过跨学科的化学、材料、生物和工程学的协同努力,可逐渐建立基于石墨烯的生物医学应用平台,并开发系列产品。

但是,石墨烯在医学生物领域的完全商业化,还面临着几个关键挑战。

(1)用于生物传感和生物成像应用的石墨烯及其衍生物的主要挑战是在材料和制备工艺的可靠性方面,需要研发人员开发出可控制备的工艺,增加材料性能的可靠性,这是其产业化的前提,否则该领域将无法进入实际应用阶段。如基于石墨烯及其衍生物开发的生物电化学传感器比常规生物测定方法具有系列的优势,其检测灵敏度、前处理步骤均优于传统方法,已有大量研究工作发表。但石墨烯粉体材料批次间的差异使基于石墨烯粉体开发的生物传感器可重复性较差,批次结果远不能令人满意,这也是这个领域面临的最大挑战。

石墨烯及其衍生物在生物传感器领域的应用研究应着眼于了解石墨烯生物传感器的基本分子机理研究,通过分析石墨烯材料的物理/化学参数与传感器性能参数的关系,获取可在理论上指导产品设计的基本模型,从而指导实际应用设计。

(2)石墨烯纳米材料的另一个新颖的应用是DNA测序,使用不同的材料可将不同石墨烯纳米器件用于DNA测序,这些材料包括石墨烯纳米孔、纳米带,以及DNA在石墨烯纳米结构上的物理吸附及荧光特性。相关产品的产业化涉及材料、工程等综合技术,这方面的产业化尚需时日。

(3)在生物成像领域,GQD由于其低毒性而显示出巨大临床应用潜力,但GQD产率低,发展高产率的GQD生产工艺是其中一个重要因素。

(4)石墨烯及其衍生物在药物/基因输送和治疗中的主要挑战是实现足够高的载药量,找到适当的石墨烯化学修饰方法,以实现细胞膜屏障渗透,从而将药物输送到细胞内部。同时,深入研究材料的体外和体内毒性,开发可生物相容与降解性的石墨烯载体,对于开发相关产品非常重要。

(5)在组织和细胞培养、组织工程领域中使用基于石墨烯的纳米材料所面临的主要挑战是技术的规模化,为此必须正确理解干细胞的机制区分,正确理解不同石墨烯衍生物的相对抗菌活性需要持续研发。例如,石墨烯相对于其衍生物表现出不同的干细胞分化机理,这被认为是由于生长剂与石墨烯(及其衍生物)表面之间的相互作用不同。除非对该机制有适当的了解，否则很难对技术进行规模化以进行商业化。

（6）石墨烯在生物组织工程领域的应用是一个多学科结合的协同研究课题，需要将医学、生物学、材料学、工程学方面的专业知识结合才能开发用于器官移植、诊断和治疗研究的仿生组织结构。相关研究在心血管组织工程、器官和神经再生、骨组织再造等领域具有巨大的潜力。除此之外，还需对石墨烯及其衍生物的电子结构、掺杂效应、光学、电气、电化学、机械性能进行有针对性的研究，在分子水平上研究性能对层数、表面结构、功能化等特性的影响，结合理论模型和先进的实验技术，从而实现对基于生物医学设备需求的石墨烯材料的合理设计，大大缩短基于石墨烯材料的生物医学研究周期。

（7）虽然石墨烯抗菌特性已经有许多研究，但目前仍存在争议，如部分研究结果发现石墨烯可促进其表面细菌的生长，而不是抑制，这些结果表明石墨烯的抗菌活性对实验条件的高度依赖性。在石墨烯及其衍生物的抗菌领域，石墨烯基材料的抗菌活性研究应在分子水平上进行，未来应开展石墨烯材料的时间、浓度、尺寸、纯度和表面结构对抗菌性能影响的研究，以正确理解抗菌机理并在分子水平上监测抗菌活性，从分子角度了解潜在的抗菌机理和特性，以利于开发有效的纳米材料抗菌材料。

石墨烯、GO、rGO 在生物医药领域的应用是一个有极大市场的研发方向，目前，虽然在实验室已发现其应用价值，但距离稳定的产品还有一定的距离，产业化应用仍处于起步阶段，许多未知因素还需要进一步探索。如石墨烯的电、光、机械、化学、电化学、电子等物理化学特性对石墨烯的表面特性、生物相容性的影响及用于生物医药体系后协同作用等。将石墨烯及其衍生物的生物应用从实验室扩展到临床实际应用阶段，还需要物理、化学、生物学、材料科学和工程学领域的科学家、工程师之间的跨学科协作，需要在解决一系列技术领域的挑战后，才能真正实现可持续的临床应用。

参考文献

［1］Gao Y，Zou X，Zhao J X，et al. Graphene oxide-based magnetic fluorescent hybrids for drug delivery and cellular imaging[J]. Colloids and Surfaces B: Biointerfaces, 2013, 112: 128 – 133.

[2] Xu C, Yang D R, Mei L, et al. Targeting chemophotothermal therapy of hepatoma by gold nanorods /graphene oxide core /shell nanocomposites[J]. ACS Applied Materials & Interfaces, 2013, 5(24): 12911 – 12920.

[3] Kim J, Cote L J, Kim F, et al. Graphene oxide sheets at interfaces[J]. Journal of the American Chemical Society, 2010, 132(23): 8180 – 8186.

[4] Guo F, Kim F, Han T H, et al. Hydration-responsive folding and unfolding in graphene oxide liquid crystal phases[J]. ACS Nano, 2011, 5(10): 8019 – 8025.

[5] Kim F, Cote L J, Huang J X. Graphene oxide: Surface activity and two-dimensional assembly[J]. Advanced Materials, 2010, 22(17): 1954 – 1958.

[6] Zhang X Y, Yin J L, Peng C, et al. Distribution and biocompatibility studies of graphene oxide in mice after intravenous administration[J]. Carbon, 2011, 49(3): 986 – 995.

[7] 赵媛媛，殷婷婕，霍美蓉，等. 石墨烯及其衍生物氧化石墨烯作为新型药物载体材料在肿瘤治疗领域的应用研究[J]. 药学进展, 2015, 39(1): 32 – 39.

[8] Tan J T, Meng N, Fan Y T, et al. Hydroxypropyl-β-cyclodextrin-granphene oxide conjugates: Carriers for anti-cancer drugs[J]. Materials Science and Engineering: C, 2016, 61: 681 – 687.

[9] 刘艳，牛卫芬. 基于石墨烯-壳聚糖-辣根过氧化物酶的 H_2O_2 生物传感器的研制[J]. 分析试验室, 2012, 31(8): 79 – 82.

[10] 王丹丹，曾延波，刘海清，等. 石墨烯修饰电极分子印迹电化学传感器的研制及其对多巴胺的测定[J]. 分析测试学报, 2013, 32(5): 581 – 585.

[11] Konios D, Stylianakis M M, Stratakis E, et al. Dispersion behaviour of graphene oxide and reduced graphene oxide[J]. Journal of Colloid and Interface Science, 2014, 430: 108 – 112.

[12] Merchant C A, Healy K, Wanunu M, et al. DNA translocation through graphene nanopores[J]. Nano Letters, 2010, 10(8): 2915 – 2921.

[13] Liu Z, Robinson J T, Sun X M, et al. PEGylated nanographene oxide for delivery of water-insoluble cancer drugs[J]. Journal of the American Chemical Society, 2008, 130 (33): 10876 – 10877.

[14] Xu H, Wang K Q, Huang W W, et al. Recent advances in the study of accelerated blood clearance phenomenon of PEGylated liposomes[J]. Acta Pharmaceutica Sinica B, 2010, 45(6): 677 – 683.

[15] Hu W H, He G L, Zhang H H, et al. Polydopamine-functionalization of graphene oxide to enable dual signal amplification for sensitive surface plasmon resonance imaging detection of biomarker[J]. Analytical Chemistry, 2014, 86(9): 4488 – 4493.

[16] Li M, Liu Q, Jia Z J, et al. Electrophoretic deposition and electrochemical behavior of novel graphene oxide-hyaluronic acid-hydroxyapatite nanocomposite coatings[J]. Applied Surface Science, 2013, 284: 804 – 810.

[17] Zhou T, Zhou X M, Xing D. Controlled release of doxorubicin from graphene oxide based charge-reversal nanocarrier[J]. Biomaterials, 2014, 35(13): 4185 - 4194.

[18] Xu Z Y, Zhu S J, Wang M W, et al. Delivery of paclitaxel using PEGylated graphene oxide as a nanocarrier[J]. ACS Applied Materials & Interfaces, 2015, 7(2): 1355 - 1363.

[19] Kim H, Kim W J. Photothermally controlled gene delivery by reduced graphene oxide-polyethylenimine nanocomposite[J]. Small, 2014, 10(1): 117 - 126.

[20] Yang K, Hu L L, Ma X X, et al. Multimodal imaging guided photothermal therapy using functionalized graphene nanosheets anchored with magnetic nanoparticles[J]. Advanced Materials, 2012, 24(14): 1868 - 1872.

[21] Pan L L, Pei X B, He R, et al. Multiwall carbon nanotubes/polycaprolactone composites for bone tissue engineering application [J]. Colloids and Surfaces B: Biointerfaces, 2012, 93: 226 - 234.

[22] Crowder S W, Prasai D, Rath R, et al. Three-dimensional graphene foams promote osteogenic differentiation of human mesenchymal stem cells[J]. Nanoscale, 2013, 5(10): 4171 - 4176.

[23] La W G, Park S, Yoon H H, et al. Delivery of a therapeutic protein for bone regeneration from a substrate coated with graphene oxide[J]. Small, 2013, 9(23): 4051 - 4060.

[24] Hui L W, Piao J G, Auletta J, et al. Availability of the basal Planes of graphene oxide determines whether it is antibacterial[J]. ACS Applied Materials & Interfaces, 2014, 6(15): 13183 - 13190.

[25] Wang Y L, Hao J, Huang Z Q, et al. Flexible electrically resistive-type strain sensors based on reduced graphene oxide-decorated electrospun polymer fibrous mats for human motion monitoring[J]. Carbon, 2018, 126: 360 - 371.

[26] Tao L Q, Wang D Y, Tian H, et al. Self-adapted and tunable graphene strain sensors for detecting both subtle and large human motions[J]. Nanoscale, 2017, 9(24): 8266 -8273.

[27] Yang K, Feng L Z, Hong H, et al. Preparation and functionalization of graphene nanocomposites for biomedical applications [J]. Nature Protocols, 2013, 8(12): 2392 -2403.

第 9 章

石墨烯粉体材料在环境保护领域的应用

自 20 世纪以来,虽然我国工业迅速发展,但是生产工艺和治理水平落后,导致各类污染物排放量不断增大,生态环境遭到了严重的破坏,因此迫切需要开发一种能有助于改善生态环境的新材料。石墨烯是最近几年飞速发展的一种碳纳米材料,由 sp^2 杂化碳原子构成的二维单原子厚度的纳米材料,其具有较大的比表面积、高热导率以及优异的电学、光学和力学等性能。石墨烯基材料可以作为吸附剂或光催化材料进行环境净化,作为下一代水处理和脱盐膜的构建基块以及用于污染物监测或去除的电极材料,在环境保护中具有潜在的应用价值。

本章节将从去除和检测污染物两个角度出发,主要介绍石墨烯在环境污染治理方面的应用,包括污染物吸附分离和光催化降解,以及化学传感器检测等几方面,最后对当前研究所面临的挑战及后续研究方向进行了总结和展望。

9.1　石墨烯的结构特点及其在环境领域的应用需求

石墨烯具有六边形晶格组成的二维晶体结构,这种结构可以看作是一层被剥离的石墨片层,每个碳原子通过 C—C σ 键与其他三个碳原子相连,剩余的 p 轨道形成共轭大 π 键而呈蜂巢状排列。石墨烯凭借自身的大 π 结构通过疏水作用及 π-π 相互作用与非极性芳香族化合物(如菲、萘、芘、多氯联苯等)作用,可以用作吸附剂去除有机物,或者负载催化剂增加光催化降解有机污染物的效果。

rGO 是石墨烯的一种重要衍生物,其表面以石墨烯结构为主并带有一定量的环氧基及羟基,单片边缘处分布着羧基及羰基,因此 GO 的亲水性较好,表面负电荷较高,常用于处理带正电的污染物。GO 对污染物的作用主要依赖于其自身结构中的含氧官能团及芳烷基两部分,含氧官能团主要倾向于与亲水性物质相互作用,而芳烷基中的 π-π 共轭结构更倾向于和疏水性物质相互作用。GO 与环境污染物的作用机理主要有静电作用、π-π 相互作用、氢键作用、路易斯酸碱作用和络合作用等。

虽然 GO 表面丰富的含氧官能团赋予其很多新的不同于石墨烯的性质,但是与此同时破坏了石墨烯的完美大 π 结构,使其导电性下降,难以与芳香族有机物相互作用,并且结构不稳定。针对此结构缺陷,可以将石墨烯功能化,即将石墨烯进行化学改性、掺杂、表面功能化或合成含石墨烯的衍生物。对 GO 进行表面化学修饰,引入可以与水体中污染物相互作用或者改变 GO 自身亲疏水性等性质的官能团,一方面能够增加官能团的数量、种类及活性位点的吸附效率;另一方面可以削弱层间氢键强度,从而降低 GO 的亲水性,使其易溶解于有机溶剂。目前,已报道的用于 GO 表面化学修饰的物质有阳离子表面活性剂、EDTA、乙二胺三乙酸、长链脂肪族胺、甲硅烷等。

除去石墨烯功能化,还可以通过石墨烯复合材料改善 GO 结构缺陷,优化 GO 的比表面积、电导率、疏水性等性质。GO 表面大量含氧官能团的存在,使其碳层间带负电,带正电的阳离子可以进入层间,从而增大层间距,为聚合物及无机纳米颗粒的进入提供条件。金属 /GO 复合材料的优势在于有效增加了 GO 的比表面积,同时有利于电子迁移,解决了 GO 的电导率差的问题;GO 与聚合物的复合很好地利用了聚合物的特性,弥补了 GO 材料自身导电性不良、结构不稳定的缺点,使其具有更出色的导电性能、稳定性能及力学性能等,从而拓宽了石墨烯复合材料在环境污染方面的应用。

石墨烯结构层之间较强的 π-π 堆叠交互作用,使其在水中易团聚从而降低其吸附容量。此外,二维石墨烯材料因片薄、粒径小,在水体环境应用中固液分离较难,易导致二次污染,从而限制其在水体污染治理方面的应用。若将二维石墨烯组装成三维多孔网状聚集体,不仅能有效阻止石墨烯堆积,促进污染物的扩散吸附,还有利于吸附污染物后的固液分离。另外,三维石墨烯材料因其相互交联的多孔网状结构、丰富的含氧官能团而具有较大的比表面积、高的孔隙率和大的传质速率,可为废水中污染物的吸附提供较多的活性位点,使其在水环境污染处理方面表现出优越性,具有很大的应用前景。

9.2 石墨烯的吸附性能在环保中的应用

吸附法主要依靠被吸附物质和吸附剂的活性位点之间的相互作用,将被吸附

石墨烯粉体材料:从基础研究到工业应用

物质(污染物),聚集到吸附剂上而被去除,最终达到净化环境的目的。吸附法在环境保护和治理中具有效率高、效果显著且设备简单等优点,因此一直受到科研人员的广泛关注。而吸附剂的选择决定了处理效果,是吸附处理中的关键因素。

石墨烯具有比表面积大、强度高、化学稳定性好、导电性好、表面化学活性高等优点,同时具有多孔结构和较多的活性位点,是作为吸附剂的理想选择。研究结果表明,大部分石墨烯及其衍生物对污染物的吸附性能显著优于传统吸附材料,如活性炭和碳纳米管等。

9.2.1　石墨烯用于水体重金属吸附

在水体污染中,重金属污染尤为严重,从环境污染方面对重金属的定义是:具有显著生物毒性的重元素(铅、汞、铬、镉和类金属砷等)和具有一定毒性的金属(铜、镍、锌、银、钴、锰等),其能持久存在于环境中,损害中枢神经系统,在脑、肝、肾等器官中富集,产生急性或慢性毒性,对人体和环境的危害极大。重金属废水主要来源于电镀装饰、化工制造、金属冶炼以及电子产品、农药、肥料、医药、油漆和染料生产等工业的废水中。据报道,重金属废水的排放导致我国大部分的河流湖泊受到严重的重金属污染,污染率达到80.1%,更加可怕的是城市地下水的污染率高达97.5%。由于重金属不可能像有机污染物一样被自然或者是生物降解,只能在环境中发生各种形态之间的相互转化,所以重金属污染的去除往往更加困难,如何在治理污染物过程中降低对生物的影响和危害也是人们关注的问题之一。

GO合成条件相对温和,且原料相对廉价易得。与其他的新型吸附剂相比,GO比表面积大,成本较低,其表面羧基及羟基的存在使其具有良好的亲水性,可以与金属离子发生静电作用、离子交换等相互作用,表面上的氧原子具有孤对电子,可以通过共用电子对与金属离子发生络合作用,使得水体中的金属离子吸附在上面。2011年,Zhao等采用改进的Hummers法制备了2~3层GO,GO表面的含氧官能团对金属离子的吸附起到至关重要的作用,对Pb(II)最大吸附量达到842 mg/g,吸附效果明显高于当时所有报道的吸附剂。

为了提高GO对重金属的吸附性能和分离效果,许多研究者针对石墨烯进行修饰和改性,将其应用于重金属的吸附,取得了较好的吸附效果,甚至可以同时实现多种重金属离子的吸附去除。氧化石墨烯的表面改性可以通过各种化学反应在氧化石墨烯表面接枝一些官能团,通过这些官能团与重金属相互作用以提高吸附性能。Mishra 等将石墨烯片层用浓硝酸处理,使石墨烯表面富含官能团,将功能化的石墨烯用作电极,可实现对水中 As 和 Na 的同时去除,并实现海水脱盐,其最大吸附量分别为 As(Ⅴ)142 mg/g、As(Ⅲ)139 mg/g,吸附效果明显高于多壁碳纳米管和磁性还原氧化石墨。Madadrang 等用乙二胺四乙酸(EDTA)对 GO 进行改性。由于引入了具有螯合能力的 EDTA,该石墨烯基材料能与金属离子形成稳定的螯合剂,表现出很好的吸附效果,其对 Pb(Ⅱ)的最大吸附量为(479±46)mg/g,吸附效果比碳纳米管高近 5 倍,比 GO 高近 2 倍,如图 9-1 所示。

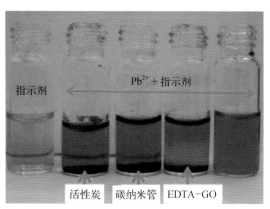

图 9-1 EDTA 改性 GO 去除 Pb(Ⅱ)的效果图

壳聚糖和聚乙烯亚胺作为凝胶因子分别与氧化石墨烯复合,制成石墨烯基宏观结构,用于处理放射性废水,吸附结果表明该材料对 U(Ⅵ)、Eu(Ⅲ)和 Th(Ⅳ)在适宜条件下饱和吸附容量分别为 384 mg/g、220 mg/g、136 mg/g。机理研究表明,是—COO—、—OH 和—NH₂ 以内配位螯合形式结合金属离子,海水提铀实验结果表明该材料提取效率很高,具有很好的应用前景。在 pH<5 的情况下,U(Ⅵ)在溶液中主要以 UO_2^{2+} 形式存在;随着溶液 pH 的增加,U(Ⅵ)在氧化石墨烯上的吸附行为可以用 Freundlich 模型很好地拟合。作为一种核燃料,Th 在氧化石墨烯上的吸附行为受到 pH 的影响较强,Th(Ⅳ)在氧化石墨烯表面的吸附行为更接近于 Freundlich 吸附模型。实际应用表明,氧化石墨烯的效果要明显优于常用的核清理剂(膨润土和活性炭)的效果。

氧化石墨烯基纳米复合材料,是以氧化石墨烯为基体或载体,通过物理或化学方法结合其他纳米材料组合成的复合材料。复合材料不仅能够发挥出不同材料的固有性能,还能在性能上互相取长补短,因此氧化石墨烯基复合材料的综合性能优于纯氧化石墨烯。Kyzas 等在 GO 中掺杂磁性壳聚糖(magnetic chitosan,MCS)制得了 GO/MCS 复合材料(图 9-2),并探讨了该复合材料作为吸附剂去除水中 Hg^{2+} 的原理。与普通壳聚糖和 GO 相比,GO/MCS 复合材料对 Hg^{2+} 的去除能力

图 9-2 GO、GO/
CS复合材料、GO/
MCS 复合材料与
Hg²⁺ 之间的吸附作
用示意图

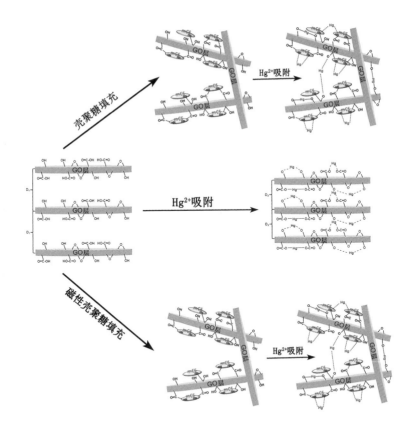

显著提高,最大吸附量达到 398 mg/g,而且随着温度升高吸附量进一步增大。通过 SEM、红外、XRD 及 TG 等测试表征,他们发现壳聚糖插入石墨烯层之间后增加了石墨烯层间距离,与原有的羧基、羰基等反应产生新的活性吸附位,促进 Hg^{2+} 与复合材料的氨基发生螯合作用,Hg^{2+} 与羟基等发生还原反应生成单质汞,从而提高了复合材料对汞的吸附能力。

虽然 GO 是一种较理想型吸附剂,但是 GO 表面的含氧官能团使 GO 的亲水性好,吸附重金属后 GO 易团聚,采用传统的方法很难从溶液中分离出 GO,从而限制了 GO 吸附剂的重复利用。将 GO 与其他具有磁性的纳米材料复合,再通过磁分离技术进行固液分离,是目前常用的解决途径之一。Gollavelli 等利用一步法先快速合成了磁性石墨烯,再制备了新型磁性氧化石墨烯,并应用于饮用水处理。结果显示,磁性氧化石墨烯对 Cr(Ⅵ)、As(Ⅴ) 和 Pd(Ⅱ) 的最大吸附量分别为 4.68 mg/g、3.26 mg/g 和 6.00 mg/g。此外,磁性氧化石墨烯还具有杀菌作用,可以杀死水中的大肠杆菌。生物实验表明,磁性氧化石墨烯对哺乳动物没有显著毒性。磁性氧化石墨烯合成方法环保高效,因此其在饮用水处理方面具有广阔的潜在应用前景。

三维石墨烯材料是以石墨烯或 GO 为主体交联形成的多孔网状新材料,继承了石墨烯良好的理化性能。其多孔网状纳米结构赋予自身高的孔隙率和快的溶质传输速率等特性,使其在水污染处理中具有良好应用前景。利用不同的化学物质,采取不同的制备方法对石墨烯材料进行接枝改性、掺杂复合等,可促进石墨烯三维宏观结构和微观孔隙结构的形成。大多数重金属离子在水溶液中为阳离子,三维石墨烯材料可以通过静电引力、表面络合、电吸附和离子交换等作用去除水中的重金属离子。Kabiri 等首先通过油浴自组装法制备石墨烯-硅藻土 α-FeOOH 复合材料,然后通过 CVD 法利用巯基丙基三甲氧基硅烷对其进行硅烷化改性,制得三维石墨烯-硅藻土-硅烷化 α-FeOOH 功能材料,该材料对 Hg^{2+} 的吸附量可提高至 800 mg/g。Zhao 等采用水热自组装法制备了 S 掺杂的三维石墨烯海绵,实现了对 Cu^{2+} 的高效吸附(图 9-3)。该法制备的 S 掺杂的三维石墨烯海绵对 Cu^{2+} 的吸附量可达到 228 mg/g,吸附效果是活性炭的 40 倍,且循环性能良好。该复合材料中 S 的掺杂不仅增加了吸附剂的活性位点,同时提高了材料对 pH 和温度的适应性,可应用于多种水质的污水处理。

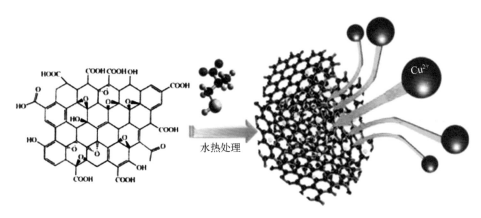

图 9-3 S 掺杂的三维石墨烯海绵吸附 Cu^{2+} 的示意图

9.2.2 石墨烯对水中有机污染物吸附

随着工业的飞速发展及人类对其依赖程度的加深,一系列的不正当人为排放以及原油泄漏、染料、色素农药等有机溶剂对人类赖以生存的环境造成了严重危

石墨烯粉体材料:从基础研究到工业应用

害,同时对其他生物造成严重威胁,破坏生态环境。使用石墨烯吸附有机污染物是一条正在被探索的处理有机污染的有效途径。

已有研究表明,石墨烯凭借自身的大π结构可以通过疏水作用及π-π相互作用与非极性芳香族化合物(菲、萘、芘、多氯联苯等)作用。GO 在制备过程中,石墨基面上的π-π共轭结构遭到破坏,并且引入含氧官能团,使其疏水性下降,因此 GO 对有机物的吸附能力受限。GO 对有机污染物的吸附主要发生在 GO 的未氧化区域,且吸附能力随着 GO 氧化程度的升高而下降。由于 GO 片层和边缘有大量带负电的含氧官能团,GO 更倾向于与阳离子型有机物和极性芳香烃类化合物作用。研究表明,GO 对阳离子染料有很高的吸附量,其吸附机理主要包括氢键作用、静电作用及π-π相互作用,但是 GO 对阴离子染料的吸附能力很弱。GO 对极性芳香族有机物的吸附主要是依靠氢键作用、静电作用、π-π相互作用及路易斯酸碱作用。

Sampath 课题组研究了直接剥离的氧化石墨烯和还原氧化石墨烯在水中对于不同染料的吸附能力,如亚甲基蓝、甲基紫、罗丹明 B 和橙黄 G。实验结果表明氧化石墨烯能有效去除水中的阳离子染料,去除效率达到 95%,而对于阴离子染料的吸附去除能力极小。由于阴离子染料会与氧化石墨烯产生一定的静电排斥作用,因此观察不到吸附现象。对于还原氧化石墨烯来说,在一定浓度下对阴离子的吸附几乎可以达到 100%,这主要是因为还原后氧化石墨烯带负电荷的官能团大幅度减少,rGO 对阴离子的吸附主要是依靠分子间的范德瓦耳斯力相互作用。

将氧化石墨烯粉体材料组装成三维材料,不仅能充分利用氧化石墨烯本身的吸附性能,达到较好的吸附分离效果,还能方便地将材料和水体进行分开,有效避免水体的二次污染,很好地实现材料的回收再利用。Peng 课题组利用真空抽滤的方法制备了机械性能好、分离性能优异的氧化石墨烯超滤分离膜,少量的氧化石墨烯(分散液的体积为 3 mL、质量分数为 0.02%)组装成的膜对伊文氏蓝染料分子具有较高的截留率,可达 85%,其水通量达 710 L/(m^2·h·MPa)。该课题组后续又将带正电的氢氧化铜纳米线和带负电的氧化石墨烯分散液混合抽滤,形成层状结构的石墨烯基复合膜。之后他们用乙二胺四乙酸溶液去除复合薄膜中的氢氧化铜,得到了以纳米线为模板的、具有多孔道的氧化石墨烯复合膜(图 9-4),所形成的纳米通道较窄(尺寸分布为 3~5 nm)。对复合膜进行了吸附分离不同的分子和离子实验,结果表明,该复合膜对金属阳离子和带正电的染料分子具有非常好的吸

图 9-4　GO 及其
复合膜的表征图

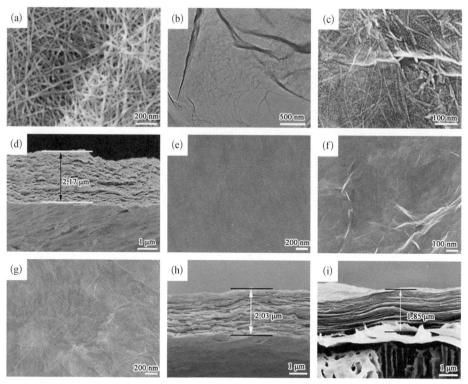

（a）氢氧化铜纳米线（CHNs）的 SEM 图；（b）GO/CHNs 复合膜的 TEM 图；（c）GO/CHNs 复合膜的 SEM 图；（d）GO/CHNs 复合膜的剖面图；（e）EDTA 处理的 GO/CHNs 复合膜的 SEM 图；（f）N_2H_4 处理的 GO/CHNs 复合膜的 SEM 图；（g）具有纳米线通道的 GO 膜的 SEM 图；（h）具有纳米线通道的 GO 膜的剖面图；（i）GO 膜的 SEM 图

附分离作用，截留率可达 100%，而对于中性和带负电荷的分子吸附作用较弱。主要是因为氧化石墨烯带负电，对带正电荷的离子和分子有较好的吸附作用。该膜还具有较好的分离效率，在不牺牲截留率的情况下，这种膜的渗透作用是氧化石墨烯薄膜的 10 倍。在相同的截留率的情况下，该膜的渗透率比商业超滤膜高出 100 倍以上。

　　石墨烯在清理原油泄露方面的应用，可能会击败该方向市场上其相关的所有高科技应用。Ruoff 课题组通过减少石墨烯氧化，随后水热成型，使材料达到具有高表面积的形态，制得石墨烯海绵。该课题组后续通过利用这种材料去除人工海水中的商业石油产品（包括煤油、泵油、油脂和有机溶剂等）来检验其吸油性能。图 9-5 为石墨烯海绵吸油性能测试。实验结果表明，石墨烯海绵能吸收其本身质量 86 倍的油污，超过其他任何常见吸收剂的吸油能力。石墨烯海绵吸收的碳氢化合

图 9-5 石墨烯海绵吸油性能测试

物可通过简单地加热进行回收,回收率能达到 99%。通过简单的加热回收过程后,石墨烯海绵可以重新再利用,并且重复使用 10 次以上,其性能丝毫不会下降。这些实验结果为解决自然环境中原油泄漏带来了新的希望,同时这项技术也可以应用于许多常规污水处理和工业分离领域。

中国是抗生素的生产大国,同时也是抗生素使用大国。抗生素被机体吸收后,少部分经过羟基化、裂解和葡萄糖苷酸化等代谢反应生成无活性的产物,而大部分(>90%)以原形或代谢物形式排入环境,对土壤和水体造成污染。由于石墨烯具有的 sp^2 杂化结构能与抗生素的苯环发生 π-π 相互作用,使得石墨烯在吸附水中抗生素领域具有很大潜力。Zhao 等制备的磺化石墨烯对水中芳香族污染物萘和 1-萘酚最大吸附量分别为 2.326 mmol/g 和 2.407 mmol/g,是现有纳米材料中吸附效果最好的。Chen 等将修饰后的石墨烯基材料吸附新诺明,最大吸附量可达 239.0 mg/g。

9.2.3 石墨烯在气体吸附上的应用

空气中的有毒有害气体会直接影响到人的身体健康,而在石油化工行业中,废气的产生与排放是必须的,这也要求高效的吸附剂能够处理掉弥散在空气中的废气。石墨烯将气体分子吸附到石墨烯表面主要依靠静电吸附作用、色散相互作用、范德瓦耳斯力及电荷转移来实现。例如,气相分子和石墨烯之间的电荷转移在吸附点上是完全独立的,但是在取向气体分子和石墨烯表面是密切联系的。

吸附剂对气体吸附的能力主要由比表面积、气孔状结构、吸附剂内气孔发展趋势决定。如图 9-6 所示,Du 等使用不同尺寸的打孔器制造了一系列的多孔石墨烯来检测 H_2/N_2 渗透通过薄膜的性质。在这个体系中,由于体积大小的限制,只有分子体积非常小的 H_2 分子可以通过纳米孔洞。由于石墨烯和氮气分子间的相互作用力,当孔洞尺寸扩大到 6.525Å 时,可以使氮气和氢气的分离效率达到最高。

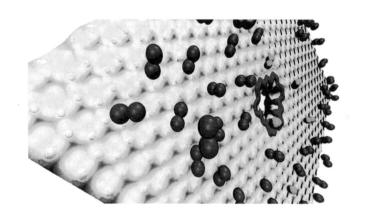

图9-6 多孔石墨烯对气体分离示意图

此外,氟化和多孔石墨烯材料依靠静电作用和色散作用可使气体在石墨烯表面吸附,这两种材料均可用来分离 CO_2、净化沼气、控制二氧化硫污染及除湿。

　　Bandosz 课题组在石墨烯吸附空气中的有害气体方面做了很多研究。他们以 GO 和金属有机框架为原料制备了复合材料,然后分别在干燥和潮湿的环境下检测了其对氨的吸附性,其吸附性最高可达 149 mg/g。在此基础上他们又用铜酰氯和石墨烯制备了复合材料,并检测了这种复合材料在室温下对空气中 H_2S 的吸附性能。他们发现,含有石墨烯的复合材料由于具有优异的表面特征,可使复合材料的吸附性能大大加强。H_2S 通过和氧化铜发生直接酸碱反应取代—OH 官能团,从而留在复合材料表面。高度分散的还原铜和石墨烯可以强化氧气的活性进而促进亚硫酸盐和硫酸盐的生成。高导电性的石墨烯有助于氧化还原反应中电子的转移,从而提高吸附效率。在 NO_2 吸收方面,他们用氢氧化锌和石墨烯通过原位沉淀法制备了石墨烯/$Zn(OH)_2$ 复合材料并检测对 NO_2 的吸附性能,结果显示,该复合材料对 NO_2 具有很好的吸附性。

　　Taner 课题组制备了多孔石墨烯,并检测了这种多孔石墨烯对气体的吸附性,其在大气治理方面具有非常好的应用前景。他们首先利用各种线性硼酸将氧化石墨膨胀,然后利用膨胀氧化石墨合成了一系列多孔氧化石墨烯。多孔氧化石墨烯骨架的构建是通过硼酸和 GO 上的含氧官能团生成含 B—O 的硼酸酯,使 GO 交联形成的,这种结构呈现周期性的分层结构。与普通的 GO 相比,交联后的多孔石墨烯的热稳定性更好。高度疏散的框架可以为气体吸附提供更大的表面积,从而可以吸附更多气体。

　　Ahn 课题组研究了微米孔石墨烯对空气中的甲苯和乙醛的吸附特性,发现对两种气体的最大的吸附容量分别高达 3510 m³/g 和 630 m³/g。结果表明,石墨烯可以作为高效的挥发性有机化合物(volatile organic compounds,VOCs)吸附剂,在室内环境改善、石油工业等领域具有广阔的应用潜力。

Liu 课题组利用 GO 泡沫吸附 SO_2 气体,并将 SO_2 氧化成 SO_3,同时使 GO 泡沫还原。SO_2 气体接触 GO 泡沫后,泡沫由棕色变成黑色,同时捕获的 SO_2 气体将 GO 泡沫还原,而 SO_2 气体则被氧化为 SO_3。如图 9-7 所示,这使我们可以直观地检测存储工业上产生的 SO_2 气体。SO_3 很容易与水反应形成硫酸,将吸收气体后的泡沫放入水中可实现泡沫与气体的脱离。

图 9-7 GO 泡沫吸收 SO_2 变色及其内部结构的 SEM 图

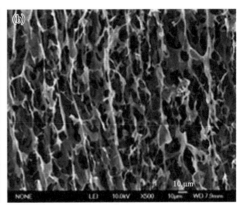

吴明红课题组将微结构调控的石墨烯负载于分子筛表面,通过对石墨烯表面与层间结构的精确调控,可以达到对 VOCs 中难降解的苯系污染物的高容量吸附、高选择性和高效催化开环降解,最终实现对 VOCs 完全降解,持续达标排放。此技术已经成功应用于中船工业下属的江南造船厂 VOCs 治理工程,承接江南造船厂喷涂车间和预处理车间的 VOCs 治理工程项。治理后其出口排放浓度在线监测结果显示:非甲烷总烃出口浓度为 15 mg/m³,苯系物完全降解去除,远优于 GB16297—2017《大气污染物综合排放标准》(非甲烷总烃为 150 mg/m³、苯系物为 4 mg/m³)。

9.3 石墨烯纳米复合材料在光催化降解中的应用

虽然吸附法可以去除环境中的污染物,但是这种技术只是将污染物从环境中富集分离出来,并不能彻底去除污染物。如果将有毒污染物降解为无毒无害物质,则需要进一步处理。光催化氧化一种新兴的绿色高级氧化技术,可直接利用太阳光在常温常压下催化降解废水及空气中的污染物,可将水中的烃类、卤代物、羧酸、表面活性剂、染料、含氮有机物、有机磷农药、杀虫剂等有机污染物完全降解为 H_2O 和 CO_2 等无害物,该方法具有工艺简单、操作方便等优点,并且降解彻底无二次污染。

一般来说,光催化是在半导体光催化剂存在下,光照射下发生的特定的氧化还原反应,但是一般半导体的禁带宽度较大,只能吸收波长小于 378 nm 的紫外光,而这部分的光仅占太阳光能的 3%~5%,对太阳能的利用率较低。此外,在光催化降解过程中,通过光激发半导体产生的电子-空穴对具有很高的活性,非常容易复合,使得光催化反应的效率很低。如何减小光催化剂的禁带宽度和激发电子-空穴对的复合概率、提高可见光响应性能和光催化性能成为当前新型光催化材料研究工作的重点。

石墨烯二维纳米材料是目前最薄同时也是最坚硬的一种材料,其中石墨烯具有优良的电子迁移率,在常温下超过 15000 $cm^2/(V \cdot s)$,比碳纳米管或硅晶体高;而电阻率比铜或银更低,只有约 10 $\Omega \cdot cm$,是目前电阻率最小的材料。此外,石墨烯还表现出完美的量子隧道效应、零质量的狄拉克费米子行为及异常的半整数量子霍尔效应。

石墨烯具有相当大的比表面积,所以石墨烯复合材料能够提高对污染物的吸附;石墨烯的透光率高达 97.7%,增强了光吸附强度和光吸收范围;此外,石墨烯优良的电子迁移率和载流子特性提高了光激发电荷的传输和分离,因此石墨烯是理想的催化剂载体。在石墨烯基纳米复合材料中,石墨烯作为半导体离子载体材料,可以捕获半导体的光生电子,为光生电子的传递提供通道,有效抑制光生电子和空穴的复合,从而有效提高半导体材料的光催化性能。与此同时,复合材料中的石墨烯能够增强复合材料的表面吸附性,因此将石墨烯和光催化材料复合,可以有效发挥两者的优势,通过协同效应进一步增强复合材料的光催化性能。

9.3.1 石墨烯/TiO₂ 复合材料

20 世纪 70 年代,日本科学家藤岛昭发现了纳米 TiO_2 的光催化特性。经过 50

年的发展，TiO_2 的光催化特性逐渐应用到环境污染治理，在建筑外层涂饰、VOCs、异味处理等方面得到广泛的应用。将 TiO_2 负载在载体上，在光照条件下，纳米 TiO_2 产生电子空穴，催化水分子及溶解氧反应生成羟基自由基（·OH）和超氧离子自由基（·O_2^-、·O），羟基自由基可和水体中的大多数污染物质反应，并促进其分解，变成无毒的小分子。光催化反应过程中无其他物质参加，无二次污染。

TiO_2 具有催化效率高、化学性质稳定、廉价无毒、可重复使用等优点，被认为是一种较为优异的光催化材料，也是研究比较成熟的半导体光催化剂。但是光激发 TiO_2 产生的电子空穴对极易复合降低了其光催化效率，所以研究者利用石墨烯独特的电子传输特性来降低光载流子的复合，从而提高 TiO_2 光催化效率。目前石墨烯/TiO_2 复合材料主要用于光降解有机污染物，相比较 TiO_2 纳米颗粒，复合材料光催化性能有大幅度提高，尤其是对亚甲基蓝、罗丹明 B、甲基橙、2,4-二氯苯氧乙酸等有机污染物，它们可完全转化为 H_2O 和 CO_2 等小分子物质，在环境保护方面展现出了很多优异的性能和潜在的应用价值。

Zhang 等采用一步水热合成法制备石墨烯/TiO_2 复合材料，在可见光辐照下，其对亚甲基蓝的降解率达到了 65%，还表现出优异的光催化能力。Zhang 等还阐述了该复合材料光催化降解亚甲基蓝的机理（图 9-8）。TiO_2 吸收光子能量后，价带电子被激发跃迁到导带，激发电子流进入石墨烯片层结构中。由于石墨烯具有优异的导电性能，能够有效地引导激发电子，不会在材料周围聚集，降低了空穴与电子的复合概率。石墨烯与 Ti—O—C 化学键相互作用，改变了 TiO_2 原本的禁带

图 9-8 石墨烯/
TiO_2 复合材料光催化降解亚甲基蓝的机理示意图

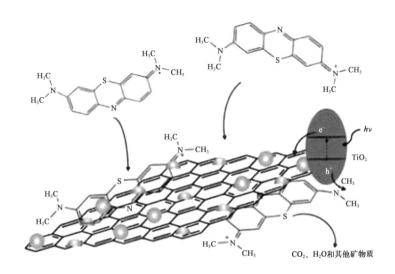

宽度,TiO$_2$ 在可见光区就能显示出良好的光催化学活性,从而增大了 TiO$_2$ 对可见光的利用率。另外,石墨烯片层结构具有巨大的比表面积,且石墨烯的苯环结构与亚甲基蓝分子存在较强的 π-π 相互作用,可吸附更多的亚甲基蓝分子,并充分扩散到石墨烯和 TiO$_2$ 的表面,为光催化反应提供了理想的反应位置,有利于反应的进行。Zhang 等的工作解释了石墨烯能够提高光催化的反应机理,为后续石墨烯的研究与应用拓展提供了很好的理论支持。

Chen 等以 TiCl$_3$ 和 GO 为原料采用自组装法制备具有 p/n 异质结的 GO/TiO$_2$ 复合材料用于催化降解甲基橙。p/n 异质结的形成,一方面能够有效促进光生电子的转移分离,显著提高复合材料的光催化活性;另一方面能使复合材料被波长大于 510 nm 可见光所激发,扩展对可见光的响应,在可见光照下,对甲基橙表现出较高的降解效率。Liang 等以 Ti(SO$_4$)$_2$ 和 GO 溶液为前驱体,乙醇溶剂作为还原剂,利用一步水热合成法制备出了 TiO$_2$/rGO 纳米复合材料,实现 10 nm 的锐钛矿型 TiO$_2$ 纳米颗粒在 rGO 纳米片上原位生长,TiO$_2$/rGO 纳米复合材料光催化降解速率是普通 TiO$_2$ 的 5.6 倍。他们推测,TiO$_2$/rGO 纳米复合材料优异的光催化性能主要来自 TiO$_2$ 与 rGO 的协同作用,包括以下几个方面:rGO 可以快速接受和转移 TiO$_2$ 上的光生电子,极大地抑制了光生载流子的复合;rGO 与 TiO$_2$ 之间存在化学键的相互作用使禁带宽度减小、光谱吸收范围增大,提高了对可见光的吸收效率;rGO 增强了纳米复合材料对染料分子的吸附能力,更有利于表面光催化反应的进行。

9.3.2　石墨烯与其他金属化合物形成的复合材料

除 TiO$_2$ 外,石墨烯还可以和其他金属化合物形成复合材料用作光催化材料,比如 CdS、ZnO、WO$_3$、CuO、Mn$_3$O$_4$、Mn$_2$O$_3$、SnO$_2$、Bi$_2$WO$_6$、ZnWO$_4$、Bi$_2$MoO$_6$、BiVO$_4$、BaCrO$_4$ 等金属化合物。Lu 等利用锌卟啉(ZnPor)与石墨烯量子点(GQD)之间的 π-π 相互作用和范德瓦耳斯力制备了一种新颖的 GQD/ZnPor 纳米光催化剂复合材料,通过在可见光下对有机染料亚甲基蓝的降解来评估复合材料的光催化活性。他们将 GQD、ZnPor 和 GQD/ZnPor 分别在氙灯光源照射 1h,检测到亚甲基蓝的降解率分别为 4%、25% 和 95%。对照试验中,在无光催化剂的情况下,亚甲基蓝的分解可以几乎忽略不计。对该体系降解亚甲基蓝的抑制效果考察,发现超氧阴离子自由基($\cdot O_2^-$)和光生空穴(h_{VB}^+)是该光催化降解过程中起主要作用的活性物质。

9.4 石墨烯粉体在环境检测方面的应用

对污染物的准确识别和定量分析是评价环境安全的前提,因此构建一个灵敏度高、检测限低、分析速率快、结果直观的化学传感器成为环境污染物检测的一个重要方向。石墨烯具有比表面积大、电化学窗口宽、吸附力强、生物兼容性好等特点,因此其作为一种新型的理想传感器修饰材料,被广泛应用于环境检测污染物,如重金属、有毒气体以及生物分子。本节将重点阐述石墨烯修饰传感器元件在环境分析检测中的应用。

9.4.1 石墨烯检测重金属

重金属被列为难降解类环境污染物,具有生物富集性,在食物链的生物放大作用下,会对人体健康造成极大危害。因此,对环境中的重金属及时、准确的检测十分必要。一些研究学者开发了高灵敏度和快速响应的石墨烯传感器,用于检测Hg、Pb等重金属。例如,Lu等采用电沉积的方法制备了石墨烯/金/壳聚糖复合材料修饰的玻碳电极,并用于铅离子的检测,其线性响应浓度为$0.5 \sim 100\ \mu g/L$,检测限达到了$1\ ng/L$。由于相对于纳米金、壳聚糖,石墨烯/金/壳聚糖复合材料具有比表面积大、导电性强等特点,有效地提高了电子转移速率,促进了铅离子反应,并且修饰后电极已成功地应用于河水样品中铅离子检测。Lee等用KOH活化GO制备出一种高导电性的多孔活化石墨烯(AG),并采用电沉积法进一步在AG表面沉积Bi,制备出AG/Bi复合材料电化学传感器电极,用于检测痕量Zn^{2+}、Cd^{2+}和Pb^{2+}。研究结果表明,与还原氧化石墨烯相比,AG电极对Zn^{2+}、Cd^{2+}和Pb^{2+}的灵敏度提高了约67%,而AG/Bi复合材料电极对Zn^{2+}、Cd^{2+}和Pb^{2+}的灵敏度分别是AG电极的15倍、2倍和1.5倍。且AG/Bi复合材料传感器可实现Zn^{2+}、Cd^{2+}和Pb^{2+}三种离子的同时选择性检测,其线性响应浓度为$5 \sim 100\ g/L$,其最低检测限分别为$8.8 \times 10^{-9}\ mol/L$、$6.2 \times 10^{-10}\ mol/L$和$2.4 \times 10^{-10}\ mol/L (S/N = 3)$,

此检测限低于世界卫生组织规定的饮用水的含量,因此该复合材料传感器可用于自来水的检测。经过测试表征,Lee 等发现 AG/Bi 复合材料具有高灵敏度和低检测限,是 AG 良好的传导性和 Bi 易与痕量金属离子形成熔融合金的协同作用导致的。

9.4.2 石墨烯在有机污染物检测领域的应用

Qu 等通过在氧化石墨烯片层中嵌入金纳米颗粒与双层氮化碳构建了一种集富集、检测和催化性能于一体的新型多功能复合膜,实现了环境有机污染物的高效移除和高灵敏检测。该膜通过 π-π 堆积与静电相互作用对有机污染物具有良好的预浓缩能力,表现出高灵敏表面增强拉曼散射活性,而且电子-空穴分离效率高,具有较高的催化活性。将该复合膜用于检测罗丹明 6G,检测限达 5.0×10^{-14} mol/L,并且吸附物可被光催化降解为无机分子,实现了膜的"自清洁",达到了膜循环利用的目的。此外,通过检测 4-氯苯酚进一步证明了该复合膜优越的表面增强拉曼散射活性及循环应用能力。

Zhang 等以纳米金颗粒与氧化石墨烯溶液作为前驱体,通过喷雾干燥和热还原方法,实现原位负载金纳米颗粒在球形石墨烯表面,制备出了三维金/石墨烯微球复合材料,该材料可应用于亚硝酸盐的检测。三维金/石墨烯微球是新型的三维石墨烯结构,其可以增加电解液的接触面积,以及金纳米颗粒的负载量,充分发挥了复合材料协同作用,实现了优秀的电催化性能。采用喷雾干燥方法制备出的石墨烯微球,具有三维的结构,可以充分利用石墨烯的比表面积,防止二维石墨烯片层堆叠、负载的金纳米颗粒发生团聚。该三维金/石墨烯微球复合物对于 $NaNO_2$ 表现出优异的检测效果:较宽的线性响应浓度(5~2600 μmol/L)、较低的检测限(0.5 μmol/L,S/N=3)和较短的响应时间(5 s)。

9.4.3 石墨烯在有害气体检测领域的应用

石墨烯气体传感器灵敏度高,因此可用于快速检测大气中气体污染物,从而为大气污染的预防和治理提供有效的技术支持。理论研究表明,石墨烯是 p 型半导体,其导电性会受到吸附的气体分子影响,即若附着在石墨烯表面的气体分子具有诱导效应时,其表面空穴增多,从而表现出导电性的上升;若表面气体具有共轭效应,其表面空穴会减少,从而表现出导电性下降。石墨烯吸附目标气体后其电导率发生变化,通过确定电导率变化及目标气体浓度间的变化关系,就可以测得目标气体的浓度。

在制备石墨烯时,多晶结构与单晶结构之间的边界被称为晶界(图9-9)。晶界的存在会造成电子散射,削弱石墨烯晶格的性能,具有晶界的石墨烯通常会被认为是无价值的次品。但 Yasaei 等发现,存在晶界缺陷的石墨烯可被用来制备气体传感器,且其灵敏度是谱图气体传感器的 300 多倍。

图9-9

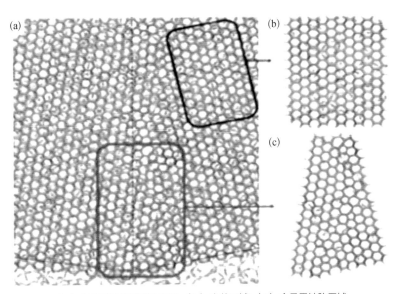

(a) 存在晶界缺陷的石墨烯;(b) 完整区域;(c) 含晶界缺陷区域

在利用石墨烯制备气体传感器检测有害气体方面,国内科学家也做了大量工作。石高全、黄磊等研究的石墨烯传感器在检测 NO_2 时表现出高的灵敏度。

三维石墨烯也可实现对大气中有害气体的检测。Yavari 等的研究显示,利用 CVD 法制备的石墨烯泡沫可以检测具有毒性的 NO_2 和 NH_3 气体。研究结果显示,石墨烯泡沫可以在室温下检测 20 ppm NH_3 和 20 ppm NO_2 以上的气体,响应时间为 5~10 min。

还原氧化石墨烯可用于在室温环境条件下检测痕量气体,利用凹版印刷技术制备基于磺化还原氧化石墨烯(S-rGO)修饰银纳米颗粒(Ag-S-rGO)的化学电阻型 NO$_2$ 传感器，该传感器将大量平均粒径为 10～20 nm 的银纳米颗粒均匀地组装在平坦的 S‐rGO 表面上，Ag‐S‐rGO 传感器在 0.5～50 ppm 的 NO$_2$ 浓度内具有高灵敏度和快速的响应/恢复特性，在室温下暴露于 50 ppm NO$_2$ 时，响应时间 12 s，恢复时间 20 s。经过 1000 次弯曲后，Ag‐S‐rGO 传感器具有令人满意的柔韧性和几乎恒定的电阻，利用这种 Ag‐S‐rGO 传感器对 NO$_2$ 进行环境监测由极好的应用前景。

9.5 石墨烯在海水淡化中的应用

目前，世界上约有 12 亿人口生活在淡水资源缺乏的地区。据世界水理事会估计，这个数据将在未来几十年增至 39 亿。海水淡化技术是最有希望解决淡水资源短缺问题的方法，它既可以保证足够的淡水供应量，又不会损害淡水生态系统。自 2010 年以来，石墨烯基材料在海水淡化领域中的应用得到了越来越多的关注。

石墨烯作为新型的纳米碳材料具有独特的二维结构，被认为是一种天然的薄膜材料。氧化石墨烯是一种最常见的石墨烯衍生物，其价格低廉、易于生产，并且含有大量的活性官能团，由此衍生出了大量的石墨烯基复合材料。与现有的反渗透（reverse osmosis，RO）海水淡化膜相比，石墨烯基材料的优势主要体现在厚度和机械强度方面，使用石墨烯基材料可以增加水分子的输送效率、降低海水淡化过程中的压力，并且操作更便捷。表 9‐1 汇总了近几年一些石墨烯基海水淡化膜的性能参数。

石墨烯基海水淡化膜	截留率/%				水通量/[L/(m²·h·MPa)]	操作压力/MPa
	NaCl	Na$_2$SO$_4$	MgCl$_2$	MgSO$_4$		
GO 中空纤维膜	35	—	81	—	140	0.1
GO/电解质膜	43.2	—	—	92.6	4.2	0.5
GO/PSF	55	72	—	—	25	0.4
GO/PAN	9.8	56.7	—	—	18	0.1

表 9‐1 石墨烯基海水淡化膜的性能参数

石墨烯基海水淡化膜	截留率/%				水通量 /[L/(m²·h·MPa)]	操作压力 /MPa
	NaCl	Na₂SO₄	MgCl₂	MgSO₄		
GO/PEI	38.1	39	93.9	80	21	0.5
GO/PA	59.5	95.2	62.1	91.1	3.8~4.8	0.2
GO/PAA	56.8	98.2	50.5	96.5	146	1
GO/TFC	98	—	—	—	29.6	1.5
GO/TFN	93.8	97.3	—	—	59.4	2.06

针对目前反渗透海水淡化膜的局限性,纳米孔石墨烯(NG)、氧化石墨烯及其他石墨烯基复合材料(GB)常被用于制备高选择性、高渗透性的新一代海水淡化分离膜。

9.5.1　石墨烯材料海水淡化膜的作用机理

石墨烯材料海水淡化膜作为新一代的海水淡化膜材料,其作用机理和影响因素需要更为深入的探索和理解。现在普遍认可的石墨烯海水淡化膜的作用机理主要包括:尺寸筛分机理和电荷吸附/排斥机理。

1.尺寸筛分机理

纳米孔石墨烯(nanoporous graphene,NG)膜是一种最简单的基于石墨烯材料的海水淡化膜,其是通过在单原子厚度的石墨烯薄膜上引入尺寸不同的纳米孔来实现的。在海水淡化过程中,水分子可以通过 NG 膜表面亚纳米大小的孔隙,而大于水分子的盐离子则不能通过,如图 9-10(a)所示。同时,由于 NG 膜的厚度极小,模拟显示 NG 膜比现有的 RO 复合薄膜具有更大的渗透系数,表面孔径为 0.45 nm 的 NG 膜就可以实现完全脱盐。然而生产高质量的 NG 膜是一项重大的挑战,因为海水淡化膜的制备不仅需要大面积、无缺陷的单层石墨烯,而且需要在石墨烯表面引入孔径均一的纳米孔隙。

氧化石墨烯的 2D 平面结构使片层之间容易发生层层堆积,并且片层之间通过氢键连接到一起,形成稳定的多层分离膜。如图 9-10(b)所示,有序堆积的 GO 膜

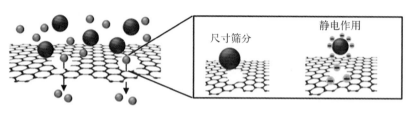

（a）纳米孔石墨烯膜

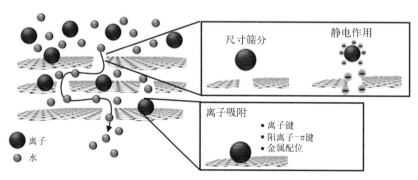

（b）多层氧化石墨烯膜

图 9-10　石墨烯基海水淡化膜的作用机理示意图

中的两个相邻片层之间形成了疏水的纳米通道,尺寸小于纳米通道的分子或离子可以通过 GO 膜,尺寸稍大的则被阻隔。此外,GO 表面存在含氧官能团,可以进一步功能化,通过在 GO 表面引入其他小分子可实现对片层之间的纳米通道进行调节。由于 GO 可以实现大规模生产,且生产成本较低,保证了成本效益和工业化应用,因此 GO 被看作是海水淡化膜的理想候选材料。

2. 电荷吸附/排斥机理

除了尺寸筛分机理,电荷吸附/排斥机理也会影响海水淡化的效果。在 NG 膜中,纳米孔的化学性质以及纳米孔边缘的电荷会降低离子的透过性。如分子动力学模拟所示,NG 膜的纳米孔边缘存在带负电的官能团,由于同种电荷相互排斥的作用阻碍了 Cl^- 的流动,从而提高了海水淡化的效果。

Isloor 等将氧化石墨烯掺杂到 PSF 中,制备了 GO/PSF 平板膜,研究其纯水通量和盐的截留率。当氧化石墨烯添加量为 2000 mg/L 时,Na_2SO_4 的截留率最高(72%)。Mi 等将氧化石墨烯分层组装到 PSF 膜用来脱盐,结果显示,GO 膜对 NaCl 有较低的截留(6%～19%),对 Na_2SO_4 有中等截留率(26%～46%)。该研究发现氧化石墨烯层数和截留率并没有呈线性关系,截留率随着初始离子浓度的增加而降低，由此推断电荷作用是膜分离的一个重要机理。

值得注意的是，在同一种海水淡化分离膜中，多种分离机理往往不会单一存在，而是多种分离机理同时作用的结果。同时，海水淡化膜还受到多种因素的影响，如水合作用、熵差、溶剂与孔隙化学结构的特定作用等。

9.5.2　石墨烯材料海水淡化膜

从结构上看，用于海水淡化的石墨烯膜可分为单层纳米孔石墨烯膜和多层氧化石墨烯分离膜。单层纳米孔石墨烯膜主要是在石墨烯单层膜上用各种方法（高能电子束轰击、氧等离子体刻蚀等技术）引入纳米孔，这些孔洞可控制水的进入、阻止盐类离子的通过。但是从实用角度看，单原子层厚的石墨烯机械强度较弱，需要用聚合物膜支撑，且刻蚀技术会造成孔径分布范围较广，分离效率低。

基于以上缺陷，石墨烯诺贝尔物理学奖得主、曼彻斯特大学教授 Geim 团队研究的多层氧化石墨烯膜，可有效控制氧化石墨烯片层之间的层间距，有望在实际中得到应用。

1. 纳米孔石墨烯海水淡化膜

通过氧化刻蚀、离子轰击等技术在石墨烯表面引入纳米孔，所得到的纳米孔石墨烯（NG）膜对水中的溶质体现出了优异的选择透过性。通过调整 NG 膜的厚度（层数）和纳米孔的形状、尺寸，可以达到理想的离子选择性和跨膜通量。

经典分子动力学表明，NG 膜可以承受超过 57 MPa 的压力，并且单层石墨烯膜中的纳米孔隙可以有效地将 NaCl 从海水中脱除，而脱盐效果共同取决于孔径的大小及周围的活性官能团。同时，由于薄膜的水通量和薄膜的厚度成反比，单层 NG 膜的水通量比传统的 RO 膜高几个数量级，因此 NG 膜更有利于海水淡化。

O'Hern 等首先利用 CVD 法制备了石墨烯，然后利用氧化刻蚀的方法在石墨烯表面引入了大量的亚纳米孔。实验发现，氧化刻蚀时间较短的条件下，孔隙周围修饰有带负电的含氧官能团（如羧基），由于静电作用，该 NG 膜具有阳离子选择性。而在氧化刻蚀时间较长的情况下，产生的孔隙进一步扩大，同时展现出对盐离子的选择性，仅会阻止较大的有机分子通过 NG 膜。以上实验结果表明孔隙的尺寸是 NG 膜选择性机制的重要原因。

2. 氧化石墨烯海水淡化膜

尽管 NG 膜在海水淡化领域具有显著优势,特别是在透水性方面,但是工业化制备大面积、孔径尺寸可控的 NG 膜仍具有很大的挑战性。目前,解决这一难题的方案是利用氧化石墨烯纳米片进行层层堆叠而形成宏观的层状的氧化石墨烯膜。

氧化石墨烯主要由石墨烯单元(16%)、氧化单元(82%)以及少量的孔隙单元(2%)组成的。在多层的 GO 膜中,两个相邻的 GO 薄片之间高度有序排列,并且形成了疏水性的纳米通道。在这种结构中,GO 薄片之间的纳米通道既可以让水分子自由通过,又能阻挡溶液中不需要的溶质。Sun 等利用元素追踪的方法印证了 GO 膜的作用机理,利用一定量的重水[①]作为示踪物来标记液态水,研究了液态水在 GO 膜中的透过性能。结果发现水的渗透系数比孔径小于微米级的聚合通道高 4~5 个数量级,这一现象表明 GO 膜对水分子具有优异的透过性。

在干燥状态下,通过真空过滤制备的 GO 膜紧密地排列在一起,相邻片层之间的距离约为 0.3 nm,此时的纳米通道只允许单层排列的水蒸气通过。Joshi 等研究发现,当 GO 膜浸入离子溶液时,水合作用使相邻片层之间的距离增加到约 0.9 nm。在此条件下,任何水合半径在 0.45 nm 以下的离子或分子都可以通过纳米通道,而所有水合半径大于 0.45 nm 的离子或分子均被 GO 膜阻隔。因此,对于海水淡化来说,需要减小 GO 膜内部的层间间距至 0.7 nm 以下,这样才能分离出水合的 Na^+(水合半径约为 0.36 nm)。可以通过化学还原或热还原来减少 GO 表面的含氧官能团,进而使层间间距减小,但这限制了水的透过性,极大地降低了海水淡化的效率。

袁荃和段镶锋等组成的研究团队采用石墨烯纳米筛和碳纳米管相结合的方法,制备出二元结构的石墨烯薄膜,兼具有较强的选择性分离效率和一定的机械强度,可应用于海水淡化。将纳米孔石墨烯与碳纳米管结合可以弥补上述缺陷。他们先在铜箔上生长出一层单层石墨烯,再在上面的一些区域覆盖相互连通的碳纳米管网络,将铜箔溶蚀掉之后就得到了一张碳纳米管支撑的石墨烯薄膜。这种薄膜可以不经聚合物支撑,在悬空、弯曲、拉张时不产生明显裂缝。测试和计算结果

---

① 氧化氘,D_2O。

显示,该薄膜能承受 380.6 MPa 应力,杨氏模量达到 9.7 GPa,相当于纳米孔石墨烯薄膜 2.4 倍的拉伸刚度和 10000 倍的弯曲刚度。此外,相较于商用的三乙酸纤维素淡化膜,新型石墨烯纳米筛/碳纳米管薄膜的水渗透率提高了 100 倍,抗污染能力更强。而且由于不受内部浓差极化效应制约,薄膜在高浓度盐环境下仍然可以保持较高的水渗透率。

3. 其他石墨烯基复合膜

GO 表面富含大量的含氧官能团(主要是羟基和羧基),这些官能团也可用于诱导其他化学反应,通过共价键连接的方式克服水合作用,形成多样化的石墨烯基复合膜。

Pawar 等以蔗渣和 GO 为原料,采用热处理法制备了三维石墨烯基复合膜。该复合膜中 GO 以随机堆积的方式排列成三维结构,其内部形成复杂的纳米通道。通过纳米级的筛分技术,不仅实现海水淡化,还去除了海水中的 Cl^-、Na^+、微生物、污染物等。

金万勤教授团队设计了一系列具有快速选择性传递通道的高性能分离膜,可用于溶剂脱水、气体分离、水处理等。该团队在多孔陶瓷支撑体上制备氧化石墨烯复合膜,在氧化石墨烯叠层的二维纳米空间内构筑了高选择性的快速"水通道",实现了水分子与有机分子的高效分离。通过在氧化石墨烯叠层上沉积一层超薄高亲水性聚合物,可强化氧化石墨烯叠层的快速"水通道",将水通量提高了 1 个数量级,实现了生物质燃料的高效提纯。

陈永胜等研发了一种简单、独立的石墨烯太阳能转换器,它由 3D 交叉连接的石墨烯泡沫材料组成,其可吸收太阳光并将其转化为热量,进而将水源中水分蒸发,产生纯净水。该设备不需其他装置,是一种理想太阳能热转换器,可用于海水淡化。

9.6 小结

石墨烯是一种由碳原子以 sp^2 杂化轨道形成的只有一个碳原子厚度的二维新材料,由于其特有的化学结构,其具有优异的物理性质和化学性质,例如高的比表面积使石墨烯可作为性能优异的吸附剂吸附水中的污染物质;具有很好的热稳定性,加入其他材料中可提升其他材料的热稳定性能;高电子迁移率和热导率使其具有很好的导电性能,可交换水中的金属离子,也可作为光催化剂降解水中的污染物。氧化石墨烯是石墨烯的氧化物,表面具有较多的含氧官能团,使其具有静电作用或通过和其他离子进行交换,进而去除水中离子污染物。总之,石墨烯及其氧化物的复合材料在环境中具有广泛的应用前景。

参考文献

［1］Zhao G X, Ren X M, Gao X, et al. Removal of Pb(Ⅱ) ions from aqueous solutions on few-layered graphene oxide nanosheets[J]. Dalton Transactions, 2011, 40(41): 10945 - 10952.

［2］Mishra A K, Ramaprabhu S. Functionalized graphene sheets for arsenic removal and desalination of sea water[J]. Desalination, 2011, 282: 39 - 45.

［3］Madadrang C J, Kim H Y, Gao G H, et al. Adsorption behavior of EDTA-graphene oxide for Pb (Ⅱ) removal[J]. ACS Applied Materials & Interfaces, 2012, 4(3): 1186 –1193.

［4］Kyzas G Z, Travlou N A, Deliyanni E A. The role of chitosan as nanofiller of graphite oxide for the removal of toxic mercury ions[J]. Colloids and Surfaces B: Biointerfaces, 2014, 113: 467 - 476.

［5］Gollavelli G, Chang C C, Ling Y C. Facile synthesis of smart magnetic graphene for safe drinking water: Heavy metal removal and disinfection control [J]. ACS Sustainable Chemistry & Engineering, 2013, 1(5): 462 - 472.

［6］Andjelkovic I, Tran D N H, Kabiri S, et al. Graphene aerogels decorated with α-FeOOH nanoparticles for efficient adsorption of arsenic from contaminated waters[J]. ACS Applied Materials & Interfaces, 2015, 7(18): 9758 - 9766.

［7］Zhao L Q, Yu B W, Xue F M, et al. Facile hydrothermal preparation of recyclable S-doped graphene sponge for Cu^{2+} adsorption[J]. Journal of Hazardous Materials, 2015, 286: 449 - 456.

［8］Ramesha G K, Kumara A V, Muralidhara H B, et al. Graphene and graphene oxide as effective adsorbents toward anionic and cationic dyes[J]. Journal of Colloid and Interface Science, 2011, 361(1): 270 - 277.

［9］Huang H B, Song Z G, Wei N, et al. Ultrafast viscous water flow through nanostrand-channelled graphene oxide membranes[J]. Nature Communications, 2013, 4: 2979.

［10］Bi H C, Xie X, Yin K B, et al. Spongy graphene as a highly efficient and recyclable sorbent for oils and organic solvents[J]. Advanced Functional Materials, 2012, 22 (21): 4421 - 4425.

[11] Zhao G X, Jiang L, He Y D, et al. Sulfonated graphene for persistent aromatic pollutant management[J]. Advanced Materials, 2011, 23(34): 3959 - 3963.

[12] Du H L, Li J Y, Zhang J, et al. Separation of hydrogen and nitrogen gases with porous graphene membrane[J]. The Journal of Physical Chemistry C, 2011, 115(47): 23261 - 23266.

[13] Petit C, Bandosz T J. MOF-graphite oxide composites: Combining the uniqueness of graphene layers and metal-organic frameworks[J]. Advanced Materials, 2009, 21 (46): 4753 - 4757.

[14] Bagreev A, Menendez J A, Dukhno I, et al. Bituminous coal-based activated carbons modified with nitrogen as adsorbents of hydrogen sulfide[J]. Carbon, 2004, 42(3): 469 - 476.

[15] Srinivas G, Burress J W, Ford J, et al. Porous graphene oxide frameworks: Synthesis and gas sorption properties[J]. Journal of Materials Chemistry, 2011, 21 (30): 11323 - 11329.

[16] Kim J M, Kim J H, Lee C Y, et al. Toluene and acetaldehyde removal from air on to graphene-based adsorbents with microsized pores[J]. Journal of Hazardous Materials, 2018, 344: 458 - 465.

[17] Long Y, Zhang C C, Wang X X, et al. Oxidation of SO_2 to SO_3 catalyzed by graphene oxide foams[J]. Journal of Materials Chemistry, 2011, 21(36): 13934 - 13941.

[18] Zhang Y P, Pan C X. TiO_2/graphene composite from thermal reaction of graphene oxide and its photocatalytic activity in visible light[J]. Journal of Materials Science, 2011, 46(8): 2622 - 2626.

[19] Zhang H, Lv X, Li Y M, et al. P25 - graphene composite as a high performance photocatalyst[J]. ACS Nano, 2010, 4(1): 380 - 386.

[20] Chen C, Cai W M, Long M C, et al. Synthesis of visible-light responsive graphene oxide/TiO_2 composites with p/n heterojunction[J]. ACS Nano, 2010, 4(11): 6425 - 6432.

[21] Lu Q, Zhang Y J, Liu S Q. Graphene quantum dots enhanced photocatalytic activity of zinc porphyrin toward the degradation of methylene blue under visible-light irradiation[J]. Journal of Materials Chemistry A, 2015, 3(16): 8552 - 8558.

[22] Lu Z Z, Yang S L, Yang Q, et al. A glassy carbon electrode modified with graphene, gold nanoparticles and chitosan for ultrasensitive determination of lead (Ⅱ)[J]. Microchimica Acta, 2013, 180(7/8): 555 - 562.

[23] Lee S, Bong S, Ha J, et al. Electrochemical deposition of bismuth on activated graphene-nafion composite for anodic stripping voltammetric determination of trace heavy metals[J]. Sensors and Actuators B: Chemical, 2015, 215: 62 - 69.

[24] Qu Y, Chen L, Deng H P, et al. Sandwich-type electrochemical immunosensor for sensitive determination of IgG based on the enhanced effects of poly-L-lysine

functionalized reduced graphene oxide nanosheets and gold nanoparticles[J]. Journal of Solid State Electrochemistry, 2017, 21(11): 3281 - 3287.

[25] Zhang F H, Yuan Y W, Zheng Y Q, et al. A glassy carbon electrode modified with gold nanoparticle-encapsulated graphene oxide hollow microspheres for voltammetric sensing of nitrite[J]. Microchimica Acta, 2017, 184(6): 1565 - 1572.

[26] Perreault F, Fonseca de Faria A, Elimelech M. Environmental applications of graphene-based nanomaterials[J]. Chemical Society Reviews, 2015, 44(16): 5861 - 5896.

[27] Nadres E T, Fan J J, Rodrigues D F. Toxicity and environmental applications of graphene-based nanomaterials [M]. Switzerland: Springer International Publishing, 2016.

[28] Qu L L, Wang N, Xu H, et al. Gold nanoparticles and g-C$_3$N$_4$-intercalated graphene oxide membrane for recyclable surface enhanced Raman scattering[J]. Advanced Functional Materials, 2017, 27(31): 1701714.

[29] Homaeigohar S, Elbahri M. Graphene membranes for water desalination[J]. NPG Asia Materials, 2017, 9(8): e427.

[30] Rufford T E, Smart S, Watson G C Y, et al. The removal of CO$_2$ and N$_2$ from natural gas: A review of conventional and emerging process technologies[J]. Journal of Petroleum Science and Engineering, 2012, 94 - 95: 123 - 154.

[31] Yang Y, Zhao R Q, Zhang T F, et al. Graphene-based standalone solar energy converter for water desalination and purification[J]. ACS Nano, 2018, 12(1): 829 - 835.

[32] Yue F, Zhang Q, Xu L J, et al. Porous reduced graphene oxide/single-walled carbon nanotube film as freestanding and flexible electrode materials for electrosorption of organic dye[J]. ACS Applied Nano Materials, 2019, 2(10): 6258 - 6267.

[33] O'Hern S C, Jang D, Bose S M, et al. Nanofiltration across defect-sealed nanoporous monolayer graphene[J]. Nano Letters, 2015, 15(5): 3254 - 3260.

[34] Pawar P B, Saxena S, Badhe D K, et al. 3D oxidized graphene frameworks for efficient nano sieving[J]. Scientific Reports, 2016, 6: 21150.

[35] Yang Y, Zhao R Q, Zhang T F, et al. Graphene-based standalone solar energy converter for water desalination and purification[J]. ACS Nano, 2018, 12(1): 829 - 835.

第 10 章

石墨烯粉体材料在
涂料领域的应用

石墨烯是一种新型的功能纳米材料,其在涂料中有着广泛的应用。石墨烯的高比表面积,赋予了其强大的表面吸附力,表面能大。当石墨烯添加至涂料中,其能在涂料干燥时与基体树脂融为一体形成网状结构,从而增强涂层与基底之间的连接作用,增加涂层的致密性,提高涂料对基材的附着力。同时,更有助于提高涂料的耐冲击性能、耐摩擦性能、导热性能、耐候性及防腐性能。石墨烯改性涂料具有很好的耐候性,能够长期在高温下工作;其耐盐雾老化、酸碱老化、光照老化等性能突出,可广泛应用于各种极端环境下。

在常规涂料体系基础上通过添加石墨烯制备的新型涂料,不仅可提升其原有的功能(防腐、导电、导热等),更具有韧性好、附着力强、抗弯折、耐水性好、硬度高等特点,其功能可整体提升,许多指标均超过现有的涂料,其可广泛应用于海洋工程、交通运输、大型工业设备、市政工程设施、化工装备、建筑隔热、海洋防污和阻燃等体系中,展现出了极大的应用前景。

本章以防腐涂料为主,结合其他涂料,综合介绍石墨烯作为助剂添加到涂料中,对涂料各种性质的影响。

10.1 石墨烯概述

石墨烯是一种由碳原子构成的新型单层片状结构的二维材料,是由 C 原子以 sp^2 杂化轨道组成的六边形呈蜂巢状晶格的平面薄膜,可以看作一层被剥离的“石墨片”。每个晶格内有 3 个连接十分紧密 σ 键,形成了稳定的正六边形结构,而垂直于晶面方向的 π 键在其导电过程中起到了重要的作用。

独特的纳米结构赋予了石墨烯许多优异的物理、化学性质。石墨烯是一种超轻、超薄的材料,石墨烯薄膜仅有单层碳原子的厚度,300 万层石墨烯薄膜叠起来厚度也只有 1 mm,是至今为止发现的最薄的纳米材料。在光学方面,单层石墨烯对可见光的吸收率仅有 2.3%,透过率为 97.7%,因此它的外观基本是完全透明的。

理论比表面积高达 2630 m²/g。作为强度材料,石墨烯具有极好的韧性,是已知强度最高的纳米材料之一,其弹性模量为 1.0 TPa,固有的拉伸强度可达 130 GPa,是钢铁的 100 倍。此外,石墨烯还是良好的导热体,常温下,其热导率约为 5×10^3 W/(m·K),高于金刚石和碳纳米管。而且,石墨烯具有独特的载流子特征,使其电子迁移率高达 2.0×10^5 cm²/(V·s),比硅的电子迁移率高 100 倍,且不随着温度的变化而变化。同时,石墨烯还具有高的热稳定性、化学稳定性以及优异的抗渗透性,可以有效地阻隔水和氧气等小分子的通过。另外,石墨烯片层之间的剪切力较小,具有比石墨更低的摩擦系数,赋予了石墨烯优良的减摩、抗磨性能。

石墨烯独特的力学、电学、热、阻隔性能,特有的化学稳定性和优良的可修饰性能引起了涂料行业研究人员的极大兴趣,随着研究的深入,石墨烯在涂料领域很多方面都得到开发和应用。石墨烯作为涂料助剂,可在非常低的加入量时明显改善涂料的性能,利用石墨烯与树脂的协同作用,可提升石墨烯/有机树脂复合涂层的整体性能,或有选择地增强涂层耐腐蚀、导电、阻燃、导热、机械强度等功能。石墨烯的片层结构可以将涂层分割成许多小区间,能够有效地降低涂层内部应力,消耗断裂能量,进而提高涂层的柔韧性、抗冲击性和耐磨性。目前,石墨烯涂料已经在多个领域得到应用(表 10-1)。

表 10-1 石墨烯涂料的分类及应用

分 类	利用性质	增强因素	目前进展	市场容量
防腐	屏蔽/迷宫效应、增强、缓蚀	抗盐雾、延迟寿命,降低施工难度	产业化	数千亿
散热	导热性	导热速率	产业化	千亿
电磁屏蔽	导电性	替代金属材料	研发	/
静电	导电性	抗静电效果	产业化	/
防火	GO 膨胀/隔热	隔热	产业化开发	/
隔热	气凝胶位阻效应	隔热效果	研发	/
防污	防污剂载体	防污剂施放速率	研发	/
抗菌	自身抗菌性/复合材料	复合银纳米材料	产业化	/
催化	复合光催化	催化 VOCs 降解	产业化	/

10.2 涂料成分、制备工艺及与石墨烯的相互作用

涂料一般由颜料、成膜物质、溶剂和助剂四种基本成分组成。

1. 颜料

色彩是涂料的一个重要指标,颜料兼顾面漆色彩和耐久性,以防腐涂料为例,颜料一般分为着色颜料、体质颜料和防锈颜料三类。常见的钛白粉、铬黄、碳酸钙、滑石粉等起美观装饰作用,同时使涂料具有遮盖力,并提高强度和附着力,改变光泽,改善流动性和涂装性能。

虽然单层石墨烯是无色透明的,但石墨烯粉体一般是深色,GO 是黄棕色,但会逐渐变成深色。因此,需要在设计石墨烯涂料时考虑其颜色对产品外观的影响,深色和黑色涂料基本不需考虑石墨烯颜色的影响,但白色和浅色涂料只能加入极低浓度的石墨烯,才不会影响其色泽指标。

2. 成膜物质

对油性涂料而言,涂料的成膜物质主要成分包括油脂、油脂加工产品、纤维素衍生物、天然树脂、合成树脂和合成乳液等,因此树脂又称基料或漆基,是使涂料牢固附着于被涂物面上形成连续薄膜的主要物质,是构成涂料的基础,决定着涂料的基本特性。成膜物质的成分决定着涂料的硬度、耐久性、弹性、附着力等,并具有一定的保护与装饰作用,如耐水、耐酸碱、耐各种介质、抗石击、抗划伤、光泽等。根据涂料中使用的主要成膜物质可将涂料分为油性涂料、纤维涂料、合成涂料和无机涂料;按涂料或漆膜性状可分溶液、乳胶、溶胶、粉末、有光、消光和多彩美术涂料等。成膜物质和石墨烯之间的相互匹配是制备石墨烯涂料的关键。

3. 溶剂

溶剂的作用是辅助成膜,油性涂料的溶剂以烃类为主,如矿物油、煤油、汽油、苯、甲苯、二甲苯、醇类、醚类、酮类和酯类物质等。溶剂主要起到溶解或稀释油料或树脂,降低其黏度以保证施工性,并改善涂料的流平性,避免涂膜过厚、过薄、起皱等弊病的作用。溶剂还对涂料成品在储存过程中起到稳定作用,防止出现树脂析出、分离以及变稠、结皮等问题。有机溶剂分为挥发性溶剂和反应性溶剂,挥发性溶剂会产生污染等问题;反应性溶剂可与涂料中的其他成分反应,不会挥发到大气中,有利于减少 VOCs 的排放量,保护环境。随着全球环保政策的趋严,目前,水性涂料逐渐取代有机溶剂涂料,氧化石墨烯作为水溶性较好的添加剂,可得到应用。

但无论哪种溶剂,石墨烯在其中的分散是关键一步。

4. 助剂

在涂料工业中,助剂的用量一般很少但所起的作用极大,它在改善涂料的性能、延长储存时间、扩大涂料的应用范围、改进和调节涂料的施工性、保证涂装品质等方面都起着至关重要的作用。根据功能来划分,助剂的主要品种有润湿分散剂、防潮剂、消泡剂、流平剂、增稠剂和减光剂等,还有功能性的助剂如光催化、杀菌、电磁屏蔽、抗静电、防污作用等。

石墨烯在涂料中的作用,主要是作为助剂,提升涂料的相关性能,石墨烯涂料的制备涉及化学、材料学、涂料生产工艺等多个环节,其中还有成本等因素,需要协同才可达到最佳效果。

5. 涂层工艺

在金属及其他基体表面涂装石墨烯及含石墨烯涂料的涂层有多种方式。表10-2总结了石墨烯及其涂料在金属及其他基体表面的涂装工艺。需要指出的是,表中大多数工艺只适用于实验室研究或特殊领域,涂刷、粉末喷涂、电泳沉积、浸涂等工艺才适用于规模化工业涂层工艺。

表10-2 石墨烯及其涂料在金属及其他基体表面的涂装工艺

方　法	原材料	技术描述	应用
CVD	碳源	碳源(乙烷/乙炔),氩气、氢气在高温下利用CVD法在金属表面形成石墨烯层,多为单层	实验室
快速热处理	有机芳香分子/聚合物	萘、蒽和聚丙烯腈等涂覆在金属基材上,通过热解工艺将其转化为多层石墨烯涂层	实验室
粉末喷涂	石墨烯/复合材料	石墨烯/复合粉体、黏结剂/颜料混喷雾,通常被静电施加并在加热下固化热塑性或热固性聚合物	规模化工业涂层
电泳沉积(EPD)	GO	带负电的GO在电场的影响下沉积到金属等表面,干燥形成致密薄膜	规模化工业涂层
溶液喷雾	GO/rGO	GO(rGO)和其他材料分散到溶剂中,然后喷涂到基材上,在加热下进行固化	规模化工业涂层
浸涂	GO/rGO	将基材浸入/浸入GO分散液中、吸附、干燥成膜	规模化工业涂层
旋涂	GO/rGO	GO或rGO溶液滴加到高速旋转的基底上,离心力使涂料成膜	特殊领域
滴加	溶液或涂料	将GO溶液的液滴逐滴添加到阳离子表面活性剂处理过的表面上以产生均匀的膜,然后在空气中或干燥箱中干燥	/

方　　法	原材料	技　术　描　述	应　　用
真空过滤	溶液	使用膜载体真空过滤石墨烯或 GO 的分散液,以沉积石墨烯或 GO 板。通过这种方法可以制造出基于 GO 的抗菌纸和防污膜	/
涂刷	常规涂料	石墨烯油墨和 GO 基涂料可通过涂刷工艺制备涂层,在金属和金属合金上形成耐腐蚀薄膜	规模化工业涂层

10.3　石墨烯涂料的制备方法

石墨烯作为一种新型纳米添加剂添加到涂料中,可显现出其他纳米材料所没有的特点及性能。可用于涂料的石墨烯其材料包括石墨烯、氧化石墨烯(GO)、还原氧化石墨烯(rGO)、功能化石墨烯(FG)等,其制备方法可有化学法或物理法。

目前,石墨烯复合涂料的制备方法主要有以下三种:直接共混法、溶胶-凝胶法和原位聚合法。

1. 直接共混法

（1）熔融共混法

熔融共混法是通过将石墨烯、GO、rGO 等与聚合物在熔融状态下共混的方法制得的复合涂料。在熔融共混过程中可选择添加具有不同尺寸与形态的石墨烯,但是由于石墨烯的密度较小、片层薄,因此石墨烯不易分散,添加后会增加熔融混合的难度。化学改性的石墨烯含有有机官能团,其在高温状态下不稳定,因此不能熔融共混。

（2）溶液共混法

溶液共混法是先将一定量的改性石墨烯、GO、rGO 等分散在有机溶剂中,也可进行还原处理获得石墨烯,然后再与聚合物进行复合制备成石墨烯复合涂料。另外,也可以先制备改性石墨烯、GO、rGO/聚合物复合材料,然后再进行还原最终得到石墨烯/聚合物复合材料。

溶液混合法是目前研究较多的一种方法,其优点是可以获得分散性好、尺寸形态可控的石墨烯,缺点是制备过程中需要使用有机溶剂,环保性差。石墨烯材料通常用作有机涂料中的纳米填料。含有石墨烯、GO、rGO 等的环氧涂料增强防腐性能的一个因素是石墨烯薄片在聚合物基质中具有良好的分散性。石墨烯、GO、rGO 等薄片在基质中的分散会形成曲折的扩散路径,从而阻止侵蚀性电解质到达基材表面。涂料制备方法以及石墨烯的添加量对石墨烯在涂料中的分散性均有影响。一般使用以下两种制备方法:① 将石墨烯加入环氧树脂中,然后加入硬化剂;② 将石墨烯加入硬化剂中,然后加入环氧树脂。由于聚酰胺固化剂的黏度低于环氧基体,因此将石墨烯薄片添加到固化剂中(方法②)比方法①中的分散效果更好。此外,使用少量的 GO 可以得到最佳的分散性,GO 浓度较高时石墨烯会聚集,耐腐蚀性降低。rGO 在聚甲基丙烯酸甲酯(PMMA)树脂中所引起的防腐蚀性能改善取决于 rGO 中羧基的含量。研究表明,羧基含量最高的涂料最不容易被侵蚀性电解质渗透。

(3) 乳液混合法

乳液混合法一般有两种方式:一种是先将 GO 制成一定浓度的水性分散液,再与聚合物胶乳混合均匀后进行还原处理;另一种是先制备功能化石墨烯,再获得分散性较好的功能化石墨烯溶液,最后与聚合物胶乳进行混合,该方法可以避免有机溶剂带来的危害,环保性高。

以上几种共混法均具备操作方法简单易行的优点。

2. 溶胶-凝胶法

溶胶-凝胶法是指将金属化合物溶解在水或者溶剂中,然后使金属化合物发生水解形成纳米颗粒的溶胶,溶胶通过干燥形成凝胶的方法。Wang 等采用此方法成功制备出石墨烯添加量为 2.0% 的水性聚氨酯复合涂料,这种涂料抗张强度和杨氏模量均较高。该方法具有反应温度较温和、分散较均匀的优点,应用较广泛,但某些前驱体的成本较高,毒性较大。

3. 原位聚合法

原位聚合法是通过将聚合物单体与石墨烯或 GO 先进行混合,然后再添加引发剂,引发聚合生成复合涂料。如将苯二胺/4-乙烯基苯甲酸改性的 GO 添加到聚苯乙烯单体中可制成纳米复合涂料。采用原位聚合法也可制备石墨烯/环氧树脂复合散热粉末涂料。该方法成功解决了石墨烯在聚合物基体中难分散的问题,但石墨烯的加入会增加聚合物体系的黏度,使反应复杂化。

10.4 石墨烯防腐涂料

据市场研究机构 Global Market Insights 报告数据显示,全球防腐涂料市场规模到 2024 年将达到 202.1 亿美元,年复合增长率约为 5%。其中重防腐涂料是防腐涂料中最具代表性和影响力且最有发展潜力的一类防护涂料,以其卓越的防护性能,主要应用在船舶、集装箱、石油化工、建筑钢结构、铁路、桥梁、电力和水利工程等诸多关乎国家发展战略和经济命脉的重要领域,是衡量一个国家涂料工业发展水平的重要标志之一。

由于石墨烯重防腐涂料具有质量轻、寿命长、导电性及导热性佳的特点,因此其能够克服化工重污染气体、复杂海洋环境等苛刻条件,逐渐成为世界各国竞相研发的重点。如欧盟 2013 年启动了石墨烯旗舰计划,并在 2014 年发布的石墨烯旗舰计划路线图中将"面向高性能、轻质技术应用的功能涂层和界面"列为 13 个重点研发领域之一;2011 年英国在《促进增长的创新与发展战略》中也将石墨烯列为未来四大重点发展方向之一,耗资 3800 万英镑依托曼彻斯特大学建设了国家级的石墨烯研究院,并将石墨烯涂料列为研究重点;美国国家纳米技术计划统筹联邦研发资源,从基础研究到商业应用,系统地推进石墨烯涂料研发与产业化;《中国制造2025》石墨烯材料技术路线图提出,要将海洋工程等用石墨烯基防腐蚀涂料较传统防腐涂料寿命增长一倍以上,并实现规模化应用,产业规模超百亿元。

10.4.1 石墨烯防腐涂料的特点

石墨烯以其独特的性能吸引了材料等各个领域科学家的关注,除了在超级导电薄膜、传感器、高性能电子器件、储能材料等方面具有应用前景,在金属材料的防腐领域也具有非常大的潜力。第一,石墨烯稳定的二维片层结构使其能够在金属与活性介质间形成物理阻隔层,阻止氧气、水等小分子的扩散渗透。例如,Bunch等在研究中将石墨烯制备成微小密封的"气球",发现石墨烯能有效阻碍气体原子的通过。第二,石墨烯的热稳定性和化学稳定性突出,可以在高温条件下(2000 ℃

以内)和具有腐蚀或氧化性的气体、液体环境中稳定存在,由此使得石墨烯成为一种优异的保护涂层材料。第三,石墨烯良好的导电导热性能更利于其对金属服役的环境。第四,石墨烯是目前为止发现的最薄的材料,其对基底金属的影响可以忽略不计。第五,石墨烯兼具高的强度和良好的摩擦学性能。因此,石墨烯将成为最理想的防腐涂料。

10.4.2 石墨烯的防腐机制

含石墨烯涂层对于金属基体的防护作用主要表现在以下几个方面。

1. 屏蔽作用

屏蔽作用即金属表面涂覆涂层后,可将金属基体与周围环境相对隔绝开来,从而避免基材被腐蚀。石墨烯涂层可有效保护基材不受腐蚀,石墨烯涂层的保护机制基于石墨烯提供的物理屏障,该屏障可防止侵蚀性离子到达基材表面。但是,也有研究表明,若单层石墨烯存在缺陷,反而会加速腐蚀速率。获得没有缺陷的完美的石墨烯层是特别困难的,例如,使用 CVD 法制备石墨烯时,石墨烯沉积过程中会形成缺陷、裂纹或皱纹,这些会显著降低耐蚀性;石墨烯的晶界和边缘会充当电解质渗透的位置,从而加速腐蚀。虽然有研究表明,缺陷可以促进短期保护性能,但会削弱长期的腐蚀防护能力。另外,石墨烯涂层的高电导率也会加速腐蚀,原因是石墨烯与金属基材形成微电池,其中暴露的金属充当阳极而被腐蚀掉。

通过 CVD 法制备的石墨烯涂层,可保护 Cu 和 Cu/Ni 合金表面在不同条件下(在给定温度的空气中或在过氧化氢中)都具有抗氧化的能力,石墨烯涂层可有效屏蔽有害离子的扩散,从而使金属材料对侵蚀性溶液呈惰性。电极动力学极化分析表明,在铜基底上涂覆石墨烯层可将腐蚀密度降低两个数量级,从而降低铜的氧化。通过 CVD 法在 Ni 表面覆盖多层石墨烯,发现其腐蚀速率是裸镍的腐蚀速率的 1/20。使用扫描电子显微镜观察金属暴露于侵蚀性溶液后的形貌,在涂层表面未观察到明显的变化,在晶界或边缘存在氧化现象。图 10-1 为石墨烯对腐蚀性环境的屏蔽效应示意图。有研究发现,即使将金属基底暴露在氧气分压高达 10^{-4} mbar 的环境中,石墨烯仍能为其提供良好的保护效果。因此,将石墨烯用作

图 10-1 石墨烯对腐蚀性环境的屏蔽效应示意图

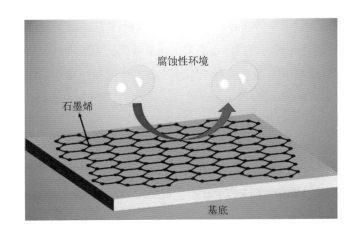

防护性涂层,可以有效防止金属基底与腐蚀性或氧化性的介质接触,进而对基底材料起到良好的防护作用。

2. 导电性

导电涂层可以将海洋设备产生的静电传导至涂层表面,延缓基材的电化学腐蚀。最常用的导电涂层为富锌涂料,其中锌粉含量高达 70%～80%,而锌粉价格较高,焊接时产生的锌雾对作业人员身体健康极其不利。石墨烯导电性优良,将其添加至防腐涂料中将会大大提高涂料的导电性,若使用其替代锌粉,结合其对腐蚀介质的屏蔽作用,可显著提升涂料的防腐性能。富锌防腐漆的性能与锌牺牲有关,锌的溶解取决于锌颗粒与基材表面之间的电化学通路,而石墨烯的共轭结构使其具有很高的电子迁移率,表现出良好的导电性,因此在锌颗粒之间引入石墨烯或改性石墨烯可提供并延长电通路接触,石墨烯的片层结构亦能够保证涂层间具有较好的电化学接触,形成导电网络,由此提供更佳的电化学保护,增强阴极保护。因此,在防腐涂料中添加石墨烯,可降低锌的含量,降低成本,提升膜的机械性能,提高防腐有效时间和效果。

3. 迷宫效应

石墨烯独特的二维片层结构可在膜中形成类似迷宫的防腐蚀结构,这和用于涂料添加剂的鳞片云母的作用相似,石墨烯把涂层分成很多隔间,分散良好的石墨烯可以以二维片层结构在涂料中进行层层堆叠,填充到防腐涂料的孔洞中,形成致密的物理隔绝层。但是与刚性的云母碎片不同,石墨烯的柔性使隔间更弯曲,起到突出的迷宫效应,这些迷宫使得涂层里的气泡或者裂纹无法进一步扩展,降低水分子、氧气、离子在图层中的渗透速率,即降低金属基体的腐蚀速率,从而达到防腐效果(图10-2)。

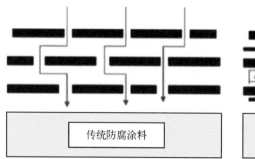 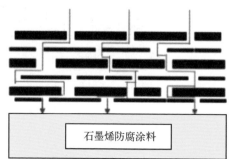

传统防腐涂料　　　　石墨烯防腐涂料

图10-2　石墨烯在防腐涂料中的迷宫效应示意图

研究人员通过酰亚胺化开发了电活性聚酰亚胺(PI)/石墨烯纳米复合材料(EPGN)涂层,这种涂层可使冷轧钢(cold-rolled steel,CRS)防腐性能提升两倍,一个原因就是嵌入EPGN基质中的羧基-石墨烯纳米片增加了O_2分子扩散路径的曲折度,阻碍了氧气的迁移。

4. 表面效应

涂料中石墨烯的表面效应主要表现在石墨烯本身的疏水性,与水的接触角较大,环境中的氧气、氯离子及水分子等腐蚀因子很难通过这层致密的腐蚀隔绝层,从而起到优异的物理阻隔作用。

除了以上的因素,石墨烯的加入还可从其他方面提升涂料的性能,这些性能包括抗弯折、自修复、减薄等,这为开发高品质石墨烯涂料提供了可能。

10.4.3　石墨烯防腐涂料的研究现状

1. 油性防腐涂料体系

油性防腐涂料一般由五类原料组成,即树脂、颜料、有机溶剂、固化剂及其他辅助材料,树脂是主要成膜物质,它是涂料最基本的成分,若没有它就不能形成附着在

石墨烯粉体材料:从基础研究到工业应用

物体表面上的牢固漆膜。溶剂和其他辅助材料是涂料组成中的辅助成膜物质,也是不可缺少的,它们有利于涂料的施工,并可改善漆膜的性能,如改善涂料在施工中的流平性,防止涂发花、流挂、针孔等。为了增加富锌涂料的防腐性,常州第六元素科技有限公司、江苏道森新材料有限公司共同研发了以石墨烯为主体的烯锌型风电设备防护重防腐涂料,其防腐效果远在传统重防腐涂料的4倍以上,并且该涂料可实现薄膜涂装,有效增加涂布面积,提高涂料使用率。将该涂料用于海上风电设备,可大幅提高设备的防腐蚀能力,降低设备维护成本,实现绿色能源的高效产出。

Chang等用含有羧甲基的有机物对石墨烯进行了改性处理,并对石墨烯中羧基的含量对聚甲基丙烯酸树脂/石墨烯涂层防腐性能的影响进行了系列的研究。研究表明,随着石墨烯中羧基含量的增高,涂层的防腐性能变好,这是由于石墨烯表面的羧基官能团可以有效减少石墨烯的团聚,保证石墨烯能够更均匀地分散在涂层中,提高了涂层的屏蔽作用。与此同时,均匀分散的石墨烯能在涂层中形成物理隔绝层,将其添加到环氧富锌涂料中,可在涂层中形成发达的网状导电结构,降低锌粉的用量,加强锌粉对钢板的阴极保护作用,具有更突出的防腐效果。

田振宇等也将石墨烯应用到富锌重防腐涂料中。研究表明,石墨烯的添加可以明显提高环氧富锌漆中锌的利用率,更好地发挥了锌粉的阴极保护协同作用,因此可以降低锌粉的用量。当石墨烯含量小于1%时,随着石墨烯含量的升高,石墨烯/锌复合涂层的物理机械性能和耐盐雾性能也随之提升;当大于1%时,烯锌复合涂层的防腐性能不增反降,这主要是由于石墨烯含量过高时,石墨烯有一定程度的团聚,石墨烯的屏蔽作用降低,腐蚀介质更容易渗透、接触到金属基底表面,因此涂层的防腐性能降低。即当石墨烯的含量为1%(质量分数)时,石墨烯防腐涂料的防腐性能达到最佳。

王耀文等通过氧化还原法制备了石墨烯,随后采用超声分散工艺使其均匀地分散在环氧树脂中,并用极化曲线法探讨了该石墨烯涂料的防腐性能。实验结果表明,该石墨烯涂层比纯环氧树脂涂层有更小的自腐蚀电流、更高的自腐蚀电压,防腐效果明显优于纯环氧树脂。

余宗学等使用改进的Hummers法制备了GO。然后在GO表面负载了经3-氨基丙基三乙氧基硅烷(KH550)改性的纳米TiO_2,成功制备出了改性纳米TiO_2与GO的复合材料(TiO_2/GO)。最后,研究者分别将1%、2%和3%(质量分数)的TiO_2/GO复合材料分散于环氧树脂中,制备出了一系列的TiO_2/GO/环氧树脂复合涂层。实验证明,纳米 TiO_2 通过化学键与 GO 结合,将 TiO_2/GO 复合材料分散于环氧树脂涂层中可以显著提高环氧树脂涂层的抗腐蚀性能。

Mo 等通过化学改性和物理分散的方法提高了石墨烯和 GO 在聚氨酯基体中的分散性,并研究了石墨烯、GO 的加入量与聚氨酯复合涂层防腐性能之间的关系,结果表明,石墨烯和 GO 都可以有效地提高复合涂层的防腐性能,添加量为 0.25%~0.5%(质量分数)时防腐性能达到最佳。石墨烯或 GO 的含量对防腐性能的影响取决于填料的润滑和阻隔效应与其引发的裂纹影响之间的平衡,在不添加石墨烯或 GO 时,聚氨酯涂层腐蚀介质的扩散路径是笔直的,而添加适当含量的石墨烯或 GO 之后,填料在涂层中形成迷宫效应,腐蚀介质的扩散路径变得弯曲,但是石墨烯或 GO 的添加含量过多时,大量增长的微裂纹起到了主导作用,腐蚀介质通过微裂纹快速扩散至基材表面,从而引起腐蚀。此外,石墨烯/聚氨酯复合涂层相比于 GO/聚氨酯涂层具有更好的防腐蚀性能,这主要是因为 GO 丰富的官能团虽然能提高分散性,但在一定程度上会破坏其晶格结构。

为了增强氟碳涂层的耐蚀性,房亚楠等将经过硅烷偶联剂接枝改性的石墨烯添加到氟碳树脂中,并调整改性石墨烯的添加比例,进而制成了一系列不同含量的石墨烯/氟碳复合涂层。研究结果表明,对石墨烯进行接枝改性,嫁接官能团能够有效地促进其在涂层中的均匀分散。利用石墨烯独特的二维片层结构,可有效地阻碍腐蚀介质在涂层中的渗透,显著提高了涂层的防腐性能。当石墨烯的添加量为 0.4%(质量分数)时提升效果最佳,当含量过低时不能有效阻碍腐蚀介质渗透,当含量过高时又会产生部分腐蚀通道,降低涂层的防腐性能。

2. 水性防腐涂料体系

传统的涂料一般利用油性或有机溶剂作为溶剂,涂层后通过有机溶剂挥发成膜,这个过程会释放出大量的挥发性有机化合物如苯、二甲苯等,对人体和环境都产生影响。2019 年 6 月 26 日,中华人民共和国生态环境部发布关于印发《重点行业挥发性有机物综合治理方案》,要求工业涂装行业重点推进使用紧凑式涂装工艺,推广采用辊涂、静电喷涂、高压无气喷涂、空气辅助无气喷涂、热喷涂等涂装技术,鼓励企业采用自动化、智能化喷涂设备替代人工喷涂,减少使用空气喷涂技术。水性涂料因低污染、低 VOCs 释放、易净化、无刺激等特点,成为涂料行业大力发展的绿色环保型涂料。

水性涂料的优点如下：① 以水作溶剂，节省大量资源；② 水性涂料消除了施工时火灾危险性；③ 仅采用少量低毒性醇醚类有机溶剂，施工过程基本无溶剂蒸发，无 VOCs 产生，降低了对大气污染；④ 可在潮湿表面和环境中直接涂覆施工；⑤ 对材质表面适应性好，涂层附着力强；⑥ 涂装工具可用水清洗，大大减少清洗溶剂的消耗。

水性涂料也有如下缺点：① 对材质表面的清洁度要求较高，因为水的表面张力大，若材质表面的清洁不到位，污物易使涂膜产生收缩，很容易对水性漆的涂膜造成缩孔；② 稳定性差；③ 对涂装设备腐蚀性大，需采用防腐蚀衬里或不锈钢材料，因此设备造价高，水性涂料对输送管道也有腐蚀，因此需采用不锈钢管；④ 烘烤型水性涂料对施工环境条件（温度、湿度）要求较严格，增加了调温调湿设备的投入，同时也增大了能耗；⑤ 水的蒸发潜热大，烘烤能量消耗大，如阴极电泳涂料需在 180 ℃烘烤，乳胶涂料完全干透的时间则很长，因此施工时间大大延长，施工成本等增加；⑥ 涂膜的耐水性差；⑦ 稳定性差，水性涂料的介质一般都在微碱性，树脂中的酯键易水解而使分子链降解，影响涂料和槽液稳定性。

石墨烯尤其是 GO 的水溶性，为改善水性涂料的致密性、阻隔性、机械性能及防腐性能带来新的途径，通过溶液或熔融共混、原位聚合等方法制备的溶剂型复合防腐涂料为石墨烯水性复合防腐涂料的应用开发提供了研究方向。

王玉琼等通过物理混合工艺将自制的石墨烯水分散液与双组分水性环氧树脂制备成环氧树脂/石墨烯，通过极化曲线、电化学阻抗谱和中性盐雾实验探讨了质量分数为 0.5%环氧树脂/石墨烯涂层在模拟海水［3.5%（质量分数）的 NaCl 溶液］中的隔水和耐腐蚀性能，并与纯环氧涂层进行比较。结果发现石墨烯明显提高了水性环氧树脂涂层的防护效果，自腐蚀电流密度减小，涂层电阻和电荷转移电阻增大，200 h 中性盐雾试验后依然能够保持涂膜的平整，无明显腐蚀。

刘栓等通过将石墨烯水分散液添加到双组分水性环氧树脂中的方法，成功制备了石墨烯固体润滑涂层，并采用电化学阻抗谱和动电位极化曲线研究了涂层在模拟海水［3.5%（质量分数）的 NaCl 溶液］中的电化学腐蚀行为和失效过程，实验结果表明，石墨烯不仅可以明显提高水性环氧涂层的电阻和电荷转移电阻，还可以降低环氧涂层在干燥条件与海水环境的摩擦系数和磨损率，环氧树脂/石墨烯涂层的摩擦系数和磨损率在海水环境中均比干摩擦低。

Liu 等通过聚丙烯酸钠和石墨烯浆料均匀分散混合，再经物理混合得到石墨烯水性环氧树脂涂层,结果表明添加石墨烯后,涂层表现出较好的隔水性能,水分子在涂层中的扩散速率明显减缓,涂层的防腐效果明显提高;电化学测试结果显示,添加了石墨烯的复合涂层的自腐蚀电流密度明显减小,涂层电阻和电荷转移电阻增大。目前,随着水性环氧涂料耐水性差、耐蚀性差的缺点的逐步解决,石墨烯复合溶剂型水性环氧涂料将会在重防腐领域得到进一步的应用。

水性聚氨酯在具有溶剂型聚氨酯的性能的同时,又不存在溶剂挥发对环境造成的污染。但需要解决水性聚氨酯的热稳定性、耐溶剂性及力学性能等较差的缺点,改善水性聚氨酯的综合性能,需要与环氧树脂、有机硅及无机纳米材料等材料进行交联改性。石墨烯作为新的高性能纳米增强体,研究人员利用共混法将异氰酸烯丙酯改性后的 GO 与水性聚氨酯进行复合,使聚氨酯的耐水性、热稳定性能、力学性能均有不同程度的提升。将 GO、rGO 及功能化的石墨烯衍生物作为无机纳米填料添加到水性聚氨酯防腐涂料中,结合中性盐雾试验、电化学阻抗谱研究了石墨烯的表面化学状态、分散状态、含量等因素对水性聚氨酯复合涂层耐蚀性能的影响。结果表明,质量分数为 0.2% 的 rGO 对水性聚氨酯复合涂层的耐腐蚀性能具有最优异的增强效果。

通过使用相应的分散剂或偶联剂,可改善石墨烯在涂料中的分散性,石墨烯可用于水性丙烯酸树脂的防腐涂料制备,水性石墨烯涂料具有突出的耐水性和耐盐雾性,其防腐效果明显优于其他碳系材料填充的水性涂料。

水性无机富锌底漆是以硅酸盐溶液为重要成膜物质,以高含量的锌粉(片状铝粉、绢云母粉、磷铁粉、磷铁锌硅粉等)等为防腐颜料的水性重防腐底漆。由于富锌含量高,锌粉在空气中易发白,减少了涂层的附着力,涂层在使用过程中易起泡和干裂,防腐性能降低。将石墨烯作为防腐助剂加入水性无机富锌涂料硅酸盐液体体系中,结果表明不含石墨烯防腐助剂的涂膜板耐盐雾试验 1500 h 后就开始出现点绣、气泡等异常变化,而含有微量石墨烯防腐助剂的涂膜板耐盐雾实验 2000 h 后仍无任何变化,表明添加石墨烯提高了涂膜的耐盐雾性能。

10.5 石墨烯和涂料性能的相互关系

石墨烯在涂料中的作用随着终极要求不同而不同。表 10-3 列举部分石墨烯在不同基底上的防腐效果。从表中可以看出,石墨烯对防腐效果的提升受各种因素的影响。

表 10-3 石墨烯在不同基底上的防腐效果

基底	填料	效果及原理
铜	聚苯胺/石墨烯	在 1 mol/L H_2SO_4 和质量分数为 3.5% 的 NaCl 溶液中,石墨烯/聚苯胺复合涂层的保护效率分别比纯 PANI 高 17.0%(在硫酸中)和 20.9%(在盐水中)
	聚醚酰亚胺(PEI)/石墨烯纳米片	以 PEI/G 复合材料为填料时,石墨烯负载量为 0.005 g/g 和 0.01 g/g 时保护效率比纯 PEI 高出约 8.5% 和 10%,分散良好的石墨烯可通过增加腐蚀剂到达金属基材的途径达到保护金属基底的目的
铁	聚乙烯醇缩丁醛(PVB)/石墨烯纳米片	分散在 PVB 底漆涂层中的石墨烯纳米片有效抑制了铁表面上腐蚀驱动的有机涂层阴极分层,耐腐蚀时间较无涂层状态下延长约 30%
碳素钢	聚吡咯/石墨烯	石墨烯团聚增加了涂层的缺陷,并加速金属腐蚀。协同保护机制基于不可渗透的石墨烯片和自修复的聚吡咯,保护效率分别提高到 91.7% 和 93.5%
	聚氨酯(PU)/功能化石墨烯(FG)(或 PU/FGO)	作为有效的组成部分,FG 和 FGO 由于其提供的润滑性和阻隔性而增强了 PU 复合涂料的摩擦学和防腐综合性能,保护效率分别提高到 89.60% 和 99.7% 左右
铝	聚乙烯醇/石墨烯	在质量分数为 3.5% 的 NaCl 溶液中,相对于裸露的 Al-2219,保护效率分别提高到 94.30% 和 99.99% 左右

石墨烯对涂料性质的影响主要有以下几个方面。

10.5.1 石墨烯含量

一般而言,在防腐涂料中,少量的石墨烯就会对涂料性能产生较为明显的影响,增加量过多会导致树脂成膜性能下降,致密性降低,石墨烯添加量不宜超过 1%[①]。石墨烯与树脂有良好的相容性,加入石墨烯可以改善树脂涂料的力学性能。但石墨烯添加量过少时,由于石墨烯与树脂的相容性不强,涂料的硬度和耐冲击性改善不明显;当石墨烯加入量过多时,石墨烯在树脂体系中容易造成团聚,反而使硬度和耐冲击性降低。

例如,在环氧树脂涂层加入石墨烯,通过测定塔菲尔极化曲线发现,随着石墨烯含量的增加,涂料的自腐蚀电流先减小后增加,自腐蚀电位先增加后减小。当石墨烯含量为 0.5%~1% 时,环氧涂层的抗腐蚀能力最佳,自腐蚀电位为 -0.487 V,自腐蚀电流密度为 9.909×10^{-10} A/cm^2。石墨烯纳米片作为填料时,可以显著提高聚醚

---

① 本节若无特殊说明,石墨烯的含量均为质量分数。

酰亚胺复合涂层与环氧树脂复合涂层的防腐蚀性能,但是石墨烯纳米片的添加量并不是越多越好。当石墨烯纳米片添加量为1%时,聚醚酰亚胺复合涂层的性能最好。对石墨烯/有机硅改性聚氨酯涂层的基本物理性能测试中发现,当石墨烯的添加量为0.1%时,涂层硬度达到最大的3H等级,耐冲击强度也达到了最大。

在富锌涂料中,通过添加0.6%～1%的石墨烯,可代替40%～60%的锌粉用量,减小施工过程中的粉尘污染,降低涂料密度,满足涂装材料轻量化的发展需求。例如,当石墨烯的添加量为0.5%时,环氧富锌底漆中的锌粉含量可从80%降低到48%,同时,该涂料的耐冲击性提高了20%,耐盐雾试验时间从640 h(富锌含量为80%时)提高到2500 h。

10.5.2 尺寸及氧化度

通过研究GO薄片的尺寸和氧化度对水基醇酸树脂阻隔性能的影响,研究者发现适当氧化度的大尺寸GO可以更好地增强涂层的防腐性能,这主要是大尺寸GO薄片可形成较长的渗透路径,延长腐蚀性介质在膜内的扩散路径和时间(图10-3)。同时,GO的高氧化水平使其能够很好地分散在聚合物树脂中,避免了导电路径的形成。

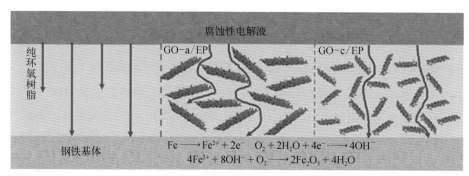

图10-3 不同尺寸GO的扩散路径及效果(GO-a代表大尺寸GO,腐蚀路径长,时间长;GO-c代表小尺寸GO,腐蚀路径短,时间短)

10.5.3 分散性

石墨烯比表面积较大,片层之间存在范德瓦耳斯力和π-π相互作用,极容易发生团聚,使得加入石墨烯的涂料极易形成孔洞,造成缺陷,这不仅没有使涂料的

石墨烯粉体材料:从基础研究到工业应用

性能得到改善,反而为水分子、氧气、氯离子等腐蚀因子进入涂层、接触金属基底提供了通道,加速金属的腐蚀,所以欲将石墨烯应用到涂料体系中,首先必须克服石墨烯的团聚,提高其在聚合物中的分散性。

石墨烯可以通过超声、搅拌等方法分散在有机溶剂或水溶液中,这些分散技术可以确保石墨烯以单层或者少层稳定分散,但一般在溶剂中的溶解度不超过0.5 mg/mL。

10.5.4 溶剂

石墨烯的表面张力约为 $40\sim50\ mN/m$,与石墨烯表面能较为接近的溶剂包括 N-甲基吡咯烷酮、正丁醇与二甲苯的混合溶液、DMA、THF、苄基苯等有机溶剂,这些溶剂可以很好地分散石墨烯,但 GO 在这些非极性溶剂中的溶解度较低。

极性溶剂(如乙醇、丙酮和水等试剂)的表面能与石墨烯的表面能相差很多,因此分散效果不好,但 GO 在这些极性溶剂中的溶解度较高。

研究发现,富锌环氧涂料中的石墨烯在涂料中的分散与溶剂有很大关系,当 N-甲基吡咯烷酮、环己酮、二甲苯、甲苯的质量比为 $50:16:16:8$ 时,石墨烯在涂料中分散效果较好,团聚现象较轻。

10.5.5 石墨烯改性

采用超声分散、选择合适的溶剂或者加入活性剂等外部方法在一定程度上可以改善石墨烯在涂料中的分散稳定性,但是加入量及可操作程度仍有很大限制。利用石墨烯的表面缺陷,在共价键或非共价键上接枝特定功能团,使石墨烯获得特殊功能化改性,来提高石墨烯的分散性。

氧化石墨烯含有较多的羟基、羧基及环氧基等含氧官能团,因此 GO 比较容易均匀地分散在水溶液体系中。通过改性修饰 GO 表面的含氧官能团,使其接枝上小分子或者聚合物可以进一步改善其分散性。在含氧官能团上修饰具有亲水性或者亲油的小分子或者聚合物,通过其自身的大尺寸空间效应或者极性-极性的相互作用可有效阻止石墨烯发生团聚。采用石墨烯原位接枝改性的方法可使石墨烯在溶剂中高浓度稳定分散,但是得到的石墨烯缺陷较大,导电能力差。

例如,采用化学法对 GO 表面进行胺类、硅氧烷类等的接枝改性,可以实现石墨烯在水性树脂体系中的高效溶解、高分散与良好耐热,这将对石墨烯涂料发展产生重要的推动作用。

1. 表面活性剂及水溶性高分子对石墨烯的改性

表面活性剂的使用可以进一步提高石墨烯在溶剂中的分散。表面活性剂吸附在石墨烯片层两侧,在静电斥力或范德瓦耳斯力的作用下可以有效避免石墨烯片层之间的聚集,使得石墨烯在溶剂中分散得更加均匀。常用的表面活性剂有聚乙烯吡咯烷酮、硅烷偶联剂、十二烷基硫酸钠(SDS)和聚乙烯醇(PVA)等。研究表明当 SDS 的浓度为 2 mg/mL 时,制备的石墨烯分散液的浓度为 0.39 mg/mL,其在静止 30 天后仍可保持均一、稳定的状态。这种方法保持了石墨烯的优异导电性能,但缺点是在短时间内很难获得高浓度的石墨烯分散液。

GO 加入丙烯酸酯类聚合物乳液中,再加入选用的助剂,按比例加入水泥,搅拌分散,可以制成 GO 改性的聚合物水泥防水涂料。该涂料显著增加了丙烯酸酯类聚合物乳液成膜的抗拉强度,提高了耐水性,此外,GO 丰富的含氧官能团可以调节水泥水化产物晶体的生长,提高其抗拉强度和韧性。故 GO 改性的聚合物水泥防水涂料具有良好的耐久性、抗渗性以及物理力学性能,应用前景广阔。

聚乙烯吡咯烷酮改性的石墨烯,可实现石墨烯在水溶液中的稳定分散。向 GO 中加入还原剂和聚乙烯吡咯烷酮,油浴加热使石墨烯接枝上聚乙烯吡咯烷酮,真空干燥后可以得到单分散、高产率的聚乙烯吡咯烷酮-石墨烯的复合材料。

2. 高分子吸附对石墨烯的改性

水性涂料先将 GO 改性后再加入,用赖氨酸、聚多巴胺、聚醚胺、植酸改性 GO 后,在涂层膜中交联层更多,腐蚀介质的扩散途径受阻,涂层耐腐蚀性改善明显。聚多巴胺改性的 GO 可以改善其在聚合物树脂中分散性,导致曲折路径的形成,同时,聚氨酯涂料中的聚多巴胺-GO 可使膜的亲水性降低、附着力提高,从而降低润湿性,提高抗腐蚀性能。

功能化的 GO 也可用于聚苯乙烯(PS)和聚己内酯(PCL)基质中。与裸 PS 涂料相比,加入聚乙烯改性后的 GO 可以提高涂料的耐腐蚀性。腐蚀防护效率从纯 PS 涂层的 37.90% 提高到功能化的 GO 含量为 2% 的 PS 涂层的 99.53%,原因在于改性 GO 完全分散而形成的延长的气体扩散路径。由于改性 GO 在聚合物树脂中具有良好的分散性和剥离性,因此涂层具有出色的耐腐蚀性。此外,添加了改性GO的涂层具有更大的疏水,并黏附在基材表面。

含氮化合物/GO复合材料对腐蚀性能也有极大的影响,例如,对GO-聚(脲-甲醛)(GUF)复合材料研究表明,脲醛的引入使亲水性GO变为亲油性,从而增强了石墨烯薄片的分散性,减少了聚集,增强了环氧涂料的防腐性能。

聚苯胺-氧化石墨烯(PANI-GO)纳米复合材料也已应用于环氧涂料中。与纯聚苯胺和聚苯胺/黏土复合材料(PACC)相比,导电高分子材料聚苯胺/氧化石墨烯复合材料用于钢的腐蚀防护时,其具有出色的抗O_2和H_2O物理阻隔性能。聚苯胺比有机黏土非导电填料具有更大的长宽比,能够促进石墨烯再分散。

利用原位聚合-化学还原法将苯胺插层聚合到石墨烯的片层间,制备出聚苯胺/石墨烯复合材料,并采用机械共混法获得聚苯胺/石墨烯-水性环氧树脂复合防腐涂料。研究结果发现,与聚苯胺相比,掺杂了石墨烯的聚苯胺复合材料具有更高的比表面积,且保持了石墨烯原有的片层状结构;所制备的复合涂层表现出的抗渗性、耐蚀性和防腐性,均优于聚苯胺和纯环氧树脂的防护性能。

研究人员测试了在腐蚀介质中不同GO含量(3%、6%、12%和24%)的纳米复合材料的耐腐蚀性。在以上样品中,当GO含量为12%时,其耐腐蚀性最佳,这归因于在该样品中GO具有的良好分散性。通过对不同尺寸的石墨烯薄片与对苯二胺、聚合物树脂的复合材料的耐腐蚀性进行研究发现,与纯环氧涂料相比,所有含有GO的涂料均表现出更佳的防腐性能,具有中等尺寸石墨烯薄片的涂料耐腐蚀性最佳。

3. 硅烷化试剂对石墨烯的改性

硅烷化GO主要用于环氧、聚氨酯和丙烯酸类基质涂料,主要通过硅烷功能化GO的疏水性、抗分层性、抗渗透性改善涂料的耐腐蚀性。

硅烷偶联剂数十年来已成功用于增粘剂和表面处理剂,现在已成为涂料和油墨体系中必不可少的助剂。无论是作为添加剂还是作为单独的底漆,它都能使涂料具有出色的性能。

(1)硅烷偶联剂在底漆中的应用

硅原子的共价键具有独特的结合有机和无机材料的能力。氧化硅固有的稳定结构使其成为高性能油漆底漆的重要组成部分。在底漆中使用硅烷偶联剂可以提高其附着力,保持其湿度、化学性质、抗紫外线性并改善填料的分散性。烷氧基硅烷与许多有机树脂相容。实际上,硅烷是非常强的极性溶剂,并且硅烷的聚合被用于影响聚合物的相容性和最终性能。在有机聚合物和 GO 的表面上,大量的烷氧基官能团以共价键的形式结合有机官能团。只要找到与之匹配的有机聚合物,硅烷的有机官能团就会产生出色的效果。

(2)硅烷偶联剂在增黏剂中的应用

当涂料中含有少量硅烷偶联剂时,硅烷在涂布后会迁移到涂料和基材之间的界面,与无机表面的水分反应,水解形成硅烷醇官能团,并且进一步与底物表面上的羟基形成氢键或稠合的 Si－M(M 为无机表面),并且硅烷分子之间的硅烷醇官能团缩合以形成网络结构覆盖在基材表面。即使在水浸条件下,硅烷偶联剂改性的涂层也能很好地黏附到各种无机基材的表面上。在黏结剂和基材之间的界面中,硅烷与黏结剂相互作用形成网状结构,其中硅烷和黏结剂互穿,从而增强了内聚力和抗水侵蚀性,并通过模量减轻了应力。应力从高模量基材转移到低模量黏结剂上,从而显著提高了对基材的附着力。

硅烷偶联改性 GO 是改性石墨烯常用方法(图 10－4),环氧涂层和基材之间可形成牢固的 Si—O 化学键,从而形成的高接触角、高附着强度,再加上石墨烯材料的迷宫效应,可极大提升其抗腐蚀性能。研究发现,制备方法也会影响最终性能,常用的氧化石墨烯硅烷化的方法有两种:① 将 GO 薄片插入硅烷溶液中并硅烷化 24 h、48 h 和 72 h;② 硅烷化 24 h、48 h 和 72 h 后加入 GO 薄片。结果表明,方法①具有更好的防腐性能。在 GO 硅烷化改性的过程中,二氧化硅分子充当 GO 薄片之间的间隔物,并增强了 GO 在聚合物基质中的分散性。对于以上两种制备方法,均在硅烷化 48 h 后观察到最佳的防腐性能。氨基硅烷改性的 GO 也可用于环氧涂料中,与添加未硅烷化改性的 GO 的涂料相比,其显示出了更高的防腐性能,可能是存在以下几种腐蚀防护机理:① 氨基硅烷与 GO 的组合可与环氧树脂形成牢固的键合,从而导致交联密度增加;② 与 GO/EP 和空白 EP 相比,氨基硅烷化 GO/EP 附着性能更高,这可以归因于涂层与金属表面之间存在 Si—OC—C 化学键;③ 在有机基质中引入 GO,尽管受到纳米填料用量的限制,但产生的分散性得到改善。涂层的阻隔性能还取决于硅烷前驱体的类型。

使用 APTES 和(3-缩水甘油基氧基丙基)三甲氧基硅烷(GPTMS)作为硅烷前驱体对有机涂料进行改性,研究发现不论硅烷偶联剂的类型如何,与纯净的 EP 和 EP/GO 涂料相比,所得涂料均表现出优异的防腐性能。APTES 的胺基与环氧树

图 10-4 硅烷偶联改性 GO 的步骤

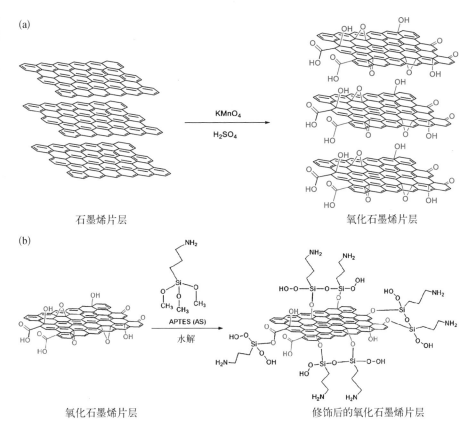

脂中的缩水甘油基形成氢键,从而形成致密的聚合物网络,这些纳米填料在聚合物基质中的掺入有助于增加层的交联密度以及接触角、黏合强度。

钛酸酯偶联剂修饰石墨烯也具有同样的机理,GO 和钛酸酯及水合肼混合,通过水浴加热反应,使 GO 还原并同时嫁接上钛酸酯偶联剂分子,经处理后可得到粉末状改性石墨烯,这种钛酸酯偶联剂修饰的 GO 分散性好、水分散体系稳定性高,同时制备工艺简便、生产效率高,适合于复合材料及涂层材料的制备。钛酸酯对石墨烯功能化是获得石墨烯在聚氨酯(PU)复合材料中均匀分散的极好方法。与纯 PU 涂层相比,向 PU 中添加 0.2% 的功能化石墨烯就可以改善其防腐性能。石墨烯可以平行于金属基底表面以层状结构排列,对基底起到保护作用,减少腐蚀介质的渗入,阻止其到达基材表面,提高水性聚氨酯涂层的防腐性能。

4. 无机纳米材料对石墨烯的改性

无机化合物如二氧化钛(TiO_2)、氟、二氧化锆(ZrO_2)、Fe_3O_4、氧化铝(Al_2O_3)、

氧化铈（CeO₂）、六方氮化硼（h－BN）、磷酸锌（ZP）、氮化硅（Si₃N₄）等均可对GO改性。TiO₂－GO、ZrO₂－GO和Al₂O₃－GO在聚合物基体以及复合材料中以片状结构分散，呈现出良好的分散性，这些涂料比不含无机修饰材料的石墨烯环氧树脂涂料具有更好的防腐性能。

氧化铈（CeO₂）和含氮化合物混合修饰GO可提高防腐性能，将CeO₂、PANI、GO结合会在漆膜中形成锯齿形扩散路径，有效阻碍侵蚀性电解质进入基材表面。CeO₂、APTES与GO混合后加入环氧涂料，可降低环氧涂料的润湿性，增加涂料的黏合性，从而增强膜保护性能。

GO/Fe₃O₄纳米复合材料与多巴胺（DA）和硅烷（KH550）的共改性，可得到性能优异的防腐添加剂。由于GO/Fe₃O₄、KH550和DA与环氧树脂之间的交联反应，使涂层的亲水性降低，共改性形成的官能团（NH₂和OH）改善了GO在聚合物基质中的分散性，并增强了纳米颗粒与环氧树脂之间的界面黏合强度。

在水性聚合物树脂中引入Si₃N₄既可改善分散性，又可降低润湿性。在环氧涂料中使用氟石墨烯（FG），会形成超疏水表面（水接触角约为154°），通过排斥水分子，达到了增强防腐性能的目的。h－BN/GO改性的水性环氧涂料能够抵抗侵蚀性离子的渗透。ZP改性的GO在水性聚氨酯涂料中的耐腐蚀性能可归因于薄膜中的额外阻挡层。

10.6　石墨烯在导电涂料中的应用

和镍、银、铜粉等金属导电材料相比，石墨烯在具备优良导电性能的同时，还具备优异的机械性能。因此，石墨烯材料一经问世，即被认为是理想的导电涂料添加剂。石墨烯在导电涂料领域的应用主要有两个方面：导电和抗静电。

传统的导电涂料分为本征型导电涂料和添加型导电涂料，本征型导电涂料是靠树脂自身导电性达到导电的目的，以聚苯胺和聚吡咯为主；添加型导电涂料是通过在涂料中添加导电物质来实现的，导电物质通常为金属粉末和碳系粉末。由于本征型导电涂料加工困难，金属粉末添加型导电涂料存在易沉降、不耐氧化等问题。因此，石墨烯是目前制备导电涂料的理想材料。

在GO水溶液中加入水合肼，可得到均匀的混合分散液，将分散液喷到预热的基底上，混合分散液中的GO受热发生还原，并在还原过程中形成了致密的石墨烯导电层,此方法制备的石墨烯导电层表面电阻可达到 $2.2 \times 10^3 \, \Omega$,具有良好的导电性能,并且在 550 nm 波长下透光率达到 80%。以苯二胺为还原剂对氧化石墨纳米片进行还原处理,成功制备出可以稳定分散在有机溶剂中的石墨烯材料,然后再通过电泳沉积法制得了高导电性的石墨烯涂膜,其电导率高达 15000 S/m。

为了解决石墨烯片层之间易团聚、在树脂中不稳定等问题,可利用不同的插层剂对石墨烯进行改性,将改性后的功能化石墨烯添加到树脂中,涂层的导电性得到了大幅度提高。例如,对石墨烯表面进行氨基化改性,将改性后的石墨烯加到环氧树脂中,当石墨烯的添加量仅为 0.5% 时,涂层的表面电阻就可降到 $10^9 \, \Omega$。将石墨放置于氧化剂中进行氧化处理,然后采用有机分子对石墨烯进行修饰,可制得改性石墨烯水溶液,然后依次加入聚酯、助剂、交联剂和催化剂,通过液态共混工艺,得到了具有优良导电性和力学性能的水性石墨烯导电涂料。用二元胺对 GO 进行氨基化改性,再采用化学还原法恢复石墨烯的导电性,通过石墨烯表面的—NH 与—NCO 封端的水性聚氨酯原位聚合,可制备石墨烯水性聚氨酯导电涂料。该导电涂料具有防辐射、抗静电、防腐蚀、耐磨等特性,可应用于高分子材料、金属材料、纺织材料表面等。

使用石墨烯与导电炭黑进行对比试验,涂料中添加 50% 的丙烯酸树脂、20% 的钛白粉、3% 的石墨烯或导电炭黑,制成了静电喷涂底漆。通过它们的涂层性能对比可知,石墨烯涂层较导电炭黑涂层的电导率高 1 或 2 个数量级,颜色明显更浅。由于汽车底漆对颜色要求比较高,石墨烯涂层正好能满足这一要求,从而大大提升了汽车静电喷涂工艺的应用性。

抗静电涂料用途较为广泛,石墨烯不仅具有较高的导电性、强的力学性能又兼具良好的防腐蚀性,因而在抗静电涂料中也有很大的应用空间。添加了石墨烯的抗静电涂料表面电阻通常在 $10^6 \sim 10^9 \, \Omega$,可以有效防止静电导走现象的发生,在对防火、防爆等要求很高的场合有一定的用武之地。比如交通、化工、铁路、石油等行业中的输油管道、贮油罐、油轮等贮油、输油设备的内外壁,此外煤矿、纺织、航空等行业设备的防腐涂料一般也都采用抗静电涂料,这样既可以最大限度防止设备腐蚀,又可以避免因电荷集聚而产生的静电引发火灾事故的问题。

和防腐涂料的制备工艺不同,抗静电涂料对材料的导电性和在膜内的分布要求较高,在一款涂料体系中,通过对改性石墨烯的添加量与涂层表面电阻之间的关系进行研究,发现当添加 0.5% 的石墨烯时,涂层的表面电阻率可以下降到 $10^9 \, \Omega \cdot cm$,完全可以满足抗静电涂料的标准要求。

以水性丙烯酸树脂作为基料,通过测试不同的GO添加量对抗静电涂层导电性能的影响,发现当GO的添加量为3.5%时,涂层的体积电阻率达到$2.604 \times 10^7 \Omega \cdot cm$,此时涂层的冲击性能和耐老化性能也均最优。

汽车生产过程中汽车塑件涂装普遍采用常规空气喷涂方式作业。大量涂料以雾化形式散布到空气中,在增加成本的同时,造成较为严重的空气污染。而静电喷涂以电场为涂装载体,不但能够提高涂料的利用效率,而且能够大幅度节约成本,在保护环境的同时,还具有生产速率快,装饰性能高等优点。但是汽车组成构件中有很大一部分是塑料制品,因基材不具备导电性而无法形成电场,因此需要在加工件表面先涂一层导电底漆。

目前,汽车喷涂使用的导电底漆多以导电炭黑为导电添加剂,添加量较大,由此导致导电底漆颜色较深。为了美观,往往需要再喷涂一层底漆进行遮盖,最后再进行正式的静电喷涂(图10-5)。这种方法工艺复杂、成本高、推广难度大。石墨烯具有优异导电性及极薄的片层结构,在极低的添加量下,便可达到优异的导电性能,因此可以有效解决因为导电剂带来的底漆颜色变深问题,对于汽车静电喷涂的改进十分有利,完全可以满足汽车静电喷涂的色度要求。

图10-5 汽车静电喷涂图

10.7 石墨烯在防火涂料中的应用

石墨烯在防火涂料中的阻燃机理包括以下几种。

石墨烯粉体材料:从基础研究到工业应用

（1）石墨烯的二维片层结构能在涂料中层层叠加,形成致密的物理隔绝层,提高阻燃性能。

（2）石墨烯可以与涂料中树脂进行交联复合,进一步形成一层致密的保护膜,起到阻隔空气的作用,从而发挥阻燃的效果。

（3）在高温下石墨烯涂层燃烧产生二氧化碳和水,并生成更加致密、连续的碳层,阻隔作用更强。

（4）可以将 GO 做成涂层,GO 受热时会膨胀,涂层迅速变厚,产生阻隔层达到防火的目的。

以 GO 作为协效阻燃/抑烟剂,将其加入以丙烯酸乳液为成膜物质、钛白粉为颜料的涂料体系中,制备成防火涂料,GO 能有效提高涂料试样的耐燃时间和降低峰值生烟速率,当 GO 的添加量为 0.025 份时(以 100 份乳液记),耐燃时间增加 59.5%;当添加量为 0.125 份时,峰值生烟速率由 0.024 m^2/s 降低至 0.013 m^2/s。这主要是由于具有片层结构的 GO 在涂料受热膨胀过程中会诱导基体分子链的取向,进而在聚合物碳化过程中形成骨架结构,增加碳层强度,达到阻燃和抑烟的目的。此外,石墨烯出色的屏蔽效应可在发生火灾时可以形成有效的隔绝层,阻隔 CO 等有毒产物的挥发。

通过乙二胺对 GO 进行氨基化处理得到氨基化 GO(NGO),与季戊四醇磷酸酯(PEPA)、三聚磷酸铝(ATP)复配,加入水性环氧树脂中,可制备性能优异的水性环氧防腐防火一体化涂料。将 GO 通过超声处理分散在二甲基甲酰胺中,加入乙二胺和二环己基碳二亚胺制备成乙二胺改性的 GO,然后分散在 N-甲基吡咯烷酮中,同时加入 4-二甲基氨基吡啶和丙烯酸甲酯单体反应后得到超支化的石墨烯,该超支化石墨烯可显著提升涂料的阻燃、抑烟效果。

10.8　石墨烯在建筑涂料中的应用

虽然石墨烯具有超高的热导率,但石墨烯气凝胶却具有极好的隔热效果,因此,将石墨烯气凝胶用于建筑隔热涂料可有效增加建筑物的隔热效果,提高节能效果。GO 与石墨烯同样具有优异的力学性能,能显著改善聚合物的抗拉强度与韧性,采用溶液共混法将 GO 加入以丙烯酸酯类聚合物与水泥复合而成的聚合物水泥防水涂料中,GO丰富的含氧官能团可调节水泥水化产物的生长,使涂膜的物理性能(如拉伸强度、断裂伸长率、抗渗性等)得到明显提升。纳米 TiO_2/石墨烯复合材料既可作为外墙涂料,又可作为内墙涂料,当其作为外墙涂料时,作为光催化纳米材料的一种,其可明显提高纳米 TiO_2 的光催化活性,有效去除外墙吸附物;当其作为内墙涂料时,可长久去除室内的有机污染物如 VOCs、甲醛等有害物质。

10.9　石墨烯在散热涂料中的应用

石墨烯除了具有非常优异的热导率,研究人员还发现石墨烯的热辐射发射率在红外范围为0.99,非常接近理论黑体辐射的热辐射发射率,因此其作为热辐射散热材料有相当大的潜力。相对于铜(约0.09)及铝(约0.02)的热辐射系数,石墨烯在散热应用上兼具了热传导与热辐射的特性,性能明显优于碳纳米管和金刚石。因此,将石墨烯应于散热涂料可以制备出具有高热导率的散涂料。石墨烯是二维片层结构,具有超大比表面积,能够增大涂层散热面积,因而能够更有效地降低物体表面和内部温度。石墨烯改性的散热涂料能够长期在高温下工作,表现出很好的耐候性,很强的耐磨抗冲击性,除此之外还具有耐盐雾老化、耐酸碱老化、耐光照老化等性能,在 LED、工业设备、汽车零部件、民用取暖设备等环境下均可使用。有研究者采用回流法将石墨烯包裹在红外发射粉末表面,成功制备了一种含石墨烯和过渡金属氧化物的复合散热涂料,与普通散热涂料相比,该复合散热涂料的红外发射率达到96%,节能达到6.37%,体现出良好的节能效果。

澳大利亚的研究人员将石墨烯薄片直接生长在不锈钢纤维上,可作为过滤膜用于散热系统;麻省理工学院的研究人员通过 CVD 法制备的石墨烯涂层比典型的功能性疏水涂层具有更高的惰性,可实现传热系统中铜冷凝管上的逐滴冷凝而不是薄膜冷凝,与常规单层疏水性聚合物涂层相比,其传热效率提高了4倍,可使发电厂的效率提高3%。利用石墨烯、石墨烯/碳纳米管等材料制备用于 LED 的石墨烯复合散热涂料是国内外多家公司开发的热点。

10.10　石墨烯在高强度高耐候涂料中的应用

石墨烯本身优异的力学性能可以制备高强度高耐候涂料。在涂层中加入的石墨烯可在涂层固化过程中形成致密三维网络结构,能够显著提升涂层的硬度和耐磨性能,尤其是有利于解决水性聚氨酯涂料硬度低的问题。同时石墨烯还能捕捉涂层中的自由基,吸收紫外射线,从而延长涂层寿命。

10.11　石墨烯在抗菌/催化降解涂料中的应用

纳米 TiO$_2$ 作为光催化纳米材料的一种,其用于涂料添加剂时可赋予涂料抗菌、催化降解作用。当石墨烯复合纳米 TiO$_2$ 材料,用于涂料添加剂时,加入 5% 的石墨烯材料,就可明显提高涂料对可见光的吸收效率,强化纳米 TiO$_2$ 的光催化活性,有效去除 VOCs、甲醛等有害物质。

石墨烯复合银纳米材料的涂料,其含有的银离子可呈现持续的杀菌效果,可用于公用区域的涂层。

美国公司 Graphene CA 开发的石墨烯涂料对革兰氏菌(可能引起严重的呼吸道感染)杀菌效果较好,主要是石墨烯改良水基环氧涂料中的专有配方,通过限制表面的细胞呼吸和细胞分裂来阻止微生物的代谢。他们还开发了一种新的石墨烯改良的陶瓷基涂层,该涂层具有内置的抗菌添加剂,以保护公共和私人场所的玻璃表面免受有害微生物的侵害,例如可用于航空设备等,可保护各种类型的玻璃长达2年。

10.12　石墨烯在其他功能涂料中的应用

添加有石墨烯的功能涂料,还可具有抗弯折、抗擦刮、抗摩擦等性能。用溶胶-凝胶法制备的石墨烯-水性聚氨酯涂料,添加 2% 的石墨烯即可使涂膜的抗拉强度提高 71%、杨氏模量提高 86%。向热塑性聚氨酯中加入 1% 的磺化石墨烯,复合材料的杨氏模量可提升至 120%。

以溶液共混法制得的 GO/水性聚氨酯共混涂料可用作皮革涂饰剂,适量加入 GO 即可显著改善被涂饰皮革的耐磨耗性能,其耐干擦、湿擦等级分别达到 4.5 级和 4.0 级,明显优于未改性的涂层。

对聚苯硫醚(PPS)/聚四氟乙烯蜡/石墨烯复合涂料进行摩擦学性能测试结果表明,复合涂料的摩擦系数低于纯 PPS 涂层,而耐磨性却明显高于纯 PPS 涂层。以溶液共混法制备的聚酰胺/石墨烯复合涂料,并将其喷涂在金属基底上后,发现涂膜的摩擦寿命随石墨烯用量的增加而大幅度增加,而摩擦系数基本不变,当石墨烯用量为 0.4% 时,摩擦寿命比纯聚酰胺 11 提高了 880%。

Zhu 等通过使用简便方法合成了 $GQD/Ca(OH)_2$ 纳米复合材料,通过模拟壁画的老化过程,结合比色测试和显微镜观察,发现 $GQD/Ca(OH)_2$ 纳米复合材料显示出对壁画的保护功能(图 10-6)。GQD 通过以下性质实现了对壁画的保护: ① 抑制 $Ca(OH)_2$ 的生长,从而制得小尺寸、相对均匀的 $GQD/Ca(OH)_2$ 纳米复合材料; ② 通过捕获 CO_2 加速 $Ca(OH)_2$ 的碳化,从而提高 $Ca(OH)_2$ 基保护材料的机械强度; ③ $GQD/Ca(OH)_2$ 具备较好的抗紫外线能力。同时,通过 GQD 作用,$Ca(OH)_2$ 被完全碳酸盐化为稳定的 $CaCO_3$ 方解石结构,这在墙漆固化中至关重要。石墨烯作为墙面涂料保护材料的新应用的发现,预示着石墨烯在涂料领域还

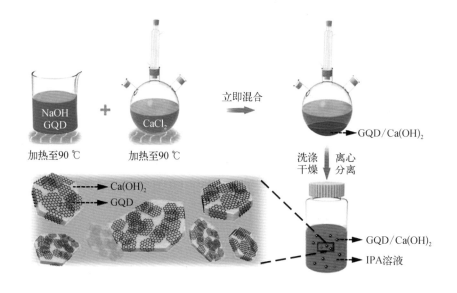

图 10-6 GQD/Ca(OH)₂ 纳米复合材料用于壁画的修复和保护

有许多待发现的性能,如美国 Garmor 公司开发的基于 GO 的涂料可用于减少紫外辐射对传感器件、聚合物的损害。

10.13　小结

石墨烯在功能性涂料方面的应用已经取得了很大的进展,但是除了防腐涂料外,其他多数研究还停留在实验室阶段。主要原因有以下几个方面。

(1) 石墨烯表面能高,在涂料的常用溶剂(如二甲苯、醋酸丁酯)中难以分散,与此同时,石墨烯涂料的性能严重依赖于石墨烯在涂料中的分散程度,因此常规的简单分散手段不适用于石墨烯涂料。

(2) 目前石墨烯相关标准建设不足,导致市场上石墨烯产品质量及性能参差不齐,对石墨烯涂料的开发有很大的影响。

(3) 目前缺乏石墨烯涂料应用标准,按照现在的标准在应用石墨烯涂料时不能发挥出石墨烯涂料的优势。

(4) 在实际应用过程中,通常需要涂覆多层涂料,因此需要考虑涂层的配套性问题,石墨烯涂料由于发展时间短,缺乏相应的验证数据,在一定程度上限制了其应用。

(5) 涂料行业是一个对成本十分敏感的行业,相比于现在常用的涂料填料,石墨烯的价格相对偏高,因此限制了其应用。

基于以上原因,石墨烯涂料的发展目标应定位于高性能功能性涂料,利用石墨烯的优异性能实现涂料性能的大幅提升,石墨烯必将推动涂料的新一轮产业转型升级。

参考文献

[1] 王乾乾.氧化石墨烯的制备及其对聚氨酯材料的改性研究[D].烟台:烟台大学,2012.
[2] Bunch J S, Verbridge S S, Alden J S, et al. Impermeable atomic membranes from graphene sheets[J]. Nano Letters, 2008,8(8):2458 - 2462.

[3] Chang K C, Ji W F, Li C W, et al. The effect of varying carboxylic-group content in reduced graphene oxides on the anticorrosive properties of PMMA/reduced graphene oxide composites[J]. Express Polymer Letters, 2014,8(12): 908 - 919.

[4] 沈海斌,刘琼馨,瞿研.石墨烯在涂料领域中的应用[J].涂料技术与文摘,2014,35(8): 20 - 22,32.

[5] Zhu Y W, Murali S, Cai W W, et al. Graphene and graphene oxide: Synthesis, properties, and applications[J]. Advanced Materials, 2010, 22(35): 3906 - 3924.

[6] Topsakal M, Şahin, H, Ciraci S. Graphene coatings: An efficient protection from oxidation[J]. Physical Review B, 2012, 85(15): 155445.

[7] Ou J F, Wang J Q, Liu S, et al. Tribology study of reduced graphene oxide sheets on silicon substrate synthesized via covalent assembly[J]. Langmuir, 2010, 26 (20): 15830 - 15836.

[8] Pham V H, Cuong T V, Hur S H, et al. Fast and simple fabrication of a large transparent chemically-converted graphene film by spray-coating[J]. Carbon, 2010, 48(7): 1945 - 1951.

[9] Chen Y, Zhang X, Yu P, et al. Stable dispersions of graphene and highly conducting graphene films: A new approach to creating colloids of graphene monolayers[J]. Chemical Communications, 2009(30): 4527 - 4529.

[10] Zhu J M, Li X H, Zhang Y Y, et al. Graphene - enhanced nanomaterials for wall painting protection[J]. Advanced Functional Materials, 2018, 28(44), 1803872.

[11] Hu J N, Ruan X L, Chen Y P. Thermal conductivity and thermal rectification in graphene nanoribbons: A molecular dynamics study[J]. Nano Letters, 2009, 9(7): 2730 - 2735.

[12] Yan J, Wei T, Shao B, et al. Electrochemical properties of graphene nanosheet / carbon black composites as electrodes for supercapacitors[J]. Carbon, 2010, 48(6): 1731 - 1737.

[13] Geim A K, Novoselov K S. The rise of graphene[J]. Nature Materials, 2007, 6(3): 183 - 191.

[14] Li Z J, Cheng Z G, Wang R, et al. Spontaneous formation of nanostructures in graphene[J]. Nano Letters, 2009, 9(10): 3599 - 3602.

[15] Nilsson L, Andersen M, Hammer B, et al. Breakdown of the graphene coating effect under sequential exposure to O_2 and H_2S[J]. The Journal of Physical Chemistry Letters, 2013, 4(21): 3770 - 3774.

[16] Son Y W, Cohen M L, Louie S G. Half-metallic graphene nanoribbons[J]. Nature, 2006, 444(7117): 347 - 349.

[17] Kou L, Gao C. Making silica nanoparticle-covered graphene oxide nanohybrids as general building blocks for large-area superhydrophilic coatings[J]. Nanoscale, 2011, 3(2): 519 - 528.

[18] Lee C, Wei X D, Kysar J W, et al. Measurement of the elastic properties and intrinsic strength of monolayer graphene[J]. Science, 2008, 321(5887): 385 - 388.

[19] 王耀文. 聚苯胺与石墨烯在防腐涂料中的应用[D]. 哈尔滨：哈尔滨工程大学，2012.

[20] 田振宇，李志刚，瞿研. 锌烯重防腐涂料的发展现状与应用前景[J]. 涂料技术与文摘，2015，36(9)：30-34.

[21] 余宗学，吕亮，曾广勇，等. 氧化环境和比例对改性 Hummers 法制备氧化石墨烯的影响[J]. 化学通报，2015，78(11)：1012-1016.

[22] 王玉琼，刘栓，刘兆平，等. 石墨烯掺杂水性环氧树脂的隔水和防护性能[J]. 电镀与涂饰，2015，34(6)：314-319.

[23] 刘栓，姜欣，赵海超，等. 石墨烯环氧涂层的耐磨耐蚀性能研究[J]. 摩擦学学报，2015，35(5)：598-605.

[24] 王凯歌，王晓，孟腾飞. 我国石墨烯涂料的研发概况[J]. 上海涂料，2016，54(3)：31-33.

[25] 薛守伟. 改性氧化石墨烯/环氧树脂复合涂层材料的制备及其防腐性能研究[D]. 青岛：青岛科技大学，2017.

[26] 王晓，王华进，李志士，等. 石墨烯在涂料中的应用进展[J]. 中国涂料，2017，32(2)：1-5.

[27] 王胜荣，曹建平，杨建炜，等. 石墨烯及其在防腐涂料中的应用研究[J]. 腐蚀科学与防护技术，2017，29(6)：640-644.

[28] 罗健，王继虎，温绍国，等. 石墨烯在防腐涂料中的研究进展[J]. 涂料工业，2017，47(11)：69-76.

[29] 李念伟. 石墨烯在涂料领域中的应用探析[J]. 科技创新与应用，2016(20)：133.

[30] 窦培松. 石墨烯在功能涂料中的应用综述[J]. 山东化工，2017，46(4)：63-64

[31] 杨修宝，崔定伟，瞿研. 石墨烯在功能性涂料应用中的研究进展[J]. 电子元件与材料，2017，36(9)：83-87.

[32] 许建明，蔡毅平，游训，等. 石墨烯的结构特性及在涂料中的应用研究[J]. 现代涂料与涂装，2017，20(6)：28-30.

[33] 张兰河，李尧松，王冬，等. 聚苯胺/石墨烯水性涂料的制备及其防腐性能研究[J]. 中国电机工程学报，2015，35(S1)：170-176.

[34] 韩哲文，张德震，庄启昕. 高分子科学教程[M]. 2版. 上海：华东理工大学出版社，2011.

[35] 赖奇，罗学萍. 石墨烯导电涂膜的制备研究[J]. 非金属矿，2014，37(3)：28-29.

[36] 章勇. 石墨烯的制备与改性及在抗静电涂层中的应用[D]. 上海：华东理工大学，2013.

[37] 方岱宁，孙友谊，张用吉，等. 高性能水性石墨烯导电涂料及其制备方法：CN103131232A[P]. 2013-06-05.

[38] 罗晓民，张鹏，冯见艳，等. 原位法制备含石墨烯的水性聚氨酯复合导电涂料及其方法：CN103805046A[P]. 2014-05-21.

[39] 李洪飞，王华进，扈中武，等. 氧化石墨烯在膨胀型水性防火涂料中阻燃和抑烟作用研究[J]. 涂料工业，2015，45(1)：1-8.

[40] 王娜，陈俊声，王树伟，等. 氨基化氧化石墨烯在水性防腐防火一体化涂料中的应用[J]. 材料研究学报，2018，32(10)：721-729.

第 11 章

石墨烯粉体材料在高分子复合材料领域的应用

高分子科学是一门发展迅猛的学科。1920 年，Staudinger 发表了一篇划时代的文献——《论聚合》，提出了聚合过程是大量小分子由共价键连接成大分子的过程。由于分子的长度不完全相同，所以不能用有机化学中"纯粹化合物"的概念来理解聚合物。他预言了一些含有某种官能团的有机物可通过官能团间的反应而聚合，并建议了聚苯乙烯、聚甲醛、天然橡胶的长链结构式。而今，高分子材料产业已经成为当今世界发展最迅速的产业，各种合成高分子材料已经广泛应用于电子信息、生物医药、航空航天、交通运输、建筑等各个领域。

随着社会的发展，单一种类的高分子材料往往受限于其本身的性质阈值或功能单一而无法满足人们的需要，因此需要对高分子材料进行复合以提升其性能或增加其功能。高分子复合材料通常由连续相的高分子基体和分散在基体中的分散相构成，连续相和分散相在性能上互相补充，从而产生协同效应，使高分子复合材料的综合性能优于原组成材料。1950 年，就有使用剥离层状硅酸盐作为高分子填料的报道。进入 21 世纪，随着纳米科学技术的发展，炭黑、纳米二氧化硅和碳纳米管等纳米材料被广泛用于改善聚合物的机械、热、电和气体阻隔性能。这些填料的引入，主要用于增强或改善高分子材料的物理性能，如力学强度、导电导热性能、阻燃性能、密封性能等。石墨烯的出现，为高分子复合材料的发展提供了新的可能。

石墨烯具有优异的力学、电学、热学、光学性能，和碳纳米管相比，石墨烯具有更大的比表面积。在高分子材料中引入石墨烯可以提高材料的本体性能，赋予复合材料多种功能，满足不同应用领域对材料的需求，从而提升材料的应用空间。一般而言，石墨烯/高分子复合材料通常定义为以高分子化合物为基体，以石墨烯及其衍生物为填料，通过一定的化学或物理方法制备的，高强度、高性能、功能化的多相材料。目前，石墨烯及其衍生物已作为添加剂用于各种高分子复合材料的研究中，这些高分子基体材料包括环氧树脂、聚苯乙烯（PS）、聚丙烯（PP）、聚甲基丙烯酸甲酯（PMMA）、聚对苯二甲酸乙二醇酯（PET）、聚苯胺（PANI）、聚酰胺（PA）等。

石墨烯/高分子复合材料的理化性质取决于石墨烯片层在基体中的分散情况、石墨烯与基体高分子链之间的相互作用，以及石墨烯在基体中的网络结构，其都会对石墨烯/高分子复合材料的结构、性能和应用产生较大的影响。理论上,二维石墨烯材料的机械强度高,导电性和导热性均较佳,但其表面呈惰性状态,与其他介质、基体材料之间的相互作用较弱。因此,如何增强石墨烯和基体材料的相互作用是制备石墨烯/高分子复合材料的关键。

石墨烯难溶于水和常用有机溶剂,片层与片层之间存在较强的范德瓦耳斯力,容易产生团聚,这也限制了石墨烯/高分子复合材料的进一步研究和应用。解决这个问题的一个方案是利用氧化石墨烯(GO)作为填料来制备功能化的石墨烯/高分子复合材料。氧化石墨烯表面含有大量的含氧官能团,如羟基、羧基、环氧基等,这些官能团使得对石墨烯的改性与修饰成为可能。同时,氧化石墨烯由于片层上和片层边缘富含亲水性含氧官能团(羟基、羧基、环氧基等),能够在适当的溶剂中形成稳定的悬浮分散液,更容易与高分子材料通过溶剂辅助混合制备复合材料,从而满足工业生产相对低成本和高收率的要求。氧化石墨烯和还原氧化石墨烯(rGO)作为高分子材料的填料来制备石墨烯/高分子复合材料已经在诸多领域展现出极大的应用潜力。

11.1　高分子材料的表征技术

高分子材料的表征项目众多,包括结构与成分、平均分子量及分布、形态与形貌、溶液黏度和流变学性质、化学反应性与惰性,以及力学、电学、热学、光学性质和耐候性等。

对于高分子的结构与成分,常用的表征技术包括傅里叶变换红外光谱(Fourier transform infrared spectrum,FTIR)、拉曼光谱、紫外-可见吸收光谱(UV‐Vis)、核磁共振波谱(nuclear magnetic resonance spectroscopy,NMR)、X 射线光电子能谱(XPS)和电子自旋共振波谱(electron spin resonance spectroscopy,ESR)。其中,根据傅里叶变换红外光谱中特征吸收峰的位置、数量、相对强度和形状等,就可以推断试样中存在的官能团种类,进而确定其分子结构。X 射线光电子能谱是基于光电效应的电子能谱,通过 X 射线激发试样表面原子的内层电子并对激发电子进行能量分析,从而获得试样表面的结构信息,如原子种类、数量、价态等,通常用于对材料表面进行定性和定量分析。

针对高分子分子量的分析,通常采用凝胶渗透色谱(gel permeation chromatography, GPC)、稀释溶液特性黏度测试(intrinsic viscosity,IV)等方法。

针对高分子结构和形态形貌的分析,通常采用扫描电子显微镜(SEM)、透射电子显微镜(TEM)、原子力显微镜(AFM)、X射线衍射(XRD)等表征技术。其中,XRD是晶体结构表征的基础手段。聚合物在不同的工艺条件下能够形成不同的晶体结构,如聚丙烯在正常冷却时主要形成单斜晶系(α晶型),在冷却速率相当快的情况下形成六方晶系(β晶型),而在高压或者低分子量时形成三斜晶系(γ晶型),因此可以通过XRD来判断聚丙烯的晶型,进而推断制备工艺。对于石墨烯/高分子复合材料,通过以上技术可以确定石墨烯在复合材料中存在的形态。

热分析是高分子常规的表征手段,通过对试样在温度变化过程中不同参数的测定来表征高分子材料的性质。高分子材料的热学特性可利用差示扫描量热(differential scanning calorimetry,DSC)、热重分析(TG)、动态热机械分析(dynamic thermomechanical analysis,DMA)、热机械分析(thermomechanical analysis,TMA)、老化等进行表征。其中,热重分析能够检测高分子材料中残余单体、溶剂、填料的含量,一般单体或溶剂在150℃以前挥发,200℃后高分子材料开始热降解,大部分高分子材料在500℃左右全部分解,因此可以根据质量变化判断试样内组分的含量。若使用热重分析与红外光谱/质谱联用,则可确定试样在加热过程中释放的挥发组分,根据组分信息能够研究高分子材料的热降解性质。差示扫描量热法能够判断高分子材料在加热的过程中是否发生吸放热反应,有助于确定高分子材料的相转变温度,确定其是否存在结晶及是否发生化学反应。对于热固型塑料而言,DSC测试能够根据试样的吸放热曲线来确定单体是否完全转化。热机械分析能够判断高分子材料的力学性质随时间、温度、频率的变化关系,能够提供高分子材料的有效工作温度区间。

高分子材料常见的物理性质包括硬度、密度、尺寸稳定性、阻燃/燃烧特性等。

高分子材料的流变特征可根据黏度、应力-应变行为、熔体和溶液弹性等进行测定和分析。

高分子材料的力学性质由抗拉强度、冲击强度、抗压强度、杨氏模量等参数确定。

高分子材料的电学性质由介电常数、体积电阻率、耗散因数、表面电阻率、击穿电压等参数确定。

高分子材料的光学性质由折射率等参数确定。

11.2 石墨烯/高分子复合材料的制备技术

在石墨烯与高分子材料的复合过程中,石墨烯片层之间由于强范德瓦耳斯力作用极易形成堆叠,从而影响石墨烯材料在高分子基体中的分散,进而影响石墨烯/高分子界面性能,最终导致石墨烯/高分子复合材料的性能变化。因在制备石墨烯/高分子复合材料的工艺流程中,诸如石墨烯材料的种类、石墨烯材料的改性方法、石墨烯材料与高分子基体的混合方式、石墨烯材料在高分子基体的分散情况和界面效应等关键问题都已被逐步探明机理,并最终应用于制备具有理想性能的石墨烯/高分子复合材料。

11.2.1 石墨烯与高分子的简单共混

与其他用于高分子复合材料的填料类似,可以使用超声法、压延法、球磨法、搅拌和挤出等多种方法将石墨烯材料混入高分子基体中(图 11 - 1)。

超声法作为最常用的纳米材料的分散方法,同样适用于石墨烯材料的分散。超声波在介质中传递时会在分子表面诱导衰减,能量传递到分子后会引起分子振动,当有足够的能量时,小尺寸的纳米颗粒就会从颗粒外部脱落,从而产生单个的纳米微粒。对于超声剥离石墨烯来说,需要在稳定的、低黏度的介质中进行,常用溶剂包括水、丙酮、乙醇等。若直接使用超声法使石墨烯材料与高分子基体在介质中混合,通常需要加入额外的溶剂以得到较低黏度的混合液。通常来说,超声波的频率和处理时间是控制分散程度的主要因素,适当处理可以调控石墨烯材料的分散情况,如氧化石墨烯在超声中会逐步剥离,但当处理时间足够长时,剥离的氧化石墨烯片层会出现团聚的倾向。

压延法是高弹性高分子材料(如橡胶、胶黏剂)的常用加工方法,常用设备为三辊机(或两辊机)。高分子材料在辊机中通过剪切力的作用进行分散、混合及发生

图 11 - 1 用于制备石墨烯/高分子分散体系的物理方法及相关机理示意图

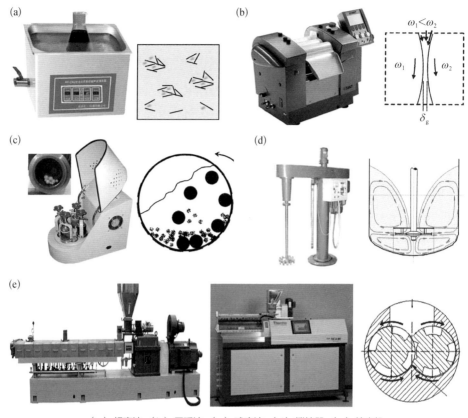

（a）超声法;（b）压延法;（c）球磨法;（d）搅拌器;（e）挤出机

力化学反应。通过调整辊轴的转速和间隙,能够调整剪切力的大小,因此也可应用于纳米材料的分散。较低的石墨烯材料添加量不会明显降低高分子基体的流动性,因此可以使用三辊机进行加工,得到的石墨烯/高分子复合材料虽然在石墨烯的分散程度上较其他方法有所差异,但材料的力学性能、导热性能、导电性能均有所提高。

　　球磨法是一种典型的微观加工方法。将材料与细小的坚硬磨球共同置于密闭容器中,高速旋转后磨球之间相互碰撞、挤压,使较大的材料块体破碎为细小的微粒。该法主要通过控制球磨时间来调控混合材料的分散效果,过长的球磨时间可能会破坏石墨烯材料的形貌。该法既可以直接用于石墨烯材料的制备,又可以应用于石墨烯材料与高分子基体的混合,以石墨和高分子材料为原料的"一锅法"来制备石墨烯/高分子复合材料的研究也有报道。

　　对于液体中的颗粒材料来说,搅拌无疑是最常用且有效的分散方法。选取适当大小和形状的搅拌桨,高速旋转后能够产生足够的剪切力使颗粒材料在液体中得到充分的分散。预先将高分子材料分散于溶剂中,再加入目标填料(如二氧化硅、氧化铝、碳纳米管、石墨烯等)进行高速分散搅拌,能够得到分散较为均一的悬浮体系,可直接作为液相涂料或者处理后得到高分子复合材料。先将石墨烯材料分散于高分子材料的良溶剂中,然后溶解高分子材料并通过超声或剧烈搅拌得到均匀的混合液,最后脱除溶剂得到石墨烯/高分子复合材料。此方法的优点是简单、直接、无须复杂设备,而且可以实现大批量制备。合适的溶剂包括水、丙酮、氯仿、四氢呋喃(THF)、N,N-二甲基甲酰胺(DMF)等(表 11-1)。缺点是要消耗大量的溶剂,会对环境造成很大压力,不适合大规模工业生产,如果用水作溶剂,则脱出分散液中的水时能耗很高。

溶　　剂	混合组分(除石墨烯)	参考文献
水	木素磺酸盐、热塑性聚氨酯	[3]
水	木质素、聚氨酯/聚乳酸	[4]
水	水溶性聚氨酯	[5]
水	Kevlar 纤维	[6]
水	聚乙烯亚胺、聚苯乙烯球	[7]
水	聚乳酸、聚氧乙烯	[8]
水	苯乙烯-甲基丙烯酸-丙烯酸羟乙酯乳液	[9]
四氢呋喃	聚氨酯	[10]
四氢呋喃	聚氯乙烯	[11]
四氢呋喃	聚 2-丁基苯胺	[12]
N,N-二甲基甲酰胺	聚氨酯	[13]
N,N-二甲基甲酰胺	聚氯乙烯	[14]
N,N-二甲基甲酰胺	聚苯乙烯	[15]
N,N-二甲基甲酰胺	聚氨酯	[16]
N,N-二甲基乙酰胺	聚偏二氟乙烯	[17]
二甲苯	天然乳胶	[18]
二甲苯	聚丙烯	[19]
异丙醇	环氧树脂	[20]
乙醇	环氧树脂	[21]
丙酮	环氧树脂	[22]

表 11-1　溶剂混合法制备石墨烯/高分子复合材料举例

对于高分子材料而言,适当的加热可以使其转变为可流动的状态,在剧烈搅拌的作用下进行填料混合是工业上制备工程复合材料的常用手段(螺杆挤出机)。应用螺杆挤出机进行石墨烯材料与高分子基体的混合也是高分子产业中进行较早的研究方向,研究者对挤出工艺中关键参数(如挤出速率、反应温度、反应时间等)都进行了深入的研究,使用的高分子基体也较多样化(表 11-2)。

表 11-2 应用螺杆挤出机制备石墨烯/高分子复合材料举例

高 分 子 组 分	参 考 文 献
尼龙-12	[23]
聚丙烯	[24]
尼龙-6	[25]
聚甲基丙烯酸甲酯	[26]
聚乙烯醇	[27]
聚氨酯	[28]

熔融共混法是指在较高的温度下将高分子熔体与石墨烯粉体混合并通过外加压力或剧烈机械搅拌进行混合的过程(表 11-3)。石墨烯填料在外加的强剪切力作用下可以在高分子基体中实现一定程度的分散,通常用于挤出法或注塑法制备热还原氧化石墨烯或热剥离石墨与热塑性高分子材料的复合材料。此法的不足之处在于石墨烯材料在高分子基体中不能达到纳米级别的分散,且分散的单片石墨烯容易在加工的过程中重新堆叠组装聚集,导致复合材料性能的提升不够明显,因而较少用于新材料的研发。

表 11-3 熔融共混法制备石墨烯/高分子复合材料举例

高 分 子 组 分	参 考 文 献
聚氨酯	[28]
聚对苯二甲酸乙二醇酯	[29]
聚碳酸酯	[30]
聚丙烯	[31]
尼龙-12	[32]
尼龙-11	[33]

11.2.2 改性石墨烯/高分子复合材料

结构完整的石墨烯由苯六元环组成,其不含任何不稳定键,因此化学稳定性高,表面呈惰性状态,与其他介质相互作用较弱。但其易产生团聚,因此限制了石墨烯在高分子复合材料方面的应用。氧化石墨烯(GO)表面含有大量的含氧官能团,如羟基、羧基、环氧基等,极大地增加了其与极性溶剂的相容性,便于其分散在极性溶剂中。同时,这些含氧官能团还能够与其他官能团发生化学反应,可以用于石墨烯片层的改性与修饰,有效改善和增强了氧化石墨烯片层与高分子基体的相互作用。因此,制备功能性的石墨烯/高分子复合材料通常使用氧化石墨烯作为初始原料。

11.2.3 石墨烯表面的共价键修饰

通过共价键在石墨烯材料表面连接小分子或者大分子是一种直接有效的修饰手段,共价键的高键能保证了修饰分子在石墨烯材料表面能够稳定附着。若修饰分子与高分子基体间存在较强的相互作用,可有效地增强石墨烯材料与高分子基体间的相互作用,改善石墨烯材料与高分子基体的界面性能,有助于石墨烯材料在高分子基体中的稳定分散和性能提升。使用小分子对石墨烯材料片层进行化学修饰的方法与其他材料的修饰方法并无较大不同,常见的方法包括磺化、磷酸化、过氧化等。小分子修饰后的石墨烯材料在片层上增加了特异性的官能团,对改善石墨烯材料与高分子基体的相互作用和界面性能起到了一定的帮助。对于制备石墨烯/高分子复合材料而言,更有效的方法是在石墨烯材料表面连接大分子,端部固定于石墨烯材料片层的大分子长链游离于石墨烯材料片层之外,能够与高分子基体中的高分子链段产生足够强的相互作用,从而加强石墨烯材料片层在高分子基体中分散的稳定性。对石墨烯材料表面进行大分子修饰的方法一般分为嫁接法(grafting to)和生长法(grafting from)。

1. 嫁接法/大分子结合法

嫁接法是石墨烯材料尤其是氧化石墨烯最为常用的修饰方法。氧化石墨烯片层上的羟基、环氧基,以及片层边缘的羧基等含氧官能团赋予其充足的反应位点和反应活性,可以直接与其他官能团发生酰胺化、酯化等反应,也可以通过进一步修饰使其表面携带如叠氮基、炔基、二烯烃基、异氰酸酯基等特异性的官能团。

（1）酰胺化反应

制备酰胺化石墨烯材料的原料通常为脂肪胺和异氰酸酯，在合适溶剂和催化剂的作用下与石墨烯材料片层边缘的羧基进行交联。一些末端带有氨基的大分子同样可以修饰石墨烯材料片层。据文献报道，乙腈中分散的氧化石墨烯与十八胺通过酰胺键结合，修饰后的氧化石墨烯在聚丁二烯中的分散性良好。如在 N,N-二甲基甲酰胺中对氧化石墨烯粉末进行分散后，其与 4-乙酰苯基异氰酸酯进行充分反应形成酰胺键和酯基交联，该异氰酸酯处理的氧化石墨烯在有机溶剂和高分子基体中都有较好的分散性。修饰氧化石墨烯最常用的氨基高分子为聚乙烯亚胺（PEI）和端氨基聚乙二醇。端氨基聚乙二醇可以形成星型、支链型、直链型等多种分子结构，同时其生物相容性使得修饰后的石墨烯材料能够用于生物体内，如星型六臂端氨基聚乙二醇与氧化石墨烯通过酰胺键交联形成的具有生物相容性的石墨烯材料可携带药物用于体内缓释（图 11-2）。多氨基的聚乙烯亚胺与氧化石墨烯在水中进行酰胺化反应，聚乙烯亚胺修饰的氧化石墨烯在尼龙-12 中能够稳定分散并在较低的氧化石墨烯添加量时大幅度提高了力学性能。

图 11-2 通过酰胺键连接的端氨基聚乙二醇和氧化石墨烯

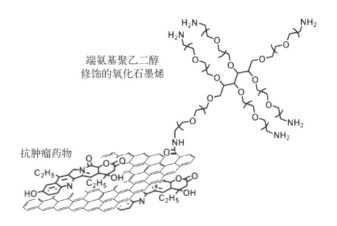

端氨基聚乙二醇修饰的氧化石墨烯

抗肿瘤药物

（2）酯化反应

氧化石墨烯上的羧基可在催化剂作用下或者转化为酰氯后与羟基发生酯化反应。聚乙烯醇上丰富的羟基使其较容易与其他物质发生酯化反应，如在二甲基亚砜中加入二环己基碳化二亚胺（DCC）和 4-二甲氨基吡啶（DMAP）作为催化剂，可以催化氧化石墨烯和聚乙烯醇发生酯化反应[图 11-3(a)]，聚乙烯醇修饰的氧化石墨烯添加至聚乙烯醇基体中能够提高其力学性能。该催化剂体系同样可以用于其他含羟基的聚合物与氧化石墨烯的复合,如可制备具有较高质子传输效率的羟基化的磺基聚醚醚酮薄膜,以及有望用于生物组织工程的天然淀粉。氧化石墨烯经酰氯化处理后同样可与含羟基物质进行复合,如通过端羟基的聚烷氧基噻吩与预先酰氯化的氧化石墨烯在四氢呋喃中反应可制备聚烷氧基噻吩修饰的氧化石墨烯[图 11-3(b)],该产物相比于基础材料提高了单位比电容,且维持长期稳定的充放电循环。

图 11-3

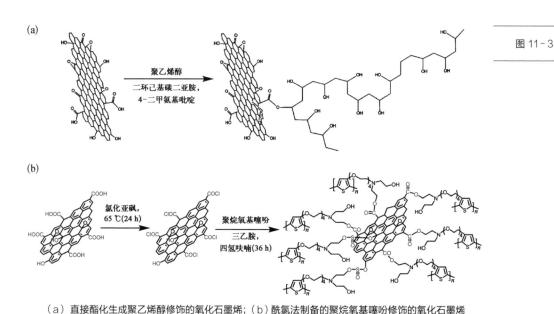

(a) 直接酯化生成聚乙烯醇修饰的氧化石墨烯;(b) 酰氯法制备的聚烷氧基噻吩修饰的氧化石墨烯

2. 生长法/原位聚合法

生长法是指高分子单体被不同引发剂按照一定的机理在石墨烯材料表面引发并聚合的过程,也可称为原位聚合法。最常见的为自由基引发的连锁聚合反应,也有少量离子聚合机理的相关报道。石墨烯本体在某些条件下可以作为引发剂引发高分子单体聚合,也可以在其表面修饰具有引发功能的官能团来诱导高分子单体聚合。

(1) 氧化石墨烯本体作为自由基聚合引发剂

最早使用氧化石墨烯本体作为自由基聚合引发剂制备聚合物修饰氧化石墨烯的高分子单体为 N-乙烯基吡咯烷酮。将一定比例的氧化石墨烯与 N-乙烯基吡咯烷酮在水中溶解,95 ℃下反应 10 h 可得到聚乙烯基吡咯烷酮修饰的氧化石墨烯。

氧化石墨烯上的含氧官能团同样可以用作氧化-还原体系的组分之一来引发自由基聚合。噻吩(或吡咯)与氧化石墨烯分散液混合后,会与氧化石墨烯上的环氧基在静电作用下进行吸附加成得到还原氧化石墨烯-噻吩(或吡咯)自由基,该自由基引发体系内剩余单体聚合,最终制备得到聚噻吩(或聚吡咯)修饰的还原氧化石墨烯。

氧化石墨烯也可以与其他组分复配形成氧化-还原体系来引发聚合反应。氧化石墨烯片层上的羟基可以与四价铈盐相互作用,并在氧化石墨烯表面生成自由基(图 11-4)。若体系内含有水溶性较好的丙烯酸酯类单体,如丙烯酸、N-异丙基丙烯酰胺、甲基丙烯酸甲酯、丙烯酰胺等,可在其表面聚合增长为高分子链。

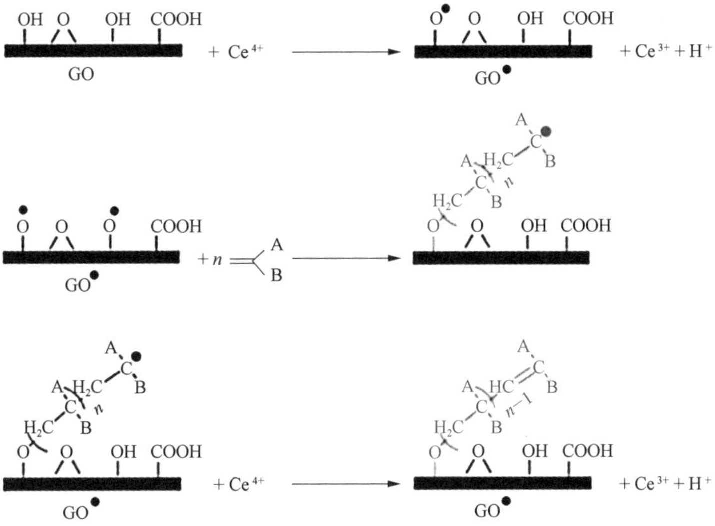

图 11-4 氧化石墨烯与四价铈盐共同引发自由基聚合示意图

在自由基聚合过程中,自由基向高分子进行链转移及双大分子自由基的耦合终止是最终分子量分布离散的主要原因。同理,大分子自由基与氧化石墨烯片层表面自由基进行耦合可形成氧化石墨烯/高分子聚合体。在氧化石墨烯的水分散液中,用过氧化物引发水溶性单体聚合可制得大分子修饰的氧化石墨烯。

(2) 化学修饰氧化石墨烯作为自由基聚合引发剂

在氧化石墨烯表面通过化学修饰的方法增加适当的官能团,也可以用于构建氧化石墨烯引发体系,如过氧官能团、偶氮官能团,以及用于构建新型可控自由基引发体系的溴丙酰基、双硫酯基等(表 11-4)。

石墨烯基引发剂	引发单体	参考文献
GO-O—C(=O)—C(CH₃)₂Br	环氧乙烷-甲基丙烯酸甲酯接枝共聚物	[43]
	N-异丙基丙烯酰胺	[44]
	苯乙烯、甲基丙烯酸甲酯、丙烯酸丁酯	[45]
	甲基丙烯酸甲酯	[46] [47]
GO-C(=O)NH(CH₂)₃NHC(=O)C(CH₃)₂Br	N-乙烯基己内酰胺	[48]
	丙烯酸叔丁酯	[48]
	甲基丙烯酸二甲氨基乙酯	[49]
GO-O—C(=O)—C(CH₃)—C(=S)—S—C₆H₅	甲基丙烯酸羟乙酯、丙烯酸	[50]
GO-O—C(=O)—C(CH₃)—S—C(=S)—S—(CH₂)₁₁—	N-乙烯基咪唑	[51]
rGO-O—C(=O)—C(CN)—S—C(=S)—S—(CH₂)₁₁—	苯乙烯	[52]
GO-O—C(=O)—C(CH₃)—S—C(=S)—S—CH₂CH₂CH₃	N-异丙基丙烯酰胺 7-(4-丙烯酰氧基)丁氧基香豆素	[53]

表 11-4 石墨烯基引发剂及引发单体

自由基作为聚合活性中心的特点是慢引发、快增长、速终止,制备过程通常需要加热且无法控制产物性能。因此,能够在一定程度上控制产物性能的离子聚合得到了研究者的关注。离子聚合的特点是聚合活性中心为碳正/负离子,其对于环境的要求较自由基聚合更为严格,通常需要无水、无氧且在低温下进行,因此仅有少数聚合物适合使用离子聚合进行商业化制备。离子聚合通常使用溶液聚合工艺,如果高分子单体与对应聚合物的相容性良好,也可以使用本体聚合法在单体中进行聚合反应。

氧化石墨烯上的环氧基可以与路易斯酸形成碳正离子活性点以用于引发阳离子开环聚合反应,可用高分子单体包括丙交酯、己内酯、戊内酯、环氧乙烷等。强的亲核试剂(如金属钠、丁基锂等)可以使氧化石墨烯片层边缘产生碳负离子活性点,在适宜的环境中可以引发高分子单体(如苯乙烯、丙烯腈、己内酰胺、氯乙烯等)的阴离子聚合(图 11-5)。

图 11-5 氧化石墨烯表面发生阴离子聚合示意图

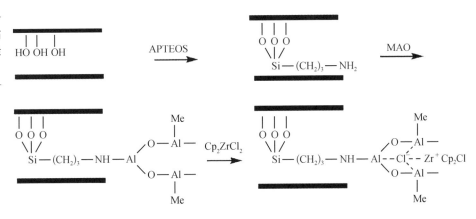

COOH　OH　COOH

GO

四氢呋喃
金属钠

COOH　OH　COOH

GO-Na

●：Na

丙烯腈（AN）

CH₂=CH—C≡N

HOOC　PAN　OH　PAN COOH

配位聚合是指单体分子在活性位点的空位处进行配位形成某种形式的配位化合物,单体分子继续插入过渡金属-碳链中增长成为大分子的过程。配位过程具有立体定向性,因此采用配位聚合的聚合物多数具有立体规整性。氧化石墨烯片层中的含氧官能团能够作为配位催化剂/引发剂的结合点,因此研究者对在氧化石墨烯片层上引发配位聚合也进行了一定的研究。

Ziegler - Natta 引发剂是最早被研究的配位聚合引发剂,主要组分是ⅣB～ⅧB族过渡金属化合物及ⅠA～ⅢA族金属有机化合物,最常用的为四氯化钛/三乙基铝组合。四氯化钛可以用格氏试剂与氧化石墨烯进行连接,并在三乙基铝存在的情况下引发丙烯聚合(图 11-6)。

图 11-6 氧化石墨烯表面构建 Ziegler - Natta 引发剂制备氧化石墨烯/聚丙烯复合材料示意图

OH O OH COOH

GO

格氏试剂

OH O OMgCl R₂OMgCl

GO-RMgCl

四氯化钛

OH O R₂OMgCl

GO-RMgCl-TiCl₄

PP PP PP PP PP

氧化石墨烯/聚丙烯复合材料

茂金属引发剂也是配位聚合中常用的引发剂。氧化石墨烯表面经氨基修饰后与甲基铝氧烷(MAO)反应,得到的产物可以与茂金属催化物进行接枝得到氧化石墨烯基的茂金属引发剂,该引发剂可以在液相中引发乙烯聚合,得到分子量可达 10^6 的产物(图 11-7)。

图 11-7 氧化石墨烯表面构建茂金属引发剂示意图

HO OH OH → APTEOS → O O O / Si—(CH₂)₃—NH₂ → MAO

O O O / Si—(CH₂)₃—NH—Al—O—Al—Me / O—Al—Me → Cp₂ZrCl₂ → O O O / Si—(CH₂)₃—NH—Al--Cl--Zr⁺Cp₂Cl / O—Al—Me / O—Al—Me

11.2.4　石墨烯表面的非共价键修饰

　　对于石墨烯材料(氧化石墨烯),因大面积离域 π 键的存在,π-π 相互作用在其与其他分子的相互作用中占据较大比重。π-π 相互作用是芳香化合物间的弱相互作用,通常有三种形式:完全面对面堆叠,部分面对面堆叠以及面对边堆叠。含有芳香环的化合物通常都会与石墨烯片层形成 π-π 相互作用(图11-8、表11-5和图11-9);氧化石墨烯片层由于碳的蜂窝状排布被氧化剂破坏而掺杂了羟基、环氧基等非平面官能团,因此发生 π-π 相互作用的概率要明显小于完整的石墨烯片层,而这些官能团作为电子供体或受体对于静电作用的辅助会更大;还原氧化石墨烯片层虽然平面上突出的含氧官能团被消除,但平面结构缺陷较为明显,发生 π-π 相互作用的概率与氧化石墨烯相似。

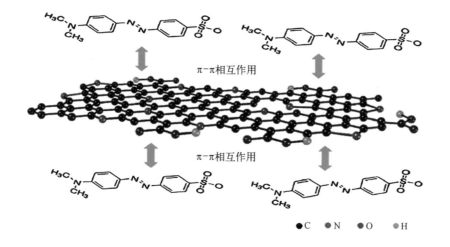

图 11-8　石墨烯片层上 π-π 相互作用示意图

共 轭 分 子	参 考 文 献
芘及其衍生物	[58-61] [62-64]
萘及其衍生物	[65-67]
酞菁及其衍生物	[68-71]
离子液体类	[72-74]

表 11-5　非共价键修饰石墨烯的材料举例

图 11-9 酞菁类
材料通过 π-π 相
互作用吸附于石墨
烯表面的示意图

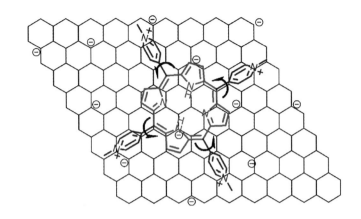

氢键是广泛存在的相互作用,通常产生于共价结合的氢原子与另一个原子之间,通用形式为(X—H⋯Y),与氢原子构成氢键的原子(X、Y)都是电负性较强的原子,如 N、O 等。氢键既可以存在于分子之间,又可以存在于分子内部,其能够对材料的性质有较为明显的改变,增强材料之间的氢键作用也是构建复合结构的方法之一(表 11-6、图 11-10 和图 11-11)。

表 11-6 与石墨烯有氢键作用的材料举例

作 用 物	参 考 文 献
纤维素	[75-77]
聚乙烯醇(PVA)	[78-81]
聚乙烯亚胺(PEI)	[82]

图 11-10 纤维素
与氧化石墨烯的氢
键作用示意图

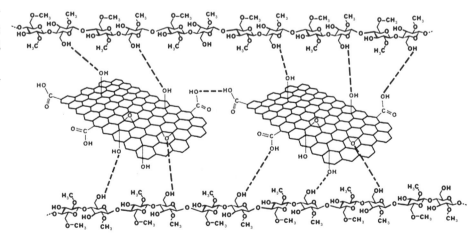

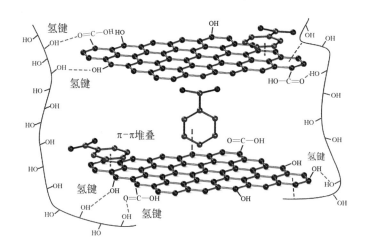

图 11-11 聚乙烯醇与氧化石墨烯的氢键作用示意图

氢键
O=C-OH HO
OH
OH
HO
OH
HO
OH
HO
OH
氢键
OH
HO-C=O
OH
π-π堆叠
O=C-OH
OH
HO
OH
氢键
OH
氢键
OH
OH
OH
HO
OH
HO
O=C-OH
氢键
OH
HO

11.3 石墨烯/高分子复合材料的性能

11.3.1 力学性能

　　力学性能是材料应用时最优先考虑的性能。材料只有具有足够的强度来对抗外加载荷,才能够保持一定的形态,继而发挥其拥有的功能。作为最早被研究的材料性能,力学性能的测试设备开发已经较为完善,通常在万能力学试验机上可以完成拉伸、弯曲、压缩等多种力学性能的测定。由于聚合物具有一定的黏弹性,高分子复合材料的性能表现与测试方法紧密相关,同一种材料在不同环境、不同测试参数下的测量结果可能不同,因此在测试材料的力学性能时需要明确其测试环境和测试条件。图 11-12 为材料的性能分布图。

　　单片层无缺陷的石墨烯有十分突出的力学性能,面内拉伸强度约为 130 GPa,对应的杨氏模量约为 1 TPa。即便是经过氧化而带有部分缺陷的氧化石墨烯片层,其层内弹性模量(约为 0.25 TPa)仍然远高于现有其他材料。石墨烯片层会自发降低表面能而形成一定的褶皱,这种结构在石墨烯分散到高分子基体后仍然会得到保留,通过增加石墨烯片层与高分子基体的界面面积可有效增强载荷的传递。在外加应力的作用下,这些褶皱结构会逐步伸展,对应力传递起到缓冲作用,从而降

图 11-12 材料的
性能分布图

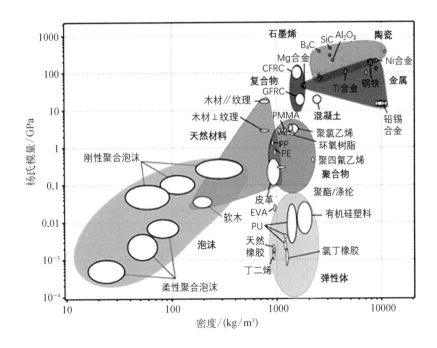

低部分材料的表观性能。纯高分子材料的力学破坏通常是由于分子链之间的相对滑脱而非全部分子链的断裂,增强分子链之间的相互作用能够有效地提高材料的力学性能。同样在石墨烯/高分子复合材料中,通过对力学破坏的材料断面进行分析,可以明显观察到石墨烯片层的完整性(相比于复合前)。石墨烯材料的片层大小和修饰程度都会影响石墨烯材料在高分子基体中的分散程度和相互作用,从而决定最终材料的力学性能。因此,选取适宜种类的石墨烯材料作为高分子复合材料的应力承载部分,同时增强石墨烯材料与高分子基体的相互作用,是制备高性能石墨烯/高分子复合材料的优选方向,目前已经得到人们的广泛关注和深入探索。

环氧树脂作为具有良好力学性能的热固性树脂,在电子器件、新能源、光材料等方面均有应用。作为结构材料,其拉伸强度和拉伸模量一直是研究者重点关注的问题。图 11-13 为氧化石墨烯/环氧树脂复合材料的制备和微观形貌示意图。Bortz 等使用打开螺旋碳纤维制备了富含氧化官能团的氧化石墨烯纳米带,在丙酮中与环氧树脂混合并热固化为复合材料。在氧化石墨烯的添加量为 0.1%(质量分数)时,复合材料的拉伸模量相比于纯环氧树脂提高了 12%;当氧化石墨烯的添加量提高至 1%(质量分数)时,其弯曲强度相比于纯环氧树脂提高了 23%。Guan 等使用不同分子量的端氨基聚醚(PEA)修饰了氧化石墨烯,与环氧树脂复合后显著提高了材料的

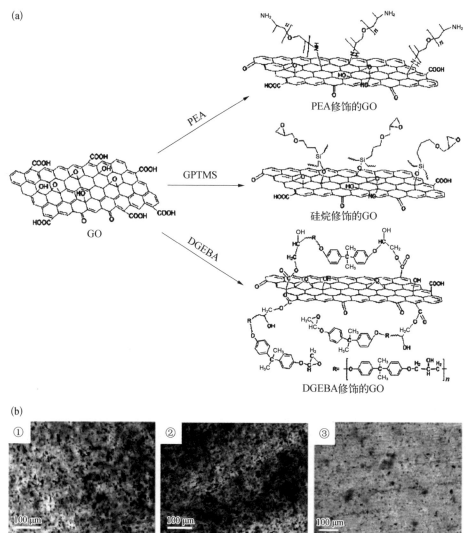

(a)

PEA修饰的GO

GPTMS

硅烷修饰的GO

DGEBA

DGEBA修饰的GO

GO

图 11-13 氧化石墨烯环氧树脂复合材料的制备和微观形貌示意图

(b)

① ② ③

100 μm 100 μm 100 μm

（a）氧化石墨烯的几种修饰方法；（b）添加不同石墨烯的复合材料的微观形貌，其中①为氧化石墨烯，②为 PEA 修饰的氧化石墨烯，③为 DGEBA 修饰的氧化石墨烯。

弹性模量、抗拉强度、断裂伸长率和韧性，且分子量较小的 PEA 修饰组材料的强度提高较多，分子量较大的 PEA 修饰组材料的韧性提高较多。Wan 等使用双酚 A 二缩水甘油醚（DGEBA）修饰了氧化石墨烯，提高了其在环氧树脂基体中的相容性和分散性。当 DGEBA 修饰的氧化石墨烯的添加量为 0.25%（质量分数）时，相比于纯环氧树脂，复合材料的拉伸强度提高了约 75%[（52.98 ± 5.82）MPa→（92.94 ± 5.03）MPa]，杨氏模量提高了约 13%[（3.15 ± 0.11）GPa→（3.56 ± 0.08）GPa]，准静态断裂韧性提高了约 41%（Boesl，2014）。Wan 等研究了硅烷修饰的氧化石墨烯对环氧树脂的增强效果，结果表明在添加量 0.25%（质量分数）的情况下，复合材料相比于纯环氧树脂的拉伸强度提高了 48%、拉伸模量提高了 10%。

对于炭黑、膨胀石墨、碳纳米管等在制备高分子复合材料方面的研究已经取得了相当的进展，在现有的体系中引入部分石墨烯材料可以在原有的基础上使复合材料的性能得到进一步提高。如对于具有较为成熟制备工艺的碳纤维增强环氧树脂复合材料，可通过浸涂工艺在碳纤维表面均匀涂覆石墨烯纳米片作为包层，并使用预浸法制备碳纤维/石墨烯/环氧树脂复合材料，与无石墨烯纳米片包层的复合材料相比，其 90°弯曲强度、0°弯曲强度和层间剪切强度分别提高了 52%、7% 和 19%。也可通过电泳沉积工艺在碳纤维表面修饰氧化石墨烯，修饰后的碳纤维与未修饰的碳纤维相比，制备的环氧树脂复合材料的层间剪切强度有了明显的提高（36.7 MPa→56.9 MPa），同时吸湿率下降了 63.6%。

11.3.2 电学性能

现有的高分子材料大多为绝缘材料，仅有几种（如聚吡咯、聚噻吩、聚苯胺等）能够进行电子传输。在绝缘的高分子基体中引入导电材料作为填料，导电填料在高分子基体内部互相连接形成电子传输通道，当这些通道的密度达到一定程度时，该复合材料将表现出导体的性质。对于制备导电的高分子复合材料，导电填料的装载量（即填充量）通常是控制复合材料电导率的关键因素，能够引起电导率突变的装载量通常称为渗流阈值。无缺陷的石墨烯晶格具有十分优良的电子传输速率，其大片层平面结构有利于电子的传输和扩散。因此，在高分子基体中引入石墨烯材料是提高高分子复合材料电学性能行之有效的研究方向，已经在诸多种类的高分子材料中得到应用和验证。

例如，以氧化石墨烯作为初始原料，使用乙基异氰酸酯改性氧化石墨烯并分散于 N,N-二甲基甲酰胺中，在改性氧化石墨烯上原位聚合制备了氧化石墨烯/聚酰亚胺复合材料。当改性石墨烯的添加量为 0.38%（质量分数）时，该复合材料的电导率达到了 $1.7×10^{-5}$ S/m，较纯聚酰亚胺提高了 8 个数量级。

使用传统熔融混合法将多层石墨烯填充于聚氯乙烯薄膜中制备了抗静电的石墨烯/聚氯乙烯复合材料。多层石墨烯的引入大幅度提高了聚氯乙烯薄膜的电导率,当其添加量为 3.5%质量分数时,该复合材料的方块电阻小于 $3\times10^8\ \Omega/\square$,达到了商用抗静电聚氯乙烯薄膜的要求。

Wang 等在使用聚己二烯二甲基氯化铵(PDDA)处理聚酯(PET)织物后,通过在其表面沉积还原氧化石墨烯/纳米银颗粒涂层制备了导电的银/还原氧化石墨烯/PDDA/PET 复合材料。该复合材料的方块电阻低至 $0.173\ \Omega/\square$,导电组分在水洗后的存留率为 85.65%,水洗后复合材料的方块电阻为 $1.32\ \Omega/\square$。

11.3.3　热学性能

石墨烯材料的本征高热导率[$>3000\ W/(m\cdot K)$]也是吸引研究者目光的重要因素之一,其二维几何结构能够使热量载体声子在面内快速传输,从而大大降低了热阻。与其他二维材料类似,声子在石墨烯材料层间传递受到限制,其传输速率大约为面内传输速率的十分之一。石墨烯材料的形貌对声子的传输有十分显著的影响,片层上过多的缺陷会导致声子的平均自由程和总热导率下降。石墨烯材料片层的褶皱结构会导致声子散射和传输模式发生改变,同时降低石墨烯材料的有效表面积,从而影响石墨烯材料与高分子基体界面的声子传输,导致宏观导热能力的下降。Chu 等将平面石墨烯与褶皱石墨烯分别与环氧树脂制备成复合材料并检测了导热能力,发现在相同添加量的情况下,平面石墨烯制备的复合材料的导热能力较大。

对石墨烯材料表面进行适当功能化,能够有效改善石墨烯材料在高分子基体中的分散稳定性,增强石墨烯材料与高分子基体的界面性能,对声子在界面处的散射起到一定的抑制作用。应用氨丙基异丁基笼状倍半硅氧烷和水合肼对氧化石墨烯进行修饰,得到了功能化的氧化石墨烯片层,并在该片层上原位聚合制备了氧化石墨烯/聚酰胺复合材料。该复合材料的热导率、玻璃化转变温度均随着氧化石墨烯添加量的增加而上升,当氧化石墨烯的添加量为 5%(质量分数)时,复合材料的热导率为 $1.05\ W/(m\cdot K)$,相当于纯聚酰胺的 4 倍。

石墨烯材料的导热能力在面内和层间处于不同的数量级,改变石墨烯材料在高分子基体中的分布,使其定向排布形成连接网络,能够有效提高复合材料的定向导热能力。Shtein 等测试了石墨烯/环氧树脂复合材料的热传导渗流阈值,发现当石墨烯的添加量为 0.17%(质量分数)时,其热导率变化率发生了明显的改变。随着石墨烯添加量的增加,复合材料中石墨烯片层的间隙消失,复合材料的热导率明显提升,在石墨烯添加量为 0.25%(质量分数)时的热导率为 12.4 W/(m·K),相当于纯环氧树脂的 62 倍。

石墨烯在导热高分子材料中的应用详细可见本书第 12 章。

11.4 石墨烯/高分子复合材料的应用

高分子材料被广泛应用于电子、超级电容器、传感器、电池、生物医学和复合材料等领域。天然高分子材料和合成高分子材料都在这些领域得到了较为深入的开发。高分子材料的应用形式包括粉末、薄片、纤维、膜等多种形式。石墨烯/高分子复合材料的性能取决于石墨烯结构、整体复合结构、体系中的相互作用以及其化学和物理特性。石墨烯材料与高分子基体之间的相互作用包括亲水性相互作用、静电力、氢键或共价键等。石墨烯纳米片的随机堆积、石墨烯功能化及纳米填料的添加量也会影响石墨烯/高分子复合材料的结构和性能。相对而言,由共价键连接的功能化石墨烯/高分子复合材料或改性石墨烯/聚合物复合材料制备的膜的性能比由物理连接的复合材料有显著提高。

通过调控高分子基体的类型、复合材料的设计和结构,可以实现对石墨烯/高分子复合材料性能的调控,因此具有增强性能的石墨烯/高分子复合材料在各种应用领域都具有巨大的应用潜力。

11.4.1 石墨烯/高分子复合材料在电子材料中的应用

随着石墨烯制备成本的下降和石墨烯器件的开发,石墨烯材料已经可以大规模应用于工业产品中。由于当下功能化、智能化发展的需求,具有电气性能的复合材料成为研发热点之一,而石墨烯/高分子复合材料是实现这一目标的途径之一。

静电是影响电子器件稳定的重要因素之一,应用抗静电材料能够更好地保证电子设备的正常使用。Wang 等使用石墨烯作为主要导电组分制备了具有抗静电性能的高密度聚乙烯(HDPE)改性材料,石墨烯和碳纳米管的添加量分别为 1%(质量分数)和 0.5%(质量分数)的复合材料的表面电阻率由 $1.53 \times 10^{16}\ \Omega \cdot cm$ 降低到 $1.55 \times$

$10^{11}\ \Omega\cdot cm$，方块电阻由 $5.06\times10^{15}\ \Omega/\square$ 降低到 $8.13\times10^{10}\ \Omega/\square$，复合材料的介电常数明显高于聚乙烯基体。使用高分子材料充分包覆石墨烯片层，能够使其在塑料基体中更好地相容。如使用原位聚合法在石墨烯片层上生长聚苯胺并与 HDPE 在二甲苯中进行充分混合后制备了石墨烯/聚苯胺/高密度聚乙烯三元复合材料，当聚苯胺修饰的石墨烯的添加量为 15%（质量分数）时，复合材料的表面电阻率和方块电阻较纯HDPE 下降了 6 个数量级，在 $10^2\sim10^6$ 内介电性能有明显的提升。通过球磨法剥离制备石墨烯并与聚氯乙烯（PVC）进行充分混合，能够得到具有抗静电性能的 PVC 复合材料，其在石墨烯的添加量约为 0.8%（质量分数）时的表面电阻率能够达到 10^8 数量级。

电子元件在使用的过程中会受到电磁辐射的影响，因此电磁屏蔽材料对电子设备的正常使用有很大的帮助。通常，电磁屏蔽材料由在高分子基体中添加具有导电能力的炭黑、碳纳米管等填料制得，同样具有导电能力的石墨烯材料也可以用于制备电磁屏蔽部件。Chen 等使用镍泡沫作为石墨烯生长基底，并将制备的材料于聚二甲基硅氧烷（PDMS）中浸涂，然后使用盐酸刻蚀去除镍骨骼得到了具有电磁屏蔽性能的柔性轻质石墨烯/PDMS 复合材料。该复合材料在 $0.03\sim1.5\ GHz$ 内有 30 dB 的电磁屏蔽效果，在 $8\sim12\ GHz$ 内的电磁屏蔽效果为 20 dB，经过10000 次弯折后的电磁屏蔽效果没有发生明显的变化。应用高速分散机将石墨、炭黑和超高分子量聚乙烯（UHMWPE）共混后热压，能够得到具有电磁屏蔽性能的复合材料，当填料比例为 7.7%（质量分数）时，复合材料内部呈现明显的交联结构，对应的电磁屏蔽效果为 40.2 dB。将少层石墨烯粉体和环氧树脂通过高速搅拌混合后固化，能够得到具有电磁屏蔽效果的石墨烯/环氧树脂复合材料，在重要的 X 波段（$8.2\sim12.4\ GHz$），其总电磁屏蔽效果约为 45 dB。相比于环氧树脂基体，复合材料的热导率也有所提高[石墨烯的添加量为 50%（质量分数）时的热导率约为 8 W/(m·K)]。复合材料的电磁屏蔽效果取决于石墨烯填料的厚度、横向尺寸、长径比和添加量，在低于电流渗透阈值的范围内可以对电磁信号进行阻挡。在石墨烯的添加量增加至超过电和热的渗透阈值后，其电磁屏蔽效果和导热能力随之增强。在复合材料中添加多重电磁屏蔽组分，可以发挥协同作用，从而取得更好的电磁屏蔽效果。如图 11-14 所示，在乳液中通过自组装方法制备了柔性天然橡胶/磁性氧化铁@还原氧化石墨烯复合材料，复合材料内部形成了分离结构。相比于纯天然橡胶/还原氧化石墨烯材料，其在 $8.2\sim12.4\ GHz$ 内的电磁屏蔽效果提高了约 40%。相比于其他类型的聚合物/磁性氧化铁@还原石墨烯复合材料，该复

图 11-14 柔性天然橡胶/磁性氧化铁@还原氧化石墨烯复合材料制备示意图

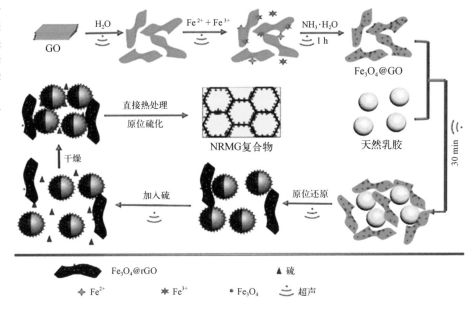

合材料的特异性电磁干扰能力达到了 26.4 dB/mm,高于文献报道值。在 2000 次弯曲释放周期后,该复合材料的特异性电磁干扰能力仅下降了 3.5%,显示了良好的耐久性,有望应用于柔性屏蔽材料中。

11.4.2　石墨烯/高分子复合材料在可穿戴设备中的应用

近年来,可穿戴设备在医疗保健、机器人系统、假肢、视觉现实、专业体育、娱乐等领域的应用逐渐扩大,这些应用涉及可伸缩、灵敏、可穿戴的应变传感器。理想的应变传感器应具有高度的延展性和灵敏度以及足够的耐用性,以便长期使用而不降低性能。传统半导体(包括硅和金属氧化物薄膜)所固有的脆性和刚性限制了它们在曲线表面和大变形可穿戴设备中的应用。基于石墨烯/高分子复合材料的应变传感器为上述难题提供了解决方案,石墨烯组分作为传感元件提供导电网络和信号,高分子基体提供器件的弹性外壳和稳定的器件工作环境。对于应变传感器的需求不同(如体内或体外、运动、稳定等多种条件),均有多种方案可进行选择。

Yan 等采用碳/石墨烯复合纳米纤维纱线和热塑性聚氨酯,通过电纺丝法制备了柔性应变传感器。他们发现,该传感器的性能取决于其结构参数,如纱线的数量和基底的厚度。通过调整热塑性聚氨酯的厚度与传感器的灵敏度和稳定性之间的平衡,最佳的纱线支数和基底厚度分别为 4 和 129 μm,该条件下制备的传感器在 2%的平均应变下表现为灵敏度高于 1700。

Chun 等制备了基于可伸缩 PDMS 基底的石墨烯(单层石墨烯和石墨烯薄片)应变传感器,该传感器可以检测非常低的应变(约 0.1%)且电阻变化很小。应用该传感器成功地监测了人体的拉伸、弯曲、扭转等各种运动,所研制的螺旋形单层石墨烯应变传感器具有高达 20%的拉伸性能,灵敏度为 42.2,且具有双向传感能力。为了进一步提高灵敏度,Lee 等在可拉伸 PDMS 基底上通过逐层溶液浸渍组装了石墨烯基网格图案应变传感器。层层自组装方法允许在分子水平上精确控制薄膜的厚度,从而调整传感器的电导率和灵敏度。该传感器的机械公差随石墨烯薄膜厚度的增加而增加,7 层自组装涂层的传感器在 45%的应变下出现电气故障、灵敏度降低,这表明其灵敏度是石墨烯薄膜厚度的函数。Ma 等将聚氨酯泡沫反复浸没于带正电的碳纳米管分散液和带负电的氧化石墨烯分散液中,碳纳米管和氧化石墨烯依靠静电作用层层自组装于聚氨酯泡沫上,形成了轻质可压缩的导电聚氨酯复合材料。相比于单一涂层制备的导电聚氨酯泡沫,该复合材料具有较大的电阻率变化值、较宽的应变范围(0~75%),在外加压力 0~5.6 kPa 内具有优良的传感能力。为了研究人体细微和较大的运动,需要拓宽应变范围、提高应变传感器的灵敏度极限。Tao 等采用一步直接激光制模方法在宽应变范围内制备了基于石墨烯/Ecoflex 的高灵敏度传感器。他们发现,该传感器在 35%的应变下的灵敏度为 457,在 100%的应变下的灵敏度为 268,具有极好的重复性。

纳米线也可以作为应变传感器的导电材料之一,与石墨烯共同制备传感器有利于保持器件的高电导率和灵敏度。Wei 等报道了基于可生物降解棉纤维、银纳米线和还原氧化石墨烯的压阻式混合传感器。棉纤维固有的粗糙表面起到骨架和柔性基体的作用,而植入的银纳米线在拉伸载荷作用下对受损的还原氧化石墨烯结构起到导电桥梁的作用。由于银纳米线的动态桥接特性,所制备的传感器检测限极低(0.125 Pa)、稳定性高(>10000 疲劳循环)。另外,石墨烯制备的导电纤维能够作为能量传输部件和储存部件。Kim 等通过湿法纺丝工艺制备了聚氨酯-纳米银/石墨烯复合纤维,当石墨烯的添加量为 2.5%(体积分数)时,其电导率高达82874 S/m,且电阻率在 30%的应变条件下保持稳定,在 100%的拉伸情况下能够保持电路闭合。Kou 等使用共轴纺丝方法制备了具有芯鞘结构的复合纤维,导电的石墨烯作为内层电极材料构成了织物电容器,其在液体电解质

　　　　　　　　　　　石墨烯粉体材料:从基础研究到工业应用

中的电容量和能量密度分别为 269 mF/cm² 和 5.91 μW·h/cm²,在固体电解质中的电容量和能量密度分别为 177 mF/cm² 和 3.84 μW·h/cm²。Huang 等在不锈钢纤维表面构筑还原氧化石墨烯层,并覆盖纳米二氧化锰薄层和聚吡咯外膜,制备了可编可织耐磨的纱线超级电容器。该纱线超级电容器在水溶液电解质(三电极池)中的单位比容可达 36.6 mF/cm 和 486 mF/cm²,在全固态双电极电池中的单位比容可达 31 mF/cm 和 411 mF/cm²。对称固态超级电容器的能量密度为 0.0092 mW·h/cm² 和 1.1 mW·h/cm³,能量密度高,循环寿命长,且能够通过商用织布机制备织物并在羊毛腕带上编织成图案,因此兼具储能和耐磨的双重功能。

11.4.3　石墨烯/高分子复合材料在功能材料中的应用

通过对氧化石墨烯纳米带进行硅烷修饰,得到了多种端基的功能化还原氧化石墨烯纳米带,并通过浸涂法将其附着于聚氨酯泡沫表层,制备了超疏水、可导电、可弯曲的氧化石墨烯/聚氨酯复合材料。该复合材料具有良好的机械弹性和耐久性,通过改变修饰硅烷的种类,可以调控复合材料表面疏水和亲油/疏油性能。相比于纯氧化石墨烯/聚氨酯泡沫,这种多孔的硅烷修饰的氧化石墨烯/聚氨酯泡沫在动态和静态下都表现出良好的溶剂选择吸附能力,且重复使用性良好(10 次循环后保留 97% 的吸附量),可以用于油水分离领域。

三维石墨烯框架结构具有良好的导热能力和导电能力,可用于结构材料的散热。Bustillos 等通过在石墨烯泡沫表面浸涂聚二甲基硅烷(PDMS)制备了可用于电热除冰的高导热导电复合材料,石墨烯结构在内部充当导热框架和导电网络。当石墨烯的添加量为 0.1%(体积分数)时,该复合材料的电导率为 400 S/m,且拉伸强度和弹性模量相较于纯 PDMS 分别提高了 18% 和 23%。该复合材料能在较低的能量密度(0.2 W/cm²)条件下进行材料表面的除冰,有望替代现有的高能耗除冰系统。

11.4.4　石墨烯/高分子复合材料在膜材料中的应用

在高分子材料的应用形式中,膜以其独特的形态和选择性在各种应用领域中占有特殊的地位。常用的膜合成高分子材料包括聚砜、聚醚砜、聚苯乙烯、聚氨酯、乙烯基聚合物、聚酰胺、聚酰亚胺、聚碳酸酯、聚醚酮、聚对苯二甲酸乙二醇酯、聚苯醚、纤维素、硝基纤维素等。溶液法、溶剂/非溶剂混凝法、原位聚合法、熔体法、逐层法、自旋涂膜法等是制备膜的常用方法。

　　聚合物电解质膜燃料电池具有较高的功率密度和较小的温室气体排放量,被认为是一种很有前途的能量转换器件。在多种燃料电池中,低温质子交换膜燃料电池以其高效、快速启动等特点受到了广泛关注。首先,Nafion膜由于其具有良好的导电性和耐化学性而被用作主导材料。然而,由于制备聚全氟磺酸和酸掺杂质子交换膜的成本较高,质子交换膜燃料电池的使用一直处于停滞状态。最近的研究重点是设计具有高电导率和低成本的新型膜。石墨烯及其衍生物在质子交换膜燃料电池中的应用尤其引人关注。纯氧化石墨烯是一种电子绝缘体,当偏压为10 V时,其电导率变化值在 $1 \sim 5 \times 10^{-3}$ S/cm之间。迄今为止,关于石墨烯/聚合物基质子交换膜燃料电池的报道很少。Cao等研制了用于低温燃料电池膜的氧化石墨烯/聚环氧乙烷复合材料,当氧化石墨烯的添加量为0.5%(质量分数)时,厚度为80 μm的膜具有高抗拉强度、灵活性和离子传输行为。低温燃料电池的功率密度从21 mW/cm² 增加到53 mW/cm²,工作温度从30 ℃增加到60 ℃,相对湿度为100%,极限电流也从90 mA增加到180 mA。在60 ℃下,其开路电压为760 mV。膜的离子电导率从0.086 S/cm提高到0.134 S/cm,操作温度从25 ℃提高到60 ℃,相对湿度为100%。拉伸研究表明,其拉伸强度为52.22 MPa,杨氏模量为3.21 GPa。

　　石墨烯材料提高了光电器件的机械强度、稳定性、耐久性和惰性,被广泛应用于太阳能电池、发光二极管、光敏器件等光电器件中。在光伏器件中,石墨烯材料已被用作本体异质结有机光伏电池的供体/供体-受体,这些材料也被用作透明导电电极和有机光伏电池的分离层。Liu等将石墨烯受体材料应用于有机光伏电池中。首先,将石墨烯经苯异氰酸酯功能化处理,并溶于1,2-二氯苯(DCB)中。然后,将功能化石墨烯/聚(3-已基噻吩-2,5-二取代)(P3HT)溶液自旋涂覆在ITO基板上。当石墨烯的添加量达到10%(质量分数)时,短路电流密度为3.72 mA/cm²,开路电压可达0.77 V。Wang等研究了石墨烯有机杂化物的光伏特性,利用氧化石墨烯和 N,N'-二辛基-3,4,9,10-苝二酰亚胺(PDI)的水热处理制备了石墨烯杂化物。形成本体异质结有机光伏电池的常见方法是将两种材料即供体(donor,D)和受体(acceptor,A)混合,通常为双分子层设备[图11-15(a)]。供体和受体混合可能会增加两个组件之间的界面面积,因而在供体表面沉积供体-受体的化合物能够提高设备效率[图 11-15(b)]。理想的本体异质结[图 11-15(c)]能够获得高功率转换效率。新型石墨烯/高分子复合材料的引入为开辟新的本体异质结有机光伏电池研究领域奠定了基础。

图 11-15 有机光伏电池的 D - A 形态

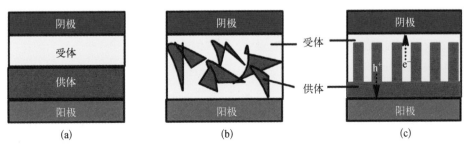

（a）双分子层;（b）供体和受体混合;（c）理想的本体异质结

锂离子电池是目前便携式电子产品不可或缺的电源。正极和负极材料的性质影响着锂离子电池的能量密度和锂存储能力。为了获得可逆的锂存储能力,人们一直致力于开发新的阳极材料,目前已成功制备出高电导率的石墨烯/高分子复合材料。Wang 等利用石墨烯纳米片来增强锂离子电池阳极的锂存储能力,该阳极材料还表现出良好的循环性能。石墨烯/高分子复合材料也被用作锂离子电池的电极分离膜。Liao 等利用超支化聚合物和改性石墨烯开发了电池用隔板,这种隔板对高安全性锂离子电池具有高耐热性。Yu 等在聚[2,2′-(m-亚苯基)-5,5′-二苯并咪唑](PBI)和改性石墨烯上制备了固体电解质,直接用于甲醇碱性燃料电池。在 60 ℃下,复合膜的渗透率为 5.1×10^{-7} cm^2/s,而原始 PBI 膜的渗透率为 6.21×10^{-7} cm^2/s。PBI 基体中 2% 的石墨烯降低了 18% 的甲醇输运量。在该燃料电池中,复合膜在 60 ℃下的高压和电流密度分别为 0.62 V 和 20 mW/cm^2,进一步升温至 80 ℃,燃料电池性能得到改善,电流密度达到 40 mW/cm^2。因此,石墨烯/高分子复合材料作为分离器具有良好的成膜能力,与锂离子电池中的液体电解质具有良好的亲合力。综上,石墨烯/高分子复合材料作为电极材料和电极分离膜在大功率锂离子电池中具有广阔的应用前景。

最近,人们致力于利用石墨烯纳米薄片、碳纳米管和其他类型的纳米材料来获得超级电容器和电池的柔性电极。在传统的储能装置中,这些材料被用作夹在两个电极之间的分离器。使用碳基材料,特别是具有伪电容的导电聚合物复合材料,是获得高性能器件的一种有效的方法。碳纳米管/聚苯胺复合材料已被用作超级电容器的柔性电极，该材料具有增强电化学性能等显著特性。Meng 等用两个分离的聚苯胺电极制备了超薄固态超级电容器，其电极在硫酸-聚乙烯醇凝胶电解质中固化。该柔性集成器件采用石墨烯/聚苯胺复合电极材料，比电容高达 350 F/g。这种材料在 1000 次循环内具有良好的稳定性，泄漏电流为 17.2 μA。与商用超级电容器相比，该超级电容器的性能提高了 6 倍以上。采用简单的工艺和可行的纳米复合方法实现的全固态超级电容器，为石墨烯/高分子复合材料在该领域的特殊应用指明了方向。基于石墨烯/高分子复合材料的柔性孔状超级电容器有望为未来可穿戴电子产品领域的储能器件配置带来崭新的设计前景。

石墨烯及其衍生物作为气体分离膜材料具有优异的性能。多孔石墨烯、多层石墨烯和氧化石墨烯增强高分子复合膜被用作不透气性材料，不仅具有良好的气体阻隔性能，而且显示出增强的机械性能、热学性能和电学性能。此外，复合材料的气体输运性能还受到石墨烯材料与高分子基体之间化学或物理相互作用的影响。由于石墨烯材料提供了更曲折、更长的扩散路径，复合膜的透气性低于基体。Jiang 等研究了石墨烯基膜的渗透性和选择性。对氢气/甲烷的选择性为 108，且氮化孔的氢渗透性较高。Du 等设计了用于氢气/氮气的多孔石墨烯分离膜，通过在膜中钻取不同形状和尺寸的纳米孔来控制膜的选择性和渗透性。随着孔隙尺寸的增大，氢气分子的流量增大并与孔隙面积呈线性关系。Kim 等开发了用于燃烧后二氧化碳捕获过程的高二氧化碳/氮气选择性氧化石墨烯膜，该膜具有较高的相对湿度和机械强度，以及较好的柔韧性和化学稳定性。气体输运行为的可调性取决于氧化石墨烯与高分子基体的交联程度。Roilo 等开发了少层石墨烯纳米片分散于胺修饰环氧树脂膜，并采用氢气、氮气和二氧化碳气相渗透分析方法研究了复合膜的透气性。随着填料添加量的增加，复合膜的透气性降低。Yoo 等重点研究了自上而下法在多孔载体上制备多孔石墨烯膜，观察到这些膜中的气体通过二维纳米通道分离。与传统的高分子复合膜相比，石墨烯/高分子复合膜在气体分子通过材料的传输过程中具有较低的溶解性和较小的扩散速率。

腐蚀防护在当前的金属构件行业中占有重要的地位。高分子涂层已成功应用于金属的防腐蚀，电活性聚苯胺（PANI）和功能化 PANI 防腐蚀涂料已取得成功。导电的石墨烯同样具有良好的抗腐蚀性能，因此通过使用石墨烯/高分子复合材料可以制备得到具有良好的阻隔性、流变性和力学性能的防腐蚀涂层。如将氧化石墨烯分散液加入苯胺的盐酸溶液中进行原位聚合,能够制备氧化石墨烯/PANI复合材料,并可与富锌环氧树脂混合用于耐腐蚀测试。经原位聚合的氧化石墨烯/PANI复合材料比简单共混的复合材料能够更好地保持富锌环氧树脂的机械强度和黏附效果,同时增强了阻隔性能,并有一定的阴极保护效果。又如在聚2-丁基苯胺(P2BA)的四氢呋喃溶液中加入石墨烯后超声混合3 h,由于两种材料之间存在较强的π-π相互作用,可得到非共价键修饰的石墨烯/P2BA复合材料。将该复合材料加入环氧树脂中,当添加量为1%(质量分数)时,能明显提升环氧树脂的抗腐蚀性能,同时增强环氧树脂的耐候性和耐摩性。如图11-16所示,首先利用4-氨基苯甲酸(ABA)在聚磷酸(PPA)/五氧化二磷(P₂O₅)中的弗里德-克拉夫茨反应将石墨烯片与4-氨基苯甲酸接枝,然后化学氧化苯胺单体(在1 mol/L的盐酸中由过硫酸铵引发),并与功能化石墨烯片进行聚合得到石墨烯/聚苯胺复合材料。与纯聚苯胺和黏土/聚苯胺复合材料相比,石墨烯/聚苯胺复合材料对氧气和水具有良好的阻隔性能。这是因为4-氨基苯甲酰基功能化石墨烯片的长径比大于亲有机黏土填料。当功能化石墨烯片的添加量为0.1%(质量分数)时,相比于纯聚苯胺,石墨烯/聚苯胺复合材料对氧气和水的渗透性分别降低了60%和55%。随着功能化石墨烯片载荷的进一步增加,其势垒性能得到了改善。此外,与黏土/聚苯胺复合材料相比,石墨烯/聚苯胺复合材料具有更好的气阻性能(图11-17),其对氧气和水的渗透性分别降低了66%和68%。结果表明,石墨烯/高分子复合材料

图11-16 石墨烯/聚苯胺复合材料制备示意图

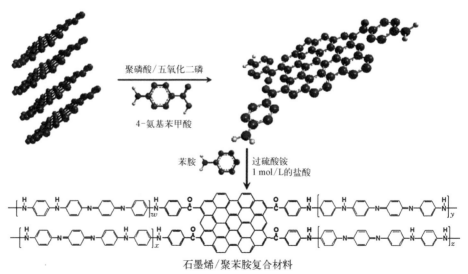

聚磷酸/五氧化二磷

4-氨基苯甲酸

苯胺

过硫酸铵
1 mol/L的盐酸

石墨烯/聚苯胺复合材料

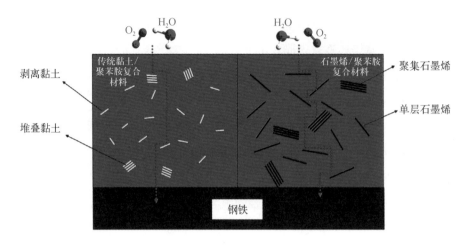

图 11-17 传统黏土/聚苯胺复合材料和石墨烯/聚苯胺复合材料的抗腐蚀原理对比图

比传统黏土/高分子复合材料具有更好的抗腐蚀性能。这是因为在石墨烯/高分子复合材料中,扩散气体分子的穿越过程更加曲折。

石墨烯/高分子复合膜由于具有排列整齐的纳米膜结构,以及孔隙度、离子电导率、选择性、热稳定性和机械性(耐用性),在未来的研究领域有广阔的前景。

11.4.5 石墨烯/高分子复合材料在弹性体中的应用

弹性体是一类在受到外界应力后能够产生形变,且在外界应力消失后能够恢复外形的材料。弹性体的外形变化源于内部大量分子链的变形、错移和滑动,是外界应力的机械能转换为材料内部弹性势能的过程;在移除外界应力作用后,材料通过释放弹性势能以恢复外形。长分子链能够存在更多的构象,从而储存更多的能量,因此常见的弹性体都具有相当高的分子量(一般大于几十万)。弹性体通常分为热固性和热塑性两大类:热固性弹性体即为通常意义上的橡胶(天然橡胶及人工合成橡胶),初次热加工成型后外形基本保持固定;热塑性弹性体在常温下具有类似橡胶的弹性,加热后可以像一般热塑性材料一样进行流动,常见的有 ABS 树脂、SBS 树脂、热塑性弹性聚氨酯(TPU)等。

石墨烯材料独特的两亲性(或两不亲性)并不适用于直接加入弹性体材料中进行加工。在弹性体的塑炼和混炼过程中,由于范德瓦耳斯力作用,未经修饰的石墨烯材料极易团聚,导致最终制品存在相分离结构,从而影响产品性能。因此对于选定的弹性体材料,在使用石墨烯材料对其进行性能增强之前,需要选用适宜的方法对石墨烯材料片层进行修饰,以增强其与弹性体基体的相互作用。

为了获得更好的分散效果,通常使用较易加工的弹性体材料中间体(如乳液、溶液等)与石墨烯材料进行共混加工。天然橡胶在多种有机溶剂中会发生溶胀现象,继续使用石墨烯分散液进行溶剂交换,使石墨烯渗入橡胶内部,得到了石墨烯/天然橡胶复合材料。石墨烯的加入使复合材料的电导率提高至 0.1 S/m、电阻小于100 kΩ。该复合材料用作应变传感器时的灵敏度系数为 35,并且拥有良好的动态力学性能。在丁腈橡胶的二甲苯溶液中加入适量的还原氧化石墨烯,均匀分散后蒸干溶剂,得到了具有微波吸收性能的复合材料。当还原氧化石墨烯的添加量为10%(质量分数)时,该复合材料在 7~12 GHz 的宽频谱范围内表现出较大的反射损失(>10 dB),测试厚度为 3 mm 时的反射损耗峰(56 dB)出现在 9.6 GHz。使用多重工艺制备的、具有特殊结构或形貌的复合材料通常较简单共混的复合材料有更优异的性能表现。如先使用天然橡胶乳液与石墨烯分散液进行混合,再迅速使用 10%(体积分数)的甲酸进行共凝,过滤干燥后得到了复合材料,用溶液法和辊压法处理得到的最终样品在形貌和性能上均存在差异。

将天然橡胶乳液、氧化石墨烯分散液及其他助剂充分混合后在 -80 ℃ 的条件下冰冻,真空干燥后得到了氧化石墨烯/天然橡胶气凝胶,该气凝胶经化学还原并使用同种天然橡胶填充空隙,所得产品经干燥后于 143 ℃、10 MPa 下模压,最终得到了导电性良好的石墨烯/天然橡胶复合材料。经过连续架构气凝胶填充的复合材料较简单共混的复合材料在电导率和电流渗透阈值方面有明显的性能提升,同时拉伸测试表明该复合材料能够用作耐用的高灵敏度应变传感器。

若在氧化石墨烯的水分散液中加入铁离子并使用氨水固定,可以得到 Fe_3O_4 修饰的氧化石墨烯片层(Fe_3O_4@GO),将该片层与天然橡胶乳液进行共混硫化热压处理,即可得到具有电磁屏蔽性能的复合材料(NRMG)。该复合材料继承了天然橡胶基体的柔性,同时石墨烯材料的引入增强了材料的导电性,Fe_3O_4@GO 的加入显著提高了材料的电磁屏蔽效果。当氧化石墨烯的添加量为 10%(质量分数)时,该复合材料在 8~12 GHz 内的电磁屏蔽效果能够达到 40 dB,且电磁屏蔽效果与复合材料的厚度呈正相关。

将氧化石墨烯分散液与热塑性聚氨酯混合后经沉淀洗涤热压,能够得到在较低的氧化石墨烯添加量(质量分数为 0.2%~0.6%)下具有宽灵敏度范围(0.78~17.7)的石墨烯/聚氨酯复合材料,该复合材料同时还具有良好的恢复能力。

聚氨酯(PU)泡沫作为一种简单易得的弹性体材料得到了广泛的应用。通过对比多壁碳纳米管(MWCNT)和还原氧化石墨烯(rGO)对聚氨酯泡沫导电性能的增强效果,发现MWCNT经过处理后表面带有正电荷,氧化石墨烯片层由于羧基的存在在水溶液中呈电负性,因此通过将聚氨酯在两种溶液中反复浸没干燥,即可制得具有多层结构的MWCNT/GO/PU复合材料,还原处理后可得到电导率更高的MWCNT/rGO/PU复合材料。多层MWCNT/rGO/PU复合材料较单独改性的对照组显著提高了电导率,同时氧化石墨烯片层的引入减少了材料的微观裂隙,并赋予了材料更高的强度和更好的回弹性,用作应变传感器时在多次测试后仍具有较高的灵敏度。

石墨烯/高分子复合材料的其他产业应用如下:① 复合橡胶材料,主要应用于制备抗摩擦、散热轮胎;② 油罐、塑料容器、密封圈等,主要用于增强、防气体泄漏;③ 飞机和汽车部件、风力发电机叶片,主要用于增强和减重;④ 高尔夫球杆、网球/羽毛球拍、滑板、肩垫、护膝等体育器材,主要用于提高尺寸稳定性、韧性、耐热性和力学性能。所有这些应用中,石墨烯作为高分子复合材料的添加剂,主要为提供质量轻、低成本、高性能的复合材料制备开辟了一个新的领域。

11.5 小结

目前,石墨烯/高分子复合材料的产业应用仍然处在探索阶段,但二维石墨烯材料带来的物理和化学性质赋予其在增强高分子复合材料的力学、电学和热学等性能方面具有极大的应用前景,从而赋予高分子基体材料新的性能与应用,这些已引起广大专家和学者的极大兴趣。近年来,石墨烯的修饰方法、石墨烯/高分子复合材料的复合工艺、复合材料的应用开发都取得了长足进展,各种功能化石墨烯/高分子复合材料层出不穷,直接或间接推动了许多行业的前进。未来,随着石墨烯/高分子复合材料领域研究的不断深入,石墨烯/高分子复合材料的应用范围将进一步拓展。

参考文献

[1] Qi G Q, Cao J, Bao R Y, et al. Tuning the structure of graphene oxide and the

properties of poly(vinyl alcohol)/graphene oxide nanocomposites by ultrasonication [J]. Journal of Materials Chemistry A, 2013, 1(9): 3163-3170.

[2] Wu H, Zhao W F, Hu H W, et al. One-step *in situ* ball milling synthesis of polymer-functionalized graphene nanocomposites[J]. Journal of Materials Chemistry, 2011, 21 (24): 8626-8632.

[3] Cai W, Feng X M, Hu W Z, et al. Functionalized graphene from electrochemical exfoliation for thermoplastic polyurethane: Thermal stability, mechanical properties, and flame retardancy[J]. Industrial & Engineering Chemistry Research, 2016, 55 (40): 10681-10689.

[4] Seyed Shahabadi S I, Kong J H, Lu X H. Aqueous-only, green route to self-healable, UV-resistant, and electrically conductive polyurethane/graphene/lignin nanocomposite coatings[J]. ACS Sustainable Chemistry & Engineering, 2017, 5(4): 3148-3157.

[5] Hsiao S T, Ma C C M, Tien H W, et al. Preparation and characterization of silver nanoparticle-reduced graphene oxide decorated electrospun polyurethane fiber composites with an improved electrical property [J]. Composites Science and Technology, 2015, 118: 171-177.

[6] Lian M, Fan J C, Shi Z X, et al. Kevlar®-functionalized graphene nanoribbon for polymer reinforcement[J]. Polymer, 2014, 55(10): 2578-2587.

[7] Peng Q Y, Qin Y Y, Zhao X, et al. Superlight, mechanically flexible, thermally superinsulating, and antifrosting anisotropic nanocomposite foam based on hierarchical graphene oxide assembly[J]. ACS Applied Materials & Interfaces, 2017, 9 (50): 44010-44017.

[8] Xu P P, Zhang S M, Huang H D, et al. Highly efficient three-dimensional gas barrier network for biodegradable nanocomposite films at extremely low loading levels of graphene oxide nanosheets[J]. Industrial & Engineering Chemistry Research, 2020, 59 (13): 5818-5827.

[9] Guan Y D, Meyers K P, Mendon S K, et al. Ecofriendly fabrication of modified graphene oxide latex nanocomposites with high oxygen barrier performance[J]. ACS Applied Materials & Interfaces, 2016, 8(48): 33210-33220.

[10] Kaur G, Adhikari R, Cass P, et al. Graphene/polyurethane composites: Fabrication and evaluation of electrical conductivity, mechanical properties and cell viability[J]. RSC Advances, 2015, 5(120): 98762-98772.

[11] Kumar R, Ansari M O, Parveen N, et al. Simple route for the generation of differently functionalized PVC@graphene-polyaniline fiber bundles for the removal of Congo red from wastewater[J]. RSC Advances, 2015, 5(76): 61486-61494.

[12] Chen C, Qiu S H, Cui M J, et al. Achieving high performance corrosion and wear resistant epoxy coatings via incorporation of noncovalent functionalized graphene[J]. Carbon, 2017, 114: 356-366.

[13] Chen Q Y, Mangadlao J D, Wallat J, et al. 3D printing biocompatible polyurethane/

poly(lactic acid)/graphene oxide nanocomposites: Anisotropic properties[J]. ACS Applied Materials & Interfaces, 2017, 9(4): 4015 – 4023.

[14] Vadukumpully S, Paul J, Mahanta N, et al. Flexible conductive graphene/poly(vinyl chloride) composite thin films with high mechanical strength and thermal stability[J]. Carbon, 2011, 49(1): 198 – 205.

[15] Tang L C, Wang X, Gong L X, et al. Creep and recovery of polystyrene composites filled with graphene additives[J]. Composites Science and Technology, 2014, 91: 63 – 70.

[16] Chen Z X, Lu H B. Constructing sacrificial bonds and hidden lengths for ductile graphene/polyurethane elastomers with improved strength and toughness[J]. Journal of Materials Chemistry, 2012, 22(25): 12479 – 12490.

[17] Shang J W, Zhang Y H, Yu L, et al. Fabrication and enhanced dielectric properties of graphene-polyvinylidene fluoride functional hybrid films with a polyaniline interlayer[J]. Journal of Materials Chemistry A, 2013, 1(3): 884 – 890.

[18] Singh V K, Shukla A, Patra M K, et al. Microwave absorbing properties of a thermally reduced graphene oxide/nitrile butadiene rubber composite[J]. Carbon, 2012, 50(6): 2202 – 2208.

[19] Yun Y S, Bae Y H, Kim D H, et al. Reinforcing effects of adding alkylated graphene oxide to polypropylene[J]. Carbon, 2011, 49(11): 3553 – 3559.

[20] Messina E, Leone N, Foti A, et al. Double-wall nanotubes and graphene nanoplatelets for hybrid conductive adhesives with enhanced thermal and electrical conductivity[J]. ACS Applied Materials & Interfaces, 2016, 8(35): 23244 – 23259.

[21] Tang L C, Wan Y J, Yan D, et al. The effect of graphene dispersion on the mechanical properties of graphene/epoxy composites[J]. Carbon, 2013, 60: 16 – 27.

[22] Teng C C, Ma C C M, Lu C H, et al. Thermal conductivity and structure of non-covalent functionalized graphene/epoxy composites[J]. Carbon, 2011, 49(15): 5107 – 5116.

[23] Chatterjee S, Nüesch F A, Chu B T. Comparing carbon nanotubes and graphene nanoplatelets as reinforcements in polyamide 12 composites[J]. Nanotechnology, 2011, 22(27): 275714.

[24] Kalaitzidou K, Fukushima H, Drzal L T. Multifunctional polypropylene composites produced by incorporation of exfoliated graphite nanoplatelets[J]. Carbon, 2007, 45(7): 1446 – 1452.

[25] Steurer P, Wissert R, Thomann R, et al. Functionalized graphenes and thermoplastic nanocomposites based upon expanded graphite oxide [J]. Macromolecular Rapid Communications, 2009, 30(4/5): 316 – 327.

[26] Vallés C, Kinloch I A, Young R J, et al. Graphene oxide and base-washed graphene oxide as reinforcements in PMMA nanocomposites [J]. Composites Science and Technology, 2013, 88: 158 – 164.

[27] Zhao X, Zhang Q H, Chen D J, et al. Enhanced mechanical properties of graphene-

石墨烯粉体材料：从基础研究到工业应用

based poly(vinyl alcohol) composites[J]. Macromolecules, 2011, 44(7): 2392.

[28] Kim H, Miura Y, Macosko C W. Graphene/polyurethane nanocomposites for improved gas barrier and electrical conductivity[J]. Chemistry of Materials, 2010, 22 (11): 3441 – 3450.

[29] Zhang H B, Zheng W G, Yan Q, et al. Electrically conductive polyethylene terephthalate/graphene nanocomposites prepared by melt compounding[J]. Polymer, 2010, 51(5): 1191 – 1196.

[30] Shen B, Zhai W T, Tao M M, et al. Enhanced interfacial interaction between polycarbonate and thermally reduced graphene induced by melt blending [J]. Composites Science and Technology, 2013, 86: 109 – 116.

[31] Hsiao M C, Liao S H, Lin Y F, et al. Preparation and characterization of polypropylene-graft-thermally reduced graphite oxide with an improved compatibility with polypropylene-based nanocomposite[J]. Nanoscale, 2011, 3(4): 1516 – 1522.

[32] Yan D, Zhang H B, Jia Y, et al. Improved electrical conductivity of polyamide 12/graphene nanocomposites with maleated polyethylene-octene rubber prepared by melt compounding[J]. ACS Applied Materials & Interfaces, 2012, 4(9): 4740 – 4745.

[33] Yuan D, Wang B B, Wang L Y, et al. Unusual toughening effect of graphene oxide on the graphene oxide/nylon 11 composites prepared by *in situ* melt polycondensation [J]. Composites Part B: Engineering, 2013, 55: 215 – 220.

[34] Zhang Y, Mark J E, Zhu Y W, et al. Mechanical properties of polybutadiene reinforced with octadecylamine modified graphene oxide[J]. Polymer, 2014, 55(21): 5389 – 5395.

[35] Zhao H Y, Wu L G, Zhou Z J, et al. Improving the antifouling property of polysulfone ultrafiltration membrane by incorporation of isocyanate-treated graphene oxide[J]. Physical Chemistry Chemical Physics, 2013, 15(23): 9084 – 9092.

[36] Liu Z, Robinson J T, Sun X M, et al. PEGylated nanographene oxide for delivery of water-insoluble cancer drugs[J]. Journal of the American Chemical Society, 2008, 130 (33): 10876 – 10877.

[37] Roy S, Tang X Z, Das T, et al. Enhanced molecular level dispersion and interface bonding at low loading of modified graphene oxide to fabricate super nylon 12 composites[J]. ACS Applied Materials & Interfaces, 2015, 7(5): 3142 – 3151.

[38] Cheng H K F, Sahoo N G, Tan Y P, et al. Poly(vinyl alcohol) nanocomposites filled with poly (vinyl alcohol)-grafted graphene oxide [J]. ACS Applied Materials & Interfaces, 2012, 4(5): 2387 – 2394.

[39] Feng M N, Huang Y M, Cheng Y, et al. Rational design of sulfonated poly(ether ether ketone) grafted graphene oxide-based composites for proton exchange membranes with enhanced performance[J]. Polymer, 2018, 144: 7 – 17.

[40] Wu D, Samanta A, Srivastava R K, et al. Starch-derived nanographene oxide paves the way for electrospinnable and bioactive starch scaffolds for bone tissue engineering [J]. Biomacromolecules, 2017, 18(5): 1582 – 1591.

[41] Li Y Q, Zhou M Y, Wang Y T, et al. Remarkably enhanced performances of novel polythiophene-grafting-graphene oxide composite via long alkoxy linkage for supercapacitor application[J]. Carbon, 2019, 147: 519 - 531.

[42] Ma L J, Yang X M, Gao L F, et al. Synthesis and characterization of polymer grafted graphene oxide sheets using a Ce(Ⅳ)/HNO$_3$ redox system in an aqueous solution[J]. Carbon, 2013, 53: 269 - 276.

[43] Deng Y, Li Y J, Dai J, et al. Functionalization of graphene oxide towards thermo-sensitive nanocomposites via moderate *in situ* SET-LRP[J]. Journal of Polymer Science Part A: Polymer Chemistry, 2011, 49(22): 4747 - 4755.

[44] Deng Y, Zhang J Z, Li Y J, et al. Thermoresponsive graphene oxide-PNIPAM nanocomposites with controllable grafting polymer chains via moderate *in situ* SET-LRP[J]. Journal of Polymer Science Part A: Polymer Chemistry, 2012, 50(21): 4451 -4458.

[45] Lee S H, Dreyer D R, An J, et al. Polymer brushes via controlled, surface-initiated atom transfer radical polymerization (ATRP) from graphene oxide [J]. Macromolecular Rapid Communications, 2010, 31(3): 281 - 288.

[46] Layek R K, Samanta S, Chatterjee D P, et al. Physical and mechanical properties of poly (methyl methacrylate)-functionalized graphene/poly (vinylidine fluoride) nanocomposites: Piezoelectric β polymorph formation[J]. Polymer, 2010, 51(24): 5846 - 5856.

[47] Chen T, Qiu J H, Zhu K J, et al. Poly(methyl methacrylate)-functionalized graphene/polyurethane dielectric elastomer composites with superior electric field induced strain [J]. Materials Letters, 2014, 128: 19 - 22.

[48] Kavitha T, Kang I K, Park S Y. Poly (*N*-vinyl caprolactam) grown on nanographene oxide as an effective nanocargo for drug delivery[J]. Colloids and Surfaces B: Biointerfaces, 2014, 115: 37 - 45.

[49] Yang Y F, Wang J, Zhang J, et al. Exfoliated graphite oxide decorated by PDMAEMA chains and polymer particles[J]. Langmuir, 2009, 25(19): 11808 -11814.

[50] Nikdel M, Salami-Kalajahi M, Hosseini M S. Synthesis of poly (2 - hydroxyethyl methacrylate-co-acrylic acid)-grafted graphene oxide nanosheets via reversible addition-fragmentation chain transfer polymerization[J]. RSC Advances, 2014, 4 (32): 16743 - 16750.

[51] Zhang B, Chen Y, Xu L Q, et al. Growing poly(*N*-vinylcarbazole) from the surface of graphene oxide via RAFT polymerization[J]. Journal of Polymer Science Part A: Polymer Chemistry, 2011, 49(9): 2043 - 2050.

[52] Ding P, Zhang J, Song N, et al. Growing polystyrene chains from the surface of graphene layers via RAFT polymerization and the influence on their thermal properties[J]. Composites Part A: Applied Science and Manufacturing, 2015, 69: 186 - 194.

[53] Park C H, Yang H, Lee J, et al. Multicolor emitting block copolymer-integrated

graphene quantum dots for colorimetric, simultaneous sensing of temperature, pH, and metal ions[J]. Chemistry of Materials, 2015, 27(15): 5288 - 5294.

[54] Su Y Z, Liu Y X, Liu P, et al. Compact coupled graphene and porous polyaryltriazine-derived frameworks as high performance cathodes for lithium-ion batteries[J]. Angewandte Chemie, 2015, 54(6): 1812 - 1816.

[55] Huang Y J, Qin Y W, Zhou Y, et al. Polypropylene/graphene oxide nanocomposites prepared by *in situ* Ziegler - Natta polymerization[J]. Chemistry of Materials, 2010, 22(13): 4096 - 4102.

[56] Hu Z, Liu C B. Polyethylene/graphite oxide nanocomposites obtained by *in situ* polymerization using modified graphite oxide-supported metallocene catalysts [J]. Journal of Polymer Research, 2012, 20(1): 1 - 8.

[57] Minitha C R, Lalitha M, Jeyachandran Y L, et al. Adsorption behaviour of reduced graphene oxide towards cationic and anionic dyes: Co-action of electrostatic and π - π interactions[J]. Materials Chemistry and Physics, 2017, 194: 243 - 252.

[58] Schlierf A, Yang H F, Gebremedhn E, et al. Nanoscale insight into the exfoliation mechanism of graphene with organic dyes: Effect of charge, dipole and molecular structure[J]. Nanoscale, 2013, 5(10): 4205 - 4216.

[59] Lee D W, Kim T, Lee M. An amphiphilic pyrene sheet for selective functionalization of graphene[J]. Chemical Communications, 2011, 47(29): 8259 - 8261.

[60] Song S H, Park K H, Kim B H, et al. Enhanced thermal conductivity of epoxy-graphene composites by using non-oxidized graphene flakes with non-covalent functionalization[J]. Advanced Materials, 2013, 25(5): 732 - 737.

[61] Su Q, Pang S P, Alijani V, et al. Composites of graphene with large aromatic molecules[J]. Advanced Materials, 2009, 21(31): 3191 - 3195.

[62] Zhang J Z, Xu Y H, Cui L, et al. Mechanical properties of graphene films enhanced by homo-telechelic functionalized polymer fillers via π - π stacking interactions[J]. Composites Part A: Applied Science and Manufacturing, 2015, 71: 1 - 8.

[63] Chia J S Y, Tan M T T, Khiew P S, et al. A bio-electrochemical sensing platform for glucose based on irreversible, non-covalent π - π functionalization of graphene produced via a novel, green synthesis method[J]. Sensors and Actuators B: Chemical, 2015, 210: 558 - 565.

[64] Qu S X, Li M H, Xie L X, et al. Noncovalent functionalization of graphene attaching [6, 6]-phenyl-C61 - butyric acid methyl ester (PCBM) and application as electron extraction layer of polymer solar cells[J]. ACS Nano, 2013, 7(5): 4070 - 4081.

[65] Yang X, Li J X, Wen T, et al. Adsorption of naphthalene and its derivatives on magnetic graphene composites and the mechanism investigation [J]. Colloids and Surfaces A: Physicochemical and Engineering Aspects, 2013, 422: 118 - 125.

[66] Zhao G X, Li J X, Wang X K. Kinetic and thermodynamic study of 1 - naphthol adsorption from aqueous solution to sulfonated graphene nanosheets[J]. Chemical Engineering Journal, 2011, 173(1): 185 - 190.

[67] Wang J, Chen B L. Adsorption and coadsorption of organic pollutants and a heavy metal by graphene oxide and reduced graphene materials[J]. Chemical Engineering Journal, 2015, 281: 379 – 388.

[68] Zhang X F, Shao X N. π – π binding ability of different carbon nano-materials with aromatic phthalocyanine molecules: Comparison between graphene, graphene oxide and carbon nanotubes[J]. Journal of Photochemistry and Photobiology A: Chemistry, 2014, 278: 69 – 74.

[69] Xu Y, Zhao L, Bai H, et al. Chemically converted graphene induced molecular flattening of 5, 10, 15, 20 – tetrakis(1 – methyl – 4 – pyridinio) porphyrin and its application for optical detection of cadmium(II) ions[J]. Journal of the American Chemical Society, 2009, 131(37): 13490 – 13497.

[70] Geng J X, Jung H T. Porphyrin functionalized graphene sheets in aqueous suspensions: From the preparation of graphene sheets to highly conductive graphene films[J]. The Journal of Physical Chemistry C, 2010, 114(18): 8227 – 8234.

[71] Bozkurt E, Acar M, Onganer Y, et al. Rhodamine 101 – graphene oxide composites in aqueous solution: The fluorescence quenching process of rhodamine 101[J]. Physical Chemistry Chemical Physics, 2014, 16(34): 18276 – 18281.

[72] Ma W S, Wu L, Yang F, et al. Non-covalently modified reduced graphene oxide / polyurethane nanocomposites with good mechanical and thermal properties[J]. Journal of Materials Science, 2014, 49(2): 562 – 571.

[73] Lonkar S P, Bobenrieth A, Winter J D, et al. A supramolecular approach toward organo-dispersible graphene and its straightforward polymer nanocomposites [J]. Journal of Materials Chemistry, 2012, 22(35): 18124 – 18126.

[74] Bari R, Tamas G, Irin F, et al. Direct exfoliation of graphene in ionic liquids with aromatic groups [J]. Colloids and Surfaces A: Physicochemical and Engineering Aspects, 2014, 463: 63 – 69.

[75] Li T F, Wang X Q, Jiao J, et al. Catalytic transesterification of *Pistacia chinensis* seed oil using HPW immobilized on magnetic composite graphene oxide/cellulose microspheres[J]. Renewable Energy, 2018, 127: 1017 –1025.

[76] Kundu A, Layek R K, Nandi A K. Enhanced fluorescent intensity of graphene oxide-methyl cellulose hybrid in acidic medium: Sensing of nitro-aromatics[J]. Journal of Materials Chemistry, 2012, 22(16): 8139 – 8144.

[77] Layek R K, Kundu A, Nandi A K. High-performance nanocomposites of sodium carboxymethylcellulose and graphene oxide [J]. Macromolecular Materials and Engineering, 2013, 298(11): 1166 – 1175.

[78] Wang X D, Liu X H, Yuan H Y, et al. Non-covalently functionalized graphene strengthened poly(vinyl alcohol)[J]. Materials & Design, 2018, 139: 372 – 379.

[79] Kundu A, Layek R K, Kuila A, et al. Highly fluorescent graphene oxide-poly (vinyl alcohol) hybrid: An effective material for specific Au^{3+} ion sensors[J]. ACS Applied Materials & Interfaces, 2012, 4(10): 5576 – 5582.

[80] Compton O C, Cranford S W, Putz K W, et al. Tuning the mechanical properties of graphene oxide paper and its associated polymer nanocomposites by controlling cooperative intersheet hydrogen bonding[J]. ACS Nano, 2012, 6(3): 2008 - 2019.

[81] Shin M K, Lee B, Kim S H, et al. Synergistic toughening of composite fibres by self-alignment of reduced graphene oxide and carbon nanotubes [J]. Nature Communications, 2012, 3: 650.

[82] Guo H Y, Jiao T F, Zhang Q R, et al. Preparation of graphene oxide-based hydrogels as efficient dye adsorbents for wastewater treatment[J]. Nanoscale Research Letters, 2015, 10: 272.

[83] Verdejo R, Bernal M M, Romasanta L J, et al. Graphene filled polymer nanocomposites[J]. Journal of Materials Chemistry, 2011, 21(10): 3301 - 3310.

[84] Guan L Z, Wan Y J, Gong L X, et al. Toward effective and tunable interphases in graphene oxide/epoxy composites by grafting different chain lengths of polyetheramine onto graphene oxide[J]. Journal of Materials Chemistry A, 2014, 2 (36): 15058 - 15069.

[85] Wan Y J, Gong L X, Tang L C, et al. Mechanical properties of epoxy composites filled with silane-functionalized graphene oxide [J]. Composites Part A: Applied Science and Manufacturing, 2014, 64: 79 - 89.

[86] Wan Y J, Tang L C, Gong L X, et al. Grafting of epoxy chains onto graphene oxide for epoxy composites with improved mechanical and thermal properties[J]. Carbon, 2014, 69: 467 - 480.

[87] Zhan Y H, Wang J, Zhang K Y, et al. Fabrication of a flexible electromagnetic interference shielding Fe_3O_4@ reduced graphene oxide/natural rubber composite with segregated network[J]. Chemical Engineering Journal, 2018, 344: 184 - 193.

[88] Ramezanzadeh B, Moghadam M H M, Shohani N, et al. Effects of highly crystalline and conductive polyaniline/graphene oxide composites on the corrosion protection performance of a zinc-rich epoxy coating[J]. Chemical Engineering Journal, 2017, 320(3): 363 - 375.

[89] Chang C H, Huang T C, Peng C W, et al. Novel anticorrosion coatings prepared from polyaniline/graphene composites[J]. Carbon, 2012, 50(14): 5044 - 5051.

[90] Ma Z L, Wei A, Ma J Z, et al. Lightweight, compressible and electrically conductive polyurethane sponges coated with synergistic multiwalled carbon nanotubes and graphene for piezoresistive sensors[J]. Nanoscale, 2018, 10(15): 7116 - 7126.

第 12 章

石墨烯粉体材料在
热管理材料领域的
应用

随着电子设备向小型化、高密度和高功率的方向发展,单位面积上产生的热量迅速增加,热量导出快慢决定了电子设备是否可以正常运行。若不能及时将热量散出,持续的高温将影响电子设备运行,缩短电子设备的使用寿命。电子元器件的热量管理对信息和智能社会的发展无疑十分重要,而探索有效的散热工艺已逐渐成为开发电子元器件的技术关键。

传统的散热系统由散热风扇、散热片(如石墨片、金属散热片等)和导热界面器件组成(图 12-1)。以普通的中央处理器(central processing unit,CPU)风冷散热器为例,其工作原理是散热片通过导热界面器件与 CPU 表面接触,CPU 表面的热量传递给散热片,散热风扇产生气流将散热片的热量带走。随着电子设备向着"薄、小、快"发展,其散热方式不断创新,已经与传统的形式千差万别,热管理领域的研究也越来越多。随着散热涂料、散热片、散热膜、均热板等的相继问世,发展优异的散热材料和散热方式以保证产品的性能及其可靠性是热管理领域的首要任务。

图 12-1 传统散热系统的工作原理

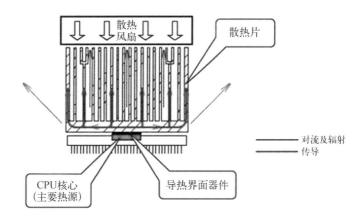

12.1 碳材料的热导率

材料的热导率描述的是在稳定传热的条件下,单位面积的热量 Q 与温度梯度

ΔT 的关系,即

$$Q = -K\Delta T \qquad (12-1)$$

式中,K 为热导率,单位为 W/(m·K)。一般定义热导率为 1 m 厚的材料,当其两侧的表面温差为 1 K 时,在一定时间内通过 1 m² 所传递的热量。从表 12-1 可以看出,不同材料由于结构不同,其热导率差别极大,金属类材料的热导率较高,而玻璃、陶瓷类材料的热导率较低。另外,同一材料的热导率与测试温度也有关。

表 12-1 不同材料的热导率

材　　料	室温下的热导率/[W/(m·K)]	应 用 领 域
单层石墨烯	3000～5300	基础研究
双层或寡层石墨烯	1300～2800	基础研究
还原氧化石墨烯	1390	导热膜
碳纳米管	3000～3500	导热膜
氧化石墨烯	0.5	导热膜
石墨	200	导热/发热膜
炭黑	1～180	导热填料
钻石	1000～2200	导热填料
氮化硼	200～300	导热填料
银	429	导热填料
铜	400	导热填料
金	约 300	导热镀层
碳化硅	490	导热填料
硅	145	/
二氧化硅/石英	0.01	/
玻璃	0.9	/
聚丙烯	0.1～0.3	隔热材料
导热硅胶	约 1	导热界面材料

碳有多种同素异形体,因此碳材料的热导率分布范围非常广。如图 12-2 所示,无定形碳(如活性炭)的热导率最低为 0.01 W/(m·K),金刚石或石墨在室温下的热导率最高可达 2000 W/(m·K)左右,碳纳米管在室温下的热导率为 3000～3500 W/(m·K),单层石墨烯的热导率为 5000 W/(m·K)。

图 12 - 2 碳材料
的热导率

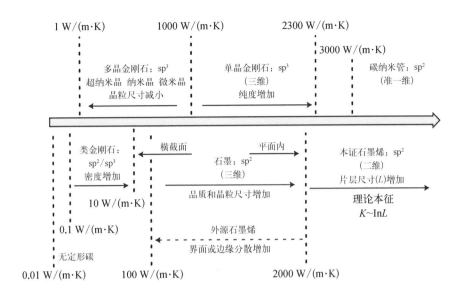

12.2　石墨烯热测量技术

石墨烯具有独特的二维层状结构,因此对于石墨烯热导率的测量,需要根据石墨烯的层数和结构不同而选择不同的测量方法。测量热导率 K 的方法可以分为瞬态法和稳态法。在瞬态法中,将温度梯度记录为时间的函数,可在较大的温度范围内快速测量热扩散系数 D_T,具体的质量定压热容 C_p 和质量密度 ρ_m 独立确定,则 $K = D_T C_p \rho_m$。如果 K 决定了材料的导热性能,则 D_T 会告诉我们材料的导热速率。这些测量方法依赖用于提供加热功率和测量温度的电子装置。在稳态法中,温度是通过热电偶测量的。

12.2.1　单层石墨烯热导率的测量

1. 单层悬浮石墨烯

Balandin 等首先利用拉曼法测量了单层悬浮石墨烯的热导率。拉曼法是根据石墨烯在拉曼光谱中有非常清晰的特征峰及特征峰位置对温度有很强的依赖性等特性来进行测量的。当使用拉曼法测量石墨烯的热导率时,先将样品悬浮放置于样品架或者样品台上,随后由激光器产生的激光对样品进行加热,然后测试拉曼光谱的特征峰位置随入射功率的变化关系及其与温度的关系。他们首先用机械剥离法制备了单层石墨烯,然后将其转移到硅沟槽之上,在距离沟槽 $9 \sim 10\ \mu\text{m}$ 处附加大块石墨片作为散热器。在实验过程中,用激光照射样品的中间位置,并且用共聚焦显微拉曼光谱仪进行测量。当温度升高时,单层石墨烯的 G 峰会发生红移,再测量出 χ_G。通过记录不同温度下单层石墨烯的 G 峰位置,可以得到其 G 峰位置随温度变化曲线的斜率,即温度系数 χ_G。

$$P_{\text{D}} = P + P_{\text{Si}} \tag{12-2}$$

式中,P_{D} 为激光的总消耗功率;P 为单层石墨烯表面的功率消耗;P_{Si} 为硅基底的功率消耗。通过多次测量找出 P 与 P_{D} 之间的关系,然后利用理论公式(12-2),即可计算出单层悬浮石墨烯的热导率。他们测得机械剥离法制备的单层石墨烯的热导率为 $3000 \sim 5000\ \text{W}/(\text{m}\cdot\text{K})$。

如图 12-3 所示,Balandin 等先将矩形石墨烯片从高定向热解石墨上剥落,然后悬于在涂覆 SiO_2 膜的硅基底上形成的 $2 \sim 5\ \text{mm}$ 宽的沟槽上。488 nm 波长的激光聚焦在悬浮的单层石墨烯的中心,局部升高其温度,通过测量拉曼光谱特征峰的位移来测量热导率,并将 G 峰位置与温度进行了校正,用于确定照射区域内的温度。单层石墨烯中心的温度变化取决于其尺寸、热导率、吸收的激光功率及两端的热接触电阻。悬浮状态下化学气相沉积(CVD)法制备的单层石墨烯的热导率在 350 K 时为 $1450 \sim 3600\ \text{W}/(\text{m}\cdot\text{K})$,在 500 K 时为 $920 \sim 1500\ \text{W}/(\text{m}\cdot\text{K})$。

Cai 等直接测量通过 CVD 法合成并悬浮在直径为 3.8 mm 的孔上的单层石墨烯的透光率。他们用图 12-3(b)所示的 532 nm 波长的激光照射样品,得到的吸光度

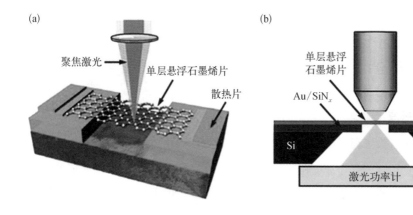

(a)

聚焦激光
单层悬浮石墨烯片
散热片

(b)

单层悬浮石墨烯片
Au/SiN$_x$
Si
激光功率计

图 12-3 单层悬浮石墨烯片热导率的测量

　　　　石墨烯粉体材料:从基础研究到工业应用

为 2.2%～4.4%。通过激光加热并监测 G 峰位移,测得室温下单层石墨烯支撑区域的热导率较低[50～1020 W/(m·K)],这归因于 Au 载体对单层石墨烯声子的散射。而悬浮状态下单层石墨烯的热导系数在约 350 K 时为 1450～3600 W/(m·K),在约 500 K 时为 920～1900 W/(m·K)。以上两个温度下热导率的测试过程均忽略了周围环境热扩散的影响。

Chen 等测试了真空、CO_2 气氛及空气气氛下 CVD 法生长的单层悬浮石墨烯的热导率。该实验过程考虑了周围环境的热损失。测试结果发现,空气中测得的热导率比真空中高 14%～40%。

2. 单层支撑石墨烯

支撑在基底上的单层石墨烯,由于受到与基底的耦合、基底缺陷和接触处声子散射的影响,其实际热导率比理论值要低得多。如对 SiO_2/Si 基底上单层石墨烯热导率的测量结果显示,室温附近的面内热导率约为 600 W/(m·K),远低于悬浮状态下单层石墨烯的热导率。

单层支撑石墨烯热导率的测量方法如下。将单层石墨烯放于基底表面,通常采用 SiO_2 层或者 SiN_x 层作为机械支撑系统,并在其上放置金属层作为电阻计。根据电阻计的阻值变化来计算温度的变化,进而计算出单层石墨烯的热导率。在实验过程中,先将 SiO_2 片放置在 Si 基底上,采用电子束曝光和金属剥离技术在中间制作出深度为 300 nm 的悬浮 SiO_2 条带,然后将单层石墨烯放置在 SiO_2 条带上,在悬浮的石墨烯/SiO_2 条带两端各放置一个直线形和 U 形的电阻温度计(由 5 nm 厚的 Cr 和 50 nm 厚的 Au 组成,宽度为 1 μm,长度为 120 μm)。电阻温度计是根据导体电阻随温度变化的规律来测量温度的温度计,最常用的电阻温度计是采用金属丝绕制而成的感温元件。

用热电桥装置作为电阻温度计测得的温度比用拉曼光谱仪测得的温度更精确,因此可以更准确地测量单层支撑石墨烯的热导率,Seol 等、Wang 等先后利用热电桥法测量了单层支撑石墨烯的热导率;Jang 等利用热分布法测量了被 SiO_2 包裹的石墨烯的热导率,其测量值为 160 W/(m·K)。

12.2.2 石墨烯膜热导率的测量

对于石墨烯膜的热导率,大多采用激光闪射法来进行测量(图 12-4)。激光闪

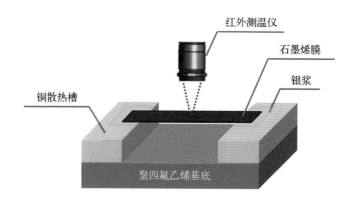

图 12 - 4　石墨烯膜热导率的测量

射法作为测量材料导热性能的常用方法,属于热导率测量瞬态法的一种。由热导率的定义可知,热导率与扩散系数、定压比热容、密度之间存在以下关系:

$$K = \alpha C_p \rho \qquad (12 - 3)$$

式中,α 为扩散系数;C_p 为定压比热容;ρ 为密度。因此,只要测得扩散系数、比热容、密度,就可以按照式(12-3)来计算材料的热导率。

12.3　石墨烯的导热特性

固体材料的热传导一般由声子和电子完成,热量由声子和电子传导,即

$$K = K_p + K_e \qquad (12 - 4)$$

式中,K_p 和 K_e 分别为声子和电子对热传导的贡献。在金属中,热传导由电子的自由载流子完成,即以 K_e 为主。如铜不仅具有优异的导电性,也是一种良好的导热材料,室温下的热导率为 400 W/(m·K),其热传导主要依靠 K_e 完成,K_p 低于 1%~2%。

虽然石墨烯具有导体的性质,其热传导也可由声子和电子完成,但与铜相比,电子对石墨烯热传导的贡献较少,因此石墨烯的热传导主要由声子完成。通常多数碳同素异形体的热传导也由声子完成,即由 K_p 控制。室温下石墨烯的面内热导率是所有已知材料中最高的,自由悬浮的单层石墨烯的热导率达 5000 W/(m·K)。对于少层石墨烯,热导率随层数的增加而减少,最终接近天然石墨的热导率,约

2000 W/(m·K)。

在固体物理学的概念中,结晶态固体中的原子或分子是按一定的规律排列在晶格上的。在晶体中,原子并非是静止的,原子间有相互作用,它们围绕着其平衡位置振动。与此同时,这些原子又通过之间的相互作用力联系在一起,即它们各自的振动不是彼此独立的。原子间的相互作用力一般可以很好地近似为弹性力。由此产生声子,即晶格振动的简正模能量量子,也就是晶体振动场的量子。声子是凝聚态原子或分子的周期性弹性排列的集体激发,在冷凝物的许多物理特性(如电导率、热导率等)中起主要作用。

图 12-5 为结晶材料中的热传导示意图。当晶格的一侧与热源接触时,热量以振动的形式传导到第一层原子。由于晶格中原子的密集堆积和它们之间强烈的化学键,第一层原子的振动迅速传递给相邻原子,相邻原子将振动继续传递给其他相邻原子,从而使热量快速转移到结晶材料中。对于结晶的非金属固体(如钻石),K_p 可能会非常大,甚至超过良好导体(如铝)的 K 值。金刚石具有块状材料中最高的硬度和热导率[1000 W/(m·K)]。

图 12-5 结晶材料中的热传导示意图

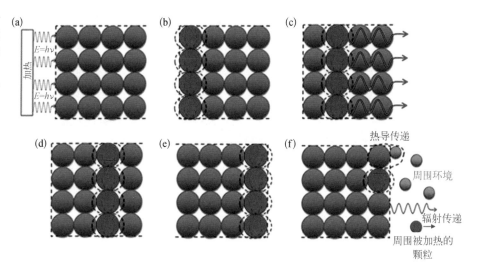

在具有理想结构的石墨烯中,碳原子通过共价键固定到二维分子层上。当石墨烯中的原子与热源接触并开始振动时,振动通过共价键迅速传递给周围的原子(图 12-6)。热量在石墨烯中通过声子波的形式从一个位置转移到另一个位置。对于多层石墨烯,当其中的一层开始振动时,由于每层之间的范德瓦耳斯力较弱,

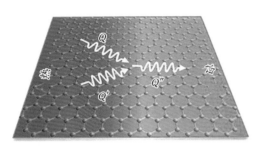

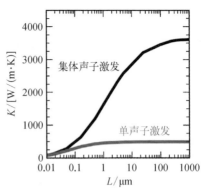

图 12-6　石墨烯中声子传递模式示意图

集体声子激发

单声子激发

振动难以传递到相邻的石墨烯层。也就是说,热量难以通过石墨烯的中间层进行转移。因此,多层石墨烯中存在各向异性热传导。

石墨烯中能量输运的理论研究方法包括玻尔兹曼方程法和分子动力学法。在玻尔兹曼方程法中,通过计算声子散射率来求解声子在温度梯度驱动下的非平衡分布函数,从而获得热导率;在分子动力学法中,通过跟踪原子运动轨迹及运动速率,直接计算系统中热流。在玻尔兹曼方程的研究中,研究者发现石墨烯的单层结构使平面振动的声子无法参与散射过程,从而使得石墨烯中的声子能够传递大量的热量,这是石墨烯具有高热导率的一个重要原因。分子动力学模拟着重分析石墨烯的热导率如何受到样品尺寸及各种缺陷的影响。通过计算石墨烯内光学声子与声学声子的色散曲线,发现在石墨烯内有六种极性声子,分别为平面外的声学声子(ZA 模声子)和光学声子(ZO 模声子)、平面内的横向声学声子(TA 模声子)和横向光学声子(TO 模声子)、平面内的纵向声学声子(LA 模声子)和纵向光学声子(LO 模声子)。在石墨烯中,声学声子对热导率的贡献可高达 95%。其中,TA 模声子和 LA 模声子属于面内传输模式,存在线性的散射关系,而 DA 模声子属于面外传输模式,存在非线性的二次散射关系。ZA 模声子对热传导的贡献大于 TA 模声子和 LA 模声子之和,可占到 75%。

根据以上的理论,石墨烯的热导率取决于声子在石墨烯中的传递速率和散射效应,而声子缺陷的散射及声子的局域性是导致热导率显著降低的主要原因。影响石墨烯热导率的关键因素如图 12-7 所示。

(1) 同位素

石墨烯是由碳原子组成的二维材料。天然石墨烯的碳同位素组成与其在自然

图 12-7 影响石墨烯热导率的关键因素

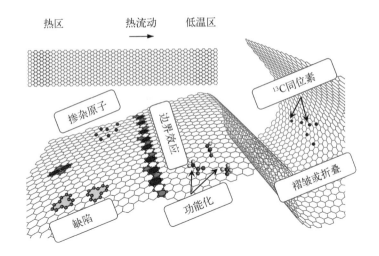

界中的丰度相似,主要为^{12}C,还有 1% 左右的^{13}C。^{13}C 的存在,会在石墨烯表面产生声子散射,从而降低热导率。如 CVD 法合成的单一^{12}C 组成的石墨烯的热导率比纯天然石墨烯(含^{13}C)高。再如天然金刚石在室温下的热导率约为 2200 W/(m·K),而只由^{12}C 制备的人工金刚石的热导率可高达 3300 W/(m·K)。但一般而言,同位素的影响对工业产品开发的意义并不大。

(2) 杂原子

可在石墨烯的制备过程中引入氢、氮、氧等杂原子,这些杂原子可分为两类。一类是掺杂原子,即石墨烯结构中的碳原子被氮原子等原位取代,杂原子的存在会产生声子散射,从而降低石墨烯的热导率。另一类是石墨烯结构中的碳原子连接其他原子,形成不同的官能团,主要是含氧官能团(如羟基、羧基、环氧基和醚键等)、含氮官能团(如氨基)等,这些官能团的表面浓度、类型、构型等对热导率都有显著影响。

(3) 缺陷

石墨烯的热导率会因二维结构存在缺陷而降低。非平衡分子动力学模拟证明,石墨烯结构中的单空位和双空位会大大降低石墨烯的热导率,其降低程度取决于缺陷密度和缺陷类型,如 0.25% 的缺陷浓度会导致石墨烯的热导率降低约 50%。当缺陷密度较大时,缺陷类型对石墨烯热导率的影响较小;随缺陷浓度增加,热导率对温度的敏感性降低。如早期 CVD 法制备的石墨烯的热导率总是低于由高度有序的热解石墨机械剥离制备的石墨烯。

（4）基底及边界效应

与自由悬浮的单层石墨烯具有高热导率相比，当石墨烯与基底接触或热传导被限制在石墨烯纳米带中时，石墨烯的面内热导率会显著降低。这是因为当声子在具有原子层厚度的石墨烯片中传播时，其对表面或边缘的扰动非常敏感。

研究发现，在室温下，SiO_2负载的石墨烯的热导率约为 600 W/(m·K)，SiO_2包裹的石墨烯的热导率约为 160 W/(m·K)。对于 SiO_2 表面的石墨烯，基于石墨烯中的声子与 SiO_2 基底振动模态的耦合和散射因素，其热导率降低。

非平衡分子动力学模拟研究发现，石墨烯纳米带的尺寸和边缘状态对于确定其热导率至关重要。石墨烯纳米带的长度是影响其热导率的重要因素，较小的尺寸会由于声子边界散射的增加而导致热导率大大降低，而光滑边缘的石墨烯纳米带比粗糙边缘的石墨烯纳米带具有更高的热导率。具有锯齿型边缘的石墨烯纳米带在室温下的热导率约为 2200 W/(m·K)，具有扶手椅型边缘的石墨烯纳米带在室温下的热导率约为 2020 W/(m·K)。石墨烯纳米带边缘的碳原子被氢钝化后，其中的空位和边缘粗糙度会显著降低热导率（图 12-8）。对具有小于 5 个碳原子

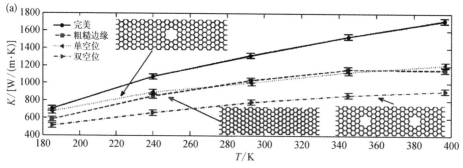

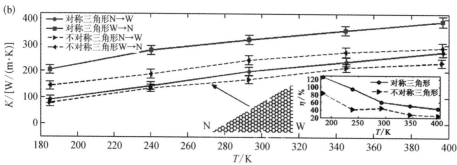

（a）对称矩形石墨烯纳米带中单空位、双空位和边缘粗糙度的影响；（b）不对称三角形石墨烯纳米带中边缘粗糙度的影响

图 12-8　石墨烯纳米带中各种缺陷对热导率的影响

石墨烯粉体材料：从基础研究到工业应用

平面且宽度为 16～52 nm 的石墨烯纳米带的实验研究发现,其热导率在室温附近为 1000～1400 W/(m·K)。利用分子动力学法计算了对称和不对称石墨烯纳米带的热导率。对于对称石墨烯纳米带,热导率在 400 K 下为 2000 W/(m·K),与实验测量结果的数量级相当。不对称石墨烯纳米带具有热整流效应,具有扶手椅型边缘和顶角为 30°的三角形石墨烯纳米带可以提供最大的热整流效果。

(5)方向

作为二维材料,石墨烯热传导在平面内和平面外具有非常明显的各向异性。面内热导率极高[>1000 W/(m·K)],但面外热耦合受到范德瓦耳斯力的限制,因此限制了石墨烯作为散热材料的应用。石墨烯在横断面方向(沿 c 轴)上的热导率受到平面间范德瓦耳斯力的影响,热解石墨的层间热导率仅约为 6 W/(m·K)。

(6)其他

利用分子动力学法计算了室温下 GO 的热导率。晶界长度和同位素缺陷都会引起石墨烯中的声子散射,因此都能够诊断出长波长和短波长声子的散射行为,原始石墨烯的热导率在晶界长度达 2 μm 时具有对数散度。与原始石墨烯相比,在低氧缺陷浓度下,GO 的热导率降低约 25 倍。

利用非平衡分子动力学模拟研究变形石墨烯,发现其热导率较低,并且对 200～600 K 内的温度几乎不敏感。这是由低频声子模贡献所引起的,低频声子模在垂直于皱纹纹理的方向上具有更大的影响力。这项研究提供了变形石墨烯热传导机制的物理见解,并为变形石墨烯相关设备的应用提供了设计指南。

通过对石墨、单层石墨烯、双层石墨烯和氟代石墨烷的热导率及其影响因素进行研究,发现同位素、形变和功能化等起到重要作用。如氢化石墨烯的热导率降低了 2 倍,氟化石墨烯的热导率降低了 1 个数量级。

设计具有合适微观结构的石墨烯膜是一项巨大的挑战。为改善石墨烯平面内和贯穿平面的热导率,研究人员设计了由石墨烯组成的三维复合碳材料(图 12-9)。该碳材料结合了一维碳纳米管的柱状结构和二维石墨烯的平面结构,具有三维结构和可调节的热机械性能,是充分利用两者性能的、理想的新一代导热纳米材料。从热传导的角度来看,碳纳米管和石墨烯中的碳原子 sp² 键相同,因此声子光谱相似,并且连接点具有非常低的界面热阻。近期的理论研究表明,碳纳米管的横向距离[称为结间距离(inter junction distance,IJD)]和石墨烯的层间距离(inter layer distance,ILD)决定了三维复合碳材料的热传导特性。当碳纳米管的

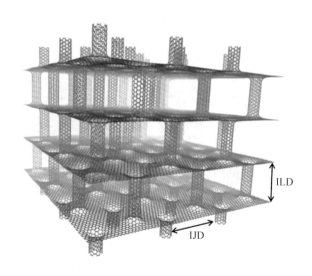

图 12-9 理想的
三维复合碳材料

IJD 为几十纳米时,声子散射主要发生在碳纳米管结点处,这些结点可控制碳纳米管的热导率。因此,可以通过设计 IJD 和 ILD 来控制不同方向的热传导,如设计短而宽间隔的碳纳米管,可大大减少面外方向的热传导。

在 GO 片的内部填充纤维素纳米晶体(cellulose nanocrystal,CNC),通过热处理、压实等过程可形成自组装 GO-CNC 复合膜。在这种复合膜的结构中,碳化的 CNC 既可桥接相邻的 GO 片,也可贯穿平面桥接上层和下层的 GO 片。该复合膜的面内热导率为 1820.4 W/(m·K),面外热导率为 4.596 W/(m·K)。

12.4 石墨烯导热膜

随着消费类电子产品日趋智能化,其内部所需的电子元器件数量越来越多、集成度越来越高,导致消耗的电能越来越多,运行过程中产生的热量也越来越多。作为传统的散热材料,金属具有密度大、热膨胀系数高、热导率低等缺点,已经很难满足目前电子产品高效散热的要求。近年来,具有高热导率的石墨逐渐占据电子产品散热材料的市场。石墨导热膜自 2009 年起在手机中批量应用,2011 年开始大规模应用,具有厚度小、导热效率高、质量轻等特点,可有效解决电子产品所面临的局部过热、须快速导热、空间限制等问题。石墨导热膜是目前已知的导热性能最佳的商业化基础散热材料,但存在厚度难以调控等缺点。

对于石墨导热膜来说,高热导率和高柔性如跷跷板的两端,不可兼得。但随着石墨烯的发现和深入研究,优异的导热性能和力学性能使其在热管理材料领域极具发展潜力。将石墨烯宏观组装成膜材料,同时保持其高热导率,是石墨烯规模化应用的重要途径。石墨烯导热膜可取代现有的石墨导热膜,满足智能手机、平板电脑、笔记本电脑、智能穿戴设备、虚拟现实设备、LED 照明设备、超薄 LED 显示设备等高效率、高集成度系统的导热需求。

12.4.1 石墨烯导热膜的制备方法

1. CVD 法

研究发现,CVD 法制备的石墨烯导热膜的热导率可达 2000 W/(m·K)以上。虽然热导率较高,但这种制备方法存在制备过程对环境苛刻、产物转移困难、生产成本高等缺点,这些缺点限制了所得石墨烯导热膜的实际应用,因此这里不再讨论。

2. 抽滤法

作为制备石墨烯导热膜的基本方法,抽滤法是指首先制备出石墨烯溶液,然后通过滤纸抽滤使溶液中的石墨烯片依次叠加,从而形成石墨烯导热膜。这种制备方法简单、工艺成熟,在制备石墨烯导热膜的研究中率先得到应用。同时,其对石墨烯的来源限制较少,石墨烯、GO、功能化石墨烯都可用来制备相应的石墨烯导热膜。

GO 在水中具有良好的分散性,是理想的抽滤法制备石墨烯导热膜的前驱体。通过制备浓度极低的 GO 悬浮液,GO 在抽滤过程中紧密堆叠在一起,从而形成致密的 GO 膜,经过后续处理可转变成石墨烯导热膜。由于其中石墨烯片的取向度较高,经过热处理等步骤后,可得到面内热导率较高的石墨烯导热膜。该制备工艺成熟、产物产量大,因此适合工业化生产。对于利用 GO 作为前驱体制备石墨烯膜,还原 GO 膜成为其中关键的步骤。其制备过程如下:先将 GO 分散液抽滤成膜,再在氮气气氛下升温到 400 ℃ 保温 0.5 h,然后分别升温到 800 ℃、900 ℃、1000 ℃、1100 ℃、1200 ℃,最后进行石墨化处理。由此得到的石墨烯导热膜的热导率最高为 1043.5 W/(m·K)。

抽滤法的不足之处在于石墨烯片在滤纸表面形成膜后,后续的过滤速率随膜厚度的增加而逐步降低。利用这种方法来制备厚膜极其困难,通常制备 10 μm 厚的 GO 膜须花费两天以上,因此该方法仅适用于薄层石墨烯导热膜的制备和研究。

3. 溶剂蒸发法

溶剂蒸发法与抽滤法类似,是指在适度缓慢加热的情况下,通过直接蒸发 GO 悬浮液来制备 GO 膜,并通过石墨化处理来制备超薄石墨烯导热膜。蒸发过程使 GO 片舒展铺开,形成取向一致的 GO 膜,经过适当热处理后所得的微米级石墨烯导热膜的面内热导率较高、韧性较好,弯曲过程中还具有出色的机械柔韧性和结构完整性(图 12-10),而且具有出色的电磁干扰屏蔽效果。

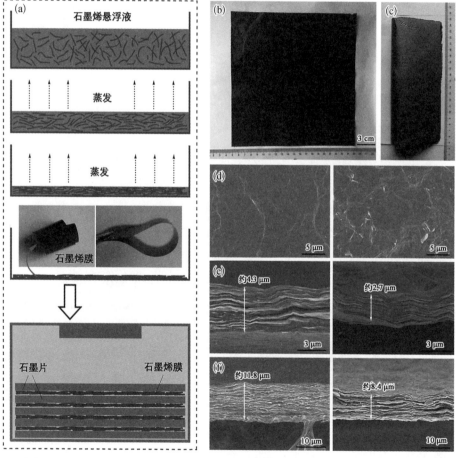

图 12-10 溶剂蒸发法制备石墨烯导热膜

(a)制备流程图;(b)无支撑 GO 膜的照片;(c)弯曲测试;(d)平面的 SEM 图;(e)(f)不同厚度横截面的 SEM 图

4. 其他方法

在研发的过程中,研究人员陆续发展了一系列制备石墨烯导热膜的方法。如对GO 分散液进行蒸发,GO 会在气-液界面处成膜。典型的例子是将 GO 分散液置于聚四氟乙烯表面皿中,在 80 ℃的条件下进行蒸发自组装成膜,可制备大尺寸的 GO 膜,高温石墨化后可得到石墨烯导热膜,其厚度为 2.7 μm,热导率为 1100 W/(m·K)。

Huang 等先将铜箔置于石墨烯分散液中蒸发自组装成膜,再将铜箔和 GO 膜一起热压还原,最后将石墨烯膜从铜箔中分离出来,制得的石墨烯导热膜的热导率为 1219 W/(m·K)。

Liu 等采用湿法纺丝将 GO 在气流的作用下制备 GO 带,在形成过程中对石墨烯片层的取向进行控制,能够得到连续的石墨烯膜,其横截面内片层取向度与抽滤法得到的石墨烯膜相似,经过化学还原得到的石墨烯导热膜的热导率为810 W/(m·K),具有极大的工业化应用潜力。

Xin 等利用静电喷涂沉积法将 GO 喷涂在铝箔基底上,利用 GO 分散液和铝箔本身的亲水性不同,将 GO 膜连同铝箔基底放入水中,经过基底脱除制得厚度、尺度可控的均匀 GO 膜,碳化还原后石墨烯导热膜的热导率达到 1238 W/(m·K)。

12.4.2　石墨烯导热膜的技术要点

虽然单层石墨烯有非常好的导热性能,但其比热容较低,因此不能在实际生产中被广泛应用。工业级应用时必须将单层石墨烯组装形成适当厚度的石墨烯膜,才能满足导热器件对导热速率和导热容量的要求。因此,在设计石墨烯导热膜时,需要解决以下问题:① 精确设计石墨烯片层的取向度,这决定了石墨烯膜二维平面方向的热导率;② 石墨烯片层空隙控制;③ 石墨烯片层粒径配比;④ 纳米材料的引入与协同;⑤ 优化后处理过程。

1. 精确设计石墨烯片层的取向度

要构建具有优异导热性能的石墨烯导热膜,需要组装具有高面内热导率、在垂直方向上竖立的石墨烯片。在将石墨烯微结构的导热特性有效转移至宏观石墨烯材料方面,石墨烯的取向和组装起到决定性作用。要生产高性能石墨烯导热膜,石墨烯片就需要垂直对齐和组装。具有高热导率的垂直石墨烯的制备方法有自上而下和自下而上两种方法。自上而下法包括机械加工法和以 GO 或 rGO 为原料的还原法。自下而上法主要运用等离子体技术,通过增强化学气相沉积(plasma enhanced chemical vapor deposition,PECVD)法将不同类型的碳源作为前驱体直接生长出具有特定形态的垂直石墨烯。另外,可使用静电喷涂、抽滤、冷冻干燥等制膜工艺来提高石墨烯片层的取向度,从而在很大程度上提高石墨烯导热膜的面内热导率。

2. 石墨烯片层空隙控制

石墨烯片层组装时会产生较大的层间空隙,空隙会形成热阻、影响石墨烯膜的密度,从而降低石墨烯导热膜的整体导热效率,因此,需要对这些空隙进行处理以提高石墨烯导热膜的热导率。目前,有两种处理手段:连续延压和有效填充。如图 12-11 所示,采用连续延压和阶段升温技术,可以最大限度地降低空隙率。适当填充其他导热性能较好的纳米材料,也可以提高石墨烯导热膜的导热性能。

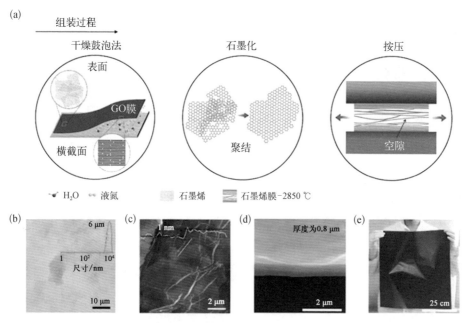

图 12-11 GO 石墨化及其空隙形成

(a)组装过程;(b)光学照片;(c)AFM 图;(d)SEM 图;(e)大尺寸石墨烯膜照片

研究人员试图引入纳米填料以增强石墨烯膜贯穿平面的导热性能。碳纳米管是石墨烯基复合材料中最常见的纳米填料,其可使复合材料中形成"柱状石墨烯"

纳米结构。在基于 rGO 的复合膜中掺入碳纳米管,贯穿平面的热导率从 0.055 W/(m·K)明显改善到 0.091 W/(m·K)。其他导热材料如纳米金刚石、氮化硼等也是常见的纳米填料。

3. 石墨烯片层粒径配比

Kumar 等先将 GO 片层通过离心分离出大片层和小片层,再分别通过真空抽滤成 GO 膜,最后用 HI 进行还原,大片层石墨烯膜的热导率最高达到 1390 W/(m·K)。

Ruoff 等先将小尺寸 rGO 混合于大尺寸 GO 中,在 3000 ℃下热处理,材料会出现较少的膨胀和具有较高的密度,随后机械压缩以增加其密度,但会引入缺陷,再次在 3000 ℃下热处理,最终得到了高度取向的高质量石墨烯膜(图 12 - 12)。该石墨烯膜的密度为 2.1 g/cm³,横截面热导率为 5.65 W/(m·K),平面热导率为 2025 W/(m·K)。利用大尺寸 GO 与小尺寸 rGO 的复合制备了高热导率石墨烯膜,通过刮刀浇筑-热处理-滚压处理-二次热处理的多步处理可以显著提升材料的导热性能,若在第一次热处理中添加 15%(质量分数)的小尺寸 rGO,可提升材料的石墨化程度,后续的滚压处理及二次热处理有助于进一步提升材料的有序性与石墨化程度,同时引入小尺寸 rGO 和多步处理也有助于提升材料的力学性能和电学性能。

图 12 - 12 高热导率石墨烯膜的制备流程

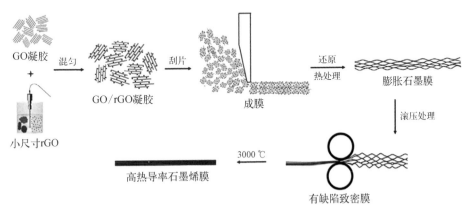

姚亚刚课题组先调整 GO 溶液浓度并混合不同尺寸的 GO 材料,再经过湿法纺丝和氢碘酸还原,无须高温热处理,直接制备得到了热导率可高达

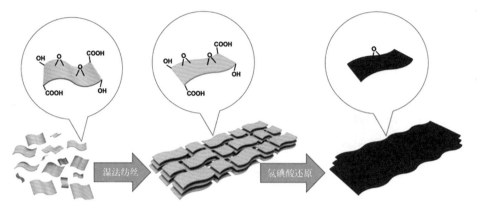

图 12-13 湿法仿丝和氢碘酸还原制备石墨烯膜

1102.62 W/(m·K) 的石墨烯膜。这种方法为大规模生产用于芯片散热的散热器提供了一条经济的路径。

4. 纳米材料的引入与协同

中国科学院山西煤炭化学所把一维的碳纤维作为结构增强体、二维的石墨烯作为导热功能单元,通过自组装技术构建了结构功能一体化的碳/碳复合膜。这种全碳膜具有类似于钢筋混凝土的多级结构,其厚度可控($10\sim200$ μm),室温下面内热导率高达 977 W/(m·K),拉伸强度超过 15 MPa。研究结果表明,1000 ℃ 是该复合膜性能扭转的关键点,面内热导率由 6.1 W/(m·K) 迅速跃迁至 862.5 W/(m·K),并在 1200 ℃ 时提升到 1043.5 W/(m·K)。这一发现不仅解决了石墨烯热化学转变的基础科学问题,也为石墨烯导热膜的规模化制备提供了依据。这些研究成果为结构功能一体化的碳/碳复合膜的设计提供了一个全新的视角。

对 GO 片层间和层内的空隙进行有效填充,是提高石墨烯膜热导率的有效途径。Hsieh 等先将 GO 在 400 ℃ 加热 1 h 的条件下还原,再将 CVD 法制备的碳纳米管和 rGO 加入高速搅拌器中进行机械混合,最后经过压缩处理所制备的散热片的热导率高达 1900 W/(m·K),已经极大地接近了石墨膜的理论热导率 [2000 W/(m·K)]。

Cui 等利用零维、一维和二维材料,并结合真空过滤自组装工艺,制备了含纳米金刚石(nano diamond,ND)、石墨烯片(graphene sheet,GS)、纳米原纤化纤维素(nano fibrillated cellulose,NFC)的高热导率复合膜(图 12-14)。当填料含量为 10% 时,复合膜的面内热导率可能达到 14.35 W/(m·K)。这种复合膜具有显著

图 12-14

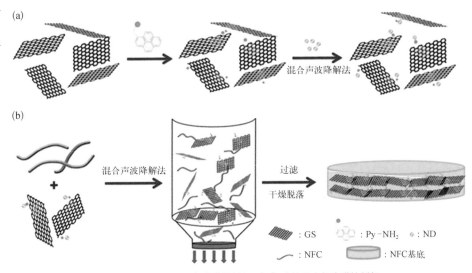

（a）改良的 ND/GS 复合膜的制备；（b）高热导率复合膜的制备

的导热性能和出色的机械性能，可作为横向散热器应用于便携式电子设备。

如图 12-15 所示，在石墨烯抽滤过程中引入微米尺度的球形氧化铝颗粒，使石墨烯片取向由水平方向部分转变为纵向方向，可得到仿豌豆荚二元石墨烯-氧化铝结构。这类复合膜可有效增强材料的导热性能，纵向和横向的热导率分别达到 13.3 W/(m·K) 和 33.4 W/(m·K)，有望代替传统的聚合物材料解决目前高度集成的电子设备的散热问题。

图 12-15 仿豌豆荚二元石墨烯-氧化铝结构增强环氧树脂复合材料的制备流程示意图（a）及导热性能测试（b）

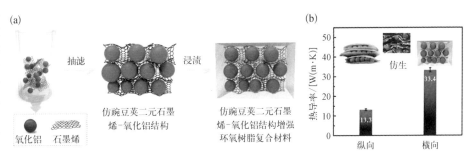

5. 优化后处理过程

通过热处理 GO 膜，并采用 XRD、拉曼光谱等多种手段对多步处理样品的石墨化指标进行了表征分析。结果显示，相比于原始 GO 膜，热处理后样品的表面官能团减少，同时发生体积膨胀，因此密度有所下降，而经过滚压处理和二次热处理后样品的密度有所提高。相比于单次热处理的石墨烯膜,多步处理的石墨烯膜有更致密的定向排列结构且片层更薄。

12.4.3　工业涂布制备方法

利用 CVD 法、过滤法等可以制备性能优良的石墨烯导热膜,但并不适用于工业化制备。目前,石墨烯导热膜的工业化制备一般包括以下过程: ① 通过化学氧化法(如 Hummers 法)制得 GO; ② 将 GO 在水中超声分散制得 GO 浆料; ③ 将 GO 浆料通过涂布机均匀涂布在基底上形成一定厚度的膜; ④ 将涂有 GO 膜的基底一同置于烘箱烘干形成 GO 膜; ⑤ 将 GO 膜热还原得到石墨烯导热膜; ⑥ 根据需求切割并实际应用。石墨烯导热膜的工业化制备过程涉及原材料处理、氧化处理、制浆处理、干燥处理、热还原处理等系列过程,如图 12-16 所示。

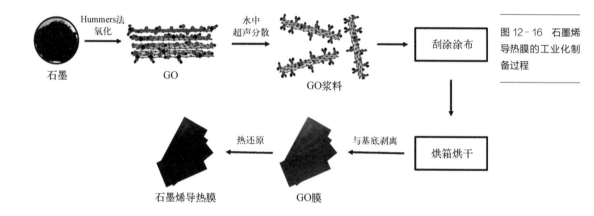

图 12-16　石墨烯导热膜的工业化制备过程

12.4.4　石墨烯散热材料在电子产品中的应用

散热材料是随着电子工业的发展一步步发展起来的。从 1947 年第一个晶体管,到目前 5 nm 的集成电路技术,随着微处理器的性能不断提升,其耗能越来越多,对散热要求也越来越高,这些发展推动了散热材料不断更新、升级。具有更高热导率的填料及基体的试验成功推动了散热材料的多元化发展。常用的散热材料是金属和塑料,还有部分无机非金属。伴随工业生产和科学技术的发展,散热材料

　石墨烯粉体材料: 从基础研究到工业应用

面临着新的性能要求。进入 21 世纪,石墨类产品作为优质的散热材料,已在许多电子产品中得到了应用。

手机散热一直是限制手机发展的一大问题。现在手机内部主要依靠石墨膜散热片进行散热,其将手机发热的中心温度分布到一个大区域,从而达到均匀散热的目的。石墨膜散热材料不仅具有独特的结构特征,还具有良好的各向异性和面向导热性[面内热导率能够达到 1500 W/(m·K)],同时也具有低密度、低热膨胀系数、良好的机械性能及对高频段(30 MHz 以上)电磁辐射有较高的屏蔽效能等优异特性,因此,具有广阔的商业前景,在航天、航空电子产品的散热方面也极具潜力。根据制作方式、热导率、尺寸和厚度等的不同,石墨散热材料可以分为天然导热石墨片、人工合成石墨膜和纳米复合石墨膜。其中,天然导热石墨片是在高温高压下通过化学方法得到的石墨膜,热导率为 800~1200 W/(m·K),厚度最小为0.1 mm。人工合成石墨膜是在极高温度的环境下通过石墨合成的方法制得的碳分子高结晶态石墨膜,膜结晶面上的热导率为 1500~2000 W/(m·K),厚度可以达到 0.03 mm。它可以在热点和散热体之间充当热传导桥梁,是用于消除局部热点的理想均热材料。纳米复合石墨膜是指以可膨胀石墨为原料,经过高温膨胀和超声波振荡处理得到纳米石墨,并进一步进行氧化和还原处理得到再氧化石墨和还原石墨,将纳米石墨、再氧化石墨及还原石墨等导电填料复合制备出的一种散热材料,热导率为 1800~2500 W/(m·K),厚度可以达到 0.03 mm。石墨散热材料因其良好的散热特性已被广泛应用于智能手机,成功解决了手机的散热问题。

现有的手机散热膜主要是由聚酰亚胺(PI)薄膜经过碳化和高温石墨化后形成的人造石墨膜,是一种全新的导热散热材料,具有热阻低(比铝低 40%,比铜低20%)、质量轻(比铝轻 25%,比铜轻 75%)和热导率高等优势。独特的晶粒取向可使热量沿两个方向均匀传递,片层结构可很好地适应任何表面。当其贴附在消费电子产品的内部电路板上时,可将热量均匀地散布在表面,起到良好的散热作用。

石墨烯的热导率为 5300 W/(m·K),是已知热导率最高的材料,其散热效率远高于目前的商用石墨散热片,因此石墨烯是智能手机等消费电子产品中最理想的散热材料。与人工合成石墨膜相比,石墨烯散热膜优势明显且潜力巨大,不仅性能相当甚至更好,而且工艺过程易控制、成本低、对环境友好。2018 年年底,华为公司首先使用了石墨烯膜散热技术。他们以 GO 为原料,采用涂层、热处理等手段制得了高性能石墨烯散热膜。与市场上其他同类散热材料相比,该石墨烯散热膜具有机械性能好、热导率高,质量轻、厚度小、柔韧性大等特点。由于具有优异的性能,许多品牌手机上都开始使用石墨烯散热膜。更重要的是,石墨烯散热膜的制备过程采用了涂层技术,因此可以制备任意厚度的膜材料,尤其是厚膜材料,还可以设计三维散热材料,这为满足高容量、快速散热的产品需求提供了可能。未来,随着技术的逐步提升,有望实现石墨烯散热膜的热导率高达 1500~1900 W/(m·K),这将超越石墨膜散热材料。

12.5　石墨烯导热复合材料

导体具有完整的晶格结构,原子紧密堆积,当热量到达第一个原子时,将迅速转移到最后一个原子,最终实现热传导。一般而言,电的良导体也是热的良导体,如金、铜等金属,具有极好的导电导热性。石墨烯材料因存在声子作用而具有良好的导热性。

相对于金属和石墨烯材料,聚合物的热传导过程较复杂(图 12-17)。与石墨烯热传导相同的是,聚合物的热载体主要是声子,聚合物链的结晶度、分子取向等都会影响其导热性。当聚合物表面与热源接触时,热量以振动的形式传递给分子链的第一个原子,然后传递给最近的原子,以此类推。与石墨烯热传导不同的是,热量在聚合物中不是波浪形传递,其传递速率很慢。分子链中的热传导也会引起原子的无序振动和旋转,这显著降低了聚合物的导热性。因此,大多数聚合物都是热的不良导体。

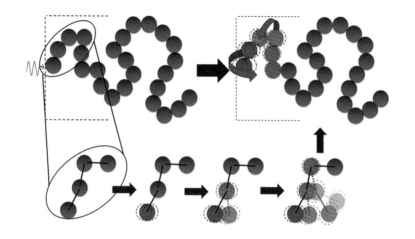

图 12-17　聚合物的热传导示意图

　　　　石墨烯粉体材料:从基础研究到工业应用

实现聚合物具有导热性的主要方法是掺杂,即向聚合物中引入热的良导体,如金属、碳材料等,形成聚合物复合材料。

12.5.1　石墨烯-聚合物复合材料的导热机制

与单纯的石墨烯导热材料不同,石墨烯-聚合物复合材料的导热机制较为复杂(图 12-18)。石墨烯具有非常大的比表面积,当加入聚合物时,若石墨烯和聚合物之间不匹配,则会产生大量的界面,这些界面将导致声子散射并阻碍热传递,从而形成高界面热阻,热量难以通过石墨烯-聚合物界面进行转移。因此,需要通过石墨烯表面改性来增强石墨烯-聚合物界面相互作用,从而降低界面热阻。石墨烯表面改性可提供活性官能团,这些与聚合物分子链进行共价和非共价键合,从而促进从石墨烯到聚合物的声子转移,以实现热传导的目的。

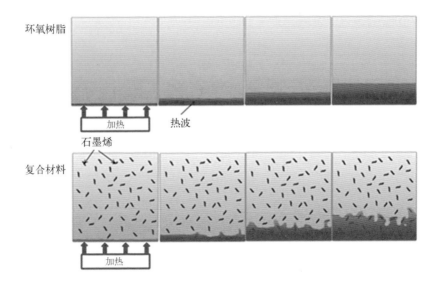

图 12-18　石墨烯-聚合物复合材料的导热机制示意图

对于石墨烯-聚合物复合材料,当其中石墨烯的添加量大于逾渗阈值时,由于石墨烯的高热导率,复合材料中的热量主要通过热传导路径进行传递。在相同的时间内,热量在石墨烯中比在聚合物基体中转移更长的距离。当复合材料与热源接触时,热量通过石墨烯非常快速地传递,这可以增强其导热性。增加热通路的数量和降低石墨烯-聚合物界面的热阻是制备具有高导热复合材料的重要手段。

12.5.2 石墨烯-聚合物复合材料热导率的影响因素

影响石墨烯-聚合物复合材料热导率的主要因素如下：① 石墨烯的固有特性，包括缺陷、表面官能团、粒径等；② 聚合物的固有特性；③ 两者的协同作用，包括聚合物中石墨烯的取向、石墨烯含量、两者界面相容性等；④ 加工工艺。

石墨烯对聚合物复合材料的导热性有很大影响。如粒径可影响导热网络的建立；具有较大的尺寸的石墨烯纳米片可增强聚合物复合材料的导热能力和散热能力；缺陷的存在会很大程度地降低聚合物复合材料的导热性；对还原氧化石墨烯而言，优化的高温处理步骤可以修复缺陷并去除表面的含氧官能团，减少声子散射中心，提高热导率。

1. 石墨烯的形貌

将不同形貌的石墨烯填充进聚合物基体中，由于声子散射的界面情况与声子传播的路径不同，聚合物复合材料的导热性呈现出不同的变化规律。

研究表明，在相同填充量的情况下，填充了平整石墨烯纳米片的环氧树脂的热导率高于填充了起皱石墨烯纳米片的环氧树脂，这表明表面平整度能够影响石墨烯-环氧树脂复合材料的导热性。平整的石墨烯具有更高的本征热导率、更大的比表面积及更弱的界面声子耦合，因此有利于提高聚合物复合材料的导热性。进一步的研究结果表明，只有当平整度指数较大时，石墨烯的层数、长度及界面热阻才会对体系的导热性产生较大的影响，这表明石墨烯的平整度指数是影响聚合物复合材料导热性的关键因素。

2. 石墨烯的取向

石墨烯的导热性存在明显的各向异性，若能控制石墨烯填料在聚合物基体中的分布形态，形成宏观有序的石墨烯-聚合物复合材料，则能得到导热性优异的石墨烯-聚合物功能材料。

石墨烯在聚合物的取向对聚合物复合材料的导热性有极大的影响。研究发现，由具有特定取向和完整三维结构的石墨烯制备的聚合物复合材料比由随机取向分布的石墨烯制备的聚合物复合材料的热导率要高。如将垂直排列的石墨烯膜分散到聚二甲基硅氧烷中,得到的高取向石墨烯-聚合物复合材料在室温下的热导率高达 614.85 W/(m·K),高于铜的热导率。

3. 石墨烯的含量

研究发现,热导率随石墨烯添加量的增加而增加,未出现逾渗阈值。这一点与制备石墨烯-聚合物复合材料时不同。

4. 石墨烯功能化

石墨烯功能化是指在石墨烯结构中添加异质原子或分子。石墨烯功能化的目的是对石墨烯进行表面改性处理,可改善其在聚合物基体中的分散性,减少石墨烯与聚合物间的界面缺陷,增强界面黏结强度,由此可抑制声子在界面处散射,增大声子传播自由程,达到改善体系热导率的效果。

声子是石墨烯-聚合物复合材料热传导的主要形式,石墨烯-聚合物界面振动模式中的不良耦合会产生巨大的界面热阻,而石墨烯和聚合物之间的化学键合可以有效地减少界面处的声子散射并降低界面热阻。如石墨烯-聚酰胺-6复合材料的导热性受表面接枝聚合物链的影响,穿透面的界面热导率与接枝密度有关。随着接枝长度的增加,界面热导率先上升然后达到饱和,而随着接枝密度的增加,界面热导率迅速降低。

5. 填料有序化

对齐的碳纳米管阵列在提高聚合物复合材料的导热性方面比随机分散的碳纳米管更有效,因此有望利用对齐的石墨烯的高面内热导率来提高聚合物复合材料的导热性。由于难以控制柔性石墨烯的排列,尤其是沿垂直方向上的排列,关于这类启发性结构的研究较少。除了石墨烯的排列结构外,石墨烯片之间的有效互连对在聚合物基体中形成连续的第二相及降低逾渗阈值也至关重要。连续的填料相提供了声子传输的低界面热阻路径,大大提高了聚合物复合材料的热导率。因此,基于具有大长径比和极高固有热导率的石墨烯片,垂直排列和互连的石墨烯网络是一种有发展前途的材料,可以显著提高材料的热导率,并以超低的温度降低材料的热膨胀。然而,由于制造的巨大困难,关于这种聚合物复合材料的报道甚少。

如何利用热界面材料有效移除热量已成为现代微电子器件开发中一项关键的挑战。由于缺乏有效的传热通道,即使在高载有率的高导热填料的情况下,传统的聚合物复合材料也表现出有限的导热性。将垂直排列和互连的石墨烯网络用作填充剂,该填充剂是通过受控的三个过程制备的,即 GO 液晶的形成、定向凝固铸造及氩气下的高温退火还原。所获得的复合材料在 0.92%(体积分数)的超低石墨烯添加量下具有较高的热导率[2.13 W/(m·K)],与纯基体相比,具有 1231% 的显著提高。此外,该复合材料还具有显著降低的热膨胀系数(约 37.4 ppm/K)和较高的玻璃化转变温度(135.4 ℃)。这种策略为高性能复合材料的设计提供了思路,并有可能用于先进的电子包装。为了实现长寿命和高速率,有效的散热已成为微型电子和光子器件必要的发展条件,电子包装、精密设备和智能材料等领域迫切需要具有高热导率和低热膨胀系数的聚合物复合材料。传统的热界面材料和填充材料主要是聚合物和无机填充剂(如金属纳米颗粒、碳化硼、纳米黏土、碳纳米管等)。通常将具有极高热导率的导热填料分散在聚合物基体中以提高体系的导热性。然而,高负载会造成高成本、高质量且机械性能受损,几乎不能满足当前工业应用的需求。目前,用于封装应用的高热导复合材料和低成本填充剂的缺乏一直是下一代电子产品发展的主要瓶颈之一。

6. 材料的协同作用

使用不同粒径、不同性质的石墨烯混合填充聚合物基体,能够有效避免单一颗粒的团聚问题,还可以充分发挥多种颗粒间的协调作用(图 12-19),改善聚合物复合材料的性能。导电炭黑、碳纳米管和石墨烯均为导热性良好的低维碳纳米材料,如何协调发挥这些材料的性能,是众多学者研究的课题之一。其中,石墨烯因具有极高的热导率和机械强度而引起了极大的关注。其共轭分子平面结构可为声子传输提供理想的二维路径。与其他零维和一维填料相比,微米级石墨烯片超大的长径比可以使其与聚合物基体有较大的接触面积。

石墨烯被认为是一种很有前途的填充材料。当石墨烯的添加量为 10%(质量分数)时,石墨烯-环氧树脂复合材料的热导率为 1.53 W/(m·K);当石墨烯的添加量为 20%(质量分数)时,石墨烯-环氧树脂复合材料的热导率为 5.8 W/(m·K)。将石墨烯填料随机分散在聚合物基体中,其界面热阻高且界面处存在声子散射,因此需要较高的填料载荷才能达到逾渗阈值。

　　　　　　　　　石墨烯粉体材料:从基础研究到工业应用

图 12- 19 材料的
协同作用

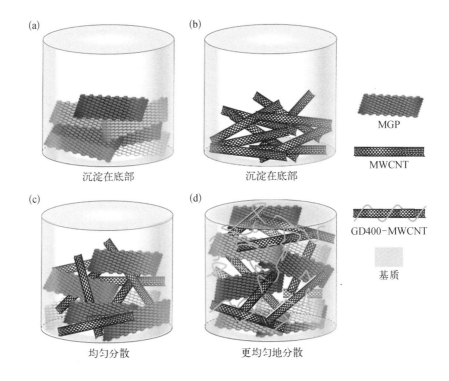

（a） 沉淀在底部

（b） 沉淀在底部

MGP

MWCNT

GD400-MWCNT

基质

（c） 均匀分散

（d） 更均匀地分散

　　石墨烯导热复合材料正在引发一场材料领域的革命。在导热复合材料中,热
量主要通过热阻小的导热填料进行传递,因此需要精确的设计使导热填料之间形
成稳定连续的导热通路。在导热通路形成后,改善界面相容性有助于减小填料与
聚合物基体间的界面接触及界面热阻,从而提高复合材料的导热性。

　　为此,需要对以下几个方面进行进一步研究。

　　（1）探讨和研究石墨烯的尺寸等因素与形成导热通路之间的相关性;寻找提
高石墨烯导热通路形成概率的理化方法;研究石墨烯导热通路形成后石墨烯微观
形貌等对声子散射的影响;研究如何减低石墨烯和聚合物基体之间的界面接触、界
面热阻等导热通路局部热阻。

　　（2）通过化学或物理手段,改善石墨烯和聚合物基体之间的界面相容性,提高
石墨烯填料在聚合物基体中的有效分散性。

　　（3）深入探究各组成部分之间的协同作用机制,以实现石墨烯导热复合材料
的可控制备。

　　（4）进一步考查石墨烯填料导热性的物理影响因素,对影响因素形成机制进
行研究,以便在制备过程中规避不良因素,制备出具有优异性能的石墨烯导热复合

材料。

(5) 在加工及产品性能上,需要研究可控的石墨烯表面功能化处理方法,解决石墨烯填料在聚合物基体中的有效分散性。

(6) 实现高品质石墨烯的批量化生产,解决石墨烯量产的成本问题,扩大石墨烯导热复合材料的市场化应用范围。

12.5.3 石墨烯-聚合物复合材料在发光二极管中的应用

近年来,发光二极管(LED)作为新一代绿色照明光源得到了快速发展。LED因亮度高、能耗低、生命周期长等优点在很多应用领域迅速取代了白炽灯和荧光灯,同时 LED 发光效率、亮度和功率等方面的技术开发与应用研究也得到了广泛关注。

LED 灯是通过一块电致发光的半导体材料芯片来实现光电转化的。与传统的白炽灯相比,LED 灯具有节能、环保、寿命长等优点。LED 如同所有电子零件一样,在使用或运行的过程中会产生热能及升温现象,而热量的多少取决于发光效率。在外加电能的作用下,电子和空穴的辐射发生电致发光,在 pn 结附近辐射出来的光经过芯片本身介质和封装介质才能抵达外界。综合电流效率、辐射发光量子效率、芯片外部光透出效率等,最终只有 30%~40%的电能转化为光能,其余60%~70%的能量主要以非辐射点阵振动的形式转化热能。如果不能将热量导出灯具之外,将影响 LED 的发光效率和使用寿命,导致严重光衰及灯具毁损的后果。

LED 不会自发向外辐射热量,LED 会在半导体的连接处产生大量热量,LED灯丝的结构没有多余的散热结构件,只能依靠气体和外壳散热。长时间的热量积累后,LED 的使用寿命会迅速衰减,即使是低功率的 LED 也会有此问题。随着我们对 LED 灯及其照明设备提出更高功率的需求,如何控制 LED 表面的温度成为LED 大规模应用的一大挑战。随着大功率、高亮度 LED 的普及,LED 芯片功率的增大,传统的小功率 LED 制造工艺和封装技术已经无法满足市场需求,LED 封装技术将面临新的挑战。随着 LED 市场的逐渐成熟和竞争的逐渐白热化,如何降低成本、提高 LED 使用寿命,进而制造出更高性能的 LED 产品已经成为企业追逐的方向和目标。

一般来说,LED 灯的品质与散热效果直接相关。目前,高亮度 LED 灯通过自然辐射散热的效果不太理想。如果 LED 灯散热效果不好,其寿命将受到明显影响。热量集中在尺寸很小的芯片内,芯片温度会显著升高,同时引起热应力不均、芯片发光效率和荧光粉激射效率下降等诸多问题。当温度超过一定值时,器件失效率呈指数规律增加。统计资料表明,元件温度每上升 2 ℃,可靠性下降 10%。当多个 LED 点阵密集排列组成白光照明系统时,热量的耗散问题更加严重。随着 LED 照明需求趋势的不断上升,解决热量管理的问题更是迫在眉睫,这也成为高亮度 LED 应用的先决条件。

目前,解决 LED 散热问题的方法主要有自然辐射散热、介质散热和外加风扇散热三种类型。自然辐射散热对于小型化的 LED 照明尚可,但是不适用于大型 LED 点阵照明系统,而外加风扇又无法解决芯片内部的散热问题,所以目前最有效的方式就是介质散热。介质散热的介质主要有铝散热鳍片制外壳、散热塑料制外壳、散热漆、填充高导热透明介质、高导热陶瓷等。

目前用于大功率 LED 灯散热片主要是铝合金,存在难于加工、耗费能源、密度过大、导电、易变形及废料难回收等诸多问题。而石墨烯导热塑料如应用在 LED 灯具等产品的散热上,其系统成本至少可以降低 30%。国内外一直在积极探索采用导热塑料代替。飞利浦 MASTER LED MR16 新式灯具作为全球首例大功率 LED 应用,其铝制外壳已经被帝斯曼公司开发出的 Stanyl TC 导热塑料所取代,不仅达到了同等级的散热目的,而且整个灯具更轻且耐腐蚀。而石墨烯导热塑料的热导率可从普通塑料的 0.2 W/(m · K)提高至 5~15 W/(m · K),且抗腐蚀,已有 Blue Stone 等公司开发出采用石墨烯导热塑料的大功率 LED 产品,并显示出了优异的散热性能。

将石墨烯与塑料的有机结合制成的 SKC 石墨烯高导热塑料利用了石墨烯的快速导热、散热特性,可达到热传导特性与加工性的良好平衡,并降低系统成本。SKC 石墨烯高导热塑料与传统散热铝材的性能比较如表 12-3 所示。

表 12-3 SKC 石墨烯高导热塑料与传统散热铝材的性能比较

对比项目	性能指标	SKC 石墨烯高导热塑料	铝　材
电器及安全	安规	容易通过	较难通过
	绝缘性	耐 4000 V 高压	有触电危险
	驱动电源	隔离电源/非隔离电源	隔离电源
物理特性	热导率	6~11 W/(m · K)	200 W/(m · K)
	LED 灯珠温度	<80 ℃	<80 ℃

对比项目	性　能　指　标	SKC 石墨烯高导热塑料	铝　　材
结构设计	结构设计	注塑模具成型,结构设计灵活多变	机械加工,结构不具备多样性
体积质量	残料利用	残料利用率 100%	残料利用难
	密度	1.2~1.6 g/cm³	2.7 g/cm³
	7 W 成品球泡灯质量	50~60 g	200~230 g

为了验证石墨烯的热辐射性能,通过在相同的铜片上涂石墨烯和不涂石墨烯进行对比试验,测试黑体辐射性能,通过图像观察可以看到涂有石墨烯的片区,它的热辐射特性非常明显,没有涂抹石墨烯的区域,没有明显的热辐射特性。当把石墨烯涂在铜箔或者是铝箔表面上时,同时对比热成像实验,结果是一致的,所以石墨烯具有比较好的热辐射特性。基于试验得到的结果,将石墨烯用在灯丝的背部位置的金属基板上,LED 加热产生的热量通过石墨烯辐射出去,同时利用泡壳内的导热气体来实现有效的对流从而降低温度。根据涂石墨烯和不涂石墨烯产品的对比,可以看到涂有石墨烯的芯片结温温度比没有涂石墨烯的结温低 3~5 ℃,这样可以看到明显地降低芯片的结温,从而能够延长灯丝的寿命。

目前,英国曼彻斯特大学国家石墨烯研究院研制的基于石墨烯技术的全新 LED 灯泡,使用寿命更长,平均价格更低,这对石墨烯在 LED 领域的应用起到了先河作用,清华大学和北京理工大学的相关石墨烯团队也加大了石墨烯在 LED 应用领域的研发。将石墨烯应用到 LED 领域。

12.6　石墨烯导热硅胶

半导体封装工艺中的热量管理技术是决定半导体产品可靠性优劣的关键因素,以 LED 生产为例,大功率 LED 80% 的输入功率会转化为热量,且需要散热处理,若芯片热量过于聚集,则容易引起 LED 节点温度的升高,导致 LED 的波峰发生转移,改变照明光线的颜色,同时缩短器件的使用寿命。散热性能已成为制约 LED 器件使用寿命的关键因素。LED 灯具散热主要依赖于散热结构和导热材料,而散热材料是其中最重要的发展方向。

热硅脂、导热双面贴、相变材料以及导热硅胶石等常用的热界面材料,是硅橡胶添加导热填料后的复合材料,具有良好的导热性、柔韧性、稳定性以及表面天然的粘接性,被用于半导体封装、LED封装等电子器件中。

12.6.1　石墨烯导热硅胶的导热机制

导热硅胶作为一种导热散热界面材料,基体硅橡胶的导热性较差,因此导热硅胶主要依赖于导热填料良好的热导率来提高自身的导热性能。

当前,市场上应用较多为铜、铝、氧化铝、氮化铝、碳化硅等导热填料,这些材料的热导率分别为 398 W/(m·K)、247 W/(m·K)、40 W/(m·K)、320 W/(m·K)、270 W/(m·K),室温下采用以上填料填充界面导热材料时,体系的热导率达到 1～5 W/(m·K),但这类填料填充体积要求较大。研究表明,导热填料采用相同的体积分数或质量分数填充导热硅胶基体,填充料的热导率越高,复合材料的导热性能则越优异。因此,选用热导率较高的填料可制备较高热导率的复合材料,且可采用更少的填料达到同样的导热效果。

石墨烯作为一种新型导热填料,单层石墨烯的热导率是所有材料中最高的,其具有高热导率、大比表面积和优异的柔韧性等优点,石墨烯作为一种理想的导热填料,成为导热硅胶研究的热点。石墨烯填充到导热硅胶基体中后,可以制备出高热导率的石墨烯基导热材料,导热性能远远优于采用其他传统填料所制备的界面导热材料。

12.6.2　石墨烯导热硅胶的高导热机理

硅胶的分子链是聚氧硅烷高分子聚合物,高分子链上主要是硅氧键,链中没有自由电子,声子导热是其主要导热方式,但聚硅氧烷高分子链无规缠绕导致结晶度较低,分子链对声子的散射作用较强,其热导率仅为 0.165 W/(m·K)。欲制备高导热硅胶,需要在硅胶中加入高热导率填料,通过填料之间的声子导热实现热传导。

石墨烯其特殊的平面结构及较大的横纵比,可降低声子散射效应,将其加入硅胶基体中,石墨烯在基体中相互搭接,从而形成有效导热网络,获得整体导热性能优异的高导热体系。

12.6.3 石墨烯导热硅胶热导率的影响因素

石墨烯导热硅胶体系的热导率不仅与各相组成成分有关,而且还与填料的相对含量、形态、分布以及相互作用有关,制备过程中石墨烯层数、尺寸、分布;填料的含量、配方、添加顺序等;填料在基体材料中分散的温度、压强、时间等,均可改变填料在基体中的分散性、界面作用力以及空间支撑结构,从而进一步影响复合材料导热、黏度、硬度和延展等性能。

1. 石墨烯层数

石墨烯导热硅胶的导热性与石墨烯填料的导热性相关,石墨烯的层数是其导热性的决定性因素之一。石墨烯的定义中,认为只有层数在 10 层以下的石墨才可以看作是二维结构,具有石墨烯的特性。随着石墨烯的层数增加,其热导率存在明显降低的趋势,这是由于热量传输过程中,石墨烯片层间的范德瓦耳斯力会强烈限制垂直于石墨烯平面方向的热流,引起传热声子载体的消散。

Ghosh 等研究发现当石墨烯层数从 2 增加到 4 时,其热导率从 3000 W/(m·K) 左右降低到 1500 W/(m·K)。因此,采用石墨烯作为导热填料添加到基体材料中时,需要保证石墨烯层数不致过多,同时也需有良好的分散状态。

2. 石墨烯用量

采用石墨烯填充导热硅胶,当石墨烯含量较少时,填料被聚合物基体分散,造成石墨烯片层之间难以接触,无法形成导热网络结构,因此导热效果在低填充量时较小。随着石墨烯填充量的增加,体系内逐渐形成了贯穿整个聚合物基体的导热网络,可使复合材料的热导率大大提高。但是,当填充量增加到一定程度,由于石墨烯比表面积较大,其片层间吸附作用力也相应增大,会发生不可逆团聚,石墨烯片层的搭接、叠加可在基体材料中形成空洞,造成空气的留存,而空气的热导率仅为 0.02357 W/(m·K),这样会导致体系的接触热阻极大提升,严重阻碍了热量的传导。

此外,导热填料填充量过大,会损害基体材料的力学性能及加工性能,同时降低材料的流动性、稳定性及分离性。石墨烯是一种典型的零带隙半金属材料,具有良好的导电性,对于绝缘性要求较高的导热硅胶,石墨烯填充量过多时,无法保证体系的绝缘性能。

3. 石墨烯导热复合填料

石墨烯作为一种二维平面结构材料,具有很高的长径比和热导率,与零维及一维导热材料结合可作为复合填料使用,可产生协同效应,从而显著增强体系的热导效果。采用石墨烯与零维球形导热材料制备复合填料,一方面,球形填料形成紧凑堆积结构可阻碍石墨烯团聚;另一方面,石墨烯的二维平面结构可以很大程度提高体系中声子传输的速率和效率,降低球形填料对声子载体的散射作用。

大片层石墨烯填充导热硅胶达到最佳改善效果时,存在较多空隙,适当调配不同粒径的导热材料,体系的黏度小于单一导热填料体系。Elliott 等研究发现,使用3 种以上不同粒径的导热填料,可减低体系的黏度,增加导热效果。因此,通过采用不同粒径大小或不同形貌的填料组合使用,能够很好地填充剩下的空隙且保证体系的流动性,与石墨烯形成宽泛的导热网络,缩短传热距离。

4. 表面处理

单层石墨烯是由六元苯环组成的纯相晶体,表面呈惰性状态,石墨烯片层间较强的范德瓦耳斯力,容易发生团聚,与其他介质(如水、部分有机溶剂等)混合时,两相间作用力较弱,容易发生不相容的现象。采用石墨烯填充导热硅胶,填料与基体界面之间存在一定的空隙,内部热量传输过程中,界面作用会引起界面热阻,直接影响体系的热导率。因此,通过对石墨烯表面进行改性处理,提高石墨烯与基体间的相容性,不仅能够改善石墨烯在基体中的分散效果,达到最大填充量及热导率,同时能够改善导热体系的力学性能。

石墨烯片层与聚合物之间存在较强的热界面阻力,严重影响纳米复合物之间的热量传输。通过采用对石墨烯表面进行预处理,可提高两相界面的粘接作用力,从而提高复合材料的导热性能。

12.6.4　石墨烯导热硅胶的制备工艺

不同的制备工艺使得石墨烯片层在基体中的分散程度不同,导致热流方向上填料的密度不一致,从而影响复合材料的导热性能。按照石墨烯与高分子高聚物复合时的状态,制备方法分为溶液共混法、粉末共混法、熔融共混法。

(1)溶液共混法 溶液共混是制造石墨烯/聚合物复合材料的常用方法。其步骤包括:① 超声或剪切混合;② 蒸发;③ 沉淀;④ 离心/冻干和过滤。溶液共混法的优点是利用超声或剪切混合使石墨烯均匀地分散在水相和有机溶剂中,由此来增加石墨烯在基体材料中的均匀分散性。缺点是长时间高功率超声处理会导致石墨烯缺陷的产生,从而导致最终的导热性能较差。另外,溶液共混法一般应用于可溶解的高聚物,需要耗费大量的有机溶剂,较难实现工业化生产。

(2)粉末共混法 采用高速搅拌法,将高聚物粉末与石墨烯填料粉末按比例混合均匀,熔融浇铸成型。粉末共混法能够很好地实现基体对填料的包裹,受复合材料加工性能影响较小,可制备填料含量较高的复合材料,与其他共混方法相比,该方法得到的材料体系热导率最高。

(3)熔融共混法 熔融混合是制造石墨烯/聚合物复合材料的一种常用的方法,将导热填料粉末直接加入熔融态高聚物中,借助混炼设备的剪切力混合均匀,然后加工成型。熔融混合法的主要优点是它的多功能性、低成本、环境友好、可规模生产;它的缺点主要是对材料及设备的加工性能要求较高,与其他共混方法相比,该方法得到的材料体系热导率最低。

除此以外,原位聚合法也是一种制造石墨烯/聚合物复合材料的高效且常用的方法,该方法包括通过共价或非共价键将石墨烯和聚合物连接在一起,原位聚合方法比其他混合方法具有更好的分散能力。

12.7　石墨烯涂料

散热涂料是提高材料表面的散热速率和效率、降低材料表面温度的特种工业涂料。散热涂料通过传导、对流、辐射、蒸发等方式传递热量,从而降低基材温度。散热涂料以聚合物作为基材,加入具有导热性的金属纳米或微米填料(如金、银、铜、铝等)、非金属填料(如氮化铝、氮化硅、氧化铝、氧化铍、氧化镁、碳纤维、碳化硅、碳纳米管等)作为散热主体以实现器件的散热。

向现有的涂料体系中加入石墨烯,可制成石墨烯复合涂料,由于石墨烯具有优异的导热性,因此与普通涂料或与其他颗粒状的散热填料相比,石墨烯在涂料介质中更容易形成导热网络,从而具有较好的散热特性。同时,涂料中石墨烯的加入,在提升涂料散热效果的同时,还能明显提高涂层韧性和强度。石墨烯复合导热涂料在许多领域得到了研究应用,如石墨烯/聚偏二氯乙烯导热复合涂料,当石墨烯添加量达到20%时,材料热导率从0.18 W/(m·K)提高到了0.562 W/(m·K);石墨烯含量为9%的石墨烯-硅橡胶导热复合涂料的热导率由不加石墨烯时的0.17 W/(m·K)提高到了0.32 W/(m·K)。

石墨烯涂料的另一个性能是材料在涂刷后,基材的热辐射系数大大提高,热辐射系数可达0.9以上(理论值接近1),热交换效率大大加快。石墨烯辐射散热降温涂料能够以1～13.5 μm波长形式辐射带走基材表面的热量,降低器件表面温度,提高器件的使用寿命和稳定性。

12.8　石墨烯相变材料

随着能源紧缺问题日益加剧,储能技术越来越受到重视。储能技术可以实现能源供给与需求在时间、空间及体量上的调配,提高能源利用效率。全球90%的能源预算都是围绕着热的转换、输运和储存进行。因此,热能储存技术在热量调配和提高能源综合利用效率方面具有非常重要的作用。

基于相变材料的热储存具有储热密度高、放热过程温度近似恒定、结构简单、成本低等优点,是储能技术的首选。然而,相变材料较低的热导率严重限制其充/放热功率及热响应速率,进而制约其实际应用。在复合相变材料加入二维碳材料(如石墨纳米片、单层及多层石墨烯),可增强相变材料的热导率,提升吸/放热功率及热响应速率,从而在热能储存中发挥着较大的作用。超薄石墨泡沫和相变材料结合可制造较好的复合材料,其热导率可提高18倍。由石墨烯气凝胶和十八烷酸组成的相变材料,当GA含量达到20%时,复合材料的热导率达到2.635 W/(m·K)。三维石墨烯的多孔互连结构可将石墨烯的出色导热性与互连结构相结合,从而在三维石墨烯的复合材料内形成导热网络。在相同填充量下,三维石墨烯的石蜡相变材料和分散的石墨烯薄片可改善熔融潜热和石蜡形状稳定性,可使材料的热导率大幅提高5～7倍。

12.9　石墨烯发热器件

陈永胜等通过在石英或 PI 上旋涂 GO 溶液,制备出了具有高透明度和高发热性能的石墨烯膜,这种柔性石墨烯薄膜显示出高发热性能和机械性能。这些属性归因于石墨烯的优异电、热和机械性能;其化学稳定性、柔韧性、透明性、易于溶液加工特性使石墨烯薄膜在薄膜加热器领域具有的潜在应用价值,可制造具有优异加热性能的石墨烯基电热加热元件,如取暖、医用理疗器件等。也可作为飞机、医疗设备、家用电器、新能源汽车电池保温以及许多其他工业领域中的热控制组件。

12.10　小结

在智能手机普及之前的 2G 时代,手机较少受到电磁屏蔽与散热方面的困扰。随着 5G 智能机时代的来临,手机硬件配置越来越高,手机 CPU 不断向着多核高性能方向升级,屏幕大尺寸高分辨率化趋势明显,通信速率也不断提升,伴随手机硬件升级带来散热需求的不断提升,散热材料及器件的作用将愈发重要。高性能的通信设备、计算机、智能手机、汽车等终端产品的广泛使用带动导热器件、电磁屏蔽及相关产业应用的迅速扩大,产品应用也不断加深。同时,导热器件、电磁屏蔽及在电子产品的应用也能极大地提升了电子产品的产品质量和产品性能。

石墨烯基导热膜是为 5G 手机散热而专门研发的新一代散热膜材料,于 2018 年起在手机上应用,是石墨烯产业化过程中第一款以 100% 氧化石墨烯作为材料设计的产品。与现有的人造石墨散热膜相比,石墨烯导热膜具有高柔韧性、厚度可调、导热效率高等优点,可满足智能手机、平板电脑、智能穿戴设备、虚拟现实设备、LED 照明与显示设备等新一代电子产品对高导热效率的需求。目前,石墨烯导热膜主要应用在手机和电脑的电子终端领域。未来,石墨烯导热膜有望逐渐从手机等电子产品扩展到电信、电力、机电等设备及智能穿戴、机器人、核能等领域。

首先通过制备高浓度的石墨烯溶液,形成取向性良好的石墨烯微片层状结构,然后在高温及特定化学气氛下还原,使石墨烯微片边缘晶粒长大,最后扩展成大面积连续的、具有三维/二维结构的石墨烯导热膜，这样可使得其应用领域将进一步扩大。

参考文献

[1] Balandin A A. Thermal properties of graphene and nanostructured carbon materials[J]. Nature Materials, 2011, 10(8): 569 - 581.

[2] Xi J Y, Long M Q, Tang L, et al. First-principles prediction of charge mobility in carbon and organic nanomaterials[J]. Nanoscale, 2012, 4(15): 4348 - 4369.

[3] Lee C, Wei X D, Kysar J W, et al. Measurement of the elastic properties and intrinsic strength of monolayer graphene[J]. Science, 2008, 321(5887): 385 - 388.

[4] Lindsay L, Broido D A, Mingo N. Flexural phonons and thermal transport in graphene[J]. Physical Review B, 2010, 82(11): 115427.

[5] Lindsay L, Li W, Carrete J, et al. Phonon thermal transport in strained and unstrained graphene from first principles[J]. Physical Review B, 2014, 89(15): 155426.

[6] Kim P, Shi L, Majumdar A, et al. Thermal transport measurements of individual multiwalled nanotubes[J]. Physical Review Letters, 2001, 87(21): 215502.

[7] Hao F, Fang D N, Xu Z P. Mechanical and thermal transport properties of graphene with defects[J]. Applied Physics Letters, 2011, 99(4): 041901.

[8] Evans W J, Hu L, Keblinski P. Thermal conductivity of graphene ribbons from equilibrium molecular dynamics: Effect of ribbon width, edge roughness, and hydrogen termination[J]. Applied Physics Letters, 2010, 96(20): 203112.

[9] Seol J H, Jo I, Moore A L, et al. Two-dimensional phonon transport in supported graphene[J]. Science, 2010, 328(5975): 213 - 216.

[10] Qiu B, Ruan X L. Reduction of spectral phonon relaxation times from suspended to supported graphene[J]. Applied Physics Letters, 2012, 100(19): 193101.

[11] Jiang J W, Wang B S, Wang J S. First principle study of the thermal conductance in graphene nanoribbon with vacancy and substitutional silicon defects[J]. Applied Physics Letters, 2011, 98(11): 113114.

[12] Balandin A A, Ghosh S, Bao W Z, et al. Superior thermal conductivity of single-layer graphene[J]. Nano Letters, 2008, 8(3): 902 - 907.

[13] Calizo I, Balandin A A, Bao W, et al. Temperature dependence of the Raman spectra of graphene and graphene multilayers[J]. Nano Letters, 2007, 7(9): 2645 - 2649.

[14] Chen S S, Moore A L, Cai W W, et al. Raman measurements of thermal transport in suspended monolayer graphene of variable sizes in vacuum and gaseous environments[J]. ACS Nano, 2011, 5(1): 321 - 328.

[15] Cai W W, Moore A L, Zhu Y W, et al. Thermal transport in suspended and supported monolayer graphene grown by chemical vapor deposition[J]. Nano Letters, 2010, 10 (5): 1645 - 1651.

[16] Wang Z Q, Xie R G, Bui C T, et al. Thermal transport in suspended and supported few-layer graphene[J]. Nano Letters, 2011, 11(1): 113 - 118.

[17] Jang W, Chen Z, Bao W, et al. Thickness-dependent thermal conductivity of encased graphene and ultrathin graphite[J]. Nano Letters, 2010, 10(10): 3909 - 3913.

[18] Fugallo G, Cepellotti A, Paulatto L, et al. Thermal conductivity of graphene and graphite: Collective excitations and mean free paths[J]. Nano Letters, 2014, 14(11): 6109 - 6114.

[19] Hu J N, Ruan X L, Chen Y P. Thermal conductivity and thermal rectification in graphene nanoribbons: A molecular dynamics study[J]. Nano Letters, 2009, 9(7): 2730 - 2735.

[20] Ghosh S, Bao W Z, Nika D L, et al. Dimensional crossover of thermal transport in few-layer graphene[J]. Nature Materials, 2010, 9(7): 555 - 558.

[21] Ghosh S, Calizo I, Teweldebrhan D, et al. Extremely high thermal conductivity of graphene: Prospects for thermal management applications in nanoelectronic circuits [J]. Applied Physics Letters, 2008, 92(15): 151911.

[22] Shen B, Zhai W T, Zheng W G. Ultrathin flexible graphene film: An excellent thermal conducting material with efficient EMI shielding[J]. Advanced Functional Materials, 2014, 24(28): 4542 - 4548.

[23] Huang S Y, Zhao B, Zhang K, et al. Enhanced reduction of graphene oxide on recyclable Cu foils to fabricate graphene films with superior thermal conductivity[J]. Scientific Reports, 2015, 5: 14260.

[24] Xin G Q, Sun H T, Hu T, et al. Large-area freestanding graphene paper for superior thermal management[J]. Advanced Materials, 2014, 26(26): 4521 - 4526.

[25] Lin X Y, Shen X, Zheng Q B, et al. Fabrication of highly-aligned, conductive, and strong graphene papers using ultralarge graphene oxide sheets[J]. ACS Nano, 2012, 6 (12): 10708 - 10719.

[26] Kumar P, Shahzad F, Yu S, et al. Large-area reduced graphene oxide thin film with excellent thermal conductivity and electromagnetic interference shielding effectiveness [J]. Carbon, 2015, 94: 494 - 500.

[27] Akbari A, Cunning B V, Joshi S R, et al. Highly ordered and dense thermally conductive graphitic films from a graphene oxide/reduced graphene oxide mixture[J]. Matter, 2020,2(5): 1198 - 1206.

[28] Yang G, Yi H K, Yao Y G, et al. Thermally conductive graphene films for heat dissipation[J]. ACS Applied Nano Materials, 2020, 3(3): 2149 - 2155.

[29] Cui S Q, Song N, Shi L Y, et al. Enhanced thermal conductivity of bioinspired nanofibrillated cellulose hybrid films based on graphene sheets and nanodiamonds[J]. ACS Sustainable Chemistry & Engineering, 2020, 8(16): 6363 - 6370.

[30] Burger N, Laachachi A, Ferriol M, et al. Review of thermal conductivity in composites: Mechanisms, parameters and theory[J]. Progress in Polymer Science, 2016,61: 1-28.

[31] Chen Y P, Hou X, Liao M Z, et al. Constructing a "pea-pod-like" alumina-graphene binary architecture for enhancing thermal conductivity of epoxy composite [J]. Chemical Engineering Journal, 2020, 381: 122690.

[32] Meng X, Pan H, Zhu C L, et al. Coupled chiral structure in graphene-based film for ultrahigh thermal conductivity in both in-plane and through-plane directions[J]. ACS Applied Materials & Interfaces, 2018, 10(26): 22611-22622.

[33] Ganguli S, Roy A K, Anderson D P. Improved thermal conductivity for chemically functionalized exfoliated graphite/epoxy composites [J]. Carbon, 2008, 46 (5): 806-817.

[34] Wang N, Samani M K, Li H, et al. Tailoring the thermal and mechanical properties of graphene film by structural engineering[J]. Small, 2018: 1801346.

[35] Ma C C M, Hsiao S T, Liao W H, et al. Preparation and properties of graphene and its nanocomposites[J]. Applied Mechanics and Materials, 2015, 719-720: 141-144.

[36] Song N J, Chen C M, Lu C X, et al. Thermally reduced graphene oxide films as flexible lateral heat spreaders[J]. Journal of Materials Chemistry A, 2014, 2(39): 16563-16568.

[37] Chen Z, Jang W, Bao W, et al. Thermal contact resistance between graphene and silicon dioxide[J]. Applied Physics Letters, 2009, 95(16): 161910.

第 13 章

石墨烯粉体材料在
导电油墨领域的
应用

油墨的发展经历了漫长的历程,最早的油墨是由烟灰与天然树脂如松香等混合制成,其主要用于写字;随着印刷术的发明,油墨开始用于印刷书籍;随后又从书刊印刷扩展到包装、装饰等行业。随着社会需求增大,油墨品种不断扩大、产量不断增长。从产品用途分,油墨可分为书籍、印铁、玻璃、食用和塑料油墨等;从产品特性分,油墨可分为光敏、透明、防静电和导电油墨等;从产品基质分,油墨可分为水性、油性、彩色喷印、UV 固化和纳米油墨等;以印刷版型来分,油墨可分成凸版、平版和凹版油墨等。近年来,油墨印刷技术已经扩展到了电子器件、柔性电子及可穿戴设备的制备。

电子产品的小型化和便携性需求的增长推动了对导电油墨的需求,如智能包装、传感器、RFID 标签等。印刷技术由刚性基材到柔性基材、从厘米级结构到米级结构、从单页打印到批量打印发展。电信、包装、汽车和医药等领域对印刷油墨的需求使功能性油墨市场在未来的 10 年内有跳跃性的增长。

13.1　油墨的成分及作用

功能性油墨由颜料、黏结剂、添加剂和溶剂组成。在过去的几百年中,随着油墨的发展,其成分也在不断变化,如油墨的颜料从煤烟、有色矿物质、植物提取物等演变为有机和无机化学品,包括各种功能颜料等。化学与材料的发展又为油墨提供了各种功能性添加剂,以适应现代印刷工艺发展的需要。

13.1.1　颜料

颜料的基本功能是为油墨赋色,早期油墨中使用的颜料一般来源于煤烟、有色矿物质、植物提取物等。现代油墨主要利用化学颜料(如炭黑),也可以使用具有特殊赋色功能的颜料,赋予油墨光、热、化学、环境致变色等新功能。

13.1.2　助剂及功能助剂

油墨助剂主要用于调整油墨的特定性能。如表面活性剂作可改善油墨在打印基材上的润湿性;消泡剂主要用来降低油墨的表面张力,避免在打印过程中形成气泡。此外,在制造油墨过程中,添加助剂还可以改变油墨的功能,如将碱引入水基油墨中,可调节油墨的 pH 以溶解聚合物黏结剂。

在过去的二十年中,印刷材料逐渐用于电子产品的制造,其中,导电功能材料作为助剂或活性颜料被掺入油墨系统中,随着油墨被印刷到基底上面,这些材料可以沉积到用于功能器件制造的基材上,赋予印刷图案导电性能。常见的导电助剂包括导体、半导体和介电材料,如金属纳米颗粒、有机导电材料、碳纳米材料等。本章讨论的石墨烯油墨,即在油墨中添加石墨烯,其作为功能性助剂,利用石墨烯独特的材料特性,开发各种导电油墨。

13.1.3　黏结剂

黏结剂是油墨的基本成分,通常由聚合物(如醇酸树脂、纤维素和橡胶树脂等)组成。黏结剂在油墨印制过程中,可以通过溶剂蒸发、干燥并固化,也可以通过其他形式交链固化(如高温退火、紫外辐射聚合等),其将颜料颗粒彼此黏合并与底物黏合。一般会根据印刷薄膜的需求而选择合适的黏结剂,其可为印刷物提供光泽度选择、附着力选择、抗湿性等功能。

13.1.4　溶剂

溶剂是油墨固体或固化成分(颜料、黏结剂、助剂、添加剂)的稀释剂,主要功能是使油墨保持流体状态,以便可以将油墨施加到印刷机上,直到将其转移到基材上为止。油墨溶剂包括水和各种有机溶剂,在使用时,应根据印刷工艺、基材、干燥条件和印刷的最终目的来进行选择。如凹版和柔性版印刷的高速工艺需要快速干燥,因此溶剂需选择挥发性溶剂,如乙酸乙酯、乙酸正丙酯等;丝网印刷应选用挥发性较低、挥发度适中的溶剂。

　　　　　　　　　　　　　　　　石墨烯粉体材料:从基础研究到工业应用

由于有机溶剂会产生 VOCs,随着环保要求的不断提高,油墨溶剂逐渐由有机溶剂转为水性溶剂,这是溶剂行业的最新发展趋势。

13.2 导电油墨分类及发展方向

作为功能性油墨的一种,导电油墨是由导电材料制成的油墨,具有一定程度的导电性质,最初作为印刷导电点或线路来使用。随着技术的发展,导电油墨的应用领域逐渐扩展到太阳能薄膜电池、超级电容器、射频识别(radio frequency identification,RFID)芯片、逻辑存储器、传感器、智能包装、有机发光二极管、光电器件、柔性显示屏和触摸屏等。过去十年间,导电油墨的主要应用领域从太阳能电池、显示器件扩展到手机、玩具、薄膜开关、远红外发热膜及 RFID 等。预计未来,全球导电油墨市场规模将以价值计算 4.1% 的复合年增长率增长,预计到 2025 年,导电油墨的市场规模将达到 37 亿美元。导电油墨的主要应用领域逐步扩展到可穿戴设备、柔性传感器及电子设备等领域。

导电油墨主要是依靠导电填料来进行导电,当油墨中导电填料的浓度增加到一定的程度后,会在印刷后的电路上形成一个通道,电子通过这一通道来实现迁移。导电油墨中对导电性能影响最大的是导电颗粒的接触数目、接触电阻及颗粒间隙。导电油墨主要由导电填料、黏结剂、溶剂和助剂等组成,在这些成分中,黏结剂主要是由合成树脂、光敏树脂、低熔点有机玻璃等构成,起着固定导电粉末和连接的作用,对于导电油墨的光滑度、硬度及耐湿度等也有重要的影响;助剂主要是用于提高油墨的适印性;导电填料是导电油墨中的主要导电材料,根据材料的特性可以将其分为金属及其氧化物类、无机非金属类、有机高分子类。按导电材料性质的不同,导电油墨可分为无机系和有机系;按导电填料成分的不同,导电油墨可分为金系、银系、铜系、碳系导电油墨,以及高分子导电油墨等。

工业上,导电油墨细分为碳浆、铜浆、银浆等不同系列。表 13-1 列出了导电油墨的分类及应用。不同行业的电子设备对导电油墨的市场需求多种多样,这为导电油墨提供了广阔的发展空间。

表 13-1 导电油墨的分类及应用

分　类	导电填料	性　能	应 用 范 围
碳基导电油墨	导电炭黑/碳纤维	导电性差/耐湿性差	薄膜开关/印刷电路/电阻
无机导电油墨	金	综合性好,成本高	集成电路
	银	高导电性/温度敏感	薄膜开关
	铜	性价比高,易氧化	印刷电路/电磁屏蔽
	铝、镍	导电性一般/易氧化	电磁屏蔽
	金属纳米粉体	导电性好	智能标签/电路板/电磁屏蔽
有机导电油墨	导电高分子	电导率低,可操作性高	开发中

13.2.1　金属类导电油墨

金属类导电油墨所使用的导电填料为金、银、铜、镍和铝等单一金属或合金。其中,金系导电油墨的电阻率相当低,仅为 $10^{-4} \sim 10^{-3}\,\Omega \cdot cm$,金的导电性最高、性能稳定但其价格较为昂贵,无法大规模的普及应用,仅用于印刷一些精度较高的精细电路。相较于金系油墨,银系油墨在电导率、电阻率方面相差不多。银的价格相对低廉,被认为是最具发展前景的材料。但是不足的是,白银存在易迁移、硫化、抗焊锡侵蚀能力差、烧结过程容易开裂等缺陷,影响了其规模应用。铜是一种储量丰富且在电路中应用较多的金属,铜的价格相对于金银较低,能够大范围使用,但铜暴露在潮湿的空气中容易发生氧化反应,从而使印刷品的导电性不稳定,因此需要开发铜合金或者是在铜的表面镀银等方式来降低铜的易氧化性。

13.2.2　高分子导电油墨

可用于导电油墨制备的导电高分子材料有聚乙炔、聚吡咯、聚噻吩、聚 3,4-乙烯二氧噻吩和聚苯胺等(图 13-1)。这些高分子材料的电导率高达 $10^2 \sim 10^3\,S/cm$,相较于金属油墨,高分子导电油墨在柔韧性及加工性等方面都有较大的优势,但是相关高分子材料的制备相对困难,成本较高且工艺复杂。

图 13-1 可用于导电油墨制备的导电高分子材料

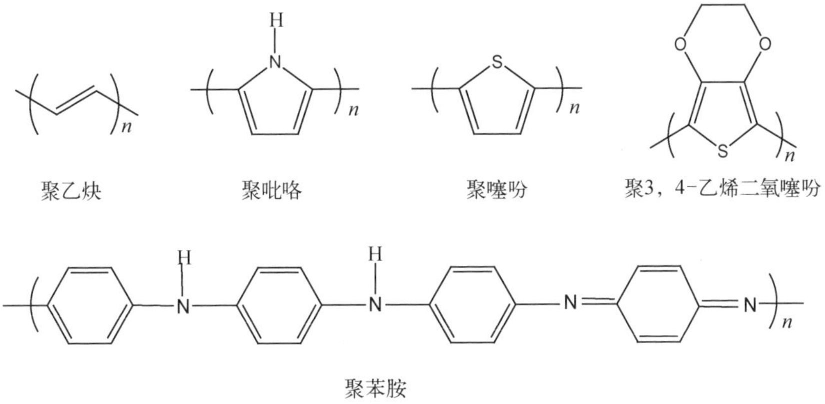

聚乙炔　　　　　聚吡咯　　　　　聚噻吩　　　聚3，4-乙烯二氧噻吩

聚苯胺

13.2.3　导电油墨发展方向

目前,商业化导电油墨的主要填料为炭黑、银粉、镍粉等。在光伏领域,银基银浆导电油墨的发展方向主要是提高其导电性和降低成本;在印刷逻辑电路领域,导电油墨通过提高导电性为印刷电极提供材料;在传感器领域,电极多利用碳糊和银浆复合;在汽车领域,导电油墨的应用主要包括触摸控制器件、座椅加热等。表13-2列出了不同导电填料下导电油墨的性质及应用。

表 13-2　不同导电填料下导电油墨的性质及应用

导电填料	主要构成	优　势	劣　势	应　用
金属	金	体积电阻率＜10^{-6} Ω·cm,化学稳定,抗蚀性好	价格昂贵	厚模集成电路
	银	体积电阻率为 1.59×10^{-6} Ω·cm	对温度敏感;高温导电好,反之差;价格高	广泛
	铜	体积电阻率为 1.7×10^{-6} Ω·cm,价格低廉	抗氧化性差	印刷电路,电磁屏蔽
	镍	体积电阻率为 7.9×10^{-6} Ω·cm,价格低廉	导电一般,易氧化	电磁屏蔽
碳材料	石墨烯,碳纳米管	半导体属性,高导电性,柔性	完美结构的再现可能出现问题	印刷电子功能器件电极、功能层等

目前,导电油墨主要具有以下发展方向。

(1)纳米导电油墨:在导电油墨中,纳米级银粉比微米级银粉导电性能好、用量低、膜层薄、均匀光滑、性能好,可以直接印在陶瓷和金属上。纳米导电油墨已应用于 RFID、印刷电路板、电磁波屏蔽材料等领域。

(2)彩色导电油墨:可摆脱常规导电油墨只能印黑色、银色两种颜色的困境,解决导电油墨只能印刷在印件里面或作为薄膜开关线路使用,而不能印刷在印件表面的难题。

(3)水性导电油墨:克服传统的溶剂型导电油墨污染环境、成本高的弊病。

(4)石墨烯导电油墨。

13.2.4 碳基及碳纳米材料导电油墨

碳基导电油墨由炭黑、碳纳米管或石墨烯作为导电填料制备,相对于金属系导电油墨,碳基导电油墨成本低、质地轻薄、导电性好、阻抗低、易于加工,并且具有良好的韧性和附着力,具备极大的发展前景。

目前,碳基导电油墨的导电填料主要有导电炭黑、乙炔黑、炭黑、石墨和碳纤维、碳纳米材料等,导电炭黑通过与热固性树脂相结合制成导电油墨,根据使用碳料的不同可以产生不同的电阻,电阻率为 $10^{-2} \sim 10^{-1}$ $\Omega \cdot cm$。由于碳材料取材与制取都较为简单,因此,碳基导电油墨的成本较低。其中,石墨较炭黑更稳定,但在相同的添加量时,炭黑导电油墨较石墨导电油墨电导率更高,两者的混合料可结合两者的优点,制备得到的导电油墨电阻率较低。使用碳为导电材料的碳基导电油墨性能较为稳定,不易产生氧化,且对于酸、碱和化学溶剂的腐蚀都有较大的抗性,不足之处是其与导电材料的连接处在较为潮湿的环境下会发生较为严重的化学腐蚀,从而影响设备的进一步使用。

作为一类独特的材料,碳纳米材料(包括 C_{60}、GQD、碳纳米管、石墨烯、纳米碳等)在导电油墨领域具有广泛的应用前景(图 13-2)。碳纳米管和石墨烯中碳原子的 sp^2 杂化提供了出色的电、热和机械性能。借助适当的溶剂、表面活性剂或助剂,碳纳米管和石墨烯可用于生产碳基导电油墨,该导电油墨可与多种印刷方法兼容。碳纳米材料对机械、化学和热应力源的强大稳定性进一步使其能够与柔性设备集成,提高了在恶劣环境下设备的可靠性,并为与不同材料的集成提供了广泛的工艺兼容性。

图 13 - 2 碳纳米材料导电油墨的应用

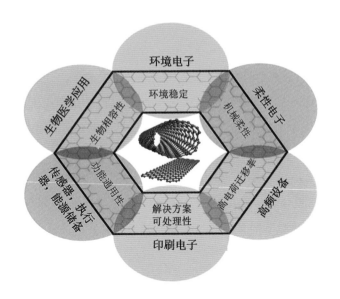

环境电子

环境稳定

柔性电子

机械柔性

生物医学应用

生物相容性

传感器、执行器、能源储备

功能通用性

高电荷迁移率

高频设备

解决方案可处理性

印刷电子

13.3 石墨烯导电油墨

　　碳基导电油墨已被广泛用于印刷电路和传感器电极元件的制造,主要包括平板显示器、RFID 天线、光伏、传感器、存储器、EMI 屏蔽和薄膜开关等。碳基油墨通常含有无定形碳、炭黑、黏结剂、树脂和溶剂。传统碳导电材料在使用时存在一些缺点,如石墨的颗粒太大,在喷墨印刷时很容易堵塞喷嘴;炭黑的导电性太差,不能单独用作油墨的导电填料。因此,发展新一代用于导电油墨的纳米材料必须具备以下特征:① 比碳纳米管便宜;② 可使用常规低成本打印头;③ 添加剂和打印的器件有高度导电、导热性;④ 导电填料易于分散在不同的液体介质中且不形成沉淀物;⑤ 导电填料的含量尽可能高,这样一次打印即可得到导电元件的期望厚度。同时,高温导电性在现代微电子器件中非常重要,因为实际应用时都会发热。因此,石墨烯在这方面是理想的材料。

　　石墨烯导电油墨是以功能化石墨烯为填料,添加黏结剂、助剂和溶剂等共同组成的具有导电等特殊功能的油墨产品。与炭黑作为导电剂的碳基导电油墨相比,石墨烯摩擦系数低、抗磨性好,力学性能较好,物化性能稳定,是非金属中优秀的导体,也是一种固体润滑剂,能有效地保证产品的可靠性和耐用性。具备导电性能优异、印刷图案质量轻、印刷适性好、固化条件温和及成本低廉等优势,可在塑料薄膜、纸张及金属箔片等多种基材上实现印刷。

石墨烯应用在油墨中的优势主要有两点:一是兼容性强,石墨烯导电油墨可在塑料薄膜、纸张及金属箔片等多种基材上实现印刷;二是性价比高,与现有的纳米金属(如纳米银粉、纳米铜粉等)导电油墨相比,石墨烯导电油墨具有较大的成本优势。

石墨烯导电油墨适用于网印、胶印、凹印、柔印、喷墨印刷等多种方式,在RFID、印刷线路板(printed circuit board,PCB)、显示设备、电极传感器等领域已得到广泛应用,在有机太阳能电池、印刷电池和超级电容器领域的应用也在研讨发展中。因此,石墨烯导电油墨在下一代轻薄、柔性电子产品中将扮演重要角色,市场前景巨大。

传统纳米银导电油墨中银的含量为 $50\%\sim60\%$。采用石墨烯作为导电填料,不仅可以降低填充量,还可以解决导电性和成本之间的矛盾。从表 13-3 可以看出,以石墨烯为导电填料可以大幅提高碳基导电油墨的导电性,开发碳基导电油墨更广泛的应用,而且以少量石墨烯代替银粉作为导电填料,既可以保证油墨的良好导电性,又可以减少银粉消耗,降低成本。若使用银含量 $10\%\sim20\%$ 的石墨烯取代其中一半的银,纳米银/石墨烯复合导电油墨的导电性基本接近纳米银导电油墨,方块电阻可达到 $1\ \Omega/\square$ 甚至更低,但成本较前者可降低30%以上,展现了诱人的应用前景。同时,石墨烯和纳米技术可提供一系列具有不同性质、特性的材料,用于发展不同领域的导电油墨材料、印刷技术和产品。可进一步提高油墨的导电性、可打印性、抗折性与柔韧性、表面平整度。

导电填料	电阻率/($\Omega\cdot$m)	现有价格/(元/kg)
导电炭黑	0.08	20~300
银粉	1.65×10^{-8}	200~16000
石墨烯	10^{-8}	1000~20000

表 13-3 石墨烯与银粉、导电炭黑的比较

近期,英国剑桥大学的 Torrisi 等利用石墨烯的 N-甲基吡咯烷酮(NMP)溶液,首次使用普通喷墨打印机打印出由石墨烯导电油墨制成的柔性电路。美国 Vorbeck Materials 公司开发的"Vor-ink"是首个得到美国环保署批准的石墨烯导

电油墨产品,该油墨导电性好,价格远低于银基导电油墨,其可以进行高速柔性印刷(图 13 - 3)。石墨烯导电油墨可用于印刷导电线圈,美国的 Fulton 公司的 e-Couple 使用石墨烯纳米印刷感应线圈来实现笔记本电脑和手机的无线充电,石墨烯陶瓷浆料代替金属在 RFID 商标上的电磁波定向屏蔽。在石墨烯设计上,美国西北大学研究人员使用含有石墨烯薄片的导电油墨,以喷墨打印模式,打印出导电性能提高 250 倍、折叠时电导率仅有轻微下降的柔性电极,其未来有可能用于生产低廉、大幅、可折叠且精美细致的电子设备。他们采用新技术处理石墨烯,在乙醇中用乙基纤维素处理、修饰石墨烯片,以乙基纤维素作为表面活性剂将石墨烯分

图 13 - 3 Vorbeck Materials 公司开发的石墨烯导电油墨

散到溶剂中制得液体导电油墨。以聚酰亚胺为基板,石墨烯导电油墨在印刷中表现出优良的形态和导电性,打印的精确模式很适合印刷高导电性电极,在基板弯曲甚至开始出现裂痕时仍能保持高导电性,可用于生产柔性电子设备(图 13 - 4)。

图 13 - 4 石墨烯导电油墨的应用

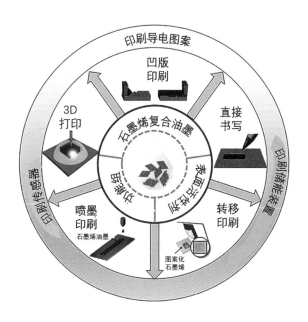

13.3.1 用于导电油墨的石墨烯生产方法

用于导电油墨的石墨烯材料主要包括石墨烯粉体和浆料,包括还原氧化石墨烯和液相剥离石墨烯等。氧化还原法是目前广泛使用的石墨烯生产方法,液相剥离法利用机械研磨和液相剥离将石墨层层剥落,生产单层和多层石墨烯薄片。

1. 氧化还原法

还原氧化石墨烯就是还原石墨烯氧化物(rGO),是目前广泛使用的石墨烯粉体。一般可通过 Hummers 法氧化石墨得到 GO,氧化过程在石墨层的基面上引入羟基、羧基和环氧化物等含氧官能团,随后剥落成单层的 GO 片。通过热、化学、微波、激光等处理技术将 GO 再还原为石墨烯(rGO),这种 rGO 可以用来制备导电油墨。

热还原法需要将 GO 样品加热到 $200 \sim 1000\ ℃$;化学还原法通常使用肼、维生素 C、HI 等作为还原剂;微波法即使用微波处理,GO 可以被还原为原始石墨烯,而含氧官能团几乎被完全去除。在多数情况下,还原过程只能部分恢复石墨烯的性质,与其他液相剥离生产的石墨烯相比,rGO 是具有含氧官能团的、有缺陷的石墨烯材料,其导电性能明显降低。

2. 物理剥离法

物理剥离法分为液相剥离法和直接剥离法,液相剥离法是一种溶液处理技术,由 Hernandez 等在石墨烯生产中首次报道,通过超声处理在有机溶剂[如 N-甲基吡咯烷酮(NMP)]中的石墨来实现单层和多层石墨烯薄片的剥离。该方法首先将石墨浸入液体介质中,在超声波的作用下,液体中会产生局部气泡,然后气泡坍塌产生高剪切力,高剪切力克服了石墨烯层间范德瓦耳斯力,造成层间脱落,从而产生石墨烯薄片。目前,该方法已成功地扩展到其他二维材料的制备,如氮化硼、云母等。

高压均质与超声处理一样,也可产生足够的剪切力,从而克服石墨层间范德瓦耳斯力,使石墨烯层层剥离(图 13-5)。不同方法,剪切力的来源不同。高压均质通过在高压下迫使石墨混合液体通过狭窄的通道,使石墨混合液体流过带有高速旋转混合叶片的网筛而产生力,从而得到石墨烯薄层。

球磨法一般在圆柱反应器内进行(图 13-6),反应器内装有钢、氧化锆或玛瑙

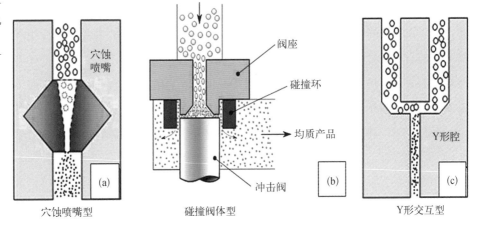

图 13-5 均质机原理

(a) 穴蚀喷嘴型

阀座
碰撞环
均质产品
冲击阀

(b) 碰撞阀体型

Y形腔

(c) Y形交互型

球,通过反应器旋转,这些球会产生剪切力,进而剥离石墨(图 13-7)。通过调节大球/小球的配比、转速及时间,可得到不同层数和粒径的石墨烯。球磨法可以使用溶剂,也可不用。

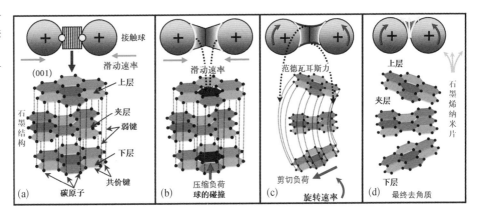

图 13-6 球磨法剥离石墨烯原理

接触球
滑动速率
(001)
上层
夹层
弱键
石墨结构
下层
共价键
碳原子
(a)

滑动速率
压缩负荷
(b) 球的碰撞

范德瓦耳斯力
剪切负荷
(c) 旋转速率

上层
夹层
石墨烯纳米片
下层
(d) 最终去角质

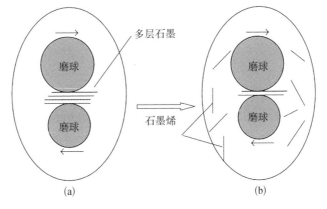

图 13-7 球磨法剥离石墨烯示意图

多层石墨
磨球
磨球
(a)

石墨烯

磨球
磨球
(b)

利用剪切力进行剥离时,石墨烯与液体介质之间的分子间相互作用决定了剥离过程以及石墨烯在溶剂中的分散。一般液体介质选择纯溶剂,避免将杂质引入被剥离的石墨烯材料中。研究发现,溶剂表面张力在 38 mN/m 左右时,石墨烯在溶剂中的分散度可达到最大。因此,石墨烯在液相剥离时,最佳候选溶剂表面张力需要接近这个数据。但具有这种性质的溶剂一般是高沸点有机溶剂,例如 NMP (沸点为 204 ℃)和 DMF(沸点为 153 ℃),此类高沸点溶剂在油墨制备和使用过程中,严重影响操作工艺,如使用 NMP 作为溶剂,会导致油墨干燥/固化时间延长,不利于印刷工艺开发。通过选用水和醇类等低沸点溶剂作为液相剥离溶剂,可解决上述问题。为改变水和醇类表面张力和石墨烯不匹配问题,需要使用离子和非离子表面活性剂修饰石墨烯表面,表面活性剂吸附到石墨烯的表面上,改变表面张力,从而促进石墨烯在溶剂中的稳定性,达到分散的目的。

3. 分散

石墨烯在油墨体系中的均匀分散是制备石墨烯导电油墨的重要步骤,一般可以利用表面活性剂改性来实现。常用的表面活性剂包括:离子型、两亲型及非离子型表面活性剂。当表面活性剂和石墨烯在水中相互作用时,表面活性剂分子被吸附到薄片的石墨烯表面上,可以消弱层内范德瓦耳斯力,从而有助于剥离过程。

离子型表面活性剂可使剥落的石墨烯薄片周围产生库仑排斥力,防止石墨烯薄片重新聚集。非离子表面活性剂包括 Triton-X、吐温、羧甲基纤维素钠(Na-CMC)、聚乙烯吡咯烷酮(PVP)、乙基纤维素,其通过附着或包裹石墨烯薄片,在薄片之间提供物理隔离,从而增强剥落和稳定性。如添加乙基纤维素可有助于剥落和稳定石墨烯薄片,乙基纤维素可形成胶体分散体防止石墨烯薄片聚集。对于后续的油墨配方,以上这些聚合物不仅可以用作黏结剂,还可以用于调整相关的印刷技术油墨的物理性能。

4. 分级

由于石墨烯的导电性质在很大程度上取决于层数和粒径分布,因此,经过剥离后的石墨烯,需要对尺寸和厚度不同的薄片进行分选,克服结构上的离散性,从而有效控制石墨烯的统一性,及后续产品性能的均一性。

石墨烯分离一般通过离心实现,经离心分离后,可得到石墨烯层数和粒径均一的材料,从而为后续的油墨生产提供性能均一的材料。离心分离时,石墨烯主要受到离心力和与离心力相反摩擦力的影响,沉积力是由这两种力之间的不平衡来驱动的。离心分离石墨烯薄片的原理可分为三大类:① 基于质量进行的沉降分离技术(sedimentation-based separation, SBS),可按照质量分离石墨烯材料薄片;② 基于密度梯度进行的超速离心分离(sedimentation-based density gradient ultracentrifugation, sDGU),可进行精确的横向尺寸分离;③ 基于沉降密度梯度进行的超速离心分离(isopycnic DGU, iDGU),其根据浮力密度精确地分离不同厚度的石墨烯材料薄片(图 13-8)。

图 13-8 离心分离石墨烯薄片的原理

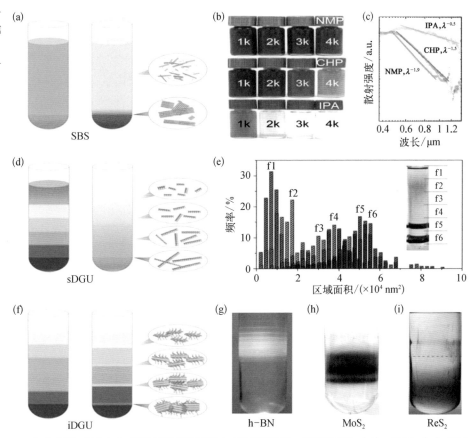

(a) SBS;(b)(c)通过 SBS 选择黑磷大小及相应的归一化散射强度;(d) sDGU;(e)通过 sDGU 选择黑磷的精确尺寸;(f) iDGU;(g)通过 iDGU 对 h-BN 逐层选择;(h)采用聚合物表面活性剂制备高密度 MoS₂的 iDGU;(i)采用碘二醇和 CsCl 密度梯度混合介质对高密度 ReS₂进行 iDGU

SBS 最简单、直接,也被广泛应用,其主要在恒定物理特性的均匀液体介质中进行。离心时,由于较大的质量/表面积比,不同大小、厚度的石墨烯沉积速率不同,较大或较厚的片状石墨烯比较小或较薄的石墨烯片更容易沉淀,以此可达到分离目的。

sDGU 首先将石墨烯薄片分散体放置在这种密度梯度的顶部,使石墨烯薄片可以在离心后以不同的沉降速率沉降。这种技术主要用来分离不同片径的石墨烯薄片。

表面活性剂修饰石墨烯可以通过 iDGU 实现石墨烯逐层的分离。低分子量的平面结构活性剂用于和石墨烯形成石墨烯复合物,例如通过使用具有长亲水链的较大的共聚物表面活性剂来降低总体浮力密度。

13.3.2　石墨烯油墨制备技术

油墨可以经过三个步骤进行配制:第一步是开发底漆;第二步是分散颜料;第三步是调漆。

(1) 底漆是将油墨颜料等固体材料分散到基底上的液体载体,是将黏结剂和添加剂直接溶解分散的溶剂。底漆的物理性能决定了油漆的润湿性,控制着油墨的性能。因此,底漆的设计需要选择与黏结剂和添加剂配伍的溶剂。根据溶剂的不同,底漆可分为水基或油性油墨基两种主要类型。油性油墨使用有机溶剂来溶解黏结剂和添加剂,固化过程通过溶剂完全蒸发,若底漆采用低熔点的溶剂,则在印刷后易于蒸发固化,因此易于涂覆。水性底漆使用水作为主要溶剂来溶解黏结剂和添加剂,虽然水是环境友好型溶剂,是油墨开发的主要方向,但水性底漆需要较长的干燥时间,甚至需要特殊的固化过程(如退火或暴露于紫外线辐射)才能固化,耗时且成本较高。

(2) 油墨配方的大多组分以固体材料形式存在,需要采取适当的分散工艺,使这些材料在油漆中均匀分散。根据颜料的黏度和所需的粒径,可以选择一系列的分散技术。球磨和搅拌适用于低黏度系统(如喷墨油墨),其中球磨使用研磨球/珠粒破碎,而搅拌则利用叶轮叶片剪切力使其分散;高速混合使用网筛和高速旋转来分散,该技术适用于中等黏度的油墨制备(如凹版印刷和柔性版印刷油墨);三辊研磨适用于高黏度系统(如丝网油墨),它使用一组带有精确控制间隙的圆柱辊来剪切分散原始颜料。

(3) 调漆是指主要通过调整油墨的成分来最终调整油墨物理性能的过程。

墨水在进行印刷后,随后的油墨铺展和干燥过程对印刷图案的形态影响极大。墨水和基底之间良好的润湿性能确保墨水在固态基底表面上湿润铺展并保持与固态表面的接触。

在不同基底表面进行印刷时,如油墨的表面张力比基材的表面能低 7～10 mN/m,印刷后油墨可以实现适当的润湿,而良好的润湿性使得功能材料在基底表面可连续沉积,从而实现电子器件的导电油墨制造。

高表面能界面很容易润湿,而低表面能材料如聚四氟乙烯(PTFE)则很难润湿。较差的润湿性意味着墨水无法保持与表面的接触,因此墨水倾向于缩回和堆积,导致不连续的材料沉积。这些都是印刷过程中需要解决的问题。硅、玻璃、塑料等是电子器件常用的基材,这些材料要求油墨表面张力应足够低(<30 mN/m)。

喷墨油墨过程中的常见问题是可能形成咖啡环圆形状,在该形状中,沉积的材料变干,集中在打印件的外围,从而留下凹入的中心区域。这是油墨干燥时的常见现象,是必须避免的现象。这种现象是由在油墨干燥过程中,整个液滴上溶剂的蒸发不均匀导致的。当液滴沉积到印刷基板上时,由于表面积最大,通常在液滴与基板界面(又称接触线)的边缘处蒸发速率最高,在干燥过程中,接触线可能会定住液滴,因此形成从液滴中心到边缘引导向外的对流,以补充蒸发的溶剂。这种向外的对流将分散的物料带到并沉积在液滴的边缘,而在液滴中心几乎没有残留物质(图13-9)。此过程在很大程度上取决于干燥条件和周围环境。因此,溶剂的选择非常重要。表13-4列出了室温下溶剂和基底的表面张力,可作为设计油墨成分时的参考。

图 13-9 油墨润湿和干燥过程

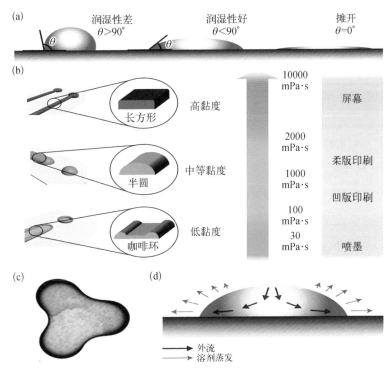

(a)液滴在基底上的不同润湿行为;(b)油墨印制线的典型横截面轮廓,低黏度墨水倾向于形成咖啡环;(c)咖啡环的照片;(d)干燥液滴中形成咖啡环的典型蒸发剖面

表 13 - 4 室温下
溶剂和基底的表面
张力

溶　剂	表面张力/(mN/m)	基　底	表面张力/(mN/m)
水	72	铜	1000
甘油	64	铝	500
乙二醇	48	Kapton	50
环氧树脂	43	聚苯乙烯	34
NMP	40	玻璃	36
己烷	18	聚碳酸酯	46
氯苯	34	聚氨酯	40
乙醇	22	聚酰亚胺	40
乙酸乙酯	24	SiO$_2$/Si	36
2-丁醇	23	PTFE	18

13.3.3　石墨烯导电油墨印刷技术

1. 喷墨打印

喷墨打印是一种数字非接触式打印技术,可将墨滴快速连续地喷射并沉积到
基材上以生成图像,并且墨滴大小由计算机控制。

常见的喷墨打印有连续喷墨(continuous inkjet,CIJ)和按需喷墨(drop-on-
demand inkjet,DoD)两种,CIJ 是连续产生并喷射墨滴流的过程,由电极充电的液
滴受到静电场的作用,并有选择地偏转以沉积到基板上,DoD 是仅在通过压电或
热喷墨过程需要时才产生墨滴的过程。在压电喷墨过程中,向压电材料施加电压
脉冲以引起容器形状的变化,因此在墨水上产生压力脉冲,迫使其从墨水容器中出
来,墨滴在热喷墨过程中被迅速加热以产生气泡,气泡将墨水转化为墨滴从墨水容
器中推出。CIJ 允许更高的喷射速率,因此可以提高打印效率。而 DoD 技术由于
其操作更简单,已成为主要的喷墨打印技术。

DoD 技术的关键要求是稳定喷射,在每个电脉冲下,只形成单个液滴,不形成
次级液滴,从而保持液滴精度。在打印后,液滴立即在基材上朝着设计的印刷图像
冲击、扩散和干燥。冲击后,液滴进入扩散阶段,在该阶段惯性力占主导地位,这阶
段导致最大的液滴扩散,直到产生毛细管力作用。根据润湿性,毛细管作用阶段又
分为两种情况:对于具有足够润湿性的油墨,墨滴会持续进行毛细管扩散;对于润
湿性不足的油墨,液滴缩回并成珠状朝不连续的材料沉积。因此,为了确保连续沉
积,油墨表面张力必须足够小。若油墨可以润湿基材,但如果未对低黏度喷墨油墨

进行优化,则干燥可能会导致胶圈形成。

　　液相剥离法制备的石墨烯导电油墨是第一代和使用最广泛的喷墨打印油墨。但是,由于石墨烯填料的浓度低,所用溶剂的沸点高,不利于产业化,低沸点溶剂一直在开发中。同时,控制液滴喷射稳定性,解决润湿性和胶环效应是液相剥离法制备的石墨烯导电油墨在喷墨打印方面面临的挑战。具有较高表面张力的分散剂(如 NMP 和水等)对普通基材的润湿性较差,需要对基材进行表面处理。

　　通过使用含有聚合物黏结剂的油墨配方,可以解决以上问题。通过过滤、沉降、溶剂交换或蒸发得到石墨烯材料,然后重新分散在选定的溶剂中,与聚合物一起用于高浓度的油墨配方。如乙醇/乙基纤维素复合石墨烯与乙基纤维素一起重新分散在松油醇/环己酮(CHO)中,得到的油墨配方可打印精密的图案,石墨烯在各种基材上可实现均匀分布。这种技术也已扩展到其他石墨烯或二维油墨(如 MoS_2)的油墨配方中。由于聚合物形成了印刷薄膜的组成部分,油墨中的聚合物会显著降低石墨烯材料的功能性(如电导率),并因此损害预期的器件性能,尤其是打印晶体管、光电检测器等器件时。因此,在印刷后可能需要除去聚合物。聚合物的去除可以通过高温退火或强脉冲光来完成,这些印刷后处理虽然非常有效,但烦琐的处理过程限制了聚合物基材在可柔性印刷的开发应用。

　　为避免印刷薄膜中残留黏结剂,可以考虑使用混合溶剂墨水配制方法。

　　印刷图案的形态进一步由印刷参数确定,例如相邻墨滴之间的间距,理想的情况是相邻的液滴不会引起过度扩散或扩散不足。一方面,当相邻墨滴间距较小时,液滴轨迹的过度合并可能会导致扩散过度,从而形成具有所谓"堆叠硬币"或"凸起"形态的线条。另一方面,当相邻墨滴间距较大时,合并不充分,会形成"扇形"线甚至"孤立的液滴"。结果表明,对于混合溶剂墨水,液滴间距为干墨滴尺寸的 $0.5 \sim 0.8$ 倍时可确保最佳的墨滴合并。

2. 丝网印刷

　　丝网印刷是一种模板工艺,油墨通过由织物、丝绸、合成纤维或金属线的细小多孔网制成的模板丝网转移到基材上。丝网的孔在非打印区域中被树脂封闭,而在打印区域中剩余的孔则保持敞开状态以允许墨水流过。在打印过程中,首先将墨水散布在丝网上,然后在其上用刮刀划过,迫使油墨穿过开口的孔,同时基板与丝网保持接触以接收墨水。

许多平板式丝网印刷系统可由简单的手动操作单元组成,这个系统尤其适合在非常厚或很薄的基材上进行,若在功能印刷过程中需要精确地控制功能材料的重叠层,可以进行直接套印。

在丝网印刷中,沉积的墨水量受以下几个因素的影响:① 丝网的线数(即每单位距离的线数和线径);② 螺纹直径,它决定了丝网的厚度(D),因而决定了网孔中每个开孔处墨柱的深度;③ 压力,以此确定刮板与丝网接触面积的角度以及油墨沉积过程中刮刀相对于丝网的速率(图 13 - 10)。

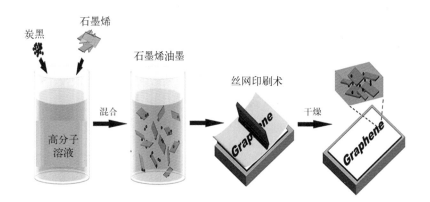

图 13- 10 丝网印刷

丝网油墨对高黏度油墨要求丝网油墨配方始于聚合物黏结剂。溶液的化学处理应在原始石墨烯材料进行油墨配制之前,rGO-乙基纤维素油墨配方显示出适合丝网印刷的流变性能,并表现出优异的电化学响应。除乙基纤维素外,PVP、聚乙烯醇(PVA)、聚苯胺(PANI)等聚合物也用作丝网油墨黏结剂体系。石墨烯丝网油墨在 100 ℃下干燥后表现出高导电性(25 mm 厚度时方块电阻为 30 Ω/□),石墨烯/ PANI 油墨被用于印刷可承受 200 次弯曲循环的超级电容器电极。

3. 凹版印刷

凹版印刷机的印刷单元由一个墨槽和一个金属刮墨刀组成,墨槽中金属凹版辊在液体中旋转,将所需的图案以单元的形式直接刻入金属凹版印刷辊中,该单元设计成随着辊在油墨中旋转而充满油墨。通过使基材在凹版印刷辊和压印辊之间通过来实现油墨转移。凹版印刷和柔版印刷都依靠大型金属辊来计量和控制沉积在表面上的油墨。凹版印刷是"直接"印刷的一种形式,油墨通过凹版辊直接从墨槽中输送到承印物,该凹版辊不仅测量湿墨施加质量,而且还充当印刷图像载体。柔版印刷是"间接"印刷的一种形式,通过网纹传墨辊控制湿墨施加质量,在油墨沉积到基材上之前,将已计量的油墨从网纹辊转移到印版上(图13-11)。

图13-11 凹版印刷

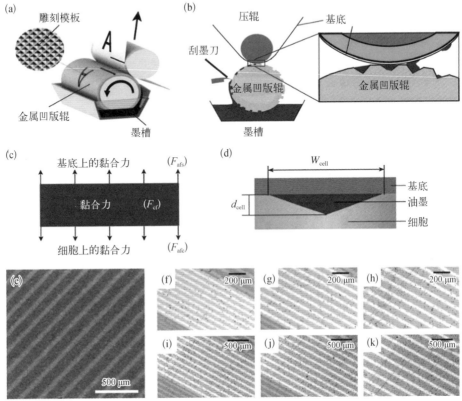

(a)(b) 不同部件的凹版印刷原理图;(c)(d) 凹版印刷原理图解;(e) Kapton 基底上凹版印刷的石墨烯纸的 SEM 图;(f)~(k) 分别使用 15 nm、20 nm、25 nm、30 nm、35 nm 和 50 nm 尺寸打印的石墨烯纸的光学显微镜图

　　凹版印刷所用的油墨通常具有中等介质黏度(100~1000 mPa·s),其关键应用领域包括电子器件、化学传感器和能量存储。生产凹版印刷辊、安装和原型制作成本较高,获得稳定的试印运行需要大量墨水,在早期的实验性运作时有推广上的困难,但这种打印技术具备高产量、高速、低成本的特征,因此是理想的技术发展方向。

4. 印刷后处理技术

石墨烯导电油墨应用研究始于液相剥离石墨烯,NMP 分散体的喷墨印刷石墨烯的电导率高达 100 S/m,但低于典型的金属(1×10⁵ S/m)和碳基油墨(1×10³ S/m)。这种低电导率可能是由于石墨烯片效应导致的片间渗透性差,这是由芯环效应造成的空间不均匀沉积所致。通过开发高负荷石墨烯/黏结剂油墨可以解决这个障碍。但是,过多的黏结剂影响其导电性,需要通过后处理技术去除黏结剂,一个普遍应用的技术是高温退火处理。如当设计石墨烯/乙基纤维素油墨中的石墨烯负载量分别为 0.34%(质量分数)、3%(质量分数)和 8%(质量分数)时,可分别用于喷墨、凹版、和丝网印刷,此时,油墨显示出能够产生空间均匀的印刷结构,有足够的片间渗透以及更高的电导率能力,黏结剂分解后测得的各自电导率分别为 2.5×10⁴ S/m、1×10⁴ S/m 和 2×10⁴ S/m。若使用硝酸纤维素作为黏结剂,黏结剂分解后可实现高达 4×10⁴ S/m 的电导率。与石墨烯/乙基纤维素体系相比,这种增加可能是由于改善了薄片间渗滤,因为印刷结构表现出优异的机械耐久性,并经受了严格的弯曲循环,附着力测试和超声处理。油墨黏结剂的分解过程需要高温退火(200 ℃),只适合用于可承受高温的基材,例如 SiO₂/Si、玻璃和 PI 膜。根据退火温度,可找到石墨烯/黏结剂配比与油墨导电最佳配比及合适的处理温度,该温度将允许黏结剂分解以改善渗透,但不会损坏基材或印刷的石墨烯。

基于高温退火限制,可使用快速的退火工艺,采用高强度氙灯在印刷后将聚合物黏结剂分解,可以有效地分解乙基纤维素,而不会损坏聚合物基材或印刷的石墨烯,并保持高电导率(2.5×10⁴ S/m),该方法生产的印刷结构坚固,即使经过 1000 次弯曲循环,电导率变化也很小。

13.3.4 石墨烯导电油墨的应用

随着工业物联网的发展,利用印刷技术实现逻辑电路、传感器、光电探测器、柔性显示器、RFID 和便携式能量存储等领域的制备具有巨大潜力。当前,工业领域导电油墨主要是金属(如铜或银)或碳基油墨。虽然碳基油墨比金属油墨便宜,但导电性是限制其进一步应用的关键。金属基油墨导电性能较好,但成本较高,需要较为复杂的固化或烧结后才能实现。由于具有成本效益、制备工艺技术优势,石墨烯油墨特别适合印刷电子产品,其电导率介于传统的碳基和金属基油墨之间。但石墨烯油墨的电导率还没有达到人们所期望的数值,还需要通过石墨烯掺杂、功能化、粒径设计与金属颗粒(纳米线)等工艺促进片间导电网络的结合来实现。表 13-5 列出了石墨烯油墨及其应用领域。

表 13-5 石墨烯油墨及其应用领域

导电填料	溶 剂	黏结剂/添加剂	基 底	应用领域
喷墨印刷石墨烯	NMP	—	SiO₂/Si,玻璃	FET
石墨烯	NMP	—	PET	光探测器
石墨烯	NMP	—	SiO₂/Si	FET,光电探测器
石墨烯	NMP	—	PET	FET
石墨烯	IPA	—	PET,聚氨酯	FET
石墨烯	水/乙醇	—	PET	导电油墨
石墨烯	水/乙醇	—	SiO₂/Si	—
石墨烯	水	聚苯胺	碳	碳
石墨烯	水	PEDOT:PSS	碳	气体传感器
石墨烯	水	/	SiO₂/Si	/
石墨烯	IPA	PVP	Si₃N₄	湿度传感器
石墨烯	IPA	PVP	FTO 玻璃	太阳能
石墨烯	IPA	PVP	Kapton,玻璃	温度
石墨烯	IPA/丁醇	/	纸	导电油墨
石墨烯	松油醇/乙醇	乙基纤维素	SiO₂/Si,玻璃	FET
石墨烯	松油醇/CHO	乙基纤维素	SiO₂/Si, Kapton	导电油墨
石墨烯	松油醇/CHO	乙基纤维素	玻璃,PET, PEN, PI	导电油墨
石墨烯		PEDOT:PSS	聚氨酯	温度传感器
MoS₂	松油醇/乙醇	乙基纤维素	SiO₂/Si	FET
h-BN	水	Na-CMC	PET,聚氨酯	介电油墨
柔板石墨烯	水/IPA	Na-CMC	ITO PET	太阳能电池
石墨烯/碳	—	—	玻璃,PET,纸	导电油墨
凸印石墨烯	松油醇/乙醇		Kapton	导电油墨
丝网印刷石墨烯	乙醇	PTFE, PANI	PET	超级电容器
石墨烯	松油醇/乙醇	乙基纤维素	SiO₂/Si, Kapton	导电油墨
石墨烯		PVP/PVA	PET	导电油墨
石墨烯	水	Na-CMC	玻璃,纸	导电油墨

1. 电子器件和 RFID

石墨烯的高载流子迁移率是高速印刷制备电子器件的基础,喷墨打印的石墨烯作为晶体管电子通道,晶体管的载流子迁移率高达 95 cm²/(V·s),远远大于典型的印刷有机晶体管[通常为 $1\ cm^2/(V\cdot s)$]。目前,基于石墨烯材料的可打印电子器件、传感器可制备高级集成和小型化的器件,可对多种石墨烯材料和其他功能材料进行精确控制地添加图案,并可开发全印刷的复杂设备结构(如异质结构)适用于检测、成像,能量存储,可穿戴传感器、人造皮肤等。

石墨烯导电油墨的主要应用是 RFID,RFID 标签天线作为电子标签的关键组件,随着物联网和 RFID 技术的快速发展,RFID 电子标签的需求量越来越大其应用形式也越来越广泛。由于其需要在各种材质各种不同厂家提供的晶片模块上进行线路的刻绘,传统的光刻蚀耗时耗力,不利于大规模的应用,使用导电油墨印刷的方式能够很好地解决这一问题,能够在各种基体材质以及各种晶片模块上应用。传统的电路板的制作涉及多道工序,如多层板的制备:前处理、内层干膜、显影、蚀刻及去抗蚀膜、自动光学检验、黑/棕化、层压、钻孔、镀孔、外层干膜、图形电镀等,在这一过程中会消耗并浪费大量的铜,既不经济又不环保,通过使用导电油墨印刷技术能够有效的提高生产效率、节能环保减少资源的浪费,使用导电油墨来代蚀刻是以后 PCB 制作发展的方向。使用导电油墨可以有效地减少以上所介绍的那些环节,由于不需要蚀刻减少了资源的浪费,同时通过印刷可以有效地简化生产工艺同时提高生产效率,减少了能耗,能够根据电路的布置灵活地进行印刷。随着对新型 RFID 制备技术的开发,RFID 导电油墨制备电子标签的方法以低成本、高效率、无污染等特点成为 RFID 标签天线制造技术的主要发展方向(图 13‑12)。

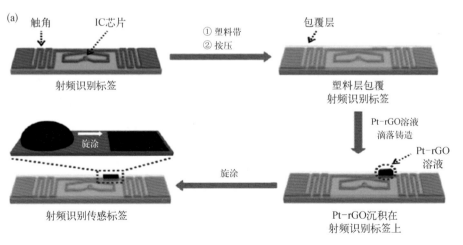

图 13‑12 RFID 制备过程

图 13-12 续图

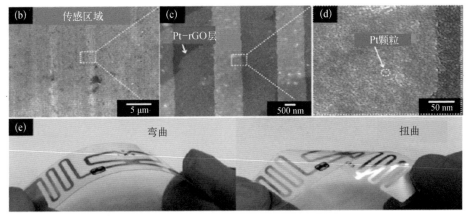

（a）制备流程；（b）~（d）不同比例的 SEM 图；（e）柔性测试

2. 印刷传感器

在石墨烯油墨印刷的传感器暴露于特殊的环境条件(如气体、湿气、应力或其他环境因素)时,基于石墨烯材料的传感层可对环境信息进行响应并将其转换为电或光信号,通过读取和解释这些信号,可以设计待测信息传感器,如用于单个气体分子的传感器、细菌传感器、用于物联网(IOT)的环境传感器。

3. 化学传感器

化学传感器广泛应用于医疗保健、环境监测、工业、农业和智能建筑中。石墨烯油墨印制的气体传感器主要是通过在基底上印刷石墨烯油墨制成的,当传感器暴露于 NH_3、NO_2、NO、乙醇和乙醛等气氛中,这些分子和石墨烯层相互接触,会表现出电阻变化,从而实现对这些气体的检测,部分气体检测灵敏度可能低至 ppm,表现出良好的灵敏度。通过化学掺杂或用其他功能材料(如金属/金属氧化物纳米颗粒)对石墨烯进行修饰,可提升传感器的选择性、灵敏度和响应时间。如银纳米颗粒修饰的 $rGO-SO_3H$ 的化学阻性传感器测定 CH_3OH 和 C_6H_{14}(己烷)、喷墨印刷石墨烯- PVP 打印的叉指式电极的湿度传感器、通过在相互交叉的金属触点上进行凹版印刷功能性油墨而制成的 NO_2 传感器等。未来,可将石墨烯材料的喷墨打印和 CMOS 的可扩展性相结合,通过石墨烯打印材料与现有的芯片技术相结合,实现柔性、小型化传感器和芯片的设计制备。图 13-13 为过氧化氢电化学传感器。

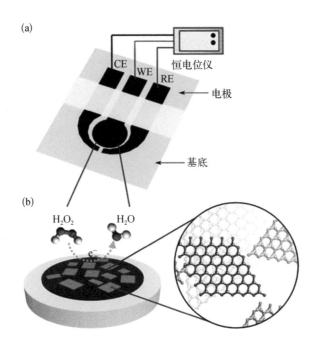

图 13-13 过氧化氢电化学传感器

4. 温度传感器

温度传感器广泛用于科学研究、工业过程监测、智能建筑、电子产品和热管理体系中。可穿戴设备的需求推动了监测皮肤温度的可穿戴温度传感器的快速发展。由石墨烯和热电材料组合而成复合材料及由此制备的油墨,可以用于设计、打印制备温度传感器或传感器阵列。导电聚合物(3,4-乙撑二氧噻吩):聚苯乙烯磺酸盐(PEDOT:PSS)和石墨烯材料复合材料即是其中一例,通过将石墨烯/PEDOT:PSS喷墨打印到基底上制造的温度传感器材料可用于可穿戴产品的设计,打印到可拉伸的聚氨酯基材上,可用于皮肤温度的检测,在工作时,通过检测温度传感器在 $34\sim40\,^{\circ}\mathrm{C}$ 内的加热和冷却过程中电阻变化来检测温度,响应时间为 18 s,恢复时间为 20 s。

5. 生物传感器

生物传感器是检测生物分子或组织的生物识别元件,随着对微型、智能医疗系统不断增长的需求,生物传感器技术的发展要求基础材料技术和工程技术的合作,以设计高灵敏、微型、柔性的生物传感器。石墨烯材料作为理想的生物传感器材料,石墨烯油墨在生物传感器方面的应用已有很多报道。rGO 和 GO 可以很容易地用多种生物分子修饰,目前生物传感器大多数是基于 rGO 或 GO 制备,如基于丝网印刷的 rGO/氧化铜(CuO)设计的超灵敏非酶葡萄糖传感器。基于石墨烯和其他功能材料(例如金属、金属氧化物和量子点、生物大分子)的复合材料是石墨烯导电油墨用于生物传感器设计的平台。

6. 压力和触摸传感器

喷墨印刷石墨烯应变传感器结构如图 13-14(a)所示,传感器由喷墨印刷的导电触点和位于两者之间的有源应变感应线组成。在拉伸应变和压缩应变下,喷墨印刷石墨烯应变传感器的电阻呈现出快速变化;若同 LED 相联,LED 的发光度可同步反映出拉伸或压缩应变下印刷电路中的可变电阻[图 13-14(b)]。目前,这种应力传感器在可穿戴设备领域有较大的潜在市场。

图 13-14 喷墨印刷石墨烯应变传感器

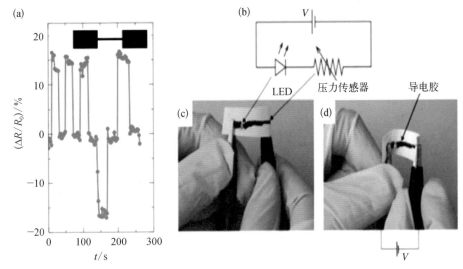

(a)喷墨印刷石墨烯应变传感器(插图)对拉伸应变和压缩应变的响应;(b)在拉伸应变(c)和压缩应变(d)下使用喷墨印刷石墨烯应变传感器作为可变电阻的电路原理图

7. 印刷储能器件

目前,储能技术的应用范围已从便携式电子设备如手机等,延伸到下一代可穿戴电子设备,电池和超级电容器是最常见的两种储能设备。而柔性材料是下一代储能器件的发展路线,如柔性超级电容器/锂离子电池等,具有高比表面积的石墨烯油墨材料是新型高性能柔性电极材料的首要选择。

8. 3D打印

和前面提到的薄膜打印不同，3D打印作为增材制造技术正在成为越来越有前途的发展路线，具有广泛的用途，可用于打印制备复杂的器件。目前，3D打印基材一般理由可快速成型的结构聚合物上或金属粉末，这些聚合物与基于颗粒的墨水、聚合物熔体和生物材料具有广泛的兼容性。随着技术的发展，用于3D打印的石墨烯材料的开发将为功能性打印设备带来更多机会。

3D打印非常适合实现高纵横比的储能设备，可制备器件比薄膜具有更大的有效面积，从而为超级电容器、电池材料制备提供另一种路线。3D打印可以任意调整复合材料的形态和微观结构，导电材料的3D打印可以提供通用平台，实现各种电子工艺与技术的额合。具体而言，3D打印可将大面积的石墨烯打印电路与传统的微电子器件进行整合，从而结合了各种制造技术的独特优势。3D打印将使印刷电子产品扩展到薄膜之外，如3D印刷电路板、电子器件、传感器、复合材料等（图13-15）。

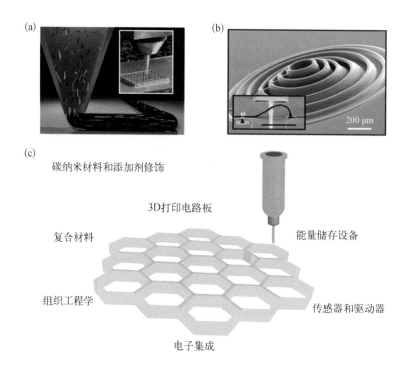

图13-15 功能材料的3D打印

（a）3D打印的示意图，显示了高纵横比颗粒的排列；（b）3D打印的特征，包括高纵横比微电极和跨接互连；（c）碳纳米材料3D打印目标应用电子产品的示意图

石墨烯在印刷电子器件的基础研究和应用开发领域占有一席之地。石墨烯油墨有望成为一种机械柔韧性和环境稳定的导体，未来的工作重点是实现更低的处理温度，更广泛的油墨多功能性和更高的导电性的策略。随着这些纳米材料油墨的可扩展性和高成本效益的生产与利用其独特性能的应用开发同时实现，商业化的障碍正在迅速下降。

3D打印在石墨烯材料能量存储器件方面也有较大的应用[图13-16(a)]，通过在苯酚(C_6H_6O)或莰烯($C_{10}H_{16}$)中进行石墨烯分散、室温冷冻、凝胶化[图13-16(b)]，在室温下升华去除溶剂，形成可以用作超级电容器的3D电极，在100 A/g的电流密度下，比电容约为75 F/g，采用3D打印的石墨烯/碳纳米管复合材料，比电容可以提高到约100 F/g。氧化石墨烯/石墨烯气凝胶的3D打印技术亦可用于开发超级电容器电极，使用支链共聚物表面活性剂修饰水性GO油墨进行3D打印，油墨在沉积后能够形成自支撑的3D结构；将印刷的3D结构冷冻在液氮中，冷冻干燥以热还原GO；利用石墨烯/PLA复合材料墨水，可以实现3D打印超级电容器、燃料电池的制备；如利用3D技术，用石墨烯/PLA打印石墨烯/PLA光盘，打印过程不需要额外的处理，该光盘可以用作超级电容器；使用锂基墨水$Li_4Ti_5O_{12}$(LTO)和$LiFePO_4$(LFP)，可以打印GO/LTO负极和GO/LFP正极材料，通过退火将GO转换为rGO，从而实现打印电池的制备。

图13-16 3D打印石墨烯材料

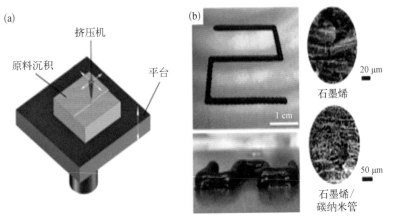

（a）使用熔融建模的3D打印简化示意图；（b）3D打印的石墨烯图案的顶视图（一层）和侧视图（三层）照片，以及用于超级电容器的印刷石墨烯和印刷石墨烯/CNT杂化物的SEM图

石墨烯3D打印在其他应用领域也有广泛用途，如石墨烯/聚酯墨水，可以将

其印刷以开发出坚固的石墨烯支架,体外实验证明石墨烯支架可以支持干细胞的黏附、生长、增殖和神经元分化,进而用于生物材料的制备。

13.4　小结

总的来说,石墨烯导电油墨可以具有以下特质。① 高导电性满足智能化需求：片状结构实现多重网络电子传导,提高电子传导速率,电阻率低至约 $10\ \Omega \cdot cm$。② 柔性特质满足柔性化需求：有强度的柔性体、低密度、薄、耐弯折涂层。③ 稳定性及可控性满足功能化需求：高稳定性、耐酸、耐碱、耐高温、耐氧化、耐析出。④ 功能可控性满足不同表面活性、不同树脂体系、不同溶剂体系、不同基底。

目前,石墨烯油墨产品的应用已从传感器、能量存储、发展到 3D 打印和生物医药应用;制备技术从简单的溶液分散处理发展成为特定印刷工艺的配方墨水;打印技术工艺从喷墨打印扩展到丝网印刷、凹版印刷和柔性版印刷、3D 打印。所有这一切进步,都标志着石墨烯已经一步步从实验室走到工业应用,实现了从概念到产品的突破,预期其应用领域在未来几年将会逐渐扩大(图 13-17)。

石墨烯油墨的应用范围包括可穿戴电子产品的石墨烯涂层纺织品、柔性能源储存设备、电子产品、医疗保健、光伏、过滤等。从领域细分角度,包括：① 安全性数据,如跟踪、顺序序列化、识别、防伪;② RFID(高频、超高频和声呐),如护照、资产跟踪、国民身份证、智能卡;③ 光伏,如收集格;④ 电路,如柔性电路、薄膜开关、键盘;⑤ 传感器,如医用、一次消费产品、触摸设备、医疗诊断、污染监测、玩具;⑥ 显示,如标牌、电致发光灯、监视器、超大显示器等。

尽管如此,目前石墨烯油墨的商业化程度还大部分处于概念验证、早期的商业产品设计、半商业试用阶段。2012 年年初,Vorbeck 和 Angstron Materials 先后申请了石墨烯用于导电油墨的专利,Vorbeck 开发的石墨烯油墨于 2013 年年初应用于电子器件印刷领域,推出了可印刷的安全标签,这是全球第一个产业化的石墨烯主导的产品。目前,基于石墨烯的复合材料和涂料结合已应用到各种可印刷包装标签,如 RFID 标签、传感器、智能鞋子和头盔中。

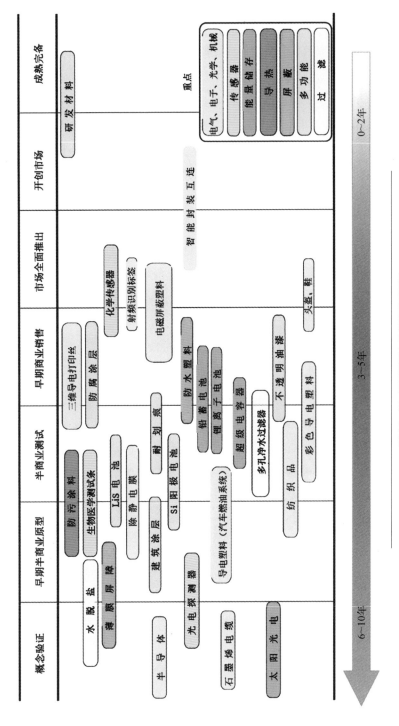

图 13 - 17　石墨烯导电油墨的发展预测

从产业发展趋势看,实现不同性能、适应于不同领域的石墨烯材料可控制备是突破石墨烯在导电油墨领域应用瓶颈的关键;利用表面改性技术实现石墨烯与导电油墨助剂和辅料的有效相容是产业开发的基本思路;实现石墨烯、金属纳米材料和导电高分子材料的协同设计是发展高性能、多用途、多功能化导电油墨的方向;开发高分辨率印刷技术及器材是实现其产业化的基础。

目前,智能标签在全世界的市场,将主要存在于电子物品的监督(EAS)和无线电波识别(RFID)系统上。EAS主要应用在零售业的反偷盗装置上,而RFID主要用来通过供应链跟踪散装货物,是工业4.0、物联网时代的基本技术支持材料。随着技术发展,RFID有望用于零售和无人商店,替代目前的二维码,真正实现无人商店。

导电油墨的另一个主要市场是临床诊断应用,制备温度、压力、光、湿度、检测病毒、细菌和气体传感器。人们已经研制出光致变色或温致变色油墨,用这些油墨在经过光处理、消毒或固化处理时颜色会改变,制成标签后,医院可用这类油墨打印的标签来检验医用器具和设备的消毒处理情况。

但是石墨烯粉体用于导电油墨需要解决以下问题。

(1) 石墨烯的导电性能优异,其电子迁移率不随温度而改变,在50～500 K内,石墨烯的电子迁移率不随温度变化,稳定在150000 $cm^2/(V \cdot s)$左右,电子迁移速率比硅快100多倍。液相剥离可以得到高导电石墨烯材料,但其层数很难达到期望的层数;还原氧化石墨烯是目前可规模化使用的石墨烯粉体,但氧化石墨烯随着表面氧量含量的增加,导电性能降低直至变成非导体,虽然氧化石墨烯经还原后可以转变为导体,但导电性能降低,这是设计石墨烯油墨需要考虑的问题。

(2) 目前的石墨烯油墨尚不能达到金属油墨的电导率水平,这限制了石墨烯导电油墨的应用范围,石墨烯导电油墨的最终目标是能够取代昂贵的金属油墨,在导电油墨领域的应用范围不断扩大。为此,需要考虑将石墨烯和其他纳米材料复合,配制可控性能的导电油墨配方,其他二维材料如MXene、碳纳米管、导电高分子材料、金属纳米材料等是高性能复合石墨烯油墨配方的理想候选材料(图13-18)。

(3) 获得单分散、可精确控制尺寸的单层石墨烯,是确保石墨烯油墨能够展现石墨烯全部优点的关键。

(4) 理想的油墨取决于溶剂、黏结剂和助剂的最佳配伍。需要将油墨组合物

石墨烯粉体材料:从基础研究到工业应用

图 13-18 石墨烯-
银复合导电油墨的
制备

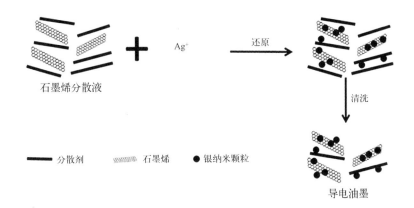

（石墨烯、溶剂、黏结剂和助剂）组合成为最佳配比，从而使油墨在特定的印刷技术下具有最佳的油墨性能。

（5）数字喷墨打印工艺是迄今为止石墨烯导电油墨最成熟的技术。但是石墨烯油墨喷墨通常会遇到机械故障，需要充分利用石墨烯油墨的潜力，优化设备设计，完善配方。

（6）石墨烯油墨配方与其他功能性材料（如生物分子、钙钛矿和一维纳米线/纳米管）结合，可实现更灵活的材料选择，赋予印刷器件其他的性能，可拓展油墨印刷器件功能及应用场景。

（7）需要持续提升油墨制造工艺和优化印刷工艺，使印刷精度进一步提升，这样可满足电子器件小型化的需求。

参考文献

[1] Hu G H，Kang J，Ng L W T，et al. Functional inks and printing of two-dimensional materials[J]. Chemical Society Reviews，2018，47(9)：3265 - 3300.

[2] Arapov K，Bex G，Hendriks R，et al. Conductivity enhancement of binder-based graphene inks by photonic annealing and subsequent compression rolling[J]. Advanced Engineering Materials，2016，18(7)：1234 - 1239.

[3] Hu G H，Albrow-Owen T，Jin X X，et al. Black phosphorus ink formulation for inkjet printing of optoelectronics and photonics[J]. Nature Communications，2017，8：278.

[4] Kang J，Wells S A，Wood J D，et al. Stable aqueous dispersions of optically and electronically active phosphorene[J]. PNAS，2016，113(42)：11688 - 11693.

[5] Torrisi F, Hasan T, Wu W P, et al. Inkjet-printed graphene electronics[J]. ACS Nano, 2012, 6(4): 2992 - 3006.

[6] Finn D J, Lotya M, Cunningham G, et al. Inkjet deposition of liquid-exfoliated graphene and MoS$_2$ nanosheets for printed device applications[J]. Journal of Materials Chemistry C, 2014, 2(5): 925 - 932.

[7] Kelly A G, Hallam T, Backes C, et al. All-printed thin-film transistors from networks of liquid-exfoliated nanosheets[J]. Science, 2017, 356(6333): 69 - 73.

[8] McManus D, Vranic S, Withers F, et al. Water-based and biocompatible 2D crystal inks for all-inkjet-printed heterostructures[J]. Nature Nanotechnology, 2017, 12(4): 343 - 350.

[9] Secor E B, Prabhumirashi P L, Puntambekar K, et al. Inkjet printing of high conductivity, flexible graphene patterns [J]. The Journal of Physical Chemistry Letters, 2013, 4(8): 1347 - 1351.

[10] Hyun W J, Secor E B, Hersam M C, et al. High-resolution patterning of graphene by screen printing with a silicon stencil for highly flexible printed electronics [J]. Advanced Materials, 2015, 27(1): 109 - 115.

[11] Secor E B, Gao T Z, Islam A E, et al. Enhanced conductivity, adhesion, and environmental stability of printed graphene inks with nitrocellulose[J]. Chemistry of Materials, 2017, 29(5): 2332 - 2340.

[12] Bonaccorso F, Sun Z, Hasan T, et al. Graphene photonics and optoelectronics[J]. Nature Photonics, 2010, 4(9): 611 - 622.

[13] Cho S Y, Lee Y, Koh H J, et al. Superior chemical sensing performance of black phosphorus: Comparison with MoS$_2$ and graphene[J]. Advanced Materials, 2016, 28 (32): 7020 - 7028.

[14] Lievens H. Wide web coating of complex materials [J]. Surface and Coatings Technology, 1995, 76 - 77: 744 - 753.

[15] Yoo H, Kim C. Experimental studies on formation, spreading and drying of inkjet drop of colloidal suspensions [J]. Colloids and Surfaces A: Physicochemical and Engineering Aspects, 2015, 468: 234 - 245.

[16] Moon Y J, Kang H, Lee S H, et al. Effect of contact angle and drop spacing on the bulging frequency of inkjet-printed silver lines on FC-coated glass [J]. Journal of Mechanical Science and Technology, 2014, 28(4): 1441 - 1448.

[17] Yavari F, Koratkar N. Graphene-based chemical sensors[J]. The Journal of Physical Chemistry Letters, 2012, 3(13): 1746 - 1753.

[18] Schedin F, Geim A K, Morozov S V, et al. Detection of individual gas molecules adsorbed on graphene[J]. Nature Materials, 2007, 6(9): 652 - 655.

[19] Mannoor M S, Tao H, Clayton J D, et al. Graphene-based wireless bacteria detection on tooth enamel[J]. Nature Communications, 2012, 3: 763.

[20] Shehzad K, Shi T J, Qadir A, et al. Designing an efficient multimode environmental sensor based on graphene - silicon heterojunction [J]. Advanced Materials

Technologies，2017，2(4)：1600262.

[21] Secor E B，Lim S，Zhang H，et al. Gravure printing of graphene for large-area flexible electronics[J]. Advanced Materials，2014，26(26)：4533 - 4538.

[22] Casiraghi C，Macucci M，Parvez K，et al. Inkjet printed 2D-crystal based strain gauges on paper[J]. Carbon，2018，129：462 - 467.

[23] Haupt K，Mosbach K. Molecularly imprinted polymers and their use in biomimetic sensors[J]. Chemical Reviews，2000，100(7)：2495 - 2504.

[24] Agarwal K，Kaushik V，Varandani D，et al. Nanoscale thermoelectric properties of Bi_2Te_3 - graphene nanocomposites：Conducting atomic force，scanning thermal and kelvin probe microscopy studies[J]. Journal of Alloys and Compounds，2016，681：394 - 401.

[25] Hong S Y，Lee Y H，Park H，et al. Stretchable active matrix temperature sensor array of polyaniline nanofibers for electronic skin[J]. Advanced Materials，2016，28(5)：930 - 935.

[26] Bali C，Brandlmaier A，Ganster A，et al. Fully inkjet-printed flexible temperature sensors based on carbon and PEDOT：PSS[J]. Materials Today：Proceedings，2016，3(3)：739 - 745.

[27] Son D，Lee J，Qiao S T，et al. Multifunctional wearable devices for diagnosis and therapy of movement disorders[J]. Nature Nanotechnology，2014，9(5)：397 - 404.

[28] Yeo W H，Kim Y S，Lee J，et al. Multifunctional epidermal electronics printed directly onto the skin[J]. Advanced Materials，2013，25(20)：2773 - 2778.

[29] Chung M G，Kim D H，Lee H M，et al. Highly sensitive NO_2 gas sensor based on ozone treated graphene[J]. Sensors and Actuators B：Chemical，2012，166 - 167：172 - 176.

[30] Dua V，Surwade S P，Ammu S，et al. All-organic vapor sensor using inkjet-printed reduced graphene oxide[J]. Angewandte Chemie International Edition，2010，49(12)：2154 - 2157.

[31] Cheng C，Zhang J G，Li S，et al. A Water - processable and bioactive multivalent graphene nanoink for highly flexible bioelectronic films and nanofibers [J]. Advanced Materials，2018，30(5)：1705452.

[32] 姜欣,赵轩亮,李晶,等.石墨烯导电墨水研究进展：制备方法、印刷技术及应用[J].科学通报,2017,62(27)：3217 - 3235.

索 引

石墨烯粉体材料：从基础研究到工业应用